农田建设培训系列教材

农田建设

技术标准制度汇编

农业农村部农田建设管理司

中国农业出版社
北 京

图书在版编目（CIP）数据

农田建设技术标准制度汇编 / 农业农村部农田建设管理司编．—北京：中国农业出版社，2022.9(2024.10重印)
ISBN 978－7－109－29753－1

Ⅰ.①农…　Ⅱ.①农…　Ⅲ.①农田基本建设－技术标准－汇编－中国　Ⅳ.①S28－65

中国版本图书馆 CIP 数据核字（2022）第 130339 号

中国农业出版社出版
地址：北京市朝阳区麦子店街 18 号楼
邮编：100125
责任编辑：王庆宁　　文字编辑：赵世元
版式设计：杨　婧　　责任校对：周丽芳
印刷：北京通州皇家印刷厂
版次：2022 年 9 月第 1 版
印次：2024 年10月北京第 2 次印刷
发行：新华书店北京发行所
开本：700mm×1000mm　1/16
印张：34　　插页：2
字数：630 千字
定价：78.00 元

版权所有・侵权必究
凡购买本社图书，如有印装质量问题，我社负责调换。
服务电话：010－59195115　010－59194918

农田建设培训系列教材

编辑委员会

主　　任：郭永田

副 主 任：谢建华　郭红宇

委　　员：陈章全　吴洪伟　杜晓伟　高永珍

李　荣　马常宝　王志强

《农田建设技术标准制度汇编》编写组

编写人员：（按姓氏笔画排序）

王　征　卢　静　苏　葳　李　虎

李春燕　何　冰　宋　昆　张　帅

陈子雄　郑　苗　胡恩磊　侯淑婷

侯巍巍　袁晓奇　党立斌　唐鹏钦

矫　健　董　燕　楼　晨　黎晓莎

前　言
FOREWORD

耕地是粮食生产的命根子。习近平总书记多次强调："保耕地，不仅要保数量，还要提质量。建设高标准农田是一个重要抓手，要坚定不移抓下去，提高建设标准和质量，真正实现旱涝保收、高产稳产。"加大农田建设力度，强化耕地质量建设保护，是巩固和提高粮食生产能力、保障国家粮食安全的基础性、关键性举措，也是推进乡村振兴战略顺利实施、加快农业农村现代化的重要支撑。

为深入贯彻落实党中央、国务院决策部署，切实加强耕地质量建设保护，形成全社会共同关注、关心、支持耕地质量保护建设的良好氛围，夯实国家粮食安全基础，我们组织力量对农田建设方面的法律法规、政策文件、规划方案、规章制度以及技术标准进行了全面梳理，汇编成书，供各级农田建设管理部门、有关专业机构和关心农田建设工作的人员快速查阅、学习参考。

由于农田建设工作涉及面广，本书收录内容难免存在疏漏，敬请读者批评指正。

本书编写组

2022年6月

目　录
CONTENTS

法律法规

政策文件

规划方案

规章制度

技术标准

中华人民共和国宪法（节选）

（1982 年 12 月 4 日第五届全国人民代表大会第五次会议通过　1982 年 12 月 4 日全国人民代表大会公告公布施行　根据 1988 年 4 月 12 日第七届全国人民代表大会第一次会议通过的《中华人民共和国宪法修正案》、1993 年 3 月 29 日第八届全国人民代表大会第一次会议通过的《中华人民共和国宪法修正案》、1999 年 3 月 15 日第九届全国人民代表大会第二次会议通过的《中华人民共和国宪法修正案》、2004 年 3 月 14 日第十届全国人民代表大会第二次会议通过的《中华人民共和国宪法修正案》和 2018 年 3 月 11 日第十三届全国人民代表大会第一次会议通过的《中华人民共和国宪法修正案》修正）

第一章　总　　纲

第八条　农村集体经济组织实行家庭承包经营为基础、统分结合的双层经营体制。农村中的生产、供销、信用、消费等各种形式的合作经济，是社会主义劳动群众集体所有制经济。参加农村集体经济组织的劳动者，有权在法律规定的范围内经营自留地、自留山、家庭副业和饲养自留畜。

城镇中的手工业、工业、建筑业、运输业、商业、服务业等行业的各种形式的合作经济，都是社会主义劳动群众集体所有制经济。

国家保护城乡集体经济组织的合法的权利和利益，鼓励、指导和帮助集体经济的发展。

第十条　城市的土地属于国家所有。

农村和城市郊区的土地，除由法律规定属于国家所有的以外，属于集体所有；宅基地和自留地、自留山，也属于集体所有。

国家为了公共利益的需要，可以依照法律规定对土地实行征收或者征用并给予补偿。

任何组织或者个人不得侵占、买卖或者以其他形式非法转让土地。土地的使用权可以依照法律的规定转让。

一切使用土地的组织和个人必须合理地利用土地。

法律法规

1. 中华人民共和国黑土地保护法

（2022年6月24日第十三届全国人民代表大会常务委员会第三十五次会议通过）

第一条 为了保护黑土地资源，稳步恢复提升黑土地基础地力，促进资源可持续利用，维护生态平衡，保障国家粮食安全，制定本法。

第二条 从事黑土地保护、利用和相关治理、修复等活动，适用本法。本法没有规定的，适用土地管理等有关法律的规定。

本法所称黑土地，是指黑龙江省、吉林省、辽宁省、内蒙古自治区（以下简称四省区）的相关区域范围内具有黑色或者暗黑色腐殖质表土层，性状好、肥力高的耕地。

第三条 国家实行科学、有效的黑土地保护政策，保障黑土地保护财政投入，综合采取工程、农艺、农机、生物等措施，保护黑土地的优良生产能力，确保黑土地总量不减少、功能不退化、质量有提升、产能可持续。

第四条 黑土地保护应当坚持统筹规划、因地制宜、用养结合、近期目标与远期目标结合、突出重点、综合施策的原则，建立健全政府主导、农业生产经营者实施、社会参与的保护机制。

国务院农业农村主管部门会同自然资源、水行政等有关部门，综合考虑黑土地开垦历史和利用现状，以及黑土层厚度、土壤性状、土壤类型等，按照最有利于全面保护、综合治理和系统修复的原则，科学合理确定黑土地保护范围并适时调整，有计划、分步骤、分类别地推进黑土地保护工作。历史上属黑土地的，除确无法修复的外，原则上都应列入黑土地保护范围进行修恢复。

第五条 黑土地应当用于粮食和油料作物、糖料作物、蔬菜等农产品生产。

黑土层深厚、土壤性状良好的黑土地应当按照规定的标准划入永久基本农田，重点用于粮食生产，实行严格保护，确保数量和质量长期稳定。

第六条 国务院和四省区人民政府加强对黑土地保护工作的领导、组织、协调、监督管理，统筹制定黑土地保护政策。四省区人民政府对本行政区域内的黑土地数量、质量、生态环境负责。

县级以上地方人民政府应当建立农业农村、自然资源、水行政、发展改革、财政、生态环境等有关部门组成的黑土地保护协调机制，加强协调指导，明确工作责任，推动黑土地保护工作落实。

乡镇人民政府应当协助组织实施黑土地保护工作，向农业生产经营者推广适宜其所经营耕地的保护、治理、修复和利用措施，督促农业生产经营者履行黑土地保护义务。

第七条 各级人民政府应当加强黑土地保护宣传教育，提高全社会的黑土地保护意识。

对在黑土地保护工作中做出突出贡献的单位和个人，按照国家有关规定给予表彰和奖励。

第八条 国务院标准化主管部门和农业农村、自然资源、水行政等主管部门按照职责分工，制定和完善黑土地质量和其他保护标准。

第九条 国家建立健全黑土地调查和监测制度。

县级以上人民政府自然资源主管部门会同有关部门开展土地调查时，同步开展黑土地类型、分布、数量、质量、保护和利用状况等情况的调查，建立黑土地档案。

国务院农业农村、水行政等主管部门会同四省区人民政府建立健全黑土地质量监测网络，加强对黑土地土壤性状、黑土层厚度、水蚀、风蚀等情况的常态化监测，建立黑土地质量动态变化数据库，并做好信息共享工作。

第十条 县级以上人民政府应当将黑土地保护工作纳入国民经济和社会发展规划。

国土空间规划应当充分考虑保护黑土地及其周边生态环境，合理布局各类用途土地，以利于黑土地水蚀、风蚀等的预防和治理。

县级以上人民政府农业农村主管部门会同有关部门以调查和监测为基础、体现整体集中连片治理，编制黑土地保护规划，明确保护范围、目标任务、技术模式、保障措施等，遏制黑土地退化趋势，提升黑土地质量，改善黑土地生态环境。县级黑土地保护规划应当与国土空间规划相衔接，落实到黑土地具体地块，并向社会公布。

第十一条 国家采取措施加强黑土地保护的科技支撑能力建设，将黑土地保护、治理、修复和利用的科技创新作为重点支持领域；鼓励高等学校、科研机构和农业技术推广机构等协同开展科技攻关。县级以上人民政府应当鼓励和支持水土保持、防风固沙、土壤改良、地力培肥、生态保护等科学研究和科研成果推广应用。

有关耕地质量监测保护和农业技术推广机构应当对农业生产经营者保护黑土地进行技术培训、提供指导服务。

国家鼓励企业、高等学校、职业学校、科研机构、科学技术社会团体、农民专业合作社、农业社会化服务组织、农业科技人员等开展黑土地保护相关技术服务。

国家支持开展黑土地保护国际合作与交流。

第十二条 县级以上人民政府应当采取以下措施加强黑土地农田基础设施建设：

（一）加强农田水利工程建设，完善水田、旱地灌排体系；

（二）加强田块整治，修复沟毁耕地，合理划分适宜耕作田块；

（三）加强坡耕地、侵蚀沟水土保持工程建设；

（四）合理规划修建机耕路、生产路；

（五）建设农田防护林网；

（六）其他黑土地保护措施。

第十三条 县级以上人民政府应当推广科学的耕作制度，采取以下措施提高黑土地质量：

（一）因地制宜实行轮作等用地养地相结合的种植制度，按照国家有关规定推广适度休耕；

（二）因地制宜推广免（少）耕、深松等保护性耕作技术，推广适宜的农业机械；

（三）因地制宜推广秸秆覆盖、粉碎深（翻）埋、过腹转化等还田方式；

（四）组织实施测土配方施肥，科学减少化肥施用量，鼓励增施有机肥料，推广土壤生物改良等技术；

（五）推广生物技术或者生物制剂防治病虫害等绿色防控技术，科学减少化学农药、除草剂使用量，合理使用农用薄膜等农业生产资料；

（六）其他黑土地质量提升措施。

第十四条 国家鼓励采取综合性措施，预防和治理水土流失，防止黑土地土壤侵蚀、土地沙化和盐渍化，改善和修复农田生态环境。

县级以上人民政府应当开展侵蚀沟治理，实施沟头沟坡沟底加固防护，因地制宜组织在侵蚀沟的沟坡和沟岸、黑土地周边河流两岸、湖泊和水库周边等区域营造植物保护带或者采取其他措施，防止侵蚀沟变宽变深变长。

县级以上人民政府应当按照因害设防、合理管护、科学布局的原则，制定农田防护林建设计划，组织沿农田道路、沟渠等种植农田防护林，防止违背自然规律造林绿化。农田防护林只能进行抚育、更新性质的采伐，确保防护林功能不减退。

县级以上人民政府应当组织开展防沙治沙，加强黑土地周边的沙漠和沙化土地治理，防止黑土地沙化。

第十五条 县级以上人民政府应当加强黑土地生态保护和黑土地周边林

地、草原、湿地的保护修复，推动荒山荒坡治理，提升自然生态系统涵养水源、保持水土、防风固沙、维护生物多样性等生态功能，维持有利于黑土地保护的自然生态环境。

第十六条 县级人民政府应当依据黑土地调查和监测数据，并结合土壤类型和质量等级、气候特点、环境状况等实际情况，对本行政区域内的黑土地进行科学分区，制定并组织实施黑土地质量提升计划，因地制宜合理采取保护、治理、修复和利用的精细化措施。

第十七条 国有农场应当对其经营管理范围内的黑土地加强保护，充分发挥示范作用，并依法接受监督检查。

农村集体经济组织、村民委员会和村民小组应当依法发包农村土地，监督承包方依照承包合同约定的用途合理利用和保护黑土地，制止承包方损害黑土地等行为。

农村集体经济组织、农业企业、农民专业合作社、农户等应当十分珍惜和合理利用黑土地，加强农田基础设施建设，因地制宜应用保护性耕作等技术，积极采取提升黑土地质量和改善农田生态环境的养护措施，依法保护黑土地。

第十八条 农业投入品生产者、经营者和使用者应当依法对农药、肥料、农用薄膜等农业投入品的包装物、废弃物进行回收以及资源化利用或者无害化处理，不得随意丢弃，防止黑土地污染。

县级人民政府应当采取措施，支持农药、肥料、农用薄膜等农业投入品包装物、废弃物的回收以及资源化利用或者无害化处理。

第十九条 从事畜禽养殖的单位和个人，应当科学开展畜禽粪污无害化处理和资源化利用，以畜禽粪污就地就近还田利用为重点，促进黑土地绿色种养循环农业发展。

县级以上人民政府应当支持开展畜禽粪污无害化处理和资源化利用。

第二十条 任何组织和个人不得破坏黑土地资源和生态环境。禁止盗挖、滥挖和非法买卖黑土。国务院自然资源主管部门会同农业农村、水行政、公安、交通运输、市场监督管理等部门应当建立健全保护黑土地资源监督管理制度，提高对盗挖、滥挖、非法买卖黑土和其他破坏黑土地资源、生态环境行为的综合治理能力。

第二十一条 建设项目不得占用黑土地；确需占用的，应当依法严格审批，并补充数量和质量相当的耕地。

建设项目占用黑土地的，应当按照规定的标准对耕作层的土壤进行剥离。剥离的黑土应当就近用于新开垦耕地和劣质耕地改良、被污染耕地的治理、高标准农田建设、土地复垦等。建设项目主体应当制定剥离黑土的再利用方案，报自然资源主管部门备案。具体办法由四省区人民政府分别制定。

第二十二条 国家建立健全黑土地保护财政投入保障制度。县级以上人民政府应当将黑土地保护资金纳入本级预算。

国家加大对黑土地保护措施奖补资金的倾斜力度，建立长期稳定的奖励补助机制。

县级以上地方人民政府应当将黑土地保护作为土地使用权出让收入用于农业农村投入的重点领域，并加大投入力度。

国家组织开展高标准农田、农田水利、水土保持、防沙治沙、农田防护林、土地复垦等建设活动，在项目资金安排上积极支持黑土地保护需要。县级人民政府可以按照国家有关规定统筹使用涉农资金用于黑土地保护，提高财政资金使用效益。

第二十三条 国家实行用养结合、保护效果导向的激励政策，对采取黑土地保护和治理修复措施的农业生产经营者按照国家有关规定给予奖励补助。

第二十四条 国家鼓励粮食主销区通过资金支持、与四省区建立稳定粮食购销关系等经济合作方式参与黑土地保护，建立健全黑土地跨区域投入保护机制。

第二十五条 国家按照政策支持、社会参与、市场化运作的原则，鼓励社会资本投入黑土地保护活动，并保护投资者的合法权益。

国家鼓励保险机构开展黑土地保护相关保险业务。

国家支持农民专业合作社、企业等以多种方式与农户建立利益联结机制和社会化服务机制，发展适度规模经营，推动农产品品质提升、品牌打造和标准化生产，提高黑土地产出效益。

第二十六条 国务院对四省区人民政府黑土地保护责任落实情况进行考核，将黑土地保护情况纳入耕地保护责任目标。

第二十七条 县级以上人民政府自然资源、农业农村、水行政等有关部门按照职责，依法对黑土地保护和质量建设情况联合开展监督检查。

第二十八条 县级以上人民政府应当向本级人民代表大会或者其常务委员会报告黑土地保护情况，依法接受监督。

第二十九条 违反本法规定，国务院农业农村、自然资源等有关部门、县级以上地方人民政府及其有关部门有下列行为之一的，对直接负责的主管人员和其他直接责任人员给予警告、记过或者记大过处分；情节较重的，给予降级或者撤职处分；情节严重的，给予开除处分：

（一）截留、挪用或者未按照规定使用黑土地保护资金；

（二）对破坏黑土地的行为，发现或者接到举报未及时查处；

（三）其他不依法履行黑土地保护职责导致黑土地资源和生态环境遭受破坏的行为。

第三十条 非法占用或者损毁黑土地农田基础设施的，由县级以上地方人民政府农业农村、水行政等部门责令停止违法行为，限期恢复原状，处恢复费用一倍以上三倍以下罚款。

第三十一条 违法将黑土地用于非农建设的，依照土地管理等有关法律法规的规定从重处罚。

违反法律法规规定，造成黑土地面积减少、质量下降、功能退化或者生态环境损害的，应当依法治理修复、赔偿损失。

农业生产经营者未尽到黑土地保护义务，经批评教育仍不改正的，可以不予发放耕地保护相关补贴。

第三十二条 违反本法第二十条规定，盗挖、滥挖黑土的，依照土地管理等有关法律法规的规定从重处罚。

非法出售黑土的，由县级以上地方人民政府市场监督管理、农业农村、自然资源等部门按照职责分工没收非法出售的黑土和违法所得，并处每立方米五百元以上五千元以下罚款；明知是非法出售的黑土而购买的，没收非法购买的黑土，并处货值金额一倍以上三倍以下罚款。

第三十三条 违反本法第二十一条规定，建设项目占用黑土地未对耕作层的土壤实施剥离的，由县级以上地方人民政府自然资源主管部门处每平方米一百元以上二百元以下罚款；未按照规定的标准对耕作层的土壤实施剥离的，处每平方米五十元以上一百元以下罚款。

第三十四条 拒绝、阻碍对黑土地保护情况依法进行监督检查的，由县级以上地方人民政府有关部门责令改正；拒不改正的，处二千元以上二万元以下罚款。

第三十五条 造成黑土地污染、水土流失的，分别依照污染防治、水土保持等有关法律法规的规定从重处罚。

第三十六条 违反本法规定，构成犯罪的，依法追究刑事责任。

第三十七条 林地、草原、湿地、河湖等范围内黑土的保护，适用《中华人民共和国森林法》《中华人民共和国草原法》《中华人民共和国湿地保护法》《中华人民共和国水法》等有关法律；有关法律对盗挖、滥挖、非法买卖黑土未作规定的，参照本法第三十二条的规定处罚。

第三十八条 本法自 2022 年 8 月 1 日起施行。

2. 中华人民共和国乡村振兴促进法

（2021 年 4 月 29 日第十三届全国人民代表大会常务委员会第二十八次会议通过）

第一章　总　　则

第一条　为了全面实施乡村振兴战略，促进农业全面升级、农村全面进步、农民全面发展，加快农业农村现代化，全面建设社会主义现代化国家，制定本法。

第二条　全面实施乡村振兴战略，开展促进乡村产业振兴、人才振兴、文化振兴、生态振兴、组织振兴，推进城乡融合发展等活动，适用本法。

本法所称乡村，是指城市建成区以外具有自然、社会、经济特征和生产、生活、生态、文化等多重功能的地域综合体，包括乡镇和村庄等。

第三条　促进乡村振兴应当按照产业兴旺、生态宜居、乡风文明、治理有效、生活富裕的总要求，统筹推进农村经济建设、政治建设、文化建设、社会建设、生态文明建设和党的建设，充分发挥乡村在保障农产品供给和粮食安全、保护生态环境、传承发展中华民族优秀传统文化等方面的特有功能。

第四条　全面实施乡村振兴战略，应当坚持中国共产党的领导，贯彻创新、协调、绿色、开放、共享的新发展理念，走中国特色社会主义乡村振兴道路，促进共同富裕，遵循以下原则：

（一）坚持农业农村优先发展，在干部配备上优先考虑，在要素配置上优先满足，在资金投入上优先保障，在公共服务上优先安排；

（二）坚持农民主体地位，充分尊重农民意愿，保障农民民主权利和其他合法权益，调动农民的积极性、主动性、创造性，维护农民根本利益；

（三）坚持人与自然和谐共生，统筹山水林田湖草沙系统治理，推动绿色发展，推进生态文明建设；

（四）坚持改革创新，充分发挥市场在资源配置中的决定性作用，更好发挥政府作用，推进农业供给侧结构性改革和高质量发展，不断解放和发展乡村社会生产力，激发农村发展活力；

（五）坚持因地制宜、规划先行、循序渐进，顺应村庄发展规律，根据乡村的历史文化、发展现状、区位条件、资源禀赋、产业基础分类推进。

第五条 国家巩固和完善以家庭承包经营为基础、统分结合的双层经营体制，发展壮大农村集体所有制经济。

第六条 国家建立健全城乡融合发展的体制机制和政策体系，推动城乡要素有序流动、平等交换和公共资源均衡配置，坚持以工补农、以城带乡，推动形成工农互促、城乡互补、协调发展、共同繁荣的新型工农城乡关系。

第七条 国家坚持以社会主义核心价值观为引领，大力弘扬民族精神和时代精神，加强乡村优秀传统文化保护和公共文化服务体系建设，繁荣发展乡村文化。

每年农历秋分日为中国农民丰收节。

第八条 国家实施以我为主、立足国内、确保产能、适度进口、科技支撑的粮食安全战略，坚持藏粮于地、藏粮于技，采取措施不断提高粮食综合生产能力，建设国家粮食安全产业带，完善粮食加工、流通、储备体系，确保谷物基本自给、口粮绝对安全，保障国家粮食安全。

国家完善粮食加工、储存、运输标准，提高粮食加工出品率和利用率，推动节粮减损。

第九条 国家建立健全中央统筹、省负总责、市县乡抓落实的乡村振兴工作机制。

各级人民政府应当将乡村振兴促进工作纳入国民经济和社会发展规划，并建立乡村振兴考核评价制度、工作年度报告制度和监督检查制度。

第十条 国务院农业农村主管部门负责全国乡村振兴促进工作的统筹协调、宏观指导和监督检查；国务院其他有关部门在各自职责范围内负责有关的乡村振兴促进工作。

县级以上地方人民政府农业农村主管部门负责本行政区域内乡村振兴促进工作的统筹协调、指导和监督检查；县级以上地方人民政府其他有关部门在各自职责范围内负责有关的乡村振兴促进工作。

第十一条 各级人民政府及其有关部门应当采取多种形式，广泛宣传乡村振兴促进相关法律法规和政策，鼓励、支持人民团体、社会组织、企事业单位等社会各方面参与乡村振兴促进相关活动。

对在乡村振兴促进工作中作出显著成绩的单位和个人，按照国家有关规定给予表彰和奖励。

第二章　产业发展

第十二条 国家完善农村集体产权制度，增强农村集体所有制经济发展活力，促进集体资产保值增值，确保农民受益。

各级人民政府应当坚持以农民为主体，以乡村优势特色资源为依托，支持、促进农村一二三产业融合发展，推动建立现代农业产业体系、生产体系和经营体系，推进数字乡村建设，培育新产业、新业态、新模式和新型农业经营主体，促进小农户和现代农业发展有机衔接。

第十三条 国家采取措施优化农业生产力布局，推进农业结构调整，发展优势特色产业，保障粮食和重要农产品有效供给和质量安全，推动品种培优、品质提升、品牌打造和标准化生产，推动农业对外开放，提高农业质量、效益和竞争力。

国家实行重要农产品保障战略，分品种明确保障目标，构建科学合理、安全高效的重要农产品供给保障体系。

第十四条 国家建立农用地分类管理制度，严格保护耕地，严格控制农用地转为建设用地，严格控制耕地转为林地、园地等其他类型农用地。省、自治区、直辖市人民政府应当采取措施确保耕地总量不减少、质量有提高。

国家实行永久基本农田保护制度，建设粮食生产功能区、重要农产品生产保护区，建设并保护高标准农田。

地方各级人民政府应当推进农村土地整理和农用地科学安全利用，加强农田水利等基础设施建设，改善农业生产条件。

第十五条 国家加强农业种质资源保护利用和种质资源库建设，支持育种基础性、前沿性和应用技术研究，实施农作物和畜禽等良种培育、育种关键技术攻关，鼓励种业科技成果转化和优良品种推广，建立并实施种业国家安全审查机制，促进种业高质量发展。

第十六条 国家采取措施加强农业科技创新，培育创新主体，构建以企业为主体、产学研协同的创新机制，强化高等学校、科研机构、农业企业创新能力，建立创新平台，加强新品种、新技术、新装备、新产品研发，加强农业知识产权保护，推进生物种业、智慧农业、设施农业、农产品加工、绿色农业投入品等领域创新，建设现代农业产业技术体系，推动农业农村创新驱动发展。

国家健全农业科研项目评审、人才评价、成果产权保护制度，保障对农业科技基础性、公益性研究的投入，激发农业科技人员创新积极性。

第十七条 国家加强农业技术推广体系建设，促进建立有利于农业科技成果转化推广的激励机制和利益分享机制，鼓励企业、高等学校、职业学校、科研机构、科学技术社会团体、农民专业合作社、农业专业化社会化服务组织、农业科技人员等创新推广方式，开展农业技术推广服务。

第十八条 国家鼓励农业机械生产研发和推广应用，推进主要农作物生产全程机械化，提高设施农业、林草业、畜牧业、渔业和农产品初加工的装备水平，推动农机农艺融合、机械化信息化融合，促进机械化生产与农田建设相适应、服务模式与农业适度规模经营相适应。

国家鼓励农业信息化建设，加强农业信息监测预警和综合服务，推进农业生产经营信息化。

第十九条 各级人民政府应当发挥农村资源和生态优势，支持特色农业、休闲农业、现代农产品加工业、乡村手工业、绿色建材、红色旅游、乡村旅游、康养和乡村物流、电子商务等乡村产业的发展；引导新型经营主体通过特色化、专业化经营，合理配置生产要素，促进乡村产业深度融合；支持特色农产品优势区、现代农业产业园、农业科技园、农村创业园、休闲农业和乡村旅游重点村镇等的建设；统筹农产品生产地、集散地、销售地市场建设，加强农产品流通骨干网络和冷链物流体系建设；鼓励企业获得国际通行的农产品认证，增强乡村产业竞争力。

发展乡村产业应当符合国土空间规划和产业政策、环境保护的要求。

第二十条 各级人民政府应当完善扶持政策，加强指导服务，支持农民、返乡入乡人员在乡村创业创新，促进乡村产业发展和农民就业。

第二十一条 各级人民政府应当建立健全有利于农民收入稳定增长的机制，鼓励支持农民拓宽增收渠道，促进农民增加收入。

国家采取措施支持农村集体经济组织发展，为本集体成员提供生产生活服务，保障成员从集体经营收入中获得收益分配的权利。

国家支持农民专业合作社、家庭农场和涉农企业、电子商务企业、农业专业化社会化服务组织等以多种方式与农民建立紧密型利益联结机制，让农民共享全产业链增值收益。

第二十二条 各级人民政府应当加强国有农（林、牧、渔）场规划建设，推进国有农（林、牧、渔）场现代农业发展，鼓励国有农（林、牧、渔）场在农业农村现代化建设中发挥示范引领作用。

第二十三条 各级人民政府应当深化供销合作社综合改革，鼓励供销合作社加强与农民利益联结，完善市场运作机制，强化为农服务功能，发挥其为农服务综合性合作经济组织的作用。

第三章 人才支撑

第二十四条 国家健全乡村人才工作体制机制，采取措施鼓励和支持社会各方面提供教育培训、技术支持、创业指导等服务，培养本土人才，引导城市人才下乡，推动专业人才服务乡村，促进农业农村人才队伍建设。

第二十五条 各级人民政府应当加强农村教育工作统筹，持续改善农村学校办学条件，支持开展网络远程教育，提高农村基础教育质量，加大乡村教师培养力度，采取公费师范教育等方式吸引高等学校毕业生到乡村任教，对长期在乡村任教的教师在职称评定等方面给予优待，保障和改善乡村教师待遇，提高乡村教师学历水平、整体素质和乡村教育现代化水平。

各级人民政府应当采取措施加强乡村医疗卫生队伍建设，支持县乡村医疗卫生人员参加培训、进修，建立县乡村上下贯通的职业发展机制，对在乡村工作的医疗卫生人员实行优惠待遇，鼓励医学院校毕业生到乡村工作，支持医师到乡村医疗卫生机构执业、开办乡村诊所、普及医疗卫生知识，提高乡村医疗卫生服务能力。

各级人民政府应当采取措施培育农业科技人才、经营管理人才、法律服务人才、社会工作人才，加强乡村文化人才队伍建设，培育乡村文化骨干力量。

第二十六条　各级人民政府应当采取措施，加强职业教育和继续教育，组织开展农业技能培训、返乡创业就业培训和职业技能培训，培养有文化、懂技术、善经营、会管理的高素质农民和农村实用人才、创新创业带头人。

第二十七条　县级以上人民政府及其教育行政部门应当指导、支持高等学校、职业学校设置涉农相关专业，加大农村专业人才培养力度，鼓励高等学校、职业学校毕业生到农村就业创业。

第二十八条　国家鼓励城市人才向乡村流动，建立健全城乡、区域、校地之间人才培养合作与交流机制。

县级以上人民政府应当建立鼓励各类人才参与乡村建设的激励机制，搭建社会工作和乡村建设志愿服务平台，支持和引导各类人才通过多种方式服务乡村振兴。

乡镇人民政府和村民委员会、农村集体经济组织应当为返乡入乡人员和各类人才提供必要的生产生活服务。农村集体经济组织可以根据实际情况提供相关的福利待遇。

第四章　文化繁荣

第二十九条　各级人民政府应当组织开展新时代文明实践活动，加强农村精神文明建设，不断提高乡村社会文明程度。

第三十条　各级人民政府应当采取措施丰富农民文化体育生活，倡导科学健康的生产生活方式，发挥村规民约积极作用，普及科学知识，推进移风易俗，破除大操大办、铺张浪费等陈规陋习，提倡孝老爱亲、勤俭节约、诚实守信，促进男女平等，创建文明村镇、文明家庭，培育文明乡风、良好家风、淳朴民风，建设文明乡村。

第三十一条　各级人民政府应当健全完善乡村公共文化体育设施网络和服务运行机制，鼓励开展形式多样的农民群众性文化体育、节日民俗等活动，充分利用广播电视、视听网络和书籍报刊，拓展乡村文化服务渠道，提供便利可及的公共文化服务。

各级人民政府应当支持农业农村农民题材文艺创作，鼓励制作反映农民生产生活和乡村振兴实践的优秀文艺作品。

第三十二条 各级人民政府应当采取措施保护农业文化遗产和非物质文化遗产，挖掘优秀农业文化深厚内涵，弘扬红色文化，传承和发展优秀传统文化。

县级以上地方人民政府应当加强对历史文化名镇名村、传统村落和乡村风貌、少数民族特色村寨的保护，开展保护状况监测和评估，采取措施防御和减轻火灾、洪水、地震等灾害。

第三十三条 县级以上地方人民政府应当坚持规划引导、典型示范，有计划地建设特色鲜明、优势突出的农业文化展示区、文化产业特色村落，发展乡村特色文化体育产业，推动乡村地区传统工艺振兴，积极推动智慧广电乡村建设，活跃繁荣农村文化市场。

第五章　生态保护

第三十四条 国家健全重要生态系统保护制度和生态保护补偿机制，实施重要生态系统保护和修复工程，加强乡村生态保护和环境治理，绿化美化乡村环境，建设美丽乡村。

第三十五条 国家鼓励和支持农业生产者采用节水、节肥、节药、节能等先进的种植养殖技术，推动种养结合、农业资源综合开发，优先发展生态循环农业。

各级人民政府应当采取措施加强农业面源污染防治，推进农业投入品减量化、生产清洁化、废弃物资源化、产业模式生态化，引导全社会形成节约适度、绿色低碳、文明健康的生产生活和消费方式。

第三十六条 各级人民政府应当实施国土综合整治和生态修复，加强森林、草原、湿地等保护修复，开展荒漠化、石漠化、水土流失综合治理，改善乡村生态环境。

第三十七条 各级人民政府应当建立政府、村级组织、企业、农民等各方面参与的共建共管共享机制，综合整治农村水系，因地制宜推广卫生厕所和简便易行的垃圾分类，治理农村垃圾和污水，加强乡村无障碍设施建设，鼓励和支持使用清洁能源、可再生能源，持续改善农村人居环境。

第三十八条 国家建立健全农村住房建设质量安全管理制度和相关技术标准体系，建立农村低收入群体安全住房保障机制。建设农村住房应当避让灾害易发区域，符合抗震、防洪等基本安全要求。

县级以上地方人民政府应当加强农村住房建设管理和服务，强化新建农村住房规划管控，严格禁止违法占用耕地建房；鼓励农村住房设计体现地域、民族和乡土特色，鼓励农村住房建设采用新型建造技术和绿色建材，引导农民建设功能现代、结构安全、成本经济、绿色环保、与乡村环境相协调的宜居住房。

第三十九条 国家对农业投入品实行严格管理，对剧毒、高毒、高残留的农药、兽药采取禁用限用措施。农产品生产经营者不得使用国家禁用的农药、兽药或者其他有毒有害物质，不得违反农产品质量安全标准和国家有关规定超剂量、超范围使用农药、兽药、肥料、饲料添加剂等农业投入品。

第四十条 国家实行耕地养护、修复、休耕和草原森林河流湖泊休养生息制度。县级以上人民政府及其有关部门依法划定江河湖海限捕、禁捕的时间和区域，并可以根据地下水超采情况，划定禁止、限制开采地下水区域。

禁止违法将污染环境、破坏生态的产业、企业向农村转移。禁止违法将城镇垃圾、工业固体废物、未经达标处理的城镇污水等向农业农村转移。禁止向农用地排放重金属或者其他有毒有害物质含量超标的污水、污泥，以及可能造成土壤污染的清淤底泥、尾矿、矿渣等；禁止将有毒有害废物用作肥料或者用于造田和土地复垦。

地方各级人民政府及其有关部门应当采取措施，推进废旧农膜和农药等农业投入品包装废弃物回收处理，推进农作物秸秆、畜禽粪污的资源化利用，严格控制河流湖库、近岸海域投饵网箱养殖。

第六章 组织建设

第四十一条 建立健全党委领导、政府负责、民主协商、社会协同、公众参与、法治保障、科技支撑的现代乡村社会治理体制和自治、法治、德治相结合的乡村社会治理体系，建设充满活力、和谐有序的善治乡村。

地方各级人民政府应当加强乡镇人民政府社会管理和服务能力建设，把乡镇建成乡村治理中心、农村服务中心、乡村经济中心。

第四十二条 中国共产党农村基层组织，按照中国共产党章程和有关规定发挥全面领导作用。村民委员会、农村集体经济组织等应当在乡镇党委和村党组织的领导下，实行村民自治，发展集体所有制经济，维护农民合法权益，并应当接受村民监督。

第四十三条 国家建立健全农业农村工作干部队伍的培养、配备、使用、管理机制，选拔优秀干部充实到农业农村工作干部队伍，采取措施提高农业农村工作干部队伍的能力和水平，落实农村基层干部相关待遇保障，建设懂农业、爱农村、爱农民的农业农村工作干部队伍。

第四十四条 地方各级人民政府应当构建简约高效的基层管理体制，科学设置乡镇机构，加强乡村干部培训，健全农村基层服务体系，夯实乡村治理基础。

第四十五条 乡镇人民政府应当指导和支持农村基层群众性自治组织规范化、制度化建设，健全村民委员会民主决策机制和村务公开制度，增强村民自我管理、自我教育、自我服务、自我监督能力。

第四十六条 各级人民政府应当引导和支持农村集体经济组织发挥依法管理集体资产、合理开发集体资源、服务集体成员等方面的作用，保障农村集体经济组织的独立运营。

县级以上地方人民政府应当支持发展农民专业合作社、家庭农场、农业企业等多种经营主体，健全农业农村社会化服务体系。

第四十七条 县级以上地方人民政府应当采取措施加强基层群团组织建设，支持、规范和引导农村社会组织发展，发挥基层群团组织、农村社会组织团结群众、联系群众、服务群众等方面的作用。

第四十八条 地方各级人民政府应当加强基层执法队伍建设，鼓励乡镇人民政府根据需要设立法律顾问和公职律师，鼓励有条件的地方在村民委员会建立公共法律服务工作室，深入开展法治宣传教育和人民调解工作，健全乡村矛盾纠纷调处化解机制，推进法治乡村建设。

第四十九条 地方各级人民政府应当健全农村社会治安防控体系，加强农村警务工作，推动平安乡村建设；健全农村公共安全体系，强化农村公共卫生、安全生产、防灾减灾救灾、应急救援、应急广播、食品、药品、交通、消防等安全管理责任。

第七章　城乡融合

第五十条 各级人民政府应当协同推进乡村振兴战略和新型城镇化战略的实施，整体筹划城镇和乡村发展，科学有序统筹安排生态、农业、城镇等功能空间，优化城乡产业发展、基础设施、公共服务设施等布局，逐步健全全民覆盖、普惠共享、城乡一体的基本公共服务体系，加快县域城乡融合发展，促进农业高质高效、乡村宜居宜业、农民富裕富足。

第五十一条 县级人民政府和乡镇人民政府应当优化本行政区域内乡村发展布局，按照尊重农民意愿、方便群众生产生活、保持乡村功能和特色的原则，因地制宜安排村庄布局，依法编制村庄规划，分类有序推进村庄建设，严格规范村庄撤并，严禁违背农民意愿、违反法定程序撤并村庄。

第五十二条 县级以上地方人民政府应当统筹规划、建设、管护城乡道路以及垃圾污水处理、供水供电供气、物流、客运、信息通信、广播电视、消防、防灾减灾等公共基础设施和新型基础设施，推动城乡基础设施互联互通，保障乡村发展能源需求，保障农村饮用水安全，满足农民生产生活需要。

第五十三条 国家发展农村社会事业，促进公共教育、医疗卫生、社会保障等资源向农村倾斜，提升乡村基本公共服务水平，推进城乡基本公共服务均等化。

国家健全乡村便民服务体系，提升乡村公共服务数字化智能化水平，支持完善村级综合服务设施和综合信息平台，培育服务机构和服务类社会组织，完善服务运行机制，促进公共服务与自我服务有效衔接，增强生产生活服务功能。

第五十四条 国家完善城乡统筹的社会保障制度，建立健全保障机制，支持乡村提高社会保障管理服务水平；建立健全城乡居民基本养老保险待遇确定和基础养老金标准正常调整机制，确保城乡居民基本养老保险待遇随经济社会发展逐步提高。

国家支持农民按照规定参加城乡居民基本养老保险、基本医疗保险，鼓励具备条件的灵活就业人员和农业产业化从业人员参加职工基本养老保险、职工基本医疗保险等社会保险。

国家推进城乡最低生活保障制度统筹发展，提高农村特困人员供养等社会救助水平，加强对农村留守儿童、妇女和老年人以及残疾人、困境儿童的关爱服务，支持发展农村普惠型养老服务和互助性养老。

第五十五条 国家推动形成平等竞争、规范有序、城乡统一的人力资源市场，健全城乡均等的公共就业创业服务制度。

县级以上地方人民政府应当采取措施促进在城镇稳定就业和生活的农民自愿有序进城落户，不得以退出土地承包经营权、宅基地使用权、集体收益分配权等作为农民进城落户的条件；推进取得居住证的农民及其随迁家属享受城镇基本公共服务。

国家鼓励社会资本到乡村发展与农民利益联结型项目，鼓励城市居民到乡村旅游、休闲度假、养生养老等，但不得破坏乡村生态环境，不得损害农村集体经济组织及其成员的合法权益。

第五十六条 县级以上人民政府应当采取措施促进城乡产业协同发展，在保障农民主体地位的基础上健全联农带农激励机制，实现乡村经济多元化和农业全产业链发展。

第五十七条 各级人民政府及其有关部门应当采取措施鼓励农民进城务工，全面落实城乡劳动者平等就业、同工同酬，依法保障农民工工资支付和社会保障权益。

第八章　扶持措施

第五十八条　国家建立健全农业支持保护体系和实施乡村振兴战略财政投入保障制度。县级以上人民政府应当优先保障用于乡村振兴的财政投入，确保投入力度不断增强、总量持续增加、与乡村振兴目标任务相适应。

省、自治区、直辖市人民政府可以依法发行政府债券，用于现代农业设施建设和乡村建设。

各级人民政府应当完善涉农资金统筹整合长效机制，强化财政资金监督管理，全面实施预算绩效管理，提高财政资金使用效益。

第五十九条　各级人民政府应当采取措施增强脱贫地区内生发展能力，建立农村低收入人口、欠发达地区帮扶长效机制，持续推进脱贫地区发展；建立健全易返贫致贫人口动态监测预警和帮扶机制，实现巩固拓展脱贫攻坚成果同乡村振兴有效衔接。

国家加大对革命老区、民族地区、边疆地区实施乡村振兴战略的支持力度。

第六十条　国家按照增加总量、优化存量、提高效能的原则，构建以高质量绿色发展为导向的新型农业补贴政策体系。

第六十一条　各级人民政府应当坚持取之于农、主要用之于农的原则，按照国家有关规定调整完善土地使用权出让收入使用范围，提高农业农村投入比例，重点用于高标准农田建设、农田水利建设、现代种业提升、农村供水保障、农村人居环境整治、农村土地综合整治、耕地及永久基本农田保护、村庄公共设施建设和管护、农村教育、农村文化和精神文明建设支出，以及与农业农村直接相关的山水林田湖草沙生态保护修复、以工代赈工程建设等。

第六十二条　县级以上人民政府设立的相关专项资金、基金应当按照规定加强对乡村振兴的支持。

国家支持以市场化方式设立乡村振兴基金，重点支持乡村产业发展和公共基础设施建设。

县级以上地方人民政府应当优化乡村营商环境，鼓励创新投融资方式，引导社会资本投向乡村。

第六十三条　国家综合运用财政、金融等政策措施，完善政府性融资担保机制，依法完善乡村资产抵押担保权能，改进、加强乡村振兴的金融支持和服务。

财政出资设立的农业信贷担保机构应当主要为从事农业生产和与农业生产直接相关的经营主体服务。

第六十四条　国家健全多层次资本市场，多渠道推动涉农企业股权融资，发展并规范债券市场，促进涉农企业利用多种方式融资；丰富农产品期货品种，发挥期货市场价格发现和风险分散功能。

第六十五条 国家建立健全多层次、广覆盖、可持续的农村金融服务体系，完善金融支持乡村振兴考核评估机制，促进农村普惠金融发展，鼓励金融机构依法将更多资源配置到乡村发展的重点领域和薄弱环节。

政策性金融机构应当在业务范围内为乡村振兴提供信贷支持和其他金融服务，加大对乡村振兴的支持力度。

商业银行应当结合自身职能定位和业务优势，创新金融产品和服务模式，扩大基础金融服务覆盖面，增加对农民和农业经营主体的信贷规模，为乡村振兴提供金融服务。

农村商业银行、农村合作银行、农村信用社等农村中小金融机构应当主要为本地农业农村农民服务，当年新增可贷资金主要用于当地农业农村发展。

第六十六条 国家建立健全多层次农业保险体系，完善政策性农业保险制度，鼓励商业性保险公司开展农业保险业务，支持农民和农业经营主体依法开展互助合作保险。

县级以上人民政府应当采取保费补贴等措施，支持保险机构适当增加保险品种，扩大农业保险覆盖面，促进农业保险发展。

第六十七条 县级以上地方人民政府应当推进节约集约用地，提高土地使用效率，依法采取措施盘活农村存量建设用地，激活农村土地资源，完善农村新增建设用地保障机制，满足乡村产业、公共服务设施和农民住宅用地合理需求。

县级以上地方人民政府应当保障乡村产业用地，建设用地指标应当向乡村发展倾斜，县域内新增耕地指标应当优先用于折抵乡村产业发展所需建设用地指标，探索灵活多样的供地新方式。

经国土空间规划确定为工业、商业等经营性用途并依法登记的集体经营性建设用地，土地所有权人可以依法通过出让、出租等方式交由单位或者个人使用，优先用于发展集体所有制经济和乡村产业。

第九章　监督检查

第六十八条 国家实行乡村振兴战略实施目标责任制和考核评价制度。上级人民政府应当对下级人民政府实施乡村振兴战略的目标完成情况等进行考核，考核结果作为地方人民政府及其负责人综合考核评价的重要内容。

第六十九条 国务院和省、自治区、直辖市人民政府有关部门建立客观反映乡村振兴进展的指标和统计体系。县级以上地方人民政府应当对本行政区域内乡村振兴战略实施情况进行评估。

第七十条 县级以上各级人民政府应当向本级人民代表大会或者其常务委员会报告乡村振兴促进工作情况。乡镇人民政府应当向本级人民代表大会报告乡村振兴促进工作情况。

第七十一条 地方各级人民政府应当每年向上一级人民政府报告乡村振兴促进工作情况。

县级以上人民政府定期对下一级人民政府乡村振兴促进工作情况开展监督检查。

第七十二条 县级以上人民政府发展改革、财政、农业农村、审计等部门按照各自职责对农业农村投入优先保障机制落实情况、乡村振兴资金使用情况和绩效等实施监督。

第七十三条 各级人民政府及其有关部门在乡村振兴促进工作中不履行或者不正确履行职责的，依照法律法规和国家有关规定追究责任，对直接负责的主管人员和其他直接责任人员依法给予处分。

违反有关农产品质量安全、生态环境保护、土地管理等法律法规的，由有关主管部门依法予以处罚；构成犯罪的，依法追究刑事责任。

第十章 附 则

第七十四条 本法自2021年6月1日起施行。

3. 中华人民共和国民法典（节选）

（2020 年 5 月 28 日第十三届全国人民代表大会第三次会议通过）

第二编　物　　权

第二分编　所 有 权

第四章　一般规定

第二百四十四条　国家对耕地实行特殊保护，严格限制农用地转为建设用地，控制建设用地总量。不得违反法律规定的权限和程序征收集体所有的土地。

第三分编　用益物权

第十章　一般规定

第三百二十三条　用益物权人对他人所有的不动产或者动产，依法享有占有、使用和收益的权利。

第三百二十四条　国家所有或者国家所有由集体使用以及法律规定属于集体所有的自然资源，组织、个人依法可以占有、使用和收益。

第三百二十五条　国家实行自然资源有偿使用制度，但是法律另有规定的除外。

第三百二十六条　用益物权人行使权利，应当遵守法律有关保护和合理开发利用资源、保护生态环境的规定。所有权人不得干涉用益物权人行使权利。

第三百二十七条　因不动产或者动产被征收、征用致使用益物权消灭或者影响用益物权行使的，用益物权人有权依据本法第二百四十三条、第二百四十五条的规定获得相应补偿。

第三百二十八条 依法取得的海域使用权受法律保护。

第三百二十九条 依法取得的探矿权、采矿权、取水权和使用水域、滩涂从事养殖、捕捞的权利受法律保护。

第十一章 土地承包经营权

第三百三十条 农村集体经济组织实行家庭承包经营为基础、统分结合的双层经营体制。

农民集体所有和国家所有由农民集体使用的耕地、林地、草地以及其他用于农业的土地，依法实行土地承包经营制度。

第三百三十一条 土地承包经营权人依法对其承包经营的耕地、林地、草地等享有占有、使用和收益的权利，有权从事种植业、林业、畜牧业等农业生产。

第三百三十二条 耕地的承包期为三十年。草地的承包期为三十年至五十年。林地的承包期为三十年至七十年。

前款规定的承包期限届满，由土地承包经营权人依照农村土地承包的法律规定继续承包。

第三百三十三条 土地承包经营权自土地承包经营权合同生效时设立。

登记机构应当向土地承包经营权人发放土地承包经营权证、林权证等证书，并登记造册，确认土地承包经营权。

第三百三十四条 土地承包经营权人依照法律规定，有权将土地承包经营权互换、转让。未经依法批准，不得将承包地用于非农建设。

第三百三十五条 土地承包经营权互换、转让的，当事人可以向登记机构申请登记；未经登记，不得对抗善意第三人。

第三百三十六条 承包期内发包人不得调整承包地。

因自然灾害严重毁损承包地等特殊情形，需要适当调整承包的耕地和草地的，应当依照农村土地承包的法律规定办理。

第三百三十七条 承包期内发包人不得收回承包地。法律另有规定的，依照其规定。

第三百三十八条 承包地被征收的，土地承包经营权人有权依据本法第二百四十三条的规定获得相应补偿。

第三百三十九条 土地承包经营权人可以自主决定依法采取出租、入股或者其他方式向他人流转土地经营权。

第三百四十条 土地经营权人有权在合同约定的期限内占有农村土地，自主开展农业生产经营并取得收益。

第三百四十一条 流转期限为五年以上的土地经营权，自流转合同生效时设立。当事人可以向登记机构申请土地经营权登记；未经登记，不得对抗善意第三人。

第三百四十二条 通过招标、拍卖、公开协商等方式承包农村土地，经依法登记取得权属证书的，可以依法采取出租、入股、抵押或者其他方式流转土地经营权。

第三百四十三条 国家所有的农用地实行承包经营的，参照适用本编的有关规定。

第十五章　地 役 权

第三百七十二条 地役权人有权按照合同约定，利用他人的不动产，以提高自己的不动产的效益。

前款所称他人的不动产为供役地，自己的不动产为需役地。

第三百七十三条 设立地役权，当事人应当采用书面形式订立地役权合同。

地役权合同一般包括下列条款：

（一）当事人的姓名或者名称和住所；

（二）供役地和需役地的位置；

（三）利用目的和方法；

（四）地役权期限；

（五）费用及其支付方式；

（六）解决争议的方法。

第三百七十四条 地役权自地役权合同生效时设立。当事人要求登记的，可以向登记机构申请地役权登记；未经登记，不得对抗善意第三人。

第三百七十五条 供役地权利人应当按照合同约定，允许地役权人利用其不动产，不得妨害地役权人行使权利。

第三百七十六条 地役权人应当按照合同约定的利用目的和方法利用供役地，尽量减少对供役地权利人物权的限制。

第三百七十七条 地役权期限由当事人约定；但是，不得超过土地承包经营权、建设用地使用权等用益物权的剩余期限。

第三百七十八条 土地所有权人享有地役权或者负担地役权的，设立土地承包经营权、宅基地使用权等用益物权时，该用益物权人继续享有或者负担已经设立的地役权。

第三百七十九条 土地上已经设立土地承包经营权、建设用地使用权、宅基地使用权等用益物权的，未经用益物权人同意，土地所有权人不得设立地役权。

第三百八十条 地役权不得单独转让。土地承包经营权、建设用地使用权等转让的，地役权一并转让，但是合同另有约定的除外。

第三百八十一条 地役权不得单独抵押。土地经营权、建设用地使用权等抵押的，在实现抵押权时，地役权一并转让。

第三百八十二条 需役地以及需役地上的土地承包经营权、建设用地使用权等部分转让时，转让部分涉及地役权的，受让人同时享有地役权。

第三百八十三条 供役地以及供役地上的土地承包经营权、建设用地使用权等部分转让时，转让部分涉及地役权的，地役权对受让人具有法律约束力。

第三百八十四条 地役权人有下列情形之一的，供役地权利人有权解除地役权合同，地役权消灭：

（一）违反法律规定或者合同约定，滥用地役权；

（二）有偿利用供役地，约定的付款期限届满后在合理期限内经两次催告未支付费用。

第三百八十五条 已经登记的地役权变更、转让或者消灭的，应当及时办理变更登记或者注销登记。

4. 中华人民共和国刑法（节选）

（1979 年 7 月 1 日第五届全国人民代表大会第二次会议通过　1997 年 3 月 14 日第八届全国人民代表大会第五次会议修订　根据 1998 年 12 月 29 日第九届全国人民代表大会常务委员会第六次会议通过的《全国人民代表大会常务委员会关于惩治骗购外汇、逃汇和非法买卖外汇犯罪的决定》、1999 年 12 月 25 日第九届全国人民代表大会常务委员会第十三次会议通过的《中华人民共和国刑法修正案》、2001 年 8 月 31 日第九届全国人民代表大会常务委员会第二十三次会议通过的《中华人民共和国刑法修正案（二）》、2001 年 12 月 29 日第九届全国人民代表大会常务委员会第二十五次会议通过的《中华人民共和国刑法修正案（三）》、2002 年 12 月 28 日第九届全国人民代表大会常务委员会第三十一次会议通过的《中华人民共和国刑法修正案（四）》、2005 年 2 月 28 日第十届全国人民代表大会常务委员会第十四次会议通过的《中华人民共和国刑法修正案（五）》、2006 年 6 月 29 日第十届全国人民代表大会常务委员会第二十二次会议通过的《中华人民共和国刑法修正案（六）》、2009 年 2 月 28 日第十一届全国人民代表大会常务委员会第七次会议通过的《中华人民共和国刑法修正案（七）》、2009 年 8 月 27 日第十一届全国人民代表大会常务委员会第十次会议通过的《全国人民代表大会常务委员会关于修改部分法律的决定》、2011 年 2 月 25 日第十一届全国人民代表大会常务委员会第十九次会议通过的《中华人民共和国刑法修正案（八）》、2015 年 8 月 29 日第十二届全国人民代表大会常务委员会第十六次会议通过的《中华人民共和国刑法修正案（九）》、2017 年 11 月 4 日第十二届全国人民代表大会常务委员会第三十次会议通过的《中华人民共和国刑法修正案（十）》和 2020 年 12 月 26 日第十三届全国人民代表大会常务委员会第二十四次会议通过《中华人民共

和国刑法修正案（十一）》）

第二编　分　　则

第六章　妨害社会管理秩序罪

第六节　破坏环境资源保护罪

第三百三十八条　违反国家规定，排放、倾倒或者处置有放射性的废物、含传染病病原体的废物、有毒物质或者其他有害物质，严重污染环境的，处三年以下有期徒刑或者拘役，并处或者单处罚金；情节严重的，处三年以上七年以下有期徒刑，并处罚金；有下列情形之一的，处七年以上有期徒刑，并处罚金：

（一）在饮用水水源保护区、自然保护地核心保护区等依法确定的重点保护区域排放、倾倒、处置有放射性的废物、含传染病病原体的废物、有毒物质，情节特别严重的；

（二）向国家确定的重要江河、湖泊水域排放、倾倒、处置有放射性的废物、含传染病病原体的废物、有毒物质，情节特别严重的；

（三）致使大量永久基本农田基本功能丧失或者遭受永久性破坏的；

（四）致使多人重伤、严重疾病，或者致人严重残疾、死亡的。

有前款行为，同时构成其他犯罪的，依照处罚较重的规定定罪处罚。

第三百四十二条　违反土地管理法规，非法占用耕地、林地等农用地，改变被占用土地用途，数量较大，造成耕地、林地等农用地大量毁坏的，处五年以下有期徒刑或者拘役，并处或者单处罚金。

第三百四十六条　单位犯本节第三百三十八条至第三百四十五条规定之罪的，对单位判处罚金，并对其直接负责的主管人员和其他直接责任人员，依照本节各该条的规定处罚。

5. 中华人民共和国农村土地承包法（节选）

（2002年8月29日第九届全国人民代表大会常务委员会第二十九次会议通过　2002年8月29日中华人民共和国主席令第七十三号公布　根据2009年8月27日第十一届全国人民代表大会常务委员会第十次会议《关于修改部分法律的决定》第一次修正　根据2018年12月29日第十三届全国人民代表大会常务委员会第七次会议《关于修改〈中华人民共和国农村土地承包法〉的决定》第二次修正）

第二章　家庭承包

第一节　发包方和承包方的权利和义务

第十四条　发包方享有下列权利：

（一）发包本集体所有的或者国家所有依法由本集体使用的农村土地；

（二）监督承包方依照承包合同约定的用途合理利用和保护土地；

（三）制止承包方损害承包地和农业资源的行为；

（四）法律、行政法规规定的其他权利。

第十五条　发包方承担下列义务：

（一）维护承包方的土地承包经营权，不得非法变更、解除承包合同；

（二）尊重承包方的生产经营自主权，不得干涉承包方依法进行正常的生产经营活动；

（三）依照承包合同约定为承包方提供生产、技术、信息等服务；

（四）执行县、乡（镇）土地利用总体规划，组织本集体经济组织内的农业基础设施建设；

（五）法律、行政法规规定的其他义务。

第十八条　承包方承担下列义务：

（一）维持土地的农业用途，未经依法批准不得用于非农建设；

（二）依法保护和合理利用土地，不得给土地造成永久性损害；

（三）法律、行政法规规定的其他义务。

第三节　承包期限和承包合同

第二十二条　发包方应当与承包方签订书面承包合同。

承包合同一般包括以下条款：

（一）发包方、承包方的名称，发包方负责人和承包方代表的姓名、住所；

（二）承包土地的名称、坐落、面积、质量等级；

（三）承包期限和起止日期；

（四）承包土地的用途；

（五）发包方和承包方的权利和义务；

（六）违约责任。

第五节　土地经营权

第三十八条　土地经营权流转应当遵循以下原则：

（一）依法、自愿、有偿，任何组织和个人不得强迫或者阻碍土地经营权流转；

（二）不得改变土地所有权的性质和土地的农业用途，不得破坏农业综合生产能力和农业生态环境；

（三）流转期限不得超过承包期的剩余期限；

（四）受让方须有农业经营能力或者资质；

（五）在同等条件下，本集体经济组织成员享有优先权。

第四十条　土地经营权流转，当事人双方应当签订书面流转合同。

土地经营权流转合同一般包括以下条款：

（一）双方当事人的姓名、住所；

（二）流转土地的名称、坐落、面积、质量等级；

（三）流转期限和起止日期；

（四）流转土地的用途；

（五）双方当事人的权利和义务；

（六）流转价款及支付方式；

（七）土地被依法征收、征用、占用时有关补偿费的归属；

（八）违约责任。

承包方将土地交由他人代耕不超过一年的，可以不签订书面合同。

第四十二条　承包方不得单方解除土地经营权流转合同，但受让方有下列情形之一的除外：

（一）擅自改变土地的农业用途；

（二）弃耕抛荒连续两年以上；

（三）给土地造成严重损害或者严重破坏土地生态环境；

（四）其他严重违约行为。

第四十三条 经承包方同意，受让方可以依法投资改良土壤，建设农业生产附属、配套设施，并按照合同约定对其投资部分获得合理补偿。

第四章 争议的解决和法律责任

第六十三条 承包方、土地经营权人违法将承包地用于非农建设的，由县级以上地方人民政府有关主管部门依法予以处罚。

承包方给承包地造成永久性损害的，发包方有权制止，并有权要求赔偿由此造成的损失。

第六十四条 土地经营权人擅自改变土地的农业用途、弃耕抛荒连续两年以上、给土地造成严重损害或者严重破坏土地生态环境，承包方在合理期限内不解除土地经营权流转合同的，发包方有权要求终止土地经营权流转合同。土地经营权人对土地和土地生态环境造成的损害应当予以赔偿。

6. 中华人民共和国土壤污染防治法（节选）

（2018 年 8 月 31 日第十三届全国人民代表大会常务委员会第五次会议通过）

第四章　风险管控和修复

第二节　农 用 地

第四十九条　国家建立农用地分类管理制度。按照土壤污染程度和相关标准，将农用地划分为优先保护类、安全利用类和严格管控类。

第五十条　县级以上地方人民政府应当依法将符合条件的优先保护类耕地划为永久基本农田，实行严格保护。

在永久基本农田集中区域，不得新建可能造成土壤污染的建设项目；已经建成的，应当限期关闭拆除。

第五十一条　未利用地、复垦土地等拟开垦为耕地的，地方人民政府农业农村主管部门应当会同生态环境、自然资源主管部门进行土壤污染状况调查，依法进行分类管理。

第五十二条　对土壤污染状况普查、详查和监测、现场检查表明有土壤污染风险的农用地地块，地方人民政府农业农村、林业草原主管部门应当会同生态环境、自然资源主管部门进行土壤污染状况调查。

对土壤污染状况调查表明污染物含量超过土壤污染风险管控标准的农用地地块，地方人民政府农业农村、林业草原主管部门应当会同生态环境、自然资源主管部门组织进行土壤污染风险评估，并按照农用地分类管理制度管理。

第五十三条　对安全利用类农用地地块，地方人民政府农业农村、林业草原主管部门，应当结合主要作物品种和种植习惯等情况，制定并实施安全利用方案。

安全利用方案应当包括下列内容：

（一）农艺调控、替代种植；

（二）定期开展土壤和农产品协同监测与评价；

（三）对农民、农民专业合作社及其他农业生产经营主体进行技术指导和培训；

（四）其他风险管控措施。

第五十四条 对严格管控类农用地地块，地方人民政府农业农村、林业草原主管部门应当采取下列风险管控措施：

（一）提出划定特定农产品禁止生产区域的建议，报本级人民政府批准后实施；

（二）按照规定开展土壤和农产品协同监测与评价；

（三）对农民、农民专业合作社及其他农业生产经营主体进行技术指导和培训；

（四）其他风险管控措施。

各级人民政府及其有关部门应当鼓励对严格管控类农用地采取调整种植结构、退耕还林还草、退耕还湿、轮作休耕、轮牧休牧等风险管控措施，并给予相应的政策支持。

第五十五条 安全利用类和严格管控类农用地地块的土壤污染影响或者可能影响地下水、饮用水水源安全的，地方人民政府生态环境主管部门应当会同农业农村、林业草原等主管部门制定防治污染的方案，并采取相应的措施。

第五十六条 对安全利用类和严格管控类农用地地块，土壤污染责任人应当按照国家有关规定以及土壤污染风险评估报告的要求，采取相应的风险管控措施，并定期向地方人民政府农业农村、林业草原主管部门报告。

第五十七条 对产出的农产品污染物含量超标，需要实施修复的农用地地块，土壤污染责任人应当编制修复方案，报地方人民政府农业农村、林业草原主管部门备案并实施。修复方案应当包括地下水污染防治的内容。

修复活动应当优先采取不影响农业生产、不降低土壤生产功能的生物修复措施，阻断或者减少污染物进入农作物食用部分，确保农产品质量安全。

风险管控、修复活动完成后，土壤污染责任人应当另行委托有关单位对风险管控效果、修复效果进行评估，并将效果评估报告报地方人民政府农业农村、林业草原主管部门备案。

农村集体经济组织及其成员、农民专业合作社及其他农业生产经营主体等负有协助实施土壤污染风险管控和修复的义务。

7. 中华人民共和国农业法

（1993年7月2日第八届全国人民代表大会常务委员会第二次会议通过　2002年12月28日第九届全国人民代表大会常务委员会第三十一次会议修订　根据2009年8月27日第十一届全国人民代表大会常务委员会第十次会议《关于修改部分法律的决定》第一次修正　根据2012年12月28日第十一届全国人民代表大会常务委员会第三十次会议《关于修改〈中华人民共和国农业法〉的决定》第二次修正）

第一章　总　　则

第一条　为了巩固和加强农业在国民经济中的基础地位，深化农村改革，发展农业生产力，推进农业现代化，维护农民和农业生产经营组织的合法权益，增加农民收入，提高农民科学文化素质，促进农业和农村经济的持续、稳定、健康发展，实现全面建设小康社会的目标，制定本法。

第二条　本法所称农业，是指种植业、林业、畜牧业和渔业等产业，包括与其直接相关的产前、产中、产后服务。

本法所称农业生产经营组织，是指农村集体经济组织、农民专业合作经济组织、农业企业和其他从事农业生产经营的组织。

第三条　国家把农业放在发展国民经济的首位。

农业和农村经济发展的基本目标是：建立适应发展社会主义市场经济要求的农村经济体制，不断解放和发展农村生产力，提高农业的整体素质和效益，确保农产品供应和质量，满足国民经济发展和人口增长、生活改善的需求，提高农民的收入和生活水平，促进农村富余劳动力向非农产业和城镇转移，缩小城乡差别和区域差别，建设富裕、民主、文明的社会主义新农村，逐步实现农业和农村现代化。

第四条　国家采取措施，保障农业更好地发挥在提供食物、工业原料和其他农产品，维护和改善生态环境，促进农村经济社会发展等多方面的作用。

第五条　国家坚持和完善公有制为主体、多种所有制经济共同发展的基本经济制度，振兴农村经济。

国家长期稳定农村以家庭承包经营为基础、统分结合的双层经营体制，发展社会化服务体系，壮大集体经济实力，引导农民走共同富裕的道路。

国家在农村坚持和完善以按劳分配为主体、多种分配方式并存的分配制度。

第六条 国家坚持科教兴农和农业可持续发展的方针。

国家采取措施加强农业和农村基础设施建设，调整、优化农业和农村经济结构，推进农业产业化经营，发展农业科技、教育事业，保护农业生态环境，促进农业机械化和信息化，提高农业综合生产能力。

第七条 国家保护农民和农业生产经营组织的财产及其他合法权益不受侵犯。

各级人民政府及其有关部门应当采取措施增加农民收入，切实减轻农民负担。

第八条 全社会应当高度重视农业，支持农业发展。

国家对发展农业和农村经济有显著成绩的单位和个人，给予奖励。

第九条 各级人民政府对农业和农村经济发展工作统一负责，组织各有关部门和全社会做好发展农业和为发展农业服务的各项工作。

国务院农业行政主管部门主管全国农业和农村经济发展工作，国务院林业行政主管部门和其他有关部门在各自的职责范围内，负责有关的农业和农村经济发展工作。

县级以上地方人民政府各农业行政主管部门负责本行政区域内的种植业、畜牧业、渔业等农业和农村经济发展工作，林业行政主管部门负责本行政区域内的林业工作。县级以上地方人民政府其他有关部门在各自的职责范围内，负责本行政区域内有关的为农业生产经营服务的工作。

第二章　农业生产经营体制

第十条 国家实行农村土地承包经营制度，依法保障农村土地承包关系的长期稳定，保护农民对承包土地的使用权。

农村土地承包经营的方式、期限、发包方和承包方的权利义务、土地承包经营权的保护和流转等，适用《中华人民共和国土地管理法》和《中华人民共和国农村土地承包法》。

农村集体经济组织应当在家庭承包经营的基础上，依法管理集体资产，为其成员提供生产、技术、信息等服务，组织合理开发、利用集体资源，壮大经济实力。

第十一条 国家鼓励农民在家庭承包经营的基础上自愿组成各类专业合作经济组织。

农民专业合作经济组织应当坚持为成员服务的宗旨，按照加入自愿、退出自由、民主管理、盈余返还的原则，依法在其章程规定的范围内开展农业生产经营和服务活动。

农民专业合作经济组织可以有多种形式，依法成立、依法登记。任何组织和个人不得侵犯农民专业合作经济组织的财产和经营自主权。

第十二条 农民和农业生产经营组织可以自愿按照民主管理、按劳分配和按股分红相结合的原则，以资金、技术、实物等入股，依法兴办各类企业。

第十三条 国家采取措施发展多种形式的农业产业化经营，鼓励和支持农民和农业生产经营组织发展生产、加工、销售一体化经营。

国家引导和支持从事农产品生产、加工、流通服务的企业、科研单位和其他组织，通过与农民或者农民专业合作经济组织订立合同或者建立各类企业等形式，形成收益共享、风险共担的利益共同体，推进农业产业化经营，带动农业发展。

第十四条 农民和农业生产经营组织可以按照法律、行政法规成立各种农产品行业协会，为成员提供生产、营销、信息、技术、培训等服务，发挥协调和自律作用，提出农产品贸易救济措施的申请，维护成员和行业的利益。

第三章 农业生产

第十五条 县级以上人民政府根据国民经济和社会发展的中长期规划、农业和农村经济发展的基本目标和农业资源区划，制定农业发展规划。

省级以上人民政府农业行政主管部门根据农业发展规划，采取措施发挥区域优势，促进形成合理的农业生产区域布局，指导和协调农业和农村经济结构调整。

第十六条 国家引导和支持农民和农业生产经营组织结合本地实际按照市场需求，调整和优化农业生产结构，协调发展种植业、林业、畜牧业和渔业，发展优质、高产、高效益的农业，提高农产品国际竞争力。

种植业以优化品种、提高质量、增加效益为中心，调整作物结构、品种结构和品质结构。

加强林业生态建设，实施天然林保护、退耕还林和防沙治沙工程，加强防护林体系建设，加速营造速生丰产林、工业原料林和薪炭林。

加强草原保护和建设，加快发展畜牧业，推广圈养和舍饲，改良畜禽品种，积极发展饲料工业和畜禽产品加工业。

渔业生产应当保护和合理利用渔业资源，调整捕捞结构，积极发展水产养殖业、远洋渔业和水产品加工业。

县级以上人民政府应当制定政策，安排资金，引导和支持农业结构调整。

第十七条 各级人民政府应当采取措施，加强农业综合开发和农田水利、农业生态环境保护、乡村道路、农村能源和电网、农产品仓储和流通、渔港、草原围栏、动植物原种良种基地等农业和农村基础设施建设，改善农业生产条件，保护和提高农业综合生产能力。

第十八条 国家扶持动植物品种的选育、生产、更新和良种的推广使用，鼓励品种选育和生产、经营相结合，实施种子工程和畜禽良种工程。国务院和省、自治区、直辖市人民政府设立专项资金，用于扶持动植物良种的选育和推广工作。

第十九条 各级人民政府和农业生产经营组织应当加强农田水利设施建设，建立健全农田水利设施的管理制度，节约用水，发展节水型农业，严格依法控制非农业建设占用灌溉水源，禁止任何组织和个人非法占用或者毁损农田水利设施。

国家对缺水地区发展节水型农业给予重点扶持。

第二十条 国家鼓励和支持农民和农业生产经营组织使用先进、适用的农业机械，加强农业机械安全管理，提高农业机械化水平。

国家对农民和农业生产经营组织购买先进农业机械给予扶持。

第二十一条 各级人民政府应当支持为农业服务的气象事业的发展，提高对气象灾害的监测和预报水平。

第二十二条 国家采取措施提高农产品的质量，建立健全农产品质量标准体系和质量检验检测监督体系，按照有关技术规范、操作规程和质量卫生安全标准，组织农产品的生产经营，保障农产品质量安全。

第二十三条 国家支持依法建立健全优质农产品认证和标志制度。

国家鼓励和扶持发展优质农产品生产。县级以上地方人民政府应当结合本地情况，按照国家有关规定采取措施，发展优质农产品生产。

符合国家规定标准的优质农产品可以依照法律或者行政法规的规定申请使用有关的标志。符合规定产地及生产规范要求的农产品可以依照有关法律或者行政法规的规定申请使用农产品地理标志。

第二十四条 国家实行动植物防疫、检疫制度，健全动植物防疫、检疫体系，加强对动物疫病和植物病、虫、杂草、鼠害的监测、预警、防治，建立重大动物疫情和植物病虫害的快速扑灭机制，建设动物无规定疫病区，实施植物保护工程。

第二十五条 农药、兽药、饲料和饲料添加剂、肥料、种子、农业机械等可能危害人畜安全的农业生产资料的生产经营，依照相关法律、行政法规的规定实行登记或者许可制度。

各级人民政府应当建立健全农业生产资料的安全使用制度，农民和农业生产经营组织不得使用国家明令淘汰和禁止使用的农药、兽药、饲料添加剂等农业生产资料和其他禁止使用的产品。

农业生产资料的生产者、销售者应当对其生产、销售的产品的质量负责，禁止以次充好、以假充真、以不合格的产品冒充合格的产品；禁止生产和销售国家明令淘汰的农药、兽药、饲料添加剂、农业机械等农业生产资料。

第四章　农产品流通与加工

第二十六条　农产品的购销实行市场调节。国家对关系国计民生的重要农产品的购销活动实行必要的宏观调控，建立中央和地方分级储备调节制度，完善仓储运输体系，做到保证供应，稳定市场。

第二十七条　国家逐步建立统一、开放、竞争、有序的农产品市场体系，制定农产品批发市场发展规划。对农村集体经济组织和农民专业合作经济组织建立农产品批发市场和农产品集贸市场，国家给予扶持。

县级以上人民政府工商行政管理部门和其他有关部门按照各自的职责，依法管理农产品批发市场，规范交易秩序，防止地方保护与不正当竞争。

第二十八条　国家鼓励和支持发展多种形式的农产品流通活动。支持农民和农民专业合作经济组织按照国家有关规定从事农产品收购、批发、贮藏、运输、零售和中介活动。鼓励供销合作社和其他从事农产品购销的农业生产经营组织提供市场信息，开拓农产品流通渠道，为农产品销售服务。

县级以上人民政府应当采取措施，督促有关部门保障农产品运输畅通，降低农产品流通成本。有关行政管理部门应当简化手续，方便鲜活农产品的运输，除法律、行政法规另有规定外，不得扣押鲜活农产品的运输工具。

第二十九条　国家支持发展农产品加工业和食品工业，增加农产品的附加值。县级以上人民政府应当制定农产品加工业和食品工业发展规划，引导农产品加工企业形成合理的区域布局和规模结构，扶持农民专业合作经济组织和乡镇企业从事农产品加工和综合开发利用。

国家建立健全农产品加工制品质量标准，完善检测手段，加强农产品加工过程中的质量安全管理和监督，保障食品安全。

第三十条　国家鼓励发展农产品进出口贸易。

国家采取加强国际市场研究、提供信息和营销服务等措施，促进农产品出口。

为维护农产品产销秩序和公平贸易，建立农产品进口预警制度，当某些进口农产品已经或者可能对国内相关农产品的生产造成重大的不利影响时，国家可以采取必要的措施。

第五章 粮食安全

第三十一条 国家采取措施保护和提高粮食综合生产能力，稳步提高粮食生产水平，保障粮食安全。

国家建立耕地保护制度，对基本农田依法实行特殊保护。

第三十二条 国家在政策、资金、技术等方面对粮食主产区给予重点扶持，建设稳定的商品粮生产基地，改善粮食收贮及加工设施，提高粮食主产区的粮食生产、加工水平和经济效益。

国家支持粮食主产区与主销区建立稳定的购销合作关系。

第三十三条 在粮食的市场价格过低时，国务院可以决定对部分粮食品种实行保护价制度。保护价应当根据有利于保护农民利益、稳定粮食生产的原则确定。

农民按保护价制度出售粮食，国家委托的收购单位不得拒收。

县级以上人民政府应当组织财政、金融等部门以及国家委托的收购单位及时筹足粮食收购资金，任何部门、单位或者个人不得截留或者挪用。

第三十四条 国家建立粮食安全预警制度，采取措施保障粮食供给。国务院应当制定粮食安全保障目标与粮食储备数量指标，并根据需要组织有关主管部门进行耕地、粮食库存情况的核查。

国家对粮食实行中央和地方分级储备调节制度，建设仓储运输体系。承担国家粮食储备任务的企业应当按照国家规定保证储备粮的数量和质量。

第三十五条 国家建立粮食风险基金，用于支持粮食储备、稳定粮食市场和保护农民利益。

第三十六条 国家提倡珍惜和节约粮食，并采取措施改善人民的食物营养结构。

第六章 农业投入与支持保护

第三十七条 国家建立和完善农业支持保护体系，采取财政投入、税收优惠、金融支持等措施，从资金投入、科研与技术推广、教育培训、农业生产资料供应、市场信息、质量标准、检验检疫、社会化服务以及灾害救助等方面扶持农民和农业生产经营组织发展农业生产，提高农民的收入水平。

在不与我国缔结或加入的有关国际条约相抵触的情况下，国家对农民实施收入支持政策，具体办法由国务院制定。

第三十八条 国家逐步提高农业投入的总体水平。中央和县级以上地方财政每年对农业总投入的增长幅度应当高于其财政经常性收入的增长幅度。

各级人民政府在财政预算内安排的各项用于农业的资金应当主要用于：加强农业基础设施建设；支持农业结构调整，促进农业产业化经营；保护粮食综合生产能力，保障国家粮食安全；健全动植物检疫、防疫体系，加强动物疫病和植物病、虫、杂草、鼠害防治；建立健全农产品质量标准和检验检测监督体系、农产品市场及信息服务体系；支持农业科研教育、农业技术推广和农民培训；加强农业生态环境保护建设；扶持贫困地区发展；保障农民收入水平等。

县级以上各级财政用于种植业、林业、畜牧业、渔业、农田水利的农业基本建设投入应当统筹安排，协调增长。

国家为加快西部开发，增加对西部地区农业发展和生态环境保护的投入。

第三十九条 县级以上人民政府每年财政预算内安排的各项用于农业的资金应当及时足额拨付。各级人民政府应当加强对国家各项农业资金分配、使用过程的监督管理，保证资金安全，提高资金的使用效率。

任何单位和个人不得截留、挪用用于农业的财政资金和信贷资金。审计机关应当依法加强对用于农业的财政和信贷等资金的审计监督。

第四十条 国家运用税收、价格、信贷等手段，鼓励和引导农民和农业生产经营组织增加农业生产经营性投入和小型农田水利等基本建设投入。

国家鼓励和支持农民和农业生产经营组织在自愿的基础上依法采取多种形式，筹集农业资金。

第四十一条 国家鼓励社会资金投向农业，鼓励企业事业单位、社会团体和个人捐资设立各种农业建设和农业科技、教育基金。

国家采取措施，促进农业扩大利用外资。

第四十二条 各级人民政府应当鼓励和支持企业事业单位及其他各类经济组织开展农业信息服务。

县级以上人民政府农业行政主管部门及其他有关部门应当建立农业信息搜集、整理和发布制度，及时向农民和农业生产经营组织提供市场信息等服务。

第四十三条 国家鼓励和扶持农用工业的发展。

国家采取税收、信贷等手段鼓励和扶持农业生产资料的生产和贸易，为农业生产稳定增长提供物质保障。

国家采取宏观调控措施，使化肥、农药、农用薄膜、农业机械和农用柴油等主要农业生产资料和农产品之间保持合理的比价。

第四十四条 国家鼓励供销合作社、农村集体经济组织、农民专业合作经济组织、其他组织和个人发展多种形式的农业生产产前、产中、产后的社会化服务事业。县级以上人民政府及其各有关部门应当采取措施对农业社会化服务事业给予支持。

对跨地区从事农业社会化服务的，农业、工商管理、交通运输、公安等有关部门应当采取措施给予支持。

第四十五条 国家建立健全农村金融体系，加强农村信用制度建设，加强农村金融监管。

有关金融机构应当采取措施增加信贷投入，改善农村金融服务，对农民和农业生产经营组织的农业生产经营活动提供信贷支持。

农村信用合作社应当坚持为农业、农民和农村经济发展服务的宗旨，优先为当地农民的生产经营活动提供信贷服务。

国家通过贴息等措施，鼓励金融机构向农民和农业生产经营组织的农业生产经营活动提供贷款。

第四十六条 国家建立和完善农业保险制度。

国家逐步建立和完善政策性农业保险制度。鼓励和扶持农民和农业生产经营组织建立为农业生产经营活动服务的互助合作保险组织，鼓励商业性保险公司开展农业保险业务。

农业保险实行自愿原则。任何组织和个人不得强制农民和农业生产经营组织参加农业保险。

第四十七条 各级人民政府应当采取措施，提高农业防御自然灾害的能力，做好防灾、抗灾和救灾工作，帮助灾民恢复生产，组织生产自救，开展社会互助互济；对没有基本生活保障的灾民给予救济和扶持。

第七章 农业科技与农业教育

第四十八条 国务院和省级人民政府应当制定农业科技、农业教育发展规划，发展农业科技、教育事业。

县级以上人民政府应当按照国家有关规定逐步增加农业科技经费和农业教育经费。

国家鼓励、吸引企业等社会力量增加农业科技投入，鼓励农民、农业生产经营组织、企业事业单位等依法举办农业科技、教育事业。

第四十九条 国家保护植物新品种、农产品地理标志等知识产权，鼓励和引导农业科研、教育单位加强农业科学技术的基础研究和应用研究，传播和普及农业科学技术知识，加速科技成果转化与产业化，促进农业科学技术进步。

国务院有关部门应当组织农业重大关键技术的科技攻关。国家采取措施促进国际农业科技、教育合作与交流，鼓励引进国外先进技术。

第五十条 国家扶持农业技术推广事业，建立政府扶持和市场引导相结合，有偿与无偿服务相结合，国家农业技术推广机构和社会力量相结合的农业技术推广体系，促使先进的农业技术尽快应用于农业生产。

第五十一条 国家设立的农业技术推广机构应当以农业技术试验示范基地

为依托，承担公共所需的关键性技术的推广和示范等公益性职责，为农民和农业生产经营组织提供无偿农业技术服务。

县级以上人民政府应当根据农业生产发展需要，稳定和加强农业技术推广队伍，保障农业技术推广机构的工作经费。

各级人民政府应当采取措施，按照国家规定保障和改善从事农业技术推广工作的专业科技人员的工作条件、工资待遇和生活条件，鼓励他们为农业服务。

第五十二条　农业科研单位、有关学校、农民专业合作社、涉农企业、群众性科技组织及有关科技人员，根据农民和农业生产经营组织的需要，可以提供无偿服务，也可以通过技术转让、技术服务、技术承包、技术咨询和技术入股等形式，提供有偿服务，取得合法收益。农业科研单位、有关学校、农民专业合作社、涉农企业、群众性科技组织及有关科技人员应当提高服务水平，保证服务质量。

对农业科研单位、有关学校、农业技术推广机构举办的为农业服务的企业，国家在税收、信贷等方面给予优惠。

国家鼓励和支持农民、供销合作社、其他企业事业单位等参与农业技术推广工作。

第五十三条　国家建立农业专业技术人员继续教育制度。县级以上人民政府农业行政主管部门会同教育、人事等有关部门制定农业专业技术人员继续教育计划，并组织实施。

第五十四条　国家在农村依法实施义务教育，并保障义务教育经费。国家在农村举办的普通中小学校教职工工资由县级人民政府按照国家规定统一发放，校舍等教学设施的建设和维护经费由县级人民政府按照国家规定统一安排。

第五十五条　国家发展农业职业教育。国务院有关部门按照国家职业资格证书制度的统一规定，开展农业行业的职业分类、职业技能鉴定工作，管理农业行业的职业资格证书。

第五十六条　国家采取措施鼓励农民采用先进的农业技术，支持农民举办各种科技组织，开展农业实用技术培训、农民绿色证书培训和其他就业培训，提高农民的文化技术素质。

第八章　农业资源与农业环境保护

第五十七条　发展农业和农村经济必须合理利用和保护土地、水、森林、草原、野生动植物等自然资源，合理开发和利用水能、沼气、太阳能、风能等可再生能源和清洁能源，发展生态农业，保护和改善生态环境。

县级以上人民政府应当制定农业资源区划或者农业资源合理利用和保护的区划，建立农业资源监测制度。

第五十八条 农民和农业生产经营组织应当保养耕地，合理使用化肥、农药、农用薄膜，增加使用有机肥料，采用先进技术，保护和提高地力，防止农用地的污染、破坏和地力衰退。

县级以上人民政府农业行政主管部门应当采取措施，支持农民和农业生产经营组织加强耕地质量建设，并对耕地质量进行定期监测。

第五十九条 各级人民政府应当采取措施，加强小流域综合治理，预防和治理水土流失。从事可能引起水土流失的生产建设活动的单位和个人，必须采取预防措施，并负责治理因生产建设活动造成的水土流失。

各级人民政府应当采取措施，预防土地沙化，治理沙化土地。国务院和沙化土地所在地区的县级以上地方人民政府应当按照法律规定制定防沙治沙规划，并组织实施。

第六十条 国家实行全民义务植树制度。各级人民政府应当采取措施，组织群众植树造林，保护林地和林木，预防森林火灾，防治森林病虫害，制止滥伐、盗伐林木，提高森林覆盖率。

国家在天然林保护区域实行禁伐或者限伐制度，加强造林护林。

第六十一条 有关地方人民政府，应当加强草原的保护、建设和管理，指导、组织农（牧）民和农（牧）业生产经营组织建设人工草场、饲草饲料基地和改良天然草原，实行以草定畜，控制载畜量，推行划区轮牧、休牧和禁牧制度，保护草原植被，防止草原退化沙化和盐渍化。

第六十二条 禁止毁林毁草开垦、烧山开垦以及开垦国家禁止开垦的陡坡地，已经开垦的应当逐步退耕还林、还草。

禁止围湖造田以及围垦国家禁止围垦的湿地。已经围垦的，应当逐步退耕还湖、还湿地。

对在国务院批准规划范围内实施退耕的农民，应当按照国家规定予以补助。

第六十三条 各级人民政府应当采取措施，依法执行捕捞限额和禁渔、休渔制度，增殖渔业资源，保护渔业水域生态环境。

国家引导、支持从事捕捞业的农（渔）民和农（渔）业生产经营组织从事水产养殖业或者其他职业，对根据当地人民政府统一规划转产转业的农（渔）民，应当按照国家规定予以补助。

第六十四条 国家建立与农业生产有关的生物物种资源保护制度，保护生物多样性，对稀有、濒危、珍贵生物资源及其原生地实行重点保护。从境外引进生物物种资源应当依法进行登记或者审批，并采取相应安全控制措施。

农业转基因生物的研究、试验、生产、加工、经营及其他应用，必须依照国家规定严格实行各项安全控制措施。

第六十五条 各级农业行政主管部门应当引导农民和农业生产经营组织采取生物措施或者使用高效低毒低残留农药、兽药，防治动植物病、虫、杂草、鼠害。

农产品采收后的秸秆及其他剩余物质应当综合利用，妥善处理，防止造成环境污染和生态破坏。

从事畜禽等动物规模养殖的单位和个人应当对粪便、废水及其他废弃物进行无害化处理或者综合利用，从事水产养殖的单位和个人应当合理投饵、施肥、使用药物，防止造成环境污染和生态破坏。

第六十六条 县级以上人民政府应当采取措施，督促有关单位进行治理，防治废水、废气和固体废弃物对农业生态环境的污染。排放废水、废气和固体废弃物造成农业生态环境污染事故的，由环境保护行政主管部门或者农业行政主管部门依法调查处理；给农民和农业生产经营组织造成损失的，有关责任者应当依法赔偿。

第九章　农民权益保护

第六十七条 任何机关或者单位向农民或者农业生产经营组织收取行政、事业性费用必须依据法律、法规的规定。收费的项目、范围和标准应当公布。没有法律、法规依据的收费，农民和农业生产经营组织有权拒绝。

任何机关或者单位对农民或者农业生产经营组织进行罚款处罚必须依据法律、法规、规章的规定。没有法律、法规、规章依据的罚款，农民和农业生产经营组织有权拒绝。

任何机关或者单位不得以任何方式向农民或者农业生产经营组织进行摊派。除法律、法规另有规定外，任何机关或者单位以任何方式要求农民或者农业生产经营组织提供人力、财力、物力的，属于摊派。农民和农业生产经营组织有权拒绝任何方式的摊派。

第六十八条 各级人民政府及其有关部门和所属单位不得以任何方式向农民或者农业生产经营组织集资。

没有法律、法规依据或者未经国务院批准，任何机关或者单位不得在农村进行任何形式的达标、升级、验收活动。

第六十九条 农民和农业生产经营组织依照法律、行政法规的规定承担纳税义务。税务机关及代扣、代收税款的单位应当依法征税，不得违法摊派税款及以其他违法方法征税。

第七十条 农村义务教育除按国务院规定收取的费用外，不得向农民和学生收取其他费用。禁止任何机关或者单位通过农村中小学校向农民收费。

第七十一条 国家依法征收农民集体所有的土地，应当保护农民和农村集体经济组织的合法权益，依法给予农民和农村集体经济组织征地补偿，任何单位和个人不得截留、挪用征地补偿费用。

第七十二条 各级人民政府、农村集体经济组织或者村民委员会在农业和农村经济结构调整、农业产业化经营和土地承包经营权流转等过程中，不得侵犯农民的土地承包经营权，不得干涉农民自主安排的生产经营项目，不得强迫农民购买指定的生产资料或者按指定的渠道销售农产品。

第七十三条 农村集体经济组织或者村民委员会为发展生产或者兴办公益事业，需要向其成员（村民）筹资筹劳的，应当经成员（村民）会议或者成员（村民）代表会议过半数通过后，方可进行。

农村集体经济组织或者村民委员会依照前款规定筹资筹劳的，不得超过省级以上人民政府规定的上限控制标准，禁止强行以资代劳。

农村集体经济组织和村民委员会对涉及农民利益的重要事项，应当向农民公开，并定期公布财务账目，接受农民的监督。

第七十四条 任何单位和个人向农民或者农业生产经营组织提供生产、技术、信息、文化、保险等有偿服务，必须坚持自愿原则，不得强迫农民和农业生产经营组织接受服务。

第七十五条 农产品收购单位在收购农产品时，不得压级压价，不得在支付的价款中扣缴任何费用。法律、行政法规规定代扣、代收税款的，依照法律、行政法规的规定办理。

农产品收购单位与农产品销售者因农产品的质量等级发生争议的，可以委托具有法定资质的农产品质量检验机构检验。

第七十六条 农业生产资料使用者因生产资料质量问题遭受损失的，出售该生产资料的经营者应当予以赔偿，赔偿额包括购货价款、有关费用和可得利益损失。

第七十七条 农民或者农业生产经营组织为维护自身的合法权益，有向各级人民政府及其有关部门反映情况和提出合法要求的权利，人民政府及其有关部门对农民或者农业生产经营组织提出的合理要求，应当按照国家规定及时给予答复。

第七十八条 违反法律规定，侵犯农民权益的，农民或者农业生产经营组织可以依法申请行政复议或者向人民法院提起诉讼，有关人民政府及其有关部门或者人民法院应当依法受理。

人民法院和司法行政主管机关应当依照有关规定为农民提供法律援助。

第十章 农村经济发展

第七十九条 国家坚持城乡协调发展的方针，扶持农村第二、第三产业发展，调整和优化农村经济结构，增加农民收入，促进农村经济全面发展，逐步缩小城乡差别。

第八十条 各级人民政府应当采取措施，发展乡镇企业，支持农业的发展，转移富余的农业劳动力。

国家完善乡镇企业发展的支持措施，引导乡镇企业优化结构，更新技术，提高素质。

第八十一条 县级以上地方人民政府应当根据当地的经济发展水平、区位优势和资源条件，按照合理布局、科学规划、节约用地的原则，有重点地推进农村小城镇建设。

地方各级人民政府应当注重运用市场机制，完善相应政策，吸引农民和社会资金投资小城镇开发建设，发展第二、第三产业，引导乡镇企业相对集中发展。

第八十二条 国家采取措施引导农村富余劳动力在城乡、地区间合理有序流动。地方各级人民政府依法保护进入城镇就业的农村劳动力的合法权益，不得设置不合理限制，已经设置的应当取消。

第八十三条 国家逐步完善农村社会救济制度，保障农村五保户、贫困残疾农民、贫困老年农民和其他丧失劳动能力的农民的基本生活。

第八十四条 国家鼓励、支持农民巩固和发展农村合作医疗和其他医疗保障形式，提高农民健康水平。

第八十五条 国家扶持贫困地区改善经济发展条件，帮助进行经济开发。省级人民政府根据国家关于扶持贫困地区的总体目标和要求，制定扶贫开发规划，并组织实施。

各级人民政府应当坚持开发式扶贫方针，组织贫困地区的农民和农业生产经营组织合理使用扶贫资金，依靠自身力量改变贫穷落后面貌，引导贫困地区的农民调整经济结构、开发当地资源。扶贫开发应当坚持与资源保护、生态建设相结合，促进贫困地区经济、社会的协调发展和全面进步。

第八十六条 中央和省级财政应当把扶贫开发投入列入年度财政预算，并逐年增加，加大对贫困地区的财政转移支付和建设资金投入。

国家鼓励和扶持金融机构、其他企业事业单位和个人投入资金支持贫困地区开发建设。

禁止任何单位和个人截留、挪用扶贫资金。审计机关应当加强扶贫资金的审计监督。

第十一章　执法监督

第八十七条 县级以上人民政府应当采取措施逐步完善适应社会主义市场

经济发展要求的农业行政管理体制。

县级以上人民政府农业行政主管部门和有关行政主管部门应当加强规划、指导、管理、协调、监督、服务职责，依法行政，公正执法。

县级以上地方人民政府农业行政主管部门应当在其职责范围内健全行政执法队伍，实行综合执法，提高执法效率和水平。

第八十八条 县级以上人民政府农业行政主管部门及其执法人员履行执法监督检查职责时，有权采取下列措施：

（一）要求被检查单位或者个人说明情况，提供有关文件、证照、资料；

（二）责令被检查单位或者个人停止违反本法的行为，履行法定义务。

农业行政执法人员在履行监督检查职责时，应当向被检查单位或者个人出示行政执法证件，遵守执法程序。有关单位或者个人应当配合农业行政执法人员依法执行职务，不得拒绝和阻碍。

第八十九条 农业行政主管部门与农业生产、经营单位必须在机构、人员、财务上彻底分离。农业行政主管部门及其工作人员不得参与和从事农业生产经营活动。

第十二章 法律责任

第九十条 违反本法规定，侵害农民和农业生产经营组织的土地承包经营权等财产权或者其他合法权益的，应当停止侵害，恢复原状；造成损失、损害的，依法承担赔偿责任。

国家工作人员利用职务便利或者以其他名义侵害农民和农业生产经营组织的合法权益的，应当赔偿损失，并由其所在单位或者上级主管机关给予行政处分。

第九十一条 违反本法第十九条、第二十五条、第六十二条、第七十一条规定的，依照相关法律或者行政法规的规定予以处罚。

第九十二条 有下列行为之一的，由上级主管机关责令限期归还被截留、挪用的资金，没收非法所得，并由上级主管机关或者所在单位给予直接负责的主管人员和其他直接责任人员行政处分；构成犯罪的，依法追究刑事责任：

（一）违反本法第三十三条第三款规定，截留、挪用粮食收购资金的；

（二）违反本法第三十九条第二款规定，截留、挪用用于农业的财政资金和信贷资金的；

（三）违反本法第八十六条第三款规定，截留、挪用扶贫资金的。

第九十三条 违反本法第六十七条规定，向农民或者农业生产经营组织违法收费、罚款、摊派的，上级主管机关应当予以制止，并予公告；已经收取钱款或者已经使用人力、物力的，由上级主管机关责令限期归还已经收取的钱款或者折价偿还已经使用的人力、物力，并由上级主管机关或者所在单位给予直接负责的主管人员和其他直接责任人员行政处分；情节严重，构成犯罪的，依法追究刑事责任。

第九十四条 有下列行为之一的，由上级主管机关责令停止违法行为，并给予直接负责的主管人员和其他直接责任人员行政处分，责令退还违法收取的集资款、税款或者费用：

（一）违反本法第六十八条规定，非法在农村进行集资、达标、升级、验收活动的；

（二）违反本法第六十九条规定，以违法方法向农民征税的；

（三）违反本法第七十条规定，通过农村中小学校向农民超额、超项目收费的。

第九十五条 违反本法第七十三条第二款规定，强迫农民以资代劳的，由乡（镇）人民政府责令改正，并退还违法收取的资金。

第九十六条 违反本法第七十四条规定，强迫农民和农业生产经营组织接受有偿服务的，由有关人民政府责令改正，并返还其违法收取的费用；情节严重的，给予直接负责的主管人员和其他直接责任人员行政处分；造成农民和农业生产经营组织损失的，依法承担赔偿责任。

第九十七条 县级以上人民政府农业行政主管部门的工作人员违反本法规定参与和从事农业生产经营活动的，依法给予行政处分；构成犯罪的，依法追究刑事责任。

第十三章 附 则

第九十八条 本法有关农民的规定，适用于国有农场、牧场、林场、渔场等企业事业单位实行承包经营的职工。

第九十九条 本法自 2003 年 3 月 1 日起施行。

8. 中华人民共和国土地管理法

（1986 年 6 月 25 日第六届全国人民代表大会常务委员会第十六次会议通过　根据 1988 年 12 月 29 日第七届全国人民代表大会常务委员会第五次会议《关于修改〈中华人民共和国土地管理法〉的决定》第一次修正　1998 年 8 月 29 日第九届全国人民代表大会常务委员会第四次会议修订　根据 2004 年 8 月 28 日第十届全国人民代表大会常务委员会第十一次会议《关于修改〈中华人民共和国土地管理法〉的决定》第二次修正　根据 2019 年 8 月 26 日第十三届全国人民代表大会常务委员会第十二次会议《关于修改〈中华人民共和国土地管理法〉、〈中华人民共和国城市房地产管理法〉的决定》第三次修正）

第一章　总　　则

第一条　为了加强土地管理，维护土地的社会主义公有制，保护、开发土地资源，合理利用土地，切实保护耕地，促进社会经济的可持续发展，根据宪法，制定本法。

第二条　中华人民共和国实行土地的社会主义公有制，即全民所有制和劳动群众集体所有制。

全民所有，即国家所有土地的所有权由国务院代表国家行使。

任何单位和个人不得侵占、买卖或者以其他形式非法转让土地。土地使用权可以依法转让。

国家为了公共利益的需要，可以依法对土地实行征收或者征用并给予补偿。

国家依法实行国有土地有偿使用制度。但是，国家在法律规定的范围内划拨国有土地使用权的除外。

第三条　十分珍惜、合理利用土地和切实保护耕地是我国的基本国策。各级人民政府应当采取措施，全面规划，严格管理，保护、开发土地资源，制止非法占用土地的行为。

第四条 国家实行土地用途管制制度。

国家编制土地利用总体规划，规定土地用途，将土地分为农用地、建设用地和未利用地。严格限制农用地转为建设用地，控制建设用地总量，对耕地实行特殊保护。

前款所称农用地是指直接用于农业生产的土地，包括耕地、林地、草地、农田水利用地、养殖水面等；建设用地是指建造建筑物、构筑物的土地，包括城乡住宅和公共设施用地、工矿用地、交通水利设施用地、旅游用地、军事设施用地等；未利用地是指农用地和建设用地以外的土地。

使用土地的单位和个人必须严格按照土地利用总体规划确定的用途使用土地。

第五条 国务院自然资源主管部门统一负责全国土地的管理和监督工作。

县级以上地方人民政府自然资源主管部门的设置及其职责，由省、自治区、直辖市人民政府根据国务院有关规定确定。

第六条 国务院授权的机构对省、自治区、直辖市人民政府以及国务院确定的城市人民政府土地利用和土地管理情况进行督察。

第七条 任何单位和个人都有遵守土地管理法律、法规的义务，并有权对违反土地管理法律、法规的行为提出检举和控告。

第八条 在保护和开发土地资源、合理利用土地以及进行有关的科学研究等方面成绩显著的单位和个人，由人民政府给予奖励。

第二章 土地的所有权和使用权

第九条 城市市区的土地属于国家所有。

农村和城市郊区的土地，除由法律规定属于国家所有的以外，属于农民集体所有；宅基地和自留地、自留山，属于农民集体所有。

第十条 国有土地和农民集体所有的土地，可以依法确定给单位或者个人使用。使用土地的单位和个人，有保护、管理和合理利用土地的义务。

第十一条 农民集体所有的土地依法属于村农民集体所有的，由村集体经济组织或者村民委员会经营、管理；已经分别属于村内两个以上农村集体经济组织的农民集体所有的，由村内各该农村集体经济组织或者村民小组经营、管理；已经属于乡（镇）农民集体所有的，由乡（镇）农村集体经济组织经营、管理。

第十二条 土地的所有权和使用权的登记，依照有关不动产登记的法律、行政法规执行。

依法登记的土地的所有权和使用权受法律保护，任何单位和个人不得侵犯。

第十三条 农民集体所有和国家所有依法由农民集体使用的耕地、林地、草地，以及其他依法用于农业的土地，采取农村集体经济组织内部的家庭承包方式承包，不宜采取家庭承包方式的荒山、荒沟、荒丘、荒滩等，可以采取招标、拍卖、公开协商等方式承包，从事种植业、林业、畜牧业、渔业生产。家庭承包的耕地的承包期为三十年，草地的承包期为三十年至五十年，林地的承包期为三十年至七十年；耕地承包期届满后再延长三十年，草地、林地承包期届满后依法相应延长。

国家所有依法用于农业的土地可以由单位或者个人承包经营，从事种植业、林业、畜牧业、渔业生产。

发包方和承包方应当依法订立承包合同，约定双方的权利和义务。承包经营土地的单位和个人，有保护和按照承包合同约定的用途合理利用土地的义务。

第十四条 土地所有权和使用权争议，由当事人协商解决；协商不成的，由人民政府处理。

单位之间的争议，由县级以上人民政府处理；个人之间、个人与单位之间的争议，由乡级人民政府或者县级以上人民政府处理。

当事人对有关人民政府的处理决定不服的，可以自接到处理决定通知之日起三十日内，向人民法院起诉。

在土地所有权和使用权争议解决前，任何一方不得改变土地利用现状。

第三章 土地利用总体规划

第十五条 各级人民政府应当依据国民经济和社会发展规划、国土整治和资源环境保护的要求、土地供给能力以及各项建设对土地的需求，组织编制土地利用总体规划。

土地利用总体规划的规划期限由国务院规定。

第十六条 下级土地利用总体规划应当依据上一级土地利用总体规划编制。

地方各级人民政府编制的土地利用总体规划中的建设用地总量不得超过上一级土地利用总体规划确定的控制指标，耕地保有量不得低于上一级土地利用总体规划确定的控制指标。

省、自治区、直辖市人民政府编制的土地利用总体规划，应当确保本行政区域内耕地总量不减少。

第十七条 土地利用总体规划按照下列原则编制：

（一）落实国土空间开发保护要求，严格土地用途管制；

（二）严格保护永久基本农田，严格控制非农业建设占用农用地；

（三）提高土地节约集约利用水平；

（四）统筹安排城乡生产、生活、生态用地，满足乡村产业和基础设施用地合理需求，促进城乡融合发展；

（五）保护和改善生态环境，保障土地的可持续利用；

（六）占用耕地与开发复垦耕地数量平衡、质量相当。

第十八条 国家建立国土空间规划体系。编制国土空间规划应当坚持生态优先，绿色、可持续发展，科学有序统筹安排生态、农业、城镇等功能空间，优化国土空间结构和布局，提升国土空间开发、保护的质量和效率。

经依法批准的国土空间规划是各类开发、保护、建设活动的基本依据。已经编制国土空间规划的，不再编制土地利用总体规划和城乡规划。

第十九条 县级土地利用总体规划应当划分土地利用区，明确土地用途。

乡（镇）土地利用总体规划应当划分土地利用区，根据土地使用条件，确定每一块土地的用途，并予以公告。

第二十条 土地利用总体规划实行分级审批。

省、自治区、直辖市的土地利用总体规划，报国务院批准。

省、自治区人民政府所在地的市、人口在一百万以上的城市以及国务院指定的城市的土地利用总体规划，经省、自治区人民政府审查同意后，报国务院批准。

本条第二款、第三款规定以外的土地利用总体规划，逐级上报省、自治区、直辖市人民政府批准；其中，乡（镇）土地利用总体规划可以由省级人民政府授权的设区的市、自治州人民政府批准。

土地利用总体规划一经批准，必须严格执行。

第二十一条 城市建设用地规模应当符合国家规定的标准，充分利用现有建设用地，不占或者尽量少占农用地。

城市总体规划、村庄和集镇规划，应当与土地利用总体规划相衔接，城市总体规划、村庄和集镇规划中建设用地规模不得超过土地利用总体规划确定的城市和村庄、集镇建设用地规模。

在城市规划区内、村庄和集镇规划区内，城市和村庄、集镇建设用地应当符合城市规划、村庄和集镇规划。

第二十二条 江河、湖泊综合治理和开发利用规划，应当与土地利用总体规划相衔接。在江河、湖泊、水库的管理和保护范围以及蓄洪滞洪区内，土地利用应当符合江河、湖泊综合治理和开发利用规划，符合河道、湖泊行洪、蓄洪和输水的要求。

第二十三条 各级人民政府应当加强土地利用计划管理，实行建设用地总量控制。

土地利用年度计划，根据国民经济和社会发展计划、国家产业政策、土地利用总体规划以及建设用地和土地利用的实际状况编制。土地利用年度计划应当对本法第六十三条规定的集体经营性建设用地作出合理安排。土地利用年度计划的编制审批程序与土地利用总体规划的编制审批程序相同，一经审批下达，必须严格执行。

第二十四条 省、自治区、直辖市人民政府应当将土地利用年度计划的执行情况列为国民经济和社会发展计划执行情况的内容，向同级人民代表大会报告。

第二十五条 经批准的土地利用总体规划的修改，须经原批准机关批准；未经批准，不得改变土地利用总体规划确定的土地用途。

经国务院批准的大型能源、交通、水利等基础设施建设用地，需要改变土地利用总体规划的，根据国务院的批准文件修改土地利用总体规划。

经省、自治区、直辖市人民政府批准的能源、交通、水利等基础设施建设用地，需要改变土地利用总体规划的，属于省级人民政府土地利用总体规划批准权限内的，根据省级人民政府的批准文件修改土地利用总体规划。

第二十六条 国家建立土地调查制度。

县级以上人民政府自然资源主管部门会同同级有关部门进行土地调查。土地所有者或者使用者应当配合调查，并提供有关资料。

第二十七条 县级以上人民政府自然资源主管部门会同同级有关部门根据土地调查成果、规划土地用途和国家制定的统一标准，评定土地等级。

第二十八条 国家建立土地统计制度。

县级以上人民政府统计机构和自然资源主管部门依法进行土地统计调查，定期发布土地统计资料。土地所有者或者使用者应当提供有关资料，不得拒报、迟报，不得提供不真实、不完整的资料。

统计机构和自然资源主管部门共同发布的土地面积统计资料是各级人民政府编制土地利用总体规划的依据。

第二十九条 国家建立全国土地管理信息系统，对土地利用状况进行动态监测。

第四章 耕地保护

第三十条 国家保护耕地，严格控制耕地转为非耕地。

国家实行占用耕地补偿制度。非农业建设经批准占用耕地的，按照“占多少，垦多少”的原则，由占用耕地的单位负责开垦与所占用耕地的数量和质量相当的耕地；没有条件开垦或者开垦的耕地不符合要求的，应当按照省、自治区、直辖市的规定缴纳耕地开垦费，专款用于开垦新的耕地。

省、自治区、直辖市人民政府应当制定开垦耕地计划，监督占用耕地的单位按照计划开垦耕地或者按照计划组织开垦耕地，并进行验收。

第三十一条 县级以上地方人民政府可以要求占用耕地的单位将所占用耕地耕作层的土壤用于新开垦耕地、劣质地或者其他耕地的土壤改良。

第三十二条 省、自治区、直辖市人民政府应当严格执行土地利用总体规划和土地利用年度计划，采取措施，确保本行政区域内耕地总量不减少、质量不降低。耕地总量减少的，由国务院责令在规定期限内组织开垦与所减少耕地的数量与质量相当的耕地；耕地质量降低的，由国务院责令在规定期限内组织整治。新开垦和整治的耕地由国务院自然资源主管部门会同农业农村主管部门验收。

个别省、直辖市确因土地后备资源匮乏，新增建设用地后，新开垦耕地的数量不足以补偿所占用耕地的数量的，必须报经国务院批准减免本行政区域内开垦耕地的数量，易地开垦数量和质量相当的耕地。

第三十三条 国家实行永久基本农田保护制度。下列耕地应当根据土地利用总体规划划为永久基本农田，实行严格保护：

（一）经国务院农业农村主管部门或者县级以上地方人民政府批准确定的粮、棉、油、糖等重要农产品生产基地内的耕地；

（二）有良好的水利与水土保持设施的耕地，正在实施改造计划以及可以改造的中、低产田和已建成的高标准农田；

（三）蔬菜生产基地；

（四）农业科研、教学试验田；

（五）国务院规定应当划为永久基本农田的其他耕地。

各省、自治区、直辖市划定的永久基本农田一般应当占本行政区域内耕地的百分之八十以上，具体比例由国务院根据各省、自治区、直辖市耕地实际情况规定。

第三十四条 永久基本农田划定以乡（镇）为单位进行，由县级人民政府自然资源主管部门会同同级农业农村主管部门组织实施。永久基本农田应当落实到地块，纳入国家永久基本农田数据库严格管理。

乡（镇）人民政府应当将永久基本农田的位置、范围向社会公告，并设立保护标志。

第三十五条 永久基本农田经依法划定后，任何单位和个人不得擅自占用或者改变其用途。国家能源、交通、水利、军事设施等重点建设项目选址确实难以避让永久基本农田，涉及农用地转用或者土地征收的，必须经国务院批准。

禁止通过擅自调整县级土地利用总体规划、乡（镇）土地利用总体规划等方式规避永久基本农田农用地转用或者土地征收的审批。

第三十六条 各级人民政府应当采取措施，引导因地制宜轮作休耕，改良土壤，提高地力，维护排灌工程设施，防止土地荒漠化、盐渍化、水土流失和土壤污染。

第三十七条 非农业建设必须节约使用土地，可以利用荒地的，不得占用耕地；可以利用劣地的，不得占用好地。

禁止占用耕地建窑、建坟或者擅自在耕地上建房、挖砂、采石、采矿、取土等。

禁止占用永久基本农田发展林果业和挖塘养鱼。

第三十八条 禁止任何单位和个人闲置、荒芜耕地。已经办理审批手续的非农业建设占用耕地，一年内不用而又可以耕种并收获的，应当由原耕种该幅耕地的集体或者个人恢复耕种，也可以由用地单位组织耕种；一年以上未动工建设的，应当按照省、自治区、直辖市的规定缴纳闲置费；连续二年未使用的，经原批准机关批准，由县级以上人民政府无偿收回用地单位的土地使用权；该幅土地原为农民集体所有的，应当交由原农村集体经济组织恢复耕种。

在城市规划区范围内，以出让方式取得土地使用权进行房地产开发的闲置土地，依照《中华人民共和国城市房地产管理法》的有关规定办理。

第三十九条 国家鼓励单位和个人按照土地利用总体规划，在保护和改善生态环境、防止水土流失和土地荒漠化的前提下，开发未利用的土地；适宜开发为农用地的，应当优先开发成农用地。

国家依法保护开发者的合法权益。

第四十条 开垦未利用的土地，必须经过科学论证和评估，在土地利用总体规划划定的可开垦的区域内，经依法批准后进行。禁止毁坏森林、草原开垦耕地，禁止围湖造田和侵占江河滩地。

根据土地利用总体规划，对破坏生态环境开垦、围垦的土地，有计划有步骤地退耕还林、还牧、还湖。

第四十一条 开发未确定使用权的国有荒山、荒地、荒滩从事种植业、林业、畜牧业、渔业生产的，经县级以上人民政府依法批准，可以确定给开发单位或者个人长期使用。

第四十二条 国家鼓励土地整理。县、乡（镇）人民政府应当组织农村集体经济组织，按照土地利用总体规划，对田、水、路、林、村综合整治，提高耕地质量，增加有效耕地面积，改善农业生产条件和生态环境。

地方各级人民政府应当采取措施，改造中、低产田，整治闲散地和废弃地。

第四十三条 因挖损、塌陷、压占等造成土地破坏，用地单位和个人应当按照国家有关规定负责复垦；没有条件复垦或者复垦不符合要求的，应当缴纳土地复垦费，专项用于土地复垦。复垦的土地应当优先用于农业。

第五章　建设用地

第四十四条　建设占用土地，涉及农用地转为建设用地的，应当办理农用地转用审批手续。

永久基本农田转为建设用地的，由国务院批准。

在土地利用总体规划确定的城市和村庄、集镇建设用地规模范围内，为实施该规划而将永久基本农田以外的农用地转为建设用地的，按土地利用年度计划分批次按照国务院规定由原批准土地利用总体规划的机关或者其授权的机关批准。在已批准的农用地转用范围内，具体建设项目用地可以由市、县人民政府批准。

在土地利用总体规划确定的城市和村庄、集镇建设用地规模范围外，将永久基本农田以外的农用地转为建设用地的，由国务院或者国务院授权的省、自治区、直辖市人民政府批准。

第四十五条　为了公共利益的需要，有下列情形之一，确需征收农民集体所有的土地的，可以依法实施征收：

（一）军事和外交需要用地的；

（二）由政府组织实施的能源、交通、水利、通信、邮政等基础设施建设需要用地的；

（三）由政府组织实施的科技、教育、文化、卫生、体育、生态环境和资源保护、防灾减灾、文物保护、社区综合服务、社会福利、市政公用、优抚安置、英烈保护等公共事业需要用地的；

（四）由政府组织实施的扶贫搬迁、保障性安居工程建设需要用地的；

（五）在土地利用总体规划确定的城镇建设用地范围内，经省级以上人民政府批准由县级以上地方人民政府组织实施的成片开发建设需要用地的；

（六）法律规定为公共利益需要可以征收农民集体所有的土地的其他情形。

前款规定的建设活动，应当符合国民经济和社会发展规划、土地利用总体规划、城乡规划和专项规划；第（四）项、第（五）项规定的建设活动，还应当纳入国民经济和社会发展年度计划；第（五）项规定的成片开发并应当符合国务院自然资源主管部门规定的标准。

第四十六条　征收下列土地的，由国务院批准：

（一）永久基本农田；

（二）永久基本农田以外的耕地超过三十五公顷的；

（三）其他土地超过七十公顷的。

征收前款规定以外的土地的，由省、自治区、直辖市人民政府批准。

征收农用地的，应当依照本法第四十四条的规定先行办理农用地转用审批。其中，经国务院批准农用地转用的，同时办理征地审批手续，不再另行办理征地审批；经省、自治区、直辖市人民政府在征地批准权限内批准农用地转用的，同时办理征地审批手续，不再另行办理征地审批，超过征地批准权限的，应当依照本条第一款的规定另行办理征地审批。

第四十七条 国家征收土地的，依照法定程序批准后，由县级以上地方人民政府予以公告并组织实施。

县级以上地方人民政府拟申请征收土地的，应当开展拟征收土地现状调查和社会稳定风险评估，并将征收范围、土地现状、征收目的、补偿标准、安置方式和社会保障等在拟征收土地所在的乡（镇）和村、村民小组范围内公告至少三十日，听取被征地的农村集体经济组织及其成员、村民委员会和其他利害关系人的意见。

多数被征地的农村集体经济组织成员认为征地补偿安置方案不符合法律、法规规定的，县级以上地方人民政府应当组织召开听证会，并根据法律、法规的规定和听证会情况修改方案。

拟征收土地的所有权人、使用权人应当在公告规定期限内，持不动产权属证明材料办理补偿登记。县级以上地方人民政府应当组织有关部门测算并落实有关费用，保证足额到位，与拟征收土地的所有权人、使用权人就补偿、安置等签订协议；个别确实难以达成协议的，应当在申请征收土地时如实说明。

相关前期工作完成后，县级以上地方人民政府方可申请征收土地。

第四十八条 征收土地应当给予公平、合理的补偿，保障被征地农民原有生活水平不降低、长远生计有保障。

征收土地应当依法及时足额支付土地补偿费、安置补助费以及农村村民住宅、其他地上附着物和青苗等的补偿费用，并安排被征地农民的社会保障费用。

征收农用地的土地补偿费、安置补助费标准由省、自治区、直辖市通过制定公布区片综合地价确定。制定区片综合地价应当综合考虑土地原用途、土地资源条件、土地产值、土地区位、土地供求关系、人口以及经济社会发展水平等因素，并至少每三年调整或者重新公布一次。

征收农用地以外的其他土地、地上附着物和青苗等的补偿标准，由省、自治区、直辖市制定。对其中的农村村民住宅，应当按照先补偿后搬迁、居住条件有改善的原则，尊重农村村民意愿，采取重新安排宅基地建房、提供安置房或者货币补偿等方式给予公平、合理的补偿，并对因征收造成的搬迁、临时安置等费用予以补偿，保障农村村民居住的权利和合法的住房财产权益。

县级以上地方人民政府应当将被征地农民纳入相应的养老等社会保障体

系。被征地农民的社会保障费用主要用于符合条件的被征地农民的养老保险等社会保险缴费补贴。被征地农民社会保障费用的筹集、管理和使用办法，由省、自治区、直辖市制定。

第四十九条 被征地的农村集体经济组织应当将征收土地的补偿费用的收支状况向本集体经济组织的成员公布，接受监督。

禁止侵占、挪用被征收土地单位的征地补偿费用和其他有关费用。

第五十条 地方各级人民政府应当支持被征地的农村集体经济组织和农民从事开发经营，兴办企业。

第五十一条 大中型水利、水电工程建设征收土地的补偿费标准和移民安置办法，由国务院另行规定。

第五十二条 建设项目可行性研究论证时，自然资源主管部门可以根据土地利用总体规划、土地利用年度计划和建设用地标准，对建设用地有关事项进行审查，并提出意见。

第五十三条 经批准的建设项目需要使用国有建设用地的，建设单位应当持法律、行政法规规定的有关文件，向有批准权的县级以上人民政府自然资源主管部门提出建设用地申请，经自然资源主管部门审查，报本级人民政府批准。

第五十四条 建设单位使用国有土地，应当以出让等有偿使用方式取得；但是，下列建设用地，经县级以上人民政府依法批准，可以以划拨方式取得：

（一）国家机关用地和军事用地；

（二）城市基础设施用地和公益事业用地；

（三）国家重点扶持的能源、交通、水利等基础设施用地；

（四）法律、行政法规规定的其他用地。

第五十五条 以出让等有偿使用方式取得国有土地使用权的建设单位，按照国务院规定的标准和办法，缴纳土地使用权出让金等土地有偿使用费和其他费用后，方可使用土地。

自本法施行之日起，新增建设用地的土地有偿使用费，百分之三十上缴中央财政，百分之七十留给有关地方人民政府。具体使用管理办法由国务院财政部门会同有关部门制定，并报国务院批准。

第五十六条 建设单位使用国有土地的，应当按照土地使用权出让等有偿使用合同的约定或者土地使用权划拨批准文件的规定使用土地；确需改变该幅土地建设用途的，应当经有关人民政府自然资源主管部门同意，报原批准用地的人民政府批准。其中，在城市规划区内改变土地用途的，在报批前，应当先经有关城市规划行政主管部门同意。

第五十七条 建设项目施工和地质勘查需要临时使用国有土地或者农民集

体所有的土地的，由县级以上人民政府自然资源主管部门批准。其中，在城市规划区内的临时用地，在报批前，应当先经有关城市规划行政主管部门同意。土地使用者应当根据土地权属，与有关自然资源主管部门或者农村集体经济组织、村民委员会签订临时使用土地合同，并按照合同的约定支付临时使用土地补偿费。

临时使用土地的使用者应当按照临时使用土地合同约定的用途使用土地，并不得修建永久性建筑物。

临时使用土地期限一般不超过二年。

第五十八条 有下列情形之一的，由有关人民政府自然资源主管部门报经原批准用地的人民政府或者有批准权的人民政府批准，可以收回国有土地使用权：

（一）为实施城市规划进行旧城区改建以及其他公共利益需要，确需使用土地的；

（二）土地出让等有偿使用合同约定的使用期限届满，土地使用者未申请续期或者申请续期未获批准的；

（三）因单位撤销、迁移等原因，停止使用原划拨的国有土地的；

（四）公路、铁路、机场、矿场等经核准报废的。

依照前款第（一）项的规定收回国有土地使用权的，对土地使用权人应当给予适当补偿。

第五十九条 乡镇企业、乡（镇）村公共设施、公益事业、农村村民住宅等乡（镇）村建设，应当按照村庄和集镇规划，合理布局，综合开发，配套建设；建设用地，应当符合乡（镇）土地利用总体规划和土地利用年度计划，并依照本法第四十四条、第六十条、第六十一条、第六十二条的规定办理审批手续。

第六十条 农村集体经济组织使用乡（镇）土地利用总体规划确定的建设用地兴办企业或者与其他单位、个人以土地使用权入股、联营等形式共同举办企业的，应当持有关批准文件，向县级以上地方人民政府自然资源主管部门提出申请，按照省、自治区、直辖市规定的批准权限，由县级以上地方人民政府批准；其中，涉及占用农用地的，依照本法第四十四条的规定办理审批手续。

按照前款规定兴办企业的建设用地，必须严格控制。省、自治区、直辖市可以按照乡镇企业的不同行业和经营规模，分别规定用地标准。

第六十一条 乡（镇）村公共设施、公益事业建设，需要使用土地的，经乡（镇）人民政府审核，向县级以上地方人民政府自然资源主管部门提出申请，按照省、自治区、直辖市规定的批准权限，由县级以上地方人民政府批准；其中，涉及占用农用地的，依照本法第四十四条的规定办理审批手续。

第六十二条 农村村民一户只能拥有一处宅基地，其宅基地的面积不得超过省、自治区、直辖市规定的标准。

人均土地少、不能保障一户拥有一处宅基地的地区，县级人民政府在充分尊重农村村民意愿的基础上，可以采取措施，按照省、自治区、直辖市规定的标准保障农村村民实现户有所居。

农村村民建住宅，应当符合乡（镇）土地利用总体规划、村庄规划，不得占用永久基本农田，并尽量使用原有的宅基地和村内空闲地。编制乡（镇）土地利用总体规划、村庄规划应当统筹并合理安排宅基地用地，改善农村村民居住环境和条件。

农村村民住宅用地，由乡（镇）人民政府审核批准；其中，涉及占用农用地的，依照本法第四十四条的规定办理审批手续。

农村村民出卖、出租、赠与住宅后，再申请宅基地的，不予批准。

国家允许进城落户的农村村民依法自愿有偿退出宅基地，鼓励农村集体经济组织及其成员盘活利用闲置宅基地和闲置住宅。

国务院农业农村主管部门负责全国农村宅基地改革和管理有关工作。

第六十三条 土地利用总体规划、城乡规划确定为工业、商业等经营性用途，并经依法登记的集体经营性建设用地，土地所有权人可以通过出让、出租等方式交由单位或者个人使用，并应当签订书面合同，载明土地界址、面积、动工期限、使用期限、土地用途、规划条件和双方其他权利义务。

前款规定的集体经营性建设用地出让、出租等，应当经本集体经济组织成员的村民会议三分之二以上成员或者三分之二以上村民代表的同意。

通过出让等方式取得的集体经营性建设用地使用权可以转让、互换、出资、赠与或者抵押，但法律、行政法规另有规定或者土地所有权人、土地使用权人签订的书面合同另有约定的除外。

集体经营性建设用地的出租，集体建设用地使用权的出让及其最高年限、转让、互换、出资、赠与、抵押等，参照同类用途的国有建设用地执行。具体办法由国务院制定。

第六十四条 集体建设用地的使用者应当严格按照土地利用总体规划、城乡规划确定的用途使用土地。

第六十五条 在土地利用总体规划制定前已建的不符合土地利用总体规划确定的用途的建筑物、构筑物，不得重建、扩建。

第六十六条 有下列情形之一的，农村集体经济组织报经原批准用地的人民政府批准，可以收回土地使用权：

（一）为乡（镇）村公共设施和公益事业建设，需要使用土地的；

（二）不按照批准的用途使用土地的；

（三）因撤销、迁移等原因而停止使用土地的。

依照前款第（一）项规定收回农民集体所有的土地的，对土地使用权人应当给予适当补偿。

收回集体经营性建设用地使用权，依照双方签订的书面合同办理，法律、行政法规另有规定的除外。

第六章　监督检查

第六十七条　县级以上人民政府自然资源主管部门对违反土地管理法律、法规的行为进行监督检查。

县级以上人民政府农业农村主管部门对违反农村宅基地管理法律、法规的行为进行监督检查的，适用本法关于自然资源主管部门监督检查的规定。

土地管理监督检查人员应当熟悉土地管理法律、法规，忠于职守、秉公执法。

第六十八条　县级以上人民政府自然资源主管部门履行监督检查职责时，有权采取下列措施：

（一）要求被检查的单位或者个人提供有关土地权利的文件和资料，进行查阅或者予以复制；

（二）要求被检查的单位或者个人就有关土地权利的问题作出说明；

（三）进入被检查单位或者个人非法占用的土地现场进行勘测；

（四）责令非法占用土地的单位或者个人停止违反土地管理法律、法规的行为。

第六十九条　土地管理监督检查人员履行职责，需要进入现场进行勘测、要求有关单位或者个人提供文件、资料和作出说明的，应当出示土地管理监督检查证件。

第七十条　有关单位和个人对县级以上人民政府自然资源主管部门就土地违法行为进行的监督检查应当支持与配合，并提供工作方便，不得拒绝与阻碍土地管理监督检查人员依法执行职务。

第七十一条　县级以上人民政府自然资源主管部门在监督检查工作中发现国家工作人员的违法行为，依法应当给予处分的，应当依法予以处理；自己无权处理的，应当依法移送监察机关或者有关机关处理。

第七十二条　县级以上人民政府自然资源主管部门在监督检查工作中发现土地违法行为构成犯罪的，应当将案件移送有关机关，依法追究刑事责任；尚不构成犯罪的，应当依法给予行政处罚。

第七十三条　依照本法规定应当给予行政处罚，而有关自然资源主管部门不给予行政处罚的，上级人民政府自然资源主管部门有权责令有关自然资源主管部门作出行政处罚决定或者直接给予行政处罚，并给予有关自然资源主管部门的负责人处分。

第七章　法律责任

第七十四条　买卖或者以其他形式非法转让土地的，由县级以上人民政府自然资源主管部门没收违法所得；对违反土地利用总体规划擅自将农用地改为建设用地的，限期拆除在非法转让的土地上新建的建筑物和其他设施，恢复土地原状，对符合土地利用总体规划的，没收在非法转让的土地上新建的建筑物和其他设施；可以并处罚款；对直接负责的主管人员和其他直接责任人员，依法给予处分；构成犯罪的，依法追究刑事责任。

第七十五条　违反本法规定，占用耕地建窑、建坟或者擅自在耕地上建房、挖砂、采石、采矿、取土等，破坏种植条件的，或者因开发土地造成土地荒漠化、盐渍化的，由县级以上人民政府自然资源主管部门、农业农村主管部门等按照职责责令限期改正或者治理，可以并处罚款；构成犯罪的，依法追究刑事责任。

第七十六条　违反本法规定，拒不履行土地复垦义务的，由县级以上人民政府自然资源主管部门责令限期改正；逾期不改正的，责令缴纳复垦费，专项用于土地复垦，可以处以罚款。

第七十七条　未经批准或者采取欺骗手段骗取批准，非法占用土地的，由县级以上人民政府自然资源主管部门责令退还非法占用的土地，对违反土地利用总体规划擅自将农用地改为建设用地的，限期拆除在非法占用的土地上新建的建筑物和其他设施，恢复土地原状，对符合土地利用总体规划的，没收在非法占用的土地上新建的建筑物和其他设施，可以并处罚款；对非法占用土地单位的直接负责的主管人员和其他直接责任人员，依法给予处分；构成犯罪的，依法追究刑事责任。

超过批准的数量占用土地，多占的土地以非法占用土地论处。

第七十八条　农村村民未经批准或者采取欺骗手段骗取批准，非法占用土地建住宅的，由县级以上人民政府农业农村主管部门责令退还非法占用的土地，限期拆除在非法占用的土地上新建的房屋。

超过省、自治区、直辖市规定的标准，多占的土地以非法占用土地论处。

第七十九条　无权批准征收、使用土地的单位或者个人非法批准占用土地的，超越批准权限非法批准占用土地的，不按照土地利用总体规划确定的用途批准用地的，或者违反法律规定的程序批准占用、征收土地的，其批准文件无效，对非法批准征收、使用土地的直接负责的主管人员和其他直接责任人员，依法给予处分；构成犯罪的，依法追究刑事责任。非法批准、使用的土地应当收回，有关当事人拒不归还的，以非法占用土地论处。

非法批准征收、使用土地，对当事人造成损失的，依法应当承担赔偿责任。

第八十条 侵占、挪用被征收土地单位的征地补偿费用和其他有关费用，构成犯罪的，依法追究刑事责任；尚不构成犯罪的，依法给予处分。

第八十一条 依法收回国有土地使用权当事人拒不交出土地的，临时使用土地期满拒不归还的，或者不按照批准的用途使用国有土地的，由县级以上人民政府自然资源主管部门责令交还土地，处以罚款。

第八十二条 擅自将农民集体所有的土地通过出让、转让使用权或者出租等方式用于非农业建设，或者违反本法规定，将集体经营性建设用地通过出让、出租等方式交由单位或者个人使用的，由县级以上人民政府自然资源主管部门责令限期改正，没收违法所得，并处罚款。

第八十三条 依照本法规定，责令限期拆除在非法占用的土地上新建的建筑物和其他设施的，建设单位或者个人必须立即停止施工，自行拆除；对继续施工的，作出处罚决定的机关有权制止。建设单位或者个人对责令限期拆除的行政处罚决定不服的，可以在接到责令限期拆除决定之日起十五日内，向人民法院起诉；期满不起诉又不自行拆除的，由作出处罚决定的机关依法申请人民法院强制执行，费用由违法者承担。

第八十四条 自然资源主管部门、农业农村主管部门的工作人员玩忽职守、滥用职权、徇私舞弊，构成犯罪的，依法追究刑事责任；尚不构成犯罪的，依法给予处分。

第八章 附 则

第八十五条 外商投资企业使用土地的，适用本法；法律另有规定的，从其规定。

第八十六条 在根据本法第十八条的规定编制国土空间规划前，经依法批准的土地利用总体规划和城乡规划继续执行。

第八十七条 本法自 1999 年 1 月 1 日起施行。

9. 中华人民共和国土地管理法实施条例

（1998 年 12 月 27 日中华人民共和国国务院令第 256 号发布　根据 2011 年 1 月 8 日《国务院关于废止和修改部分行政法规的决定》第一次修订　根据 2014 年 7 月 29 日《国务院关于修改部分行政法规的决定》第二次修订　2021 年 7 月 2 日中华人民共和国国务院令第 743 号第三次修订）

第一章　总　　则

第一条　根据《中华人民共和国土地管理法》（以下简称《土地管理法》），制定本条例。

第二章　国土空间规划

第二条　国家建立国土空间规划体系。

土地开发、保护、建设活动应当坚持规划先行。经依法批准的国土空间规划是各类开发、保护、建设活动的基本依据。

已经编制国土空间规划的，不再编制土地利用总体规划和城乡规划。在编制国土空间规划前，经依法批准的土地利用总体规划和城乡规划继续执行。

第三条　国土空间规划应当细化落实国家发展规划提出的国土空间开发保护要求，统筹布局农业、生态、城镇等功能空间，划定落实永久基本农田、生态保护红线和城镇开发边界。

国土空间规划应当包括国土空间开发保护格局和规划用地布局、结构、用途管制要求等内容，明确耕地保有量、建设用地规模、禁止开垦的范围等要求，统筹基础设施和公共设施用地布局，综合利用地上地下空间，合理确定并严格控制新增建设用地规模，提高土地节约集约利用水平，保障土地的可持续利用。

第四条　土地调查应当包括下列内容：

（一）土地权属以及变化情况；

（二）土地利用现状以及变化情况；

（三）土地条件。

全国土地调查成果，报国务院批准后向社会公布。地方土地调查成果，经本级人民政府审核，报上一级人民政府批准后向社会公布。全国土地调查成果公布后，县级以上地方人民政府方可自上而下逐级依次公布本行政区域的土地调查成果。

土地调查成果是编制国土空间规划以及自然资源管理、保护和利用的重要依据。

土地调查技术规程由国务院自然资源主管部门会同有关部门制定。

第五条 国务院自然资源主管部门会同有关部门制定土地等级评定标准。

县级以上人民政府自然资源主管部门应当会同有关部门根据土地等级评定标准，对土地等级进行评定。地方土地等级评定结果经本级人民政府审核，报上一级人民政府自然资源主管部门批准后向社会公布。

根据国民经济和社会发展状况，土地等级每五年重新评定一次。

第六条 县级以上人民政府自然资源主管部门应当加强信息化建设，建立统一的国土空间基础信息平台，实行土地管理全流程信息化管理，对土地利用状况进行动态监测，与发展改革、住房和城乡建设等有关部门建立土地管理信息共享机制，依法公开土地管理信息。

第七条 县级以上人民政府自然资源主管部门应当加强地籍管理，建立健全地籍数据库。

第三章　耕地保护

第八条 国家实行占用耕地补偿制度。在国土空间规划确定的城市和村庄、集镇建设用地范围内经依法批准占用耕地，以及在国土空间规划确定的城市和村庄、集镇建设用地范围外的能源、交通、水利、矿山、军事设施等建设项目经依法批准占用耕地的，分别由县级人民政府、农村集体经济组织和建设单位负责开垦与所占用耕地的数量和质量相当的耕地；没有条件开垦或者开垦的耕地不符合要求的，应当按照省、自治区、直辖市的规定缴纳耕地开垦费，专款用于开垦新的耕地。

省、自治区、直辖市人民政府应当组织自然资源主管部门、农业农村主管部门对开垦的耕地进行验收，确保开垦的耕地落实到地块。划入永久基本农田的还应当纳入国家永久基本农田数据库严格管理。占用耕地补充情况应当按照国家有关规定向社会公布。

个别省、直辖市需要易地开垦耕地的，依照《土地管理法》第三十二条的规定执行。

第九条 禁止任何单位和个人在国土空间规划确定的禁止开垦的范围内从

事土地开发活动。

按照国土空间规划，开发未确定土地使用权的国有荒山、荒地、荒滩从事种植业、林业、畜牧业、渔业生产的，应当向土地所在地的县级以上地方人民政府自然资源主管部门提出申请，按照省、自治区、直辖市规定的权限，由县级以上地方人民政府批准。

第十条 县级人民政府应当按照国土空间规划关于统筹布局农业、生态、城镇等功能空间的要求，制定土地整理方案，促进耕地保护和土地节约集约利用。

县、乡（镇）人民政府应当组织农村集体经济组织，实施土地整理方案，对闲散地和废弃地有计划地整治、改造。土地整理新增耕地，可以用作建设所占用耕地的补充。

鼓励社会主体依法参与土地整理。

第十一条 县级以上地方人民政府应当采取措施，预防和治理耕地土壤流失、污染，有计划地改造中低产田，建设高标准农田，提高耕地质量，保护黑土地等优质耕地，并依法对建设所占用耕地耕作层的土壤利用作出合理安排。

非农业建设依法占用永久基本农田的，建设单位应当按照省、自治区、直辖市的规定，将所占用耕地耕作层的土壤用于新开垦耕地、劣质地或者其他耕地的土壤改良。

县级以上地方人民政府应当加强对农业结构调整的引导和管理，防止破坏耕地耕作层；设施农业用地不再使用的，应当及时组织恢复种植条件。

第十二条 国家对耕地实行特殊保护，严守耕地保护红线，严格控制耕地转为林地、草地、园地等其他农用地，并建立耕地保护补偿制度，具体办法和耕地保护补偿实施步骤由国务院自然资源主管部门会同有关部门规定。

非农业建设必须节约使用土地，可以利用荒地的，不得占用耕地；可以利用劣地的，不得占用好地。禁止占用耕地建窑、建坟或者擅自在耕地上建房、挖砂、采石、采矿、取土等。禁止占用永久基本农田发展林果业和挖塘养鱼。

耕地应当优先用于粮食和棉、油、糖、蔬菜等农产品生产。按照国家有关规定需要将耕地转为林地、草地、园地等其他农用地的，应当优先使用难以长期稳定利用的耕地。

第十三条 省、自治区、直辖市人民政府对本行政区域耕地保护负总责，其主要负责人是本行政区域耕地保护的第一责任人。

省、自治区、直辖市人民政府应当将国务院确定的耕地保有量和永久基本农田保护任务分解下达，落实到具体地块。

国务院对省、自治区、直辖市人民政府耕地保护责任目标落实情况进行考核。

第四章　建设用地

第一节　一般规定

第十四条　建设项目需要使用土地的，应当符合国土空间规划、土地利用年度计划和用途管制以及节约资源、保护生态环境的要求，并严格执行建设用地标准，优先使用存量建设用地，提高建设用地使用效率。

从事土地开发利用活动，应当采取有效措施，防止、减少土壤污染，并确保建设用地符合土壤环境质量要求。

第十五条　各级人民政府应当依据国民经济和社会发展规划及年度计划、国土空间规划、国家产业政策以及城乡建设、土地利用的实际状况等，加强土地利用计划管理，实行建设用地总量控制，推动城乡存量建设用地开发利用，引导城镇低效用地再开发，落实建设用地标准控制制度，开展节约集约用地评价，推广应用节地技术和节地模式。

第十六条　县级以上地方人民政府自然资源主管部门应当将本级人民政府确定的年度建设用地供应总量、结构、时序、地块、用途等在政府网站上向社会公布，供社会公众查阅。

第十七条　建设单位使用国有土地，应当以有偿使用方式取得；但是，法律、行政法规规定可以以划拨方式取得的除外。

国有土地有偿使用的方式包括：

（一）国有土地使用权出让；

（二）国有土地租赁；

（三）国有土地使用权作价出资或者入股。

第十八条　国有土地使用权出让、国有土地租赁等应当依照国家有关规定通过公开的交易平台进行交易，并纳入统一的公共资源交易平台体系。除依法可以采取协议方式外，应当采取招标、拍卖、挂牌等竞争性方式确定土地使用者。

第十九条　《土地管理法》第五十五条规定的新增建设用地的土地有偿使用费，是指国家在新增建设用地中应取得的平均土地纯收益。

第二十条　建设项目施工、地质勘查需要临时使用土地的，应当尽量不占或者少占耕地。

临时用地由县级以上人民政府自然资源主管部门批准，期限一般不超过二年；建设周期较长的能源、交通、水利等基础设施建设使用的临时用地，期限不超过四年；法律、行政法规另有规定的除外。

土地使用者应当自临时用地期满之日起一年内完成土地复垦，使其达到可供利用状态，其中占用耕地的应当恢复种植条件。

第二十一条 抢险救灾、疫情防控等急需使用土地的，可以先行使用土地。其中，属于临时用地的，用后应当恢复原状并交还原土地使用者使用，不再办理用地审批手续；属于永久性建设用地的，建设单位应当在不晚于应急处置工作结束六个月内申请补办建设用地审批手续。

第二十二条 具有重要生态功能的未利用地应当依法划入生态保护红线，实施严格保护。

建设项目占用国土空间规划确定的未利用地的，按照省、自治区、直辖市的规定办理。

第二节 农用地转用

第二十三条 在国土空间规划确定的城市和村庄、集镇建设用地范围内，为实施该规划而将农用地转为建设用地的，由市、县人民政府组织自然资源等部门拟订农用地转用方案，分批次报有批准权的人民政府批准。

农用地转用方案应当重点对建设项目安排、是否符合国土空间规划和土地利用年度计划以及补充耕地情况作出说明。

农用地转用方案经批准后，由市、县人民政府组织实施。

第二十四条 建设项目确需占用国土空间规划确定的城市和村庄、集镇建设用地范围外的农用地，涉及占用永久基本农田的，由国务院批准；不涉及占用永久基本农田的，由国务院或者国务院授权的省、自治区、直辖市人民政府批准。具体按照下列规定办理：

（一）建设项目批准、核准前或者备案前后，由自然资源主管部门对建设项目用地事项进行审查，提出建设项目用地预审意见。建设项目需要申请核发选址意见书的，应当合并办理建设项目用地预审与选址意见书，核发建设项目用地预审与选址意见书。

（二）建设单位持建设项目的批准、核准或者备案文件，向市、县人民政府提出建设用地申请。市、县人民政府组织自然资源等部门拟订农用地转用方案，报有批准权的人民政府批准；依法应当由国务院批准的，由省、自治区、直辖市人民政府审核后上报。农用地转用方案应当重点对是否符合国土空间规划和土地利用年度计划以及补充耕地情况作出说明，涉及占用永久基本农田的，还应当对占用永久基本农田的必要性、合理性和补划可行性作出说明。

（三）农用地转用方案经批准后，由市、县人民政府组织实施。

第二十五条 建设项目需要使用土地的，建设单位原则上应当一次申请，办理建设用地审批手续，确需分期建设的项目，可以根据可行性研究报告确定的方案，分期申请建设用地，分期办理建设用地审批手续。建设过程中用地范围确需调整的，应当依法办理建设用地审批手续。

农用地转用涉及征收土地的，还应当依法办理征收土地手续。

第三节　土地征收

第二十六条　需要征收土地，县级以上地方人民政府认为符合《土地管理法》第四十五条规定的，应当发布征收土地预公告，并开展拟征收土地现状调查和社会稳定风险评估。

征收土地预公告应当包括征收范围、征收目的、开展土地现状调查的安排等内容。征收土地预公告应当采用有利于社会公众知晓的方式，在拟征收土地所在的乡（镇）和村、村民小组范围内发布，预公告时间不少于十个工作日。自征收土地预公告发布之日起，任何单位和个人不得在拟征收范围内抢栽抢建；违反规定抢栽抢建的，对抢栽抢建部分不予补偿。

土地现状调查应当查明土地的位置、权属、地类、面积，以及农村村民住宅、其他地上附着物和青苗等的权属、种类、数量等情况。

社会稳定风险评估应当对征收土地的社会稳定风险状况进行综合研判，确定风险点，提出风险防范措施和处置预案。社会稳定风险评估应当有被征地的农村集体经济组织及其成员、村民委员会和其他利害关系人参加，评估结果是申请征收土地的重要依据。

第二十七条　县级以上地方人民政府应当依据社会稳定风险评估结果，结合土地现状调查情况，组织自然资源、财政、农业农村、人力资源和社会保障等有关部门拟定征地补偿安置方案。

征地补偿安置方案应当包括征收范围、土地现状、征收目的、补偿方式和标准、安置对象、安置方式、社会保障等内容。

第二十八条　征地补偿安置方案拟定后，县级以上地方人民政府应当在拟征收土地所在的乡（镇）和村、村民小组范围内公告，公告时间不少于三十日。

征地补偿安置公告应当同时载明办理补偿登记的方式和期限、异议反馈渠道等内容。

多数被征地的农村集体经济组织成员认为拟定的征地补偿安置方案不符合法律、法规规定的，县级以上地方人民政府应当组织听证。

第二十九条　县级以上地方人民政府根据法律、法规规定和听证会等情况确定征地补偿安置方案后，应当组织有关部门与拟征收土地的所有权人、使用权人签订征地补偿安置协议。征地补偿安置协议示范文本由省、自治区、直辖市人民政府制定。

对个别确实难以达成征地补偿安置协议的，县级以上地方人民政府应当在申请征收土地时如实说明。

第三十条 县级以上地方人民政府完成本条例规定的征地前期工作后，方可提出征收土地申请，依照《土地管理法》第四十六条的规定报有批准权的人民政府批准。

有批准权的人民政府应当对征收土地的必要性、合理性、是否符合《土地管理法》第四十五条规定的为了公共利益确需征收土地的情形以及是否符合法定程序进行审查。

第三十一条 征收土地申请经依法批准后，县级以上地方人民政府应当自收到批准文件之日起十五个工作日内在拟征收土地所在的乡（镇）和村、村民小组范围内发布征收土地公告，公布征收范围、征收时间等具体工作安排，对个别未达成征地补偿安置协议的应当作出征地补偿安置决定，并依法组织实施。

第三十二条 省、自治区、直辖市应当制定公布区片综合地价，确定征收农用地的土地补偿费、安置补助费标准，并制定土地补偿费、安置补助费分配办法。

地上附着物和青苗等的补偿费用，归其所有权人所有。

社会保障费用主要用于符合条件的被征地农民的养老保险等社会保险缴费补贴，按照省、自治区、直辖市的规定单独列支。

申请征收土地的县级以上地方人民政府应当及时落实土地补偿费、安置补助费、农村村民住宅以及其他地上附着物和青苗等的补偿费用、社会保障费用等，并保证足额到位，专款专用。有关费用未足额到位的，不得批准征收土地。

第四节　宅基地管理

第三十三条 农村居民点布局和建设用地规模应当遵循节约集约、因地制宜的原则合理规划。县级以上地方人民政府应当按照国家规定安排建设用地指标，合理保障本行政区域农村村民宅基地需求。

乡（镇）、县、市国土空间规划和村庄规划应当统筹考虑农村村民生产、生活需求，突出节约集约用地导向，科学划定宅基地范围。

第三十四条 农村村民申请宅基地的，应当以户为单位向农村集体经济组织提出申请；没有设立农村集体经济组织的，应当向所在的村民小组或者村民委员会提出申请。宅基地申请依法经农村村民集体讨论通过并在本集体范围内公示后，报乡（镇）人民政府审核批准。

涉及占用农用地的，应当依法办理农用地转用审批手续。

第三十五条 国家允许进城落户的农村村民依法自愿有偿退出宅基地。乡

（镇）人民政府和农村集体经济组织、村民委员会等应当将退出的宅基地优先用于保障该农村集体经济组织成员的宅基地需求。

第三十六条 依法取得的宅基地和宅基地上的农村村民住宅及其附属设施受法律保护。

禁止违背农村村民意愿强制流转宅基地，禁止违法收回农村村民依法取得的宅基地，禁止以退出宅基地作为农村村民进城落户的条件，禁止强迫农村村民搬迁退出宅基地。

第五节 集体经营性建设用地管理

第三十七条 国土空间规划应当统筹并合理安排集体经营性建设用地布局和用途，依法控制集体经营性建设用地规模，促进集体经营性建设用地的节约集约利用。

鼓励乡村重点产业和项目使用集体经营性建设用地。

第三十八条 国土空间规划确定为工业、商业等经营性用途，且已依法办理土地所有权登记的集体经营性建设用地，土地所有权人可以通过出让、出租等方式交由单位或者个人在一定年限内有偿使用。

第三十九条 土地所有权人拟出让、出租集体经营性建设用地的，市、县人民政府自然资源主管部门应当依据国土空间规划提出拟出让、出租的集体经营性建设用地的规划条件，明确土地界址、面积、用途和开发建设强度等。

市、县人民政府自然资源主管部门应当会同有关部门提出产业准入和生态环境保护要求。

第四十条 土地所有权人应当依据规划条件、产业准入和生态环境保护要求等，编制集体经营性建设用地出让、出租等方案，并依照《土地管理法》第六十三条的规定，由本集体经济组织形成书面意见，在出让、出租前不少于十个工作日报市、县人民政府。市、县人民政府认为该方案不符合规划条件或者产业准入和生态环境保护要求等的，应当在收到方案后五个工作日内提出修改意见。土地所有权人应当按照市、县人民政府的意见进行修改。

集体经营性建设用地出让、出租等方案应当载明宗地的土地界址、面积、用途、规划条件、产业准入和生态环境保护要求、使用期限、交易方式、入市价格、集体收益分配安排等内容。

第四十一条 土地所有权人应当依据集体经营性建设用地出让、出租等方案，以招标、拍卖、挂牌或者协议等方式确定土地使用者，双方应当签订书面合同，载明土地界址、面积、用途、规划条件、使用期限、交易价款支付、交地时间和开工竣工期限、产业准入和生态环境保护要求，约定提前收回的条件、补偿方式、土地使用权届满续期和地上建筑物、构筑物等附着物处理方式，以及违约责任和解决争议的方法等，并报市、县人民政府自然资源主管部门备案。未依法将规划条件、产业准入和生态环境保护要求纳入合同的，合同无效；造成损失的，依法承担民事责任。合同示范文本由国务院自然资源主管部门制定。

第四十二条 集体经营性建设用地使用者应当按照约定及时支付集体经营性建设用地价款，并依法缴纳相关税费，对集体经营性建设用地使用权以及依法利用集体经营性建设用地建造的建筑物、构筑物及其附属设施的所有权，依法申请办理不动产登记。

第四十三条 通过出让等方式取得的集体经营性建设用地使用权依法转让、互换、出资、赠与或者抵押的，双方应当签订书面合同，并书面通知土地所有权人。

集体经营性建设用地的出租，集体建设用地使用权的出让及其最高年限、转让、互换、出资、赠与、抵押等，参照同类用途的国有建设用地执行，法律、行政法规另有规定的除外。

第五章　监督检查

第四十四条 国家自然资源督察机构根据授权对省、自治区、直辖市人民政府以及国务院确定的城市人民政府下列土地利用和土地管理情况进行督察：

（一）耕地保护情况；

（二）土地节约集约利用情况；

（三）国土空间规划编制和实施情况；

（四）国家有关土地管理重大决策落实情况；

（五）土地管理法律、行政法规执行情况；

（六）其他土地利用和土地管理情况。

第四十五条 国家自然资源督察机构进行督察时，有权向有关单位和个人了解督察事项有关情况，有关单位和个人应当支持、协助督察机构工作，如实反映情况，并提供有关材料。

第四十六条 被督察的地方人民政府违反土地管理法律、行政法规，或者落实国家有关土地管理重大决策不力的，国家自然资源督察机构可以向被督察的地方人民政府下达督察意见书，地方人民政府应当认真组织整改，并及时报告整改情况；国家自然资源督察机构可以约谈被督察的地方人民政府有关负责人，并可以依法向监察机关、任免机关等有关机关提出追究相关责任人责任的建议。

第四十七条 土地管理监督检查人员应当经过培训，经考核合格，取得行政执法证件后，方可从事土地管理监督检查工作。

第四十八条 自然资源主管部门、农业农村主管部门按照职责分工进行监督检查时，可以采取下列措施：

（一）询问违法案件涉及的单位或者个人；

（二）进入被检查单位或者个人涉嫌土地违法的现场进行拍照、摄像；

（三）责令当事人停止正在进行的土地违法行为；

（四）对涉嫌土地违法的单位或者个人，在调查期间暂停办理与该违法案件相关的土地审批、登记等手续；

（五）对可能被转移、销毁、隐匿或者篡改的文件、资料予以封存，责令涉嫌土地违法的单位或者个人在调查期间不得变卖、转移与案件有关的财物；

（六）《土地管理法》第六十八条规定的其他监督检查措施。

第四十九条 依照《土地管理法》第七十三条的规定给予处分的，应当按照管理权限由责令作出行政处罚决定或者直接给予行政处罚的上级人民政府自然资源主管部门或者其他任免机关、单位作出。

第五十条 县级以上人民政府自然资源主管部门应当会同有关部门建立信用监管、动态巡查等机制，加强对建设用地供应交易和供后开发利用的监管，对建设用地市场重大失信行为依法实施惩戒，并依法公开相关信息。

第六章 法律责任

第五十一条 违反《土地管理法》第三十七条的规定，非法占用永久基本农田发展林果业或者挖塘养鱼的，由县级以上人民政府自然资源主管部门责令限期改正；逾期不改正的，按占用面积处耕地开垦费 2 倍以上 5 倍以下的罚款；破坏种植条件的，依照《土地管理法》第七十五条的规定处罚。

第五十二条 违反《土地管理法》第五十七条的规定，在临时使用的土地上修建永久性建筑物的，由县级以上人民政府自然资源主管部门责令限期拆除，按占用面积处土地复垦费 5 倍以上 10 倍以下的罚款；逾期不拆除的，由作出行政决定的机关依法申请人民法院强制执行。

第五十三条 违反《土地管理法》第六十五条的规定，对建筑物、构筑物进行重建、扩建的，由县级以上人民政府自然资源主管部门责令限期拆除；逾期不拆除的，由作出行政决定的机关依法申请人民法院强制执行。

第五十四条 依照《土地管理法》第七十四条的规定处以罚款的，罚款额为违法所得的 10%以上 50%以下。

第五十五条 依照《土地管理法》第七十五条的规定处以罚款的，罚款额为耕地开垦费的 5 倍以上 10 倍以下；破坏黑土地等优质耕地的，从重处罚。

第五十六条 依照《土地管理法》第七十六条的规定处以罚款的，罚款额为土地复垦费的 2 倍以上 5 倍以下。

违反本条例规定，临时用地期满之日起一年内未完成复垦或者未恢复种植条件的，由县级以上人民政府自然资源主管部门责令限期改正，依照《土地管理法》第七十六条的规定处罚，并由县级以上人民政府自然资源主管部门会同农业农村主管部门代为完成复垦或者恢复种植条件。

第五十七条 依照《土地管理法》第七十七条的规定处以罚款的，罚款额为非法占用土地每平方米 100 元以上 1 000 元以下。

违反本条例规定，在国土空间规划确定的禁止开垦的范围内从事土地开发活动的，由县级以上人民政府自然资源主管部门责令限期改正，并依照《土地管理法》第七十七条的规定处罚。

第五十八条 依照《土地管理法》第七十四条、第七十七条的规定，县级以上人民政府自然资源主管部门没收在非法转让或者非法占用的土地上新建的建筑物和其他设施的，应当于九十日内交由本级人民政府或者其指定的部门依法管理和处置。

第五十九条 依照《土地管理法》第八十一条的规定处以罚款的，罚款额为非法占用土地每平方米 100 元以上 500 元以下。

第六十条 依照《土地管理法》第八十二条的规定处以罚款的，罚款额为违法所得的 10%以上 30%以下。

第六十一条 阻碍自然资源主管部门、农业农村主管部门的工作人员依法执行职务，构成违反治安管理行为的，依法给予治安管理处罚。

第六十二条 违反土地管理法律、法规规定，阻挠国家建设征收土地的，由县级以上地方人民政府责令交出土地；拒不交出土地的，依法申请人民法院强制执行。

第六十三条 违反本条例规定，侵犯农村村民依法取得的宅基地权益的，责令限期改正，对有关责任单位通报批评、给予警告；造成损失的，依法承担赔偿责任；对直接负责的主管人员和其他直接责任人员，依法给予处分。

第六十四条 贪污、侵占、挪用、私分、截留、拖欠征地补偿安置费用和其他有关费用的，责令改正，追回有关款项，限期退还违法所得，对有关责任单位通报批评、给予警告；造成损失的，依法承担赔偿责任；对直接负责的主管人员和其他直接责任人员，依法给予处分。

第六十五条 各级人民政府及自然资源主管部门、农业农村主管部门工作人员玩忽职守、滥用职权、徇私舞弊的，依法给予处分。

第六十六条 违反本条例规定，构成犯罪的，依法追究刑事责任。

第七章 附 则

第六十七条 本条例自 2021 年 9 月 1 日起施行。

10. 政府投资条例

（2018 年 12 月 5 日国务院第 33 次常务会议通过　2019 年 4 月 14 日中华人民共和国国务院令第 712 号公布　自 2019年 7 月 1 日起施行）

第一章　总　　则

第一条　为了充分发挥政府投资作用，提高政府投资效益，规范政府投资行为，激发社会投资活力，制定本条例。

第二条　本条例所称政府投资，是指在中国境内使用预算安排的资金进行固定资产投资建设活动，包括新建、扩建、改建、技术改造等。

第三条　政府投资资金应当投向市场不能有效配置资源的社会公益服务、公共基础设施、农业农村、生态环境保护、重大科技进步、社会管理、国家安全等公共领域的项目，以非经营性项目为主。

国家完善有关政策措施，发挥政府投资资金的引导和带动作用，鼓励社会资金投向前款规定的领域。

国家建立政府投资范围定期评估调整机制，不断优化政府投资方向和结构。

第四条　政府投资应当遵循科学决策、规范管理、注重绩效、公开透明的原则。

第五条　政府投资应当与经济社会发展水平和财政收支状况相适应。

国家加强对政府投资资金的预算约束。政府及其有关部门不得违法违规举借债务筹措政府投资资金。

第六条　政府投资资金按项目安排，以直接投资方式为主；对确需支持的经营性项目，主要采取资本金注入方式，也可以适当采取投资补助、贷款贴息等方式。

安排政府投资资金，应当符合推进中央与地方财政事权和支出责任划分改革的有关要求，并平等对待各类投资主体，不得设置歧视性条件。

国家通过建立项目库等方式，加强对使用政府投资资金项目的储备。

第七条　国务院投资主管部门依照本条例和国务院的规定，履行政府投资综合管理职责。国务院其他有关部门依照本条例和国务院规定的职责分工，履行相应的政府投资管理职责。

县级以上地方人民政府投资主管部门和其他有关部门依照本条例和本级人民政府规定的职责分工，履行相应的政府投资管理职责。

第二章　政府投资决策

第八条　县级以上人民政府应当根据国民经济和社会发展规划、中期财政规划和国家宏观调控政策，结合财政收支状况，统筹安排使用政府投资资金的项目，规范使用各类政府投资资金。

第九条　政府采取直接投资方式、资本金注入方式投资的项目（以下统称政府投资项目），项目单位应当编制项目建议书、可行性研究报告、初步设计，按照政府投资管理权限和规定的程序，报投资主管部门或者其他有关部门审批。

项目单位应当加强政府投资项目的前期工作，保证前期工作的深度达到规定的要求，并对项目建议书、可行性研究报告、初步设计以及依法应当附具的其他文件的真实性负责。

第十条　除涉及国家秘密的项目外，投资主管部门和其他有关部门应当通过投资项目在线审批监管平台（以下简称在线平台），使用在线平台生成的项目代码办理政府投资项目审批手续。

投资主管部门和其他有关部门应当通过在线平台列明与政府投资有关的规划、产业政策等，公开政府投资项目审批的办理流程、办理时限等，并为项目单位提供相关咨询服务。

第十一条　投资主管部门或者其他有关部门应当根据国民经济和社会发展规划、相关领域专项规划、产业政策等，从下列方面对政府投资项目进行审查，作出是否批准的决定：

（一）项目建议书提出的项目建设的必要性；

（二）可行性研究报告分析的项目的技术经济可行性、社会效益以及项目资金等主要建设条件的落实情况；

（三）初步设计及其提出的投资概算是否符合可行性研究报告批复以及国家有关标准和规范的要求；

（四）依照法律、行政法规和国家有关规定应当审查的其他事项。

投资主管部门或者其他有关部门对政府投资项目不予批准的，应当书面通知项目单位并说明理由。

对经济社会发展、社会公众利益有重大影响或者投资规模较大的政府投资项目，投资主管部门或者其他有关部门应当在中介服务机构评估、公众参与、专家评议、风险评估的基础上作出是否批准的决定。

第十二条 经投资主管部门或者其他有关部门核定的投资概算是控制政府投资项目总投资的依据。

初步设计提出的投资概算超过经批准的可行性研究报告提出的投资估算10%的，项目单位应当向投资主管部门或者其他有关部门报告，投资主管部门或者其他有关部门可以要求项目单位重新报送可行性研究报告。

第十三条 对下列政府投资项目，可以按照国家有关规定简化需要报批的文件和审批程序：

（一）相关规划中已经明确的项目；

（二）部分扩建、改建项目；

（三）建设内容单一、投资规模较小、技术方案简单的项目；

（四）为应对自然灾害、事故灾难、公共卫生事件、社会安全事件等突发事件需要紧急建设的项目。

前款第三项所列项目的具体范围，由国务院投资主管部门会同国务院其他有关部门规定。

第十四条 采取投资补助、贷款贴息等方式安排政府投资资金的，项目单位应当按照国家有关规定办理手续。

第三章 政府投资年度计划

第十五条 国务院投资主管部门对其负责安排的政府投资编制政府投资年度计划，国务院其他有关部门对其负责安排的本行业、本领域的政府投资编制政府投资年度计划。

县级以上地方人民政府有关部门按照本级人民政府的规定，编制政府投资年度计划。

第十六条 政府投资年度计划应当明确项目名称、建设内容及规模、建设工期、项目总投资、年度投资额及资金来源等事项。

第十七条 列入政府投资年度计划的项目应当符合下列条件：

（一）采取直接投资方式、资本金注入方式的，可行性研究报告已经批准或者投资概算已经核定；

（二）采取投资补助、贷款贴息等方式的，已经按照国家有关规定办理手续；

（三）县级以上人民政府有关部门规定的其他条件。

第十八条 政府投资年度计划应当和本级预算相衔接。

第十九条 财政部门应当根据经批准的预算，按照法律、行政法规和国库管理的有关规定，及时、足额办理政府投资资金拨付。

第四章　政府投资项目实施

第二十条　政府投资项目开工建设，应当符合本条例和有关法律、行政法规规定的建设条件；不符合规定的建设条件的，不得开工建设。

国务院规定应当审批开工报告的重大政府投资项目，按照规定办理开工报告审批手续后方可开工建设。

第二十一条　政府投资项目应当按照投资主管部门或者其他有关部门批准的建设地点、建设规模和建设内容实施；拟变更建设地点或者拟对建设规模、建设内容等作较大变更的，应当按照规定的程序报原审批部门审批。

第二十二条　政府投资项目所需资金应当按照国家有关规定确保落实到位。

政府投资项目不得由施工单位垫资建设。

第二十三条　政府投资项目建设投资原则上不得超过经核定的投资概算。

因国家政策调整、价格上涨、地质条件发生重大变化等原因确需增加投资概算的，项目单位应当提出调整方案及资金来源，按照规定的程序报原初步设计审批部门或者投资概算核定部门核定；涉及预算调整或者调剂的，依照有关预算的法律、行政法规和国家有关规定办理。

第二十四条　政府投资项目应当按照国家有关规定合理确定并严格执行建设工期，任何单位和个人不得非法干预。

第二十五条　政府投资项目建成后，应当按照国家有关规定进行竣工验收，并在竣工验收合格后及时办理竣工财务决算。

政府投资项目结余的财政资金，应当按照国家有关规定缴回国库。

第二十六条　投资主管部门或者其他有关部门应当按照国家有关规定选择有代表性的已建成政府投资项目，委托中介服务机构对所选项目进行后评价。后评价应当根据项目建成后的实际效果，对项目审批和实施进行全面评价并提出明确意见。

第五章　监督管理

第二十七条　投资主管部门和依法对政府投资项目负有监督管理职责的其他部门应当采取在线监测、现场核查等方式，加强对政府投资项目实施情况的监督检查。

项目单位应当通过在线平台如实报送政府投资项目开工建设、建设进度、竣工的基本信息。

第二十八条　投资主管部门和依法对政府投资项目负有监督管理职责的其他部门应当建立政府投资项目信息共享机制，通过在线平台实现信息共享。

第二十九条 项目单位应当按照国家有关规定加强政府投资项目档案管理，将项目审批和实施过程中的有关文件、资料存档备查。

第三十条 政府投资年度计划、政府投资项目审批和实施以及监督检查的信息应当依法公开。

第三十一条 政府投资项目的绩效管理、建设工程质量管理、安全生产管理等事项，依照有关法律、行政法规和国家有关规定执行。

第六章 法律责任

第三十二条 有下列情形之一的，责令改正，对负有责任的领导人员和直接责任人员依法给予处分：

（一）超越审批权限审批政府投资项目；

（二）对不符合规定的政府投资项目予以批准；

（三）未按照规定核定或者调整政府投资项目的投资概算；

（四）为不符合规定的项目安排投资补助、贷款贴息等政府投资资金；

（五）履行政府投资管理职责中其他玩忽职守、滥用职权、徇私舞弊的情形。

第三十三条 有下列情形之一的，依照有关预算的法律、行政法规和国家有关规定追究法律责任：

（一）政府及其有关部门违法违规举借债务筹措政府投资资金；

（二）未按照规定及时、足额办理政府投资资金拨付；

（三）转移、侵占、挪用政府投资资金。

第三十四条 项目单位有下列情形之一的，责令改正，根据具体情况，暂停、停止拨付资金或者收回已拨付的资金，暂停或者停止建设活动，对负有责任的领导人员和直接责任人员依法给予处分：

（一）未经批准或者不符合规定的建设条件开工建设政府投资项目；

（二）弄虚作假骗取政府投资项目审批或者投资补助、贷款贴息等政府投资资金；

（三）未经批准变更政府投资项目的建设地点或者对建设规模、建设内容等作较大变更；

（四）擅自增加投资概算；

（五）要求施工单位对政府投资项目垫资建设；

（六）无正当理由不实施或者不按照建设工期实施已批准的政府投资项目。

第三十五条 项目单位未按照规定将政府投资项目审批和实施过程中的有关文件、资料存档备查，或者转移、隐匿、篡改、毁弃项目有关文件、资料的，责令改正，对负有责任的领导人员和直接责任人员依法给予处分。

第三十六条 违反本条例规定，构成犯罪的，依法追究刑事责任。

第七章 附 则

第三十七条 国防科技工业领域政府投资的管理办法，由国务院国防科技工业管理部门根据本条例规定的原则另行制定。

第三十八条 中国人民解放军和中国人民武装警察部队的固定资产投资管理，按照中央军事委员会的规定执行。

第三十九条 本条例自 2019 年 7 月 1 日起施行。

11. 农田水利条例

（2016 年 4 月 27 日国务院第 131 次常务会议通过　2016 年 5 月 17 日中华人民共和国国务院令第 669 号公布　自 2016年 7 月 1 日起施行）

第一章　总　　则

第一条　为了加快农田水利发展，提高农业综合生产能力，保障国家粮食安全，制定本条例。

第二条　农田水利规划的编制实施、农田水利工程建设和运行维护、农田灌溉和排水等活动，适用本条例。

本条例所称农田水利，是指为防治农田旱、涝、渍和盐碱灾害，改善农业生产条件，采取的灌溉、排水等工程措施和其他相关措施。

第三条　发展农田水利，坚持政府主导、科学规划、因地制宜、节水高效、建管并重的原则。

县级以上人民政府应当加强对农田水利工作的组织领导，采取措施保障农田水利发展。

第四条　国务院水行政主管部门负责全国农田水利的管理和监督工作。国务院有关部门按照职责分工做好农田水利相关工作。

县级以上地方人民政府水行政主管部门负责本行政区域农田水利的管理和监督工作。县级以上地方人民政府有关部门按照职责分工做好农田水利相关工作。

乡镇人民政府应当协助上级人民政府及其有关部门做好本行政区域农田水利工程建设和运行维护等方面的工作。

第五条　国家鼓励和引导农村集体经济组织、农民用水合作组织、农民和其他社会力量进行农田水利工程建设、经营和运行维护，保护农田水利工程设施，节约用水，保护生态环境。

国家依法保护农田水利工程投资者的合法权益。

第二章　规　　划

第六条　国务院水行政主管部门负责编制全国农田水利规划，征求国务院有关部门意见后，报国务院或者国务院授权的部门批准公布。

县级以上地方人民政府水行政主管部门负责编制本行政区域农田水利规划，征求本级人民政府有关部门意见后，报本级人民政府批准公布。

第七条 编制农田水利规划应当统筹考虑经济社会发展水平、水土资源供需平衡、农业生产需求、灌溉排水发展需求、环境保护等因素。

农田水利规划应当包括发展思路、总体任务、区域布局、保障措施等内容；县级农田水利规划还应当包括水源保障、工程布局、工程规模、生态环境影响、工程建设和运行维护、技术推广、资金筹措等内容。

第八条 县级以上人民政府应当组织开展农田水利调查。农田水利调查结果是编制农田水利规划的依据。

县级人民政府水行政主管部门编制农田水利规划，应当征求农村集体经济组织、农民用水合作组织、农民等方面的意见。

第九条 下级农田水利规划应当根据上级农田水利规划编制，并向上一级人民政府水行政主管部门备案。

经批准的农田水利规划是农田水利建设和管理的依据。农田水利规划确需修改的，应当按照原审批程序报送审批。

第十条 县级以上人民政府水行政主管部门和其他有关部门按照职责分工负责实施农田水利规划。

县级以上人民政府水行政主管部门应当会同本级人民政府有关部门对农田水利规划实施情况进行评估，并将评估结果向本级人民政府报告。

第十一条 编制土地整治、农业综合开发等规划涉及农田水利，应当与农田水利规划相衔接，并征求本级人民政府水行政主管部门的意见。

第三章 工程建设

第十二条 县级人民政府应当根据农田水利规划组织制定农田水利工程建设年度实施计划，统筹协调有关部门和单位安排的与农田水利有关的各类工程建设项目。

乡镇人民政府应当协调农村集体经济组织、农民用水合作组织以及其他社会力量开展农田水利工程建设的有关工作。

第十三条 农田水利工程建设应当符合国家有关农田水利标准。

农田水利标准由国务院标准化主管部门、水行政主管部门以及省、自治区、直辖市人民政府标准化主管部门、水行政主管部门依照法定程序和权限组织制定。

第十四条 农田水利工程建设应当节约集约使用土地。县级以上人民政府应当根据农田水利规划，保障农田水利工程建设用地需求。

第十五条 农田水利工程建设单位应当建立健全工程质量安全管理制度，对工程质量安全负责，并公示工程建设情况。

县级以上人民政府水行政主管部门和其他有关部门应当按照职责分工加强对农田水利工程建设的监督管理。

第十六条 政府投资建设的农田水利工程由县级以上人民政府有关部门组织竣工验收，并邀请有关专家和农村集体经济组织、农民用水合作组织、农民代表参加。社会力量投资建设的农田水利工程由投资者或者受益者组织竣工验收。政府与社会力量共同投资的农田水利工程，由县级以上人民政府有关部门、社会投资者或者受益者共同组织竣工验收。

大中型农田水利工程应当按照水利建设工程验收规程组织竣工验收。小型农田水利工程验收办法由省、自治区、直辖市人民政府水行政主管部门会同有关部门制定。

农田水利工程验收合格后，由县级以上地方人民政府水行政主管部门组织造册存档。

第十七条 县级以上人民政府水行政主管部门应当会同有关部门加强农田水利信息系统建设，收集与发布农田水利规划、农田水利工程建设和运行维护等信息。

第四章 工程运行维护

第十八条 农田水利工程按照下列规定确定运行维护主体：

（一）政府投资建设的大中型农田水利工程，由县级以上人民政府按照工程管理权限确定的单位负责运行维护，鼓励通过政府购买服务等方式引进社会力量参与运行维护；

（二）政府投资建设或者财政补助建设的小型农田水利工程，按照规定交由受益农村集体经济组织、农民用水合作组织、农民等使用和管理的，由受益者或者其委托的单位、个人负责运行维护；

（三）农村集体经济组织筹资筹劳建设的农田水利工程，由农村集体经济组织或者其委托的单位、个人负责运行维护；

（四）农民或者其他社会力量投资建设的农田水利工程，由投资者或者其委托的单位、个人负责运行维护；

（五）政府与社会力量共同投资建设的农田水利工程，由投资者按照约定确定运行维护主体。

农村土地承包经营权依法流转的，应当同时明确该土地上农田水利工程的运行维护主体。

第十九条 灌区农田水利工程实行灌区管理单位管理与受益农村集体经济

组织、农民用水合作组织、农民等管理相结合的方式。灌区管理办法由国务院水行政主管部门会同有关部门制定。

第二十条 县级以上人民政府应当建立农田水利工程运行维护经费合理负担机制。

农田水利工程所有权人应当落实农田水利工程运行维护经费，保障运行维护工作正常进行。

第二十一条 负责农田水利工程运行维护的单位和个人应当建立健全运行维护制度，加强对农田水利工程的日常巡查、维修和养护，按照有关规定进行调度，保障农田水利工程正常运行。

农田水利工程水量调度涉及航道通航的，应当符合《中华人民共和国航道法》的有关规定。

第二十二条 县级以上人民政府水行政主管部门和农田水利工程所有权人应当加强对农田水利工程运行维护工作的监督，督促负责运行维护的单位和个人履行运行维护责任。

农村集体经济组织、农民用水合作组织、农民等发现影响农田水利工程正常运行的情形的，有权向县级以上人民政府水行政主管部门和农田水利工程所有权人报告。接到报告的县级以上人民政府水行政主管部门和农田水利工程所有权人应当督促负责运行维护的单位和个人及时处理。

第二十三条 禁止危害农田水利工程设施的下列行为：

（一）侵占、损毁农田水利工程设施；

（二）危害农田水利工程设施安全的爆破、打井、采石、取土等活动；

（三）堆放阻碍蓄水、输水、排水的物体；

（四）建设妨碍蓄水、输水、排水的建筑物和构筑物；

（五）向塘坝、沟渠排放污水、倾倒垃圾以及其他废弃物。

第二十四条 任何单位和个人不得擅自占用农业灌溉水源、农田水利工程设施。

新建、改建、扩建建设工程确需占用农业灌溉水源、农田水利工程设施的，应当与取用水的单位、个人或者农田水利工程所有权人协商，并报经有管辖权的县级以上地方人民政府水行政主管部门同意。

占用者应当建设与被占用的农田水利工程设施效益和功能相当的替代工程；不具备建设替代工程条件的，应当按照建设替代工程的总投资额支付占用补偿费；造成运行成本增加等其他损失的，应当依法给予补偿。补偿标准由省、自治区、直辖市制定。

第二十五条 农田水利工程设施因超过设计使用年限、灌溉排水功能基本丧失或者严重毁坏而无法继续使用的，工程所有权人或者管理单位应当按照有关规定及时处置，消除安全隐患，并将相关情况告知县级以上地方人民政府水行政主管部门。

第五章　灌溉排水管理

第二十六条　县级以上人民政府水行政主管部门应当加强对农田灌溉排水的监督和指导，做好技术服务。

第二十七条　农田灌溉用水实行总量控制和定额管理相结合的制度。

农作物灌溉用水定额依照《中华人民共和国水法》规定的权限和程序制定并公布。

农田灌溉用水应当合理确定水价，实行有偿使用、计量收费。

第二十八条　灌区管理单位应当根据有管辖权的县级以上人民政府水行政主管部门核定的年度取用水计划，制定灌区内用水计划和调度方案，与用水户签订用水协议。

第二十九条　农田灌溉用水应当符合相应的水质标准。县级以上地方人民政府环境保护主管部门应当会同水行政主管部门、农业主管部门加强对农田灌溉用水的水质监测。

第三十条　国家鼓励采取先进适用的农田排水技术和措施，促进盐碱地和中低产田改造；控制和合理利用农田排水，减少肥料流失，防止农业面源污染。

第三十一条　省、自治区、直辖市人民政府水行政主管部门应当组织做好本行政区域农田灌溉排水试验工作。灌溉试验站应当做好农田灌溉排水试验研究，加强科技成果示范推广，指导用水户科学灌溉排水。

第三十二条　国家鼓励推广应用喷灌、微灌、管道输水灌溉、渠道防渗输水灌溉等节水灌溉技术，以及先进的农机、农艺和生物技术等，提高灌溉用水效率。

第三十三条　粮食主产区和严重缺水、生态环境脆弱地区以及地下水超采地区应当优先发展节水灌溉。

国家鼓励企业、农村集体经济组织、农民用水合作组织等单位和个人投资建设节水灌溉设施，采取财政补助等方式鼓励购买节水灌溉设备。

第三十四条　规划建设商品粮、棉、油、菜等农业生产基地，应当充分考虑当地水资源条件。水资源短缺地区，限制发展高耗水作物；地下水超采区，禁止农田灌溉新增取用地下水。

第六章　保障与扶持

第三十五条　农田水利工程建设实行政府投入和社会力量投入相结合的方式。

县级以上人民政府应当多渠道筹措农田水利工程建设资金，保障农田水利建设投入。

第三十六条 县级人民政府应当及时公布农田水利工程建设年度实施计划、建设条件、补助标准等信息，引导社会力量参与建设农田水利工程。

县级以上地方人民政府应当支持社会力量通过提供农田灌溉服务、收取供水水费等方式，开展农田水利工程经营活动，保障其合法经营收益。

县级以上地方人民政府水行政主管部门应当为社会力量参与建设、经营农田水利工程提供指导和技术支持。

第三十七条 国家引导金融机构推出符合农田水利工程项目特点的金融产品和服务方式，加大对农田水利工程建设的信贷支持力度。

农田灌溉和排水的用电执行农业生产用电价格。

第三十八条 县级人民政府应当建立健全基层水利服务体系，将基层水利服务机构公益性业务经费纳入本级政府预算。基层水利服务机构应当履行农田水利建设管理、科技推广等公益性职能。

国家通过政府购买服务等方式，支持专业化服务组织开展农田灌溉和排水、农田水利工程设施维修等公益性工作。

第三十九条 县级以上人民政府水行政主管部门应当会同本级人民政府有关部门，制定农田水利新技术推广目录和培训计划，加强对基层水利服务人员和农民的培训。

第四十条 对农田水利工作中成绩显著的单位和个人，按照国家有关规定给予表彰。

第七章 法律责任

第四十一条 违反本条例规定，县级以上人民政府水行政主管部门和其他有关部门不依法履行农田水利管理和监督职责的，对负有责任的领导人员和直接责任人员依法给予处分；负有责任的领导人员和直接责任人员构成犯罪的，依法追究刑事责任。

第四十二条 违反本条例规定，县级以上人民政府确定的农田水利工程运行维护单位不按照规定进行维修养护和调度、不执行年度取用水计划的，由县级以上地方人民政府水行政主管部门责令改正；发生责任事故或者造成其他重大损失的，对直接负责的主管人员和其他直接责任人员依法给予处分；直接负责的主管人员和其他直接责任人员构成犯罪的，依法追究刑事责任。

第四十三条 违反本条例规定，有下列行为之一的，由县级以上地方人民政府水行政主管部门责令停止违法行为，限期恢复原状或者采取补救措施；逾期不恢复原状或者采取补救措施的，依法强制执行；造成损失的，依法承担民事责任；构成违反治安管理行为的，依法给予治安管理处罚；构成犯罪的，依法追究刑事责任：

（一）堆放阻碍农田水利工程设施蓄水、输水、排水的物体；

（二）建设妨碍农田水利工程设施蓄水、输水、排水的建筑物和构筑物；

（三）擅自占用农业灌溉水源、农田水利工程设施。

第四十四条 违反本条例规定，侵占、损毁农田水利工程设施，以及有危害农田水利工程设施安全的爆破、打井、采石、取土等行为的，依照《中华人民共和国水法》的规定处理。

违反本条例规定，向塘坝、沟渠排放污水、倾倒垃圾以及其他废弃物的，依照环境保护有关法律、行政法规的规定处理。

第八章 附 则

第四十五条 本条例自 2016 年 7 月 1 日起施行。

12. 土地复垦条例

（2011 年 2 月 22 日国务院第 145 次常务会议通过　2011 年 3 月 5 日中华人民共和国国务院令第 592 号公布　自公布之日起施行）

第一章　总　　则

第一条　为了落实十分珍惜、合理利用土地和切实保护耕地的基本国策，规范土地复垦活动，加强土地复垦管理，提高土地利用的社会效益、经济效益和生态效益，根据《中华人民共和国土地管理法》，制定本条例。

第二条　本条例所称土地复垦，是指对生产建设活动和自然灾害损毁的土地，采取整治措施，使其达到可供利用状态的活动。

第三条　生产建设活动损毁的土地，按照“谁损毁，谁复垦”的原则，由生产建设单位或者个人（以下称土地复垦义务人）负责复垦。但是，由于历史原因无法确定土地复垦义务人的生产建设活动损毁的土地（以下称历史遗留损毁土地），由县级以上人民政府负责组织复垦。

自然灾害损毁的土地，由县级以上人民政府负责组织复垦。

第四条　生产建设活动应当节约集约利用土地，不占或者少占耕地；对依法占用的土地应当采取有效措施，减少土地损毁面积，降低土地损毁程度。

土地复垦应当坚持科学规划、因地制宜、综合治理、经济可行、合理利用的原则。复垦的土地应当优先用于农业。

第五条　国务院国土资源主管部门负责全国土地复垦的监督管理工作。县级以上地方人民政府国土资源主管部门负责本行政区域土地复垦的监督管理工作。

县级以上人民政府其他有关部门依照本条例的规定和各自的职责做好土地复垦有关工作。

第六条　编制土地复垦方案、实施土地复垦工程、进行土地复垦验收等活动，应当遵守土地复垦国家标准；没有国家标准的，应当遵守土地复垦行业标准。

制定土地复垦国家标准和行业标准，应当根据土地损毁的类型、程度、自然地理条件和复垦的可行性等因素，分类确定不同类型损毁土地的复垦方式、目标和要求等。

第七条 县级以上地方人民政府国土资源主管部门应当建立土地复垦监测制度，及时掌握本行政区域土地资源损毁和土地复垦效果等情况。

国务院国土资源主管部门和省、自治区、直辖市人民政府国土资源主管部门应当建立健全土地复垦信息管理系统，收集、汇总和发布土地复垦数据信息。

第八条 县级以上人民政府国土资源主管部门应当依据职责加强对土地复垦情况的监督检查。被检查的单位或者个人应当如实反映情况，提供必要的资料。

任何单位和个人不得扰乱、阻挠土地复垦工作，破坏土地复垦工程、设施和设备。

第九条 国家鼓励和支持土地复垦科学研究和技术创新，推广先进的土地复垦技术。

对在土地复垦工作中作出突出贡献的单位和个人，由县级以上人民政府给予表彰。

第二章 生产建设活动损毁土地的复垦

第十条 下列损毁土地由土地复垦义务人负责复垦：

（一）露天采矿、烧制砖瓦、挖沙取土等地表挖掘所损毁的土地；

（二）地下采矿等造成地表塌陷的土地；

（三）堆放采矿剥离物、废石、矿渣、粉煤灰等固体废弃物压占的土地；

（四）能源、交通、水利等基础设施建设和其他生产建设活动临时占用所损毁的土地。

第十一条 土地复垦义务人应当按照土地复垦标准和国务院国土资源主管部门的规定编制土地复垦方案。

第十二条 土地复垦方案应当包括下列内容：

（一）项目概况和项目区土地利用状况；

（二）损毁土地的分析预测和土地复垦的可行性评价；

（三）土地复垦的目标任务；

（四）土地复垦应当达到的质量要求和采取的措施；

（五）土地复垦工程和投资估（概）算；

（六）土地复垦费用的安排；

（七）土地复垦工作计划与进度安排；

（八）国务院国土资源主管部门规定的其他内容。

第十三条 土地复垦义务人应当在办理建设用地申请或者采矿权申请手续

时，随有关报批材料报送土地复垦方案。

土地复垦义务人未编制土地复垦方案或者土地复垦方案不符合要求的，有批准权的人民政府不得批准建设用地，有批准权的国土资源主管部门不得颁发采矿许可证。

本条例施行前已经办理建设用地手续或者领取采矿许可证，本条例施行后继续从事生产建设活动造成土地损毁的，土地复垦义务人应当按照国务院国土资源主管部门的规定补充编制土地复垦方案。

第十四条 土地复垦义务人应当按照土地复垦方案开展土地复垦工作。矿山企业还应当对土地损毁情况进行动态监测和评价。

生产建设周期长、需要分阶段实施复垦的，土地复垦义务人应当对土地复垦工作与生产建设活动统一规划、统筹实施，根据生产建设进度确定各阶段土地复垦的目标任务、工程规划设计、费用安排、工程实施进度和完成期限等。

第十五条 土地复垦义务人应当将土地复垦费用列入生产成本或者建设项目总投资。

第十六条 土地复垦义务人应当建立土地复垦质量控制制度，遵守土地复垦标准和环境保护标准，保护土壤质量与生态环境，避免污染土壤和地下水。

土地复垦义务人应当首先对拟损毁的耕地、林地、牧草地进行表土剥离，剥离的表土用于被损毁土地的复垦。

禁止将重金属污染物或者其他有毒有害物质用作回填或者充填材料。受重金属污染物或者其他有毒有害物质污染的土地复垦后，达不到国家有关标准的，不得用于种植食用农作物。

第十七条 土地复垦义务人应当于每年 12 月 31 日前向县级以上地方人民政府国土资源主管部门报告当年的土地损毁情况、土地复垦费用使用情况以及土地复垦工程实施情况。

县级以上地方人民政府国土资源主管部门应当加强对土地复垦义务人使用土地复垦费用和实施土地复垦工程的监督。

第十八条 土地复垦义务人不复垦，或者复垦验收中经整改仍不合格的，应当缴纳土地复垦费，由有关国土资源主管部门代为组织复垦。

确定土地复垦费的数额，应当综合考虑损毁前的土地类型、实际损毁面积、损毁程度、复垦标准、复垦用途和完成复垦任务所需的工程量等因素。土地复垦费的具体征收使用管理办法，由国务院财政、价格主管部门商国务院有关部门制定。

土地复垦义务人缴纳的土地复垦费专项用于土地复垦。任何单位和个人不得截留、挤占、挪用。

第十九条 土地复垦义务人对在生产建设活动中损毁的由其他单位或者个

人使用的国有土地或者农民集体所有的土地，除负责复垦外，还应当向遭受损失的单位或者个人支付损失补偿费。

损失补偿费由土地复垦义务人与遭受损失的单位或者个人按照造成的实际损失协商确定；协商不成的，可以向土地所在地人民政府国土资源主管部门申请调解或者依法向人民法院提起民事诉讼。

第二十条 土地复垦义务人不依法履行土地复垦义务的，在申请新的建设用地时，有批准权的人民政府不得批准；在申请新的采矿许可证或者申请采矿许可证延续、变更、注销时，有批准权的国土资源主管部门不得批准。

第三章 历史遗留损毁土地和自然灾害损毁土地的复垦

第二十一条 县级以上人民政府国土资源主管部门应当对历史遗留损毁土地和自然灾害损毁土地进行调查评价。

第二十二条 县级以上人民政府国土资源主管部门应当在调查评价的基础上，根据土地利用总体规划编制土地复垦专项规划，确定复垦的重点区域以及复垦的目标任务和要求，报本级人民政府批准后组织实施。

第二十三条 对历史遗留损毁土地和自然灾害损毁土地，县级以上人民政府应当投入资金进行复垦，或者按照“谁投资，谁受益”的原则，吸引社会投资进行复垦。土地权利人明确的，可以采取扶持、优惠措施，鼓励土地权利人自行复垦。

第二十四条 国家对历史遗留损毁土地和自然灾害损毁土地的复垦按项目实施管理。

县级以上人民政府国土资源主管部门应当根据土地复垦专项规划和年度土地复垦资金安排情况确定年度复垦项目。

第二十五条 政府投资进行复垦的，负责组织实施土地复垦项目的国土资源主管部门应当组织编制土地复垦项目设计书，明确复垦项目的位置、面积、目标任务、工程规划设计、实施进度及完成期限等。

土地权利人自行复垦或者社会投资进行复垦的，土地权利人或者投资单位、个人应当组织编制土地复垦项目设计书，并报负责组织实施土地复垦项目的国土资源主管部门审查同意后实施。

第二十六条 政府投资进行复垦的，有关国土资源主管部门应当依照招标投标法律法规的规定，通过公开招标的方式确定土地复垦项目的施工单位。

土地权利人自行复垦或者社会投资进行复垦的，土地复垦项目的施工单位由土地权利人或者投资单位、个人依法自行确定。

第二十七条 土地复垦项目的施工单位应当按照土地复垦项目设计书进行复垦。

负责组织实施土地复垦项目的国土资源主管部门应当健全项目管理制度，加强项目实施中的指导、管理和监督。

第四章　土地复垦验收

第二十八条　土地复垦义务人按照土地复垦方案的要求完成土地复垦任务后，应当按照国务院国土资源主管部门的规定向所在地县级以上地方人民政府国土资源主管部门申请验收，接到申请的国土资源主管部门应当会同同级农业、林业、环境保护等有关部门进行验收。

进行土地复垦验收，应当邀请有关专家进行现场踏勘，查验复垦后的土地是否符合土地复垦标准以及土地复垦方案的要求，核实复垦后的土地类型、面积和质量等情况，并将初步验收结果公告，听取相关权利人的意见。相关权利人对土地复垦完成情况提出异议的，国土资源主管部门应当会同有关部门进一步核查，并将核查情况向相关权利人反馈；情况属实的，应当向土地复垦义务人提出整改意见。

第二十九条　负责组织验收的国土资源主管部门应当会同有关部门在接到土地复垦验收申请之日起60个工作日内完成验收，经验收合格的，向土地复垦义务人出具验收合格确认书；经验收不合格的，向土地复垦义务人出具书面整改意见，列明需要整改的事项，由土地复垦义务人整改完成后重新申请验收。

第三十条　政府投资的土地复垦项目竣工后，负责组织实施土地复垦项目的国土资源主管部门应当依照本条例第二十八条第二款的规定进行初步验收。初步验收完成后，负责组织实施土地复垦项目的国土资源主管部门应当按照国务院国土资源主管部门的规定向上级人民政府国土资源主管部门申请最终验收。上级人民政府国土资源主管部门应当会同有关部门及时组织验收。

土地权利人自行复垦或者社会投资进行复垦的土地复垦项目竣工后，由负责组织实施土地复垦项目的国土资源主管部门会同有关部门进行验收。

第三十一条　复垦为农用地的，负责组织验收的国土资源主管部门应当会同有关部门在验收合格后的5年内对土地复垦效果进行跟踪评价，并提出改善土地质量的建议和措施。

第五章　土地复垦激励措施

第三十二条　土地复垦义务人在规定的期限内将生产建设活动损毁的耕地、林地、牧草地等农用地复垦恢复原状的，依照国家有关税收法律法规的规定退还已经缴纳的耕地占用税。

第三十三条　社会投资复垦的历史遗留损毁土地或者自然灾害损毁土地，

属于无使用权人的国有土地的，经县级以上人民政府依法批准，可以确定给投资单位或者个人长期从事种植业、林业、畜牧业或者渔业生产。

社会投资复垦的历史遗留损毁土地或者自然灾害损毁土地，属于农民集体所有土地或者有使用权人的国有土地的，有关国土资源主管部门应当组织投资单位或者个人与土地权利人签订土地复垦协议，明确复垦的目标任务以及复垦后的土地使用和收益分配。

第三十四条 历史遗留损毁和自然灾害损毁的国有土地的使用权人，以及历史遗留损毁和自然灾害损毁的农民集体所有土地的所有权人、使用权人，自行将损毁土地复垦为耕地的，由县级以上地方人民政府给予补贴。

第三十五条 县级以上地方人民政府将历史遗留损毁和自然灾害损毁的建设用地复垦为耕地的，按照国家有关规定可以作为本省、自治区、直辖市内进行非农建设占用耕地时的补充耕地指标。

第六章 法律责任

第三十六条 负有土地复垦监督管理职责的部门及其工作人员有下列行为之一的，对直接负责的主管人员和其他直接责任人员，依法给予处分；直接负责的主管人员和其他直接责任人员构成犯罪的，依法追究刑事责任：

（一）违反本条例规定批准建设用地或者批准采矿许可证及采矿许可证的延续、变更、注销的；

（二）截留、挤占、挪用土地复垦费的；

（三）在土地复垦验收中弄虚作假的；

（四）不依法履行监督管理职责或者对发现的违反本条例的行为不依法查处的；

（五）在审查土地复垦方案、实施土地复垦项目、组织土地复垦验收以及实施监督检查过程中，索取、收受他人财物或者谋取其他利益的；

（六）其他徇私舞弊、滥用职权、玩忽职守行为。

第三十七条 本条例施行前已经办理建设用地手续或者领取采矿许可证，本条例施行后继续从事生产建设活动造成土地损毁的土地复垦义务人未按照规定补充编制土地复垦方案的，由县级以上地方人民政府国土资源主管部门责令限期改正；逾期不改正的，处 10 万元以上 20 万元以下的罚款。

第三十八条 土地复垦义务人未按照规定将土地复垦费用列入生产成本或者建设项目总投资的，由县级以上地方人民政府国土资源主管部门责令限期改正；逾期不改正的，处 10 万元以上 50 万元以下的罚款。

第三十九条 土地复垦义务人未按照规定对拟损毁的耕地、林地、牧草地进行表土剥离，由县级以上地方人民政府国土资源主管部门责令限期改正；逾期不改正的，按照应当进行表土剥离的土地面积处每公顷 1 万元的罚款。

第四十条 土地复垦义务人将重金属污染物或者其他有毒有害物质用作回填或者充填材料的，由县级以上地方人民政府环境保护主管部门责令停止违法行为，限期采取治理措施，消除污染，处 10 万元以上 50 万元以下的罚款；逾期不采取治理措施的，环境保护主管部门可以指定有治理能力的单位代为治理，所需费用由违法者承担。

第四十一条 土地复垦义务人未按照规定报告土地损毁情况、土地复垦费用使用情况或者土地复垦工程实施情况的，由县级以上地方人民政府国土资源主管部门责令限期改正；逾期不改正的，处 2 万元以上 5 万元以下的罚款。

第四十二条 土地复垦义务人依照本条例规定应当缴纳土地复垦费而不缴纳的，由县级以上地方人民政府国土资源主管部门责令限期缴纳；逾期不缴纳的，处应缴纳土地复垦费 1 倍以上 2 倍以下的罚款，土地复垦义务人为矿山企业的，由颁发采矿许可证的机关吊销采矿许可证。

第四十三条 土地复垦义务人拒绝、阻碍国土资源主管部门监督检查，或者在接受监督检查时弄虚作假的，由国土资源主管部门责令改正，处 2 万元以上 5 万元以下的罚款；有关责任人员构成违反治安管理行为的，由公安机关依法予以治安管理处罚；有关责任人员构成犯罪的，依法追究刑事责任。

破坏土地复垦工程、设施和设备，构成违反治安管理行为的，由公安机关依法予以治安管理处罚；构成犯罪的，依法追究刑事责任。

第七章　附　　则

第四十四条 本条例自公布之日起施行。1988 年 11 月 8 日国务院发布的《土地复垦规定》同时废止。

13. 基本农田保护条例

（1998 年 12 月 27 日中华人民共和国国务院令第 257 号发布　根据 2011 年 1 月 8 日《国务院关于废止和修改部分行政法规的决定》修订）

第一章　总　　则

第一条　为了对基本农田实行特殊保护，促进农业生产和社会经济的可持续发展，根据《中华人民共和国农业法》和《中华人民共和国土地管理法》，制定本条例。

第二条　国家实行基本农田保护制度。

本条例所称基本农田，是指按照一定时期人口和社会经济发展对农产品的需求，依据土地利用总体规划确定的不得占用的耕地。

本条例所称基本农田保护区，是指为对基本农田实行特殊保护而依据土地利用总体规划和依照法定程序确定的特定保护区域。

第三条　基本农田保护实行全面规划、合理利用、用养结合、严格保护的方针。

第四条　县级以上地方各级人民政府应当将基本农田保护工作纳入国民经济和社会发展计划，作为政府领导任期目标责任制的一项内容，并由上一级人民政府监督实施。

第五条　任何单位和个人都有保护基本农田的义务，并有权检举、控告侵占、破坏基本农田和其他违反本条例的行为。

第六条　国务院土地行政主管部门和农业行政主管部门按照国务院规定的职责分工，依照本条例负责全国的基本农田保护管理工作。

县级以上地方各级人民政府土地行政主管部门和农业行政主管部门按照本级人民政府规定的职责分工，依照本条例负责本行政区域内的基本农田保护管理工作。

乡（镇）人民政府负责本行政区域内的基本农田保护管理工作。

第七条　国家对在基本农田保护工作中取得显著成绩的单位和个人，给予奖励。

第二章　划　　定

第八条　各级人民政府在编制土地利用总体规划时，应当将基本农田保护作为规划的一项内容，明确基本农田保护的布局安排、数量指标和质量要求。

县级和乡（镇）土地利用总体规划应当确定基本农田保护区。

第九条　省、自治区、直辖市划定的基本农田应当占本行政区域内耕地总面积的80％以上，具体数量指标根据全国土地利用总体规划逐级分解下达。

第十条　下列耕地应当划入基本农田保护区，严格管理：

（一）经国务院有关主管部门或者县级以上地方人民政府批准确定的粮、棉、油生产基地内的耕地；

（二）有良好的水利与水土保持设施的耕地，正在实施改造计划以及可以改造的中、低产田；

（三）蔬菜生产基地；

（四）农业科研、教学试验田。

根据土地利用总体规划，铁路、公路等交通沿线，城市和村庄、集镇建设用地区周边的耕地，应当优先划入基本农田保护区；需要退耕还林、还牧、还湖的耕地，不应当划入基本农田保护区。

第十一条　基本农田保护区以乡（镇）为单位划区定界，由县级人民政府土地行政主管部门会同同级农业行政主管部门组织实施。

划定的基本农田保护区，由县级人民政府设立保护标志，予以公告，由县级人民政府土地行政主管部门建立档案，并抄送同级农业行政主管部门。任何单位和个人不得破坏或者擅自改变基本农田保护区的保护标志。

基本农田划区定界后，由省、自治区、直辖市人民政府组织土地行政主管部门和农业行政主管部门验收确认，或者由省、自治区人民政府授权设区的市、自治州人民政府组织土地行政主管部门和农业行政主管部门验收确认。

第十二条　划定基本农田保护区时，不得改变土地承包者的承包经营权。

第十三条　划定基本农田保护区的技术规程，由国务院土地行政主管部门会同国务院农业行政主管部门制定。

第三章　保　　护

第十四条　地方各级人民政府应当采取措施，确保土地利用总体规划确定的本行政区域内基本农田的数量不减少。

第十五条　基本农田保护区经依法划定后，任何单位和个人不得改变或者占用。国家能源、交通、水利、军事设施等重点建设项目选址确实无法避开基本农田保护区，需要占用基本农田，涉及农用地转用或者征收土地的，必须经国务院批准。

第十六条 经国务院批准占用基本农田的，当地人民政府应当按照国务院的批准文件修改土地利用总体规划，并补充划入数量和质量相当的基本农田。占用单位应当按照占多少、垦多少的原则，负责开垦与所占基本农田的数量与质量相当的耕地；没有条件开垦或者开垦的耕地不符合要求的，应当按照省、自治区、直辖市的规定缴纳耕地开垦费，专款用于开垦新的耕地。

占用基本农田的单位应当按照县级以上地方人民政府的要求，将所占用基本农田耕作层的土壤用于新开垦耕地、劣质地或者其他耕地的土壤改良。

第十七条 禁止任何单位和个人在基本农田保护区内建窑、建房、建坟、挖砂、采石、采矿、取土、堆放固体废弃物或者进行其他破坏基本农田的活动。

禁止任何单位和个人占用基本农田发展林果业和挖塘养鱼。

第十八条 禁止任何单位和个人闲置、荒芜基本农田。经国务院批准的重点建设项目占用基本农田的，满 1 年不使用而又可以耕种并收获的，应当由原耕种该幅基本农田的集体或者个人恢复耕种，也可以由用地单位组织耕种；1 年以上未动工建设的，应当按照省、自治区、直辖市的规定缴纳闲置费；连续 2 年未使用的，经国务院批准，由县级以上人民政府无偿收回用地单位的土地使用权；该幅土地原为农民集体所有的，应当交由原农村集体经济组织恢复耕种，重新划入基本农田保护区。

承包经营基本农田的单位或者个人连续 2 年弃耕抛荒的，原发包单位应当终止承包合同，收回发包的基本农田。

第十九条 国家提倡和鼓励农业生产者对其经营的基本农田施用有机肥料，合理施用化肥和农药。利用基本农田从事农业生产的单位和个人应当保持和培肥地力。

第二十条 县级人民政府应当根据当地实际情况制定基本农田地力分等定级办法，由农业行政主管部门会同土地行政主管部门组织实施，对基本农田地力分等定级，并建立档案。

第二十一条 农村集体经济组织或者村民委员会应当定期评定基本农田地力等级。

第二十二条 县级以上地方各级人民政府农业行政主管部门应当逐步建立基本农田地力与施肥效益长期定位监测网点，定期向本级人民政府提出基本农田地力变化状况报告以及相应的地力保护措施，并为农业生产者提供施肥指导服务。

第二十三条 县级以上人民政府农业行政主管部门应当会同同级环境保护

行政主管部门对基本农田环境污染进行监测和评价，并定期向本级人民政府提出环境质量与发展趋势的报告。

第二十四条 经国务院批准占用基本农田兴建国家重点建设项目的，必须遵守国家有关建设项目环境保护管理的规定。在建设项目环境影响报告书中，应当有基本农田环境保护方案。

第二十五条 向基本农田保护区提供肥料和作为肥料的城市垃圾、污泥的，应当符合国家有关标准。

第二十六条 因发生事故或者其他突然性事件，造成或者可能造成基本农田环境污染事故的，当事人必须立即采取措施处理，并向当地环境保护行政主管部门和农业行政主管部门报告，接受调查处理。

第四章 监督管理

第二十七条 在建立基本农田保护区的地方，县级以上地方人民政府应当与下一级人民政府签订基本农田保护责任书；乡（镇）人民政府应当根据与县级人民政府签订的基本农田保护责任书的要求，与农村集体经济组织或者村民委员会签订基本农田保护责任书。

基本农田保护责任书应当包括下列内容：

（一）基本农田的范围、面积、地块；

（二）基本农田的地力等级；

（三）保护措施；

（四）当事人的权利与义务；

（五）奖励与处罚。

第二十八条 县级以上地方人民政府应当建立基本农田保护监督检查制度，定期组织土地行政主管部门、农业行政主管部门以及其他有关部门对基本农田保护情况进行检查，将检查情况书面报告上一级人民政府。被检查的单位和个人应当如实提供有关情况和资料，不得拒绝。

第二十九条 县级以上地方人民政府土地行政主管部门、农业行政主管部门对本行政区域内发生的破坏基本农田的行为，有权责令纠正。

第五章 法律责任

第三十条 违反本条例规定，有下列行为之一的，依照《中华人民共和国土地管理法》和《中华人民共和国土地管理法实施条例》的有关规定，从重给予处罚：

（一）未经批准或者采取欺骗手段骗取批准，非法占用基本农田的；

（二）超过批准数量，非法占用基本农田的；

（三）非法批准占用基本农田的；

（四）买卖或者以其他形式非法转让基本农田的。

第三十一条 违反本条例规定，应当将耕地划入基本农田保护区而不划入的，由上一级人民政府责令限期改正；拒不改正的，对直接负责的主管人员和其他直接责任人员依法给予行政处分或者纪律处分。

第三十二条 违反本条例规定，破坏或者擅自改变基本农田保护区标志的，由县级以上地方人民政府土地行政主管部门或者农业行政主管部门责令恢复原状，可以处 1 000 元以下罚款。

第三十三条 违反本条例规定，占用基本农田建窑、建房、建坟、挖砂、采石、采矿、取土、堆放固体废弃物或者从事其他活动破坏基本农田，毁坏种植条件的，由县级以上人民政府土地行政主管部门责令改正或者治理，恢复原种植条件，处占用基本农田的耕地开垦费 1 倍以上 2 倍以下的罚款；构成犯罪的，依法追究刑事责任。

第三十四条 侵占、挪用基本农田的耕地开垦费，构成犯罪的，依法追究刑事责任；尚不构成犯罪的，依法给予行政处分或者纪律处分。

第六章 附 则

第三十五条 省、自治区、直辖市人民政府可以根据当地实际情况，将其他农业生产用地划为保护区。保护区内的其他农业生产用地的保护和管理，可以参照本条例执行。

第三十六条 本条例自 1999 年 1 月 1 日起施行。1994 年 8 月 18 日国务院发布的《基本农田保护条例》同时废止。

政策文件

1. 中共中央 国务院关于做好2022年全面推进乡村振兴重点工作的意见（节选）

2022年1月4日

当前，全球新冠肺炎疫情仍在蔓延，世界经济复苏脆弱，气候变化挑战突出，我国经济社会发展各项任务极为繁重艰巨。党中央认为，从容应对百年变局和世纪疫情，推动经济社会平稳健康发展，必须着眼国家重大战略需要，稳住农业基本盘、做好“三农”工作，接续全面推进乡村振兴，确保农业稳产增产、农民稳步增收、农村稳定安宁。

做好2022年“三农”工作，要以习近平新时代中国特色社会主义思想为指导，全面贯彻党的十九大和十九届历次全会精神，深入贯彻中央经济工作会议精神，坚持稳中求进工作总基调，立足新发展阶段、贯彻新发展理念、构建新发展格局、推动高质量发展，促进共同富裕，坚持和加强党对“三农”工作的全面领导，牢牢守住保障国家粮食安全和不发生规模性返贫两条底线，突出年度性任务、针对性举措、实效性导向，充分发挥农村基层党组织领导作用，扎实有序做好乡村发展、乡村建设、乡村治理重点工作，推动乡村振兴取得新进展、农业农村现代化迈出新步伐。

二、强化现代农业基础支撑

（六）落实“长牙齿”的耕地保护硬措施。实行耕地保护党政同责，严守18亿亩耕地红线。按照耕地和永久基本农田、生态保护红线、城镇开发边界的顺序，统筹划定落实三条控制线，把耕地保有量和永久基本农田保护目标任务足额带位置逐级分解下达，由中央和地方签订耕地保护目标责任书，作为刚性指标实行严格考核、一票否决、终身追责。分类明确耕地用途，严格落实耕地利用优先序，耕地主要用于粮食和棉、油、糖、蔬菜等农产品及饲草饲料生产，永久基本农田重点用于粮食生产，高标准农田原则上全部用于粮食生产。引导新发展林果业上山上坡，鼓励利用“四荒”资源，不与粮争地。落实和完善耕地占补平衡政策，建立补充耕地立项、实施、验收、管护全程监管机制，确保补充可长期稳定利用的耕地，实现补充耕地产能与所占耕地相当。改进跨省域补充耕地国家统筹管理办法。加大耕地执法监督力度，严厉查处违法违规占用耕地从事非农建设。强化耕地用途管制，严格管控耕地转为其他农用地。巩固提升受污染耕地安全利用水平。稳妥有序开展农村乱占耕地建房专项整治试点。巩固“大棚房”问题专项清理整治成果。落实工商资本流转农村土地审查审核和风险防范制度。

（七）全面完成高标准农田建设阶段性任务。多渠道增加投入，2022 年建设高标准农田 1 亿亩，累计建成高效节水灌溉面积 4 亿亩。统筹规划、同步实施高效节水灌溉与高标准农田建设。各地要加大中低产田改造力度，提升耕地地力等级。研究制定增加农田灌溉面积的规划。实施重点水源和重大引调水等水资源配置工程。加大大中型灌区续建配套与改造力度，在水土资源条件适宜地区规划新建一批现代化灌区，优先将大中型灌区建成高标准农田。深入推进国家黑土地保护工程。实施黑土地保护性耕作 8000 万亩。积极挖掘潜力增加耕地，支持将符合条件的盐碱地等后备资源适度有序开发为耕地。研究制定盐碱地综合利用规划和实施方案。分类改造盐碱地，推动由主要治理盐碱地适应作物向更多选育耐盐碱植物适应盐碱地转变。支持盐碱地、干旱半干旱地区国家农业高新技术产业示范区建设。启动全国第三次土壤普查。

2. 中共中央 国务院关于全面推进乡村振兴加快农业农村现代化的意见（节选）

2021 年 1 月 4 日

党的十九届五中全会审议通过的《中共中央关于制定国民经济和社会发展第十四个五年规划和二〇三五年远景目标的建议》，对新发展阶段优先发展农业农村、全面推进乡村振兴作出总体部署，为做好当前和今后一个时期“三农”工作指明了方向。

“十三五”时期，现代农业建设取得重大进展，乡村振兴实现良好开局。粮食年产量连续保持在 1.3 万亿斤以上，农民人均收入较 2010 年翻一番多。新时代脱贫攻坚目标任务如期完成，现行标准下农村贫困人口全部脱贫，贫困县全部摘帽，易地扶贫搬迁任务全面完成，消除了绝对贫困和区域性整体贫困，创造了人类减贫史上的奇迹。农村人居环境明显改善，农村改革向纵深推进，农村社会保持和谐稳定，农村即将同步实现全面建成小康社会目标。农业农村发展取得新的历史性成就，为党和国家战胜各种艰难险阻、稳定经济社会发展大局，发挥了“压舱石”作用。实践证明，以习近平同志为核心的党中央驰而不息重农强农的战略决策完全正确，党的“三农”政策得到亿万农民衷心拥护。

“十四五”时期，是乘势而上开启全面建设社会主义现代化国家新征程、向第二个百年奋斗目标进军的第一个五年。民族要复兴，乡村必振兴。全面建设社会主义现代化国家，实现中华民族伟大复兴，最艰巨最繁重的任务依然在农村，最广泛最深厚的基础依然在农村。解决好发展不平衡不充分问题，重点难点在“三农”，迫切需要补齐农业农村短板弱项，推动城乡协调发展；构建新发展格局，潜力后劲在“三农”，迫切需要扩大农村需求，畅通城乡经济循环；应对国内外各种风险挑战，基础支撑在“三农”，迫切需要稳住农业基本盘，守好“三农”基础。党中央认为，新发展阶段“三农”工作依然极端重要，须臾不可放松，务必抓紧抓实。要坚持把解决好“三农”问题作为全党工作重中之重，把全面推进乡村振兴作为实现中华民族伟大复兴的一项重大任务，举全党全社会之力加快农业农村现代化，让广大农民过上更加美好的生活。

三、加快推进农业现代化

(九) 坚决守住 18 亿亩耕地红线。统筹布局生态、农业、城镇等功能空间，科学划定各类空间管控边界，严格实行土地用途管制。采取“长牙齿”的措施，落实最严格的耕地保护制度。严禁违规占用耕地和违背自然规律绿化造林、挖湖造景，严格控制非农建设占用耕地，深入推进农村乱占耕地建房专项整治行动，坚决遏制耕地“非农化”、防止“非粮化”。明确耕地利用优先序，永久基本农田重点用于粮食特别是口粮生产，一般耕地主要用于粮食和棉、油、糖、蔬菜等农产品及饲草饲料生产。明确耕地和永久基本农田不同的管制目标和管制强度，严格控制耕地转为林地、园地等其他类型农用地，强化土地流转用途监管，确保耕地数量不减少、质量有提高。实施新一轮高标准农田建设规划，提高建设标准和质量，健全管护机制，多渠道筹集建设资金，中央和地方共同加大粮食主产区高标准农田建设投入，2021 年建设 1 亿亩旱涝保收、高产稳产高标准农田。在高标准农田建设中增加的耕地作为占补平衡补充耕地指标在省域内调剂，所得收益用于高标准农田建设。加强和改进建设占用耕地占补平衡管理，严格新增耕地核实认定和监管。健全耕地数量和质量监测监管机制，加强耕地保护督察和执法监督，开展“十三五”时期省级政府耕地保护责任目标考核。

(十二) 推进农业绿色发展。实施国家黑土地保护工程，推广保护性耕作模式。健全耕地休耕轮作制度。持续推进化肥农药减量增效，推广农作物病虫害绿色防控产品和技术。加强畜禽粪污资源化利用。全面实施秸秆综合利用和农膜、农药包装物回收行动，加强可降解农膜研发推广。在长江经济带、黄河流域建设一批农业面源污染综合治理示范县。支持国家农业绿色发展先行区建设。加强农产品质量和食品安全监管，发展绿色农产品、有机农产品和地理标志农产品，试行食用农产品达标合格证制度，推进国家农产品质量安全县创建。加强水生生物资源养护，推进以长江为重点的渔政执法能力建设，确保十年禁渔令有效落实，做好退捕渔民安置保障工作。发展节水农业和旱作农业。推进荒漠化、石漠化、坡耕地水土流失综合治理和土壤污染防治、重点区域地下水保护与超采治理。实施水系连通及农村水系综合整治，强化河湖长制。巩固退耕还林还草成果，完善政策、有序推进。实行林长制。科学开展大规模国土绿化行动。完善草原生态保护补助奖励政策，全面推进草原禁牧轮牧休牧，加强草原鼠害防治，稳步恢复草原生态环境。

四、大力实施乡村建设行动

(二十) 强化农业农村优先发展投入保障。继续把农业农村作为一般公共预算优先保障领域。中央预算内投资进一步向农业农村倾斜。制定落实提高土地出让收益用于农业农村比例考核办法，确保按规定提高用于农业农村的比例。各地区各部门要进一步完善涉农资金统筹整合长效机制。支持地方政府发行一般债券和专项债券用于现代农业设施建设和乡村建设行动，制定出台操作指引，做好高质量项目储备工作。发挥财政投入引领作用，支持以市场化方式设立乡村振兴基金，撬动金融资本、社会力量参与，重点支持乡村产业发展。坚持为农服务宗旨，持续深化农村金融改革。运用支农支小再贷款、再贴现等政策工具，实施最优惠的存款准备金率，加大对机构法人在县域、业务在县域的金融机构的支持力度，推动农村金融机构回归本源。鼓励银行业金融机构建立服务乡村振兴的内设机构。明确地方政府监管和风险处置责任，稳妥规范开展农民合作社内部信用合作试点。保持农村信用合作社等县域农村金融机构法人地位和数量总体稳定，做好监督管理、风险化解、深化改革工作。完善涉农金融机构治理结构和内控机制，强化金融监管部门的监管责任。支持市县构建域内共享的涉农信用信息数据库，用 3 年时间基本建成比较完善的新型农业经营主体信用体系。发展农村数字普惠金融。大力开展农户小额信用贷款、保单质押贷款、农机具和大棚设施抵押贷款业务。鼓励开发专属金融产品支持新型农业经营主体和农村新产业新业态，增加首贷、信用贷。加大对农业农村基础设施投融资的中长期信贷支持。加强对农业信贷担保放大倍数的量化考核，提高农业信贷担保规模。将地方优势特色农产品保险以奖代补做法逐步扩大到全国。健全农业再保险制度。发挥“保险＋期货”在服务乡村产业发展中的作用。

3. 中共中央 国务院 关于抓好“三农”领域重点工作确保如期实现全面小康的意见（节选）

2020年1月2日

党的十九大以来，党中央围绕打赢脱贫攻坚战、实施乡村振兴战略作出一系列重大部署，出台一系列政策举措。农业农村改革发展的实践证明，党中央制定的方针政策是完全正确的，今后一个时期要继续贯彻执行。

2020年是全面建成小康社会目标实现之年，是全面打赢脱贫攻坚战收官之年。党中央认为，完成上述两大目标任务，脱贫攻坚最后堡垒必须攻克，全面小康“三农”领域突出短板必须补上。小康不小康，关键看老乡。脱贫攻坚质量怎么样、小康成色如何，很大程度上要看“三农”工作成效。全党务必深刻认识做好2020年“三农”工作的特殊重要性，毫不松懈，持续加力，坚决夺取第一个百年奋斗目标的全面胜利。

做好2020年“三农”工作总的要求是，坚持以习近平新时代中国特色社会主义思想为指导，全面贯彻党的十九大和十九届二中、三中、四中全会精神，贯彻落实中央经济工作会议精神，对标对表全面建成小康社会目标，强化举措、狠抓落实，集中力量完成打赢脱贫攻坚战和补上全面小康“三农”领域突出短板两大重点任务，持续抓好农业稳产保供和农民增收，推进农业高质量发展，保持农村社会和谐稳定，提升农民群众获得感、幸福感、安全感，确保脱贫攻坚战圆满收官，确保农村同步全面建成小康社会。

三、保障重要农产品有效供给和促进农民持续增收

（十四）稳定粮食生产。确保粮食安全始终是治国理政的头等大事。粮食生产要稳字当头，稳政策、稳面积、稳产量。强化粮食安全省长责任制考核，各省（自治区、直辖市）2020年粮食播种面积和产量要保持基本稳定。进一步完善农业补贴政策。调整完善稻谷、小麦最低收购价政策，稳定农民基本收益。推进稻谷、小麦、玉米完全成本保险和收入保险试点。加大对大豆高

产品种和玉米、大豆间作新农艺推广的支持力度。抓好草地贪夜蛾等重大病虫害防控，推广统防统治、代耕代种、土地托管等服务模式。加大对产粮大县的奖励力度，优先安排农产品加工用地指标。支持产粮大县开展高标准农田建设新增耕地指标跨省域调剂使用，调剂收益按规定用于建设高标准农田。深入实施优质粮食工程。以北方农牧交错带为重点扩大粮改饲规模，推广种养结合模式。完善新疆棉花目标价格政策。拓展多元化进口渠道，增加适应国内需求的农产品进口。扩大优势农产品出口。深入开展农产品反走私综合治理专项行动。

（十六）加强现代农业设施建设。提早谋划实施一批现代农业投资重大项目，支持项目及早落地，有效扩大农业投资。以粮食生产功能区和重要农产品生产保护区为重点加快推进高标准农田建设，修编建设规划，合理确定投资标准，完善工程建设、验收、监督检查机制，确保建一块成一块。如期完成大中型灌区续建配套与节水改造，提高防汛抗旱能力，加大农业节水力度。抓紧启动和开工一批重大水利工程和配套设施建设，加快开展南水北调后续工程前期工作，适时推进工程建设。启动农产品仓储保鲜冷链物流设施建设工程。加强农产品冷链物流统筹规划、分级布局和标准制定。安排中央预算内投资，支持建设一批骨干冷链物流基地。国家支持家庭农场、农民合作社、供销合作社、邮政快递企业、产业化龙头企业建设产地分拣包装、冷藏保鲜、仓储运输、初加工等设施，对其在农村建设的保鲜仓储设施用电实行农业生产用电价格。依托现有资源建设农业农村大数据中心，加快物联网、大数据、区块链、人工智能、第五代移动通信网络、智慧气象等现代信息技术在农业领域的应用。开展国家数字乡村试点。

五、强化农村补短板保障措施

（二十四）破解乡村发展用地难题。坚守耕地和永久基本农田保护红线。完善乡村产业发展用地政策体系，明确用地类型和供地方式，实行分类管理。将农业种植养殖配建的保鲜冷藏、晾晒存贮、农机库房、分拣包装、废弃物处理、管理看护房等辅助设施用地纳入农用地管理，根据生产实际合理确定辅助设施用地规模上限。农业设施用地可以使用耕地。强化农业设施用地监管，严禁以农业设施用地为名从事非农建设。开展乡村全域土地综合整治试点，优化农村生产、生活、生态空间布局。在符合国土空间规划前提下，通过村庄整治、土地整理等方式节余的农村集体建设用地优先用于发展乡村产业项目。新编县乡级国土空间规划应安排不少于10%的建设用地指标，重点保障乡村产业发展用地。省级制定土地利用年度计划时，应安排至少5%新增建设用地指标保障乡村重点产业和项目用地。农村集体建设用地可以通过入股、租用等方式直接用于发展乡村产业。按照“放管服”改革要求，对农村集体建设用地审批进行全面梳理，简化审批审核程序，下放审批权限。推进乡村建设审批“多审合一、多证合一”改革。抓紧出台支持农村一二三产业融合发展用地的政策意见。

4. 中共中央 国务院 关于坚持农业农村优先发展做好“三农”工作的若干意见（节选）

2019 年 1 月 3 日

今明两年是全面建成小康社会的决胜期，“三农”领域有不少必须完成的硬任务。党中央认为，在经济下行压力加大、外部环境发生深刻变化的复杂形势下，做好“三农”工作具有特殊重要性。必须坚持把解决好“三农”问题作为全党工作重中之重不动摇，进一步统一思想、坚定信心、落实工作，巩固发展农业农村好形势，发挥“三农”压舱石作用，为有效应对各种风险挑战赢得主动，为确保经济持续健康发展和社会大局稳定、如期实现第一个百年奋斗目标奠定基础。

做好“三农”工作，要以习近平新时代中国特色社会主义思想为指导，全面贯彻党的十九大和十九届二中、三中全会以及中央经济工作会议精神，紧紧围绕统筹推进“五位一体”总体布局和协调推进“四个全面”战略布局，牢牢把握稳中求进工作总基调，落实高质量发展要求，坚持农业农村优先发展总方针，以实施乡村振兴战略为总抓手，对标全面建成小康社会“三农”工作必须完成的硬任务，适应国内外复杂形势变化对农村改革发展提出的新要求，抓重点、补短板、强基础，围绕“巩固、增强、提升、畅通”深化农业供给侧结构性改革，坚决打赢脱贫攻坚战，充分发挥农村基层党组织战斗堡垒作用，全面推进乡村振兴，确保顺利完成到 2020 年承诺的农村改革发展目标任务。

二、夯实农业基础，保障重要农产品有效供给

（一）稳定粮食产量。毫不放松抓好粮食生产，推动藏粮于地、藏粮于技落实落地，确保粮食播种面积稳定在 16.5 亿亩。稳定完善扶持粮食生产政策举措，挖掘品种、技术、减灾等稳产增产潜力，保障农民种粮基本收益。发挥粮食主产区优势，完善粮食主产区利益补偿机制，健全产粮大县奖补政策。压实主销区和产销平衡区稳定粮食生产责任。严守 18 亿亩耕地红线，全面落实永久基本农田特殊保护制度，确保永久基本农田保持在 15.46 亿亩以上。建设

现代气象为农服务体系。强化粮食安全省长责任制考核。

（二）完成高标准农田建设任务。巩固和提高粮食生产能力，到2020年确保建成8亿亩高标准农田。修编全国高标准农田建设总体规划，统一规划布局、建设标准、组织实施、验收考核、上图入库。加强资金整合，创新投融资模式，建立多元筹资机制。实施区域化整体建设，推进田水林路电综合配套，同步发展高效节水灌溉。全面完成粮食生产功能区和重要农产品生产保护区划定任务，高标准农田建设项目优先向“两区”安排。恢复启动新疆优质棉生产基地建设，将糖料蔗“双高”基地建设范围覆盖到划定的所有保护区。进一步加强农田水利建设。推进大中型灌区续建配套节水改造与现代化建设。加大东北黑土地保护力度。加强华北地区地下水超采综合治理。推进重金属污染耕地治理修复和种植结构调整试点。

五、全面深化农村改革，激发乡村发展活力

（二）深化农村土地制度改革。保持农村土地承包关系稳定并长久不变，研究出台配套政策，指导各地明确第二轮土地承包到期后延包的具体办法，确保政策衔接平稳过渡。完善落实集体所有权、稳定农户承包权、放活土地经营权的法律法规和政策体系。在基本完成承包地确权登记颁证工作基础上，开展“回头看”，做好收尾工作，妥善化解遗留问题，将土地承包经营权证书发放至农户手中。健全土地流转规范管理制度，发展多种形式农业适度规模经营，允许承包土地的经营权担保融资。总结好农村土地制度三项改革试点经验，巩固改革成果。坚持农村土地集体所有、不搞私有化，坚持农地农用、防止非农化，坚持保障农民土地权益、不得以退出承包地和宅基地作为农民进城落户条件，进一步深化农村土地制度改革。在修改相关法律的基础上，完善配套制度，全面推开农村土地征收制度改革和农村集体经营性建设用地入市改革，加快建立城乡统一的建设用地市场。加快推进宅基地使用权确权登记颁证工作，力争2020年基本完成。稳慎推进农村宅基地制度改革，拓展改革试点，丰富试点内容，完善制度设计。抓紧制定加强农村宅基地管理指导意见。研究起草农村宅基地使用条例。开展闲置宅基地复垦试点。允许在县域内开展全域乡村闲置校舍、厂房、废弃地等整治，盘活建设用地重点用于支持乡村新产业新业态和返乡下乡创业。严格农业设施用地管理，满足合理需求。巩固“大棚房”问题整治成果。按照“取之于农，主要用之于农”的要求，调整完善土地出让收入使用范围，提高农业农村投入比例，重点用于农村人居环境整治、村庄基础设施建设和高标准农田建设。扎实开展新增耕地指标和城乡建设用地增减挂钩节余指标跨省域调剂使用，调剂收益全部用于巩固脱贫攻坚成果和支持乡村振兴。加快修订土地管理法、物权法等法律法规。

5. 中共中央 国务院
关于实施乡村振兴战略的意见（节选）

2018 年 1 月 2 日

实施乡村振兴战略，是党的十九大作出的重大决策部署，是决胜全面建成小康社会、全面建设社会主义现代化国家的重大历史任务，是新时代“三农”工作的总抓手。现就实施乡村振兴战略提出如下意见。

三、提升农业发展质量，培育乡村发展新动能

乡村振兴，产业兴旺是重点。必须坚持质量兴农、绿色兴农，以农业供给侧结构性改革为主线，加快构建现代农业产业体系、生产体系、经营体系，提高农业创新力、竞争力和全要素生产率，加快实现由农业大国向农业强国转变。

（一）夯实农业生产能力基础。深入实施藏粮于地、藏粮于技战略，严守耕地红线，确保国家粮食安全，把中国人的饭碗牢牢端在自己手中。全面落实永久基本农田特殊保护制度，加快划定和建设粮食生产功能区、重要农产品生产保护区，完善支持政策。大规模推进农村土地整治和高标准农田建设，稳步提升耕地质量，强化监督考核和地方政府责任。加强农田水利建设，提高抗旱防洪除涝能力。实施国家农业节水行动，加快灌区续建配套与现代化改造，推进小型农田水利设施达标提质，建设一批重大高效节水灌溉工程。加快建设国家农业科技创新体系，加强面向全行业的科技创新基地建设。深化农业科技成果转化和推广应用改革。加快发展现代农作物、畜禽、水产、林木种业，提升自主创新能力。高标准建设国家南繁育种基地。推进我国农机装备产业转型升级，加强科研机构、设备制造企业联合攻关，进一步提高大宗农作物机械国产化水平，加快研发经济作物、养殖业、丘陵山区农林机械，发展高端农机装备制造。优化农业从业者结构，加快建设知识型、技能型、创新型农业经营者队伍。大力发展数字农业，实施智慧农业林业水利工程，推进物联网试验示范和遥感技术应用。

十一、开拓投融资渠道，强化乡村振兴投入保障

实施乡村振兴战略，必须解决钱从哪里来的问题。要健全投入保障制度，创新投融资机制，加快形成财政优先保障、金融重点倾斜、社会积极参与的多元投入格局，确保投入力度不断增强、总量持续增加。

（二）拓宽资金筹集渠道。调整完善土地出让收入使用范围，进一步提高农业农村投入比例。严格控制未利用地开垦，集中力量推进高标准农田建设。改进耕地占补平衡管理办法，建立高标准农田建设等新增耕地指标和城乡建设用地增减挂钩节余指标跨省域调剂机制，将所得收益通过支出预算全部用于巩固脱贫攻坚成果和支持实施乡村振兴战略。推广一事一议、以奖代补等方式，鼓励农民对直接受益的乡村基础设施建设投工投劳，让农民更多参与建设管护。

6. 中共中央 国务院关于加强耕地保护和改进占补平衡的意见

2017 年 1 月 9 日

耕地是我国最为宝贵的资源，关系十几亿人吃饭大事，必须保护好，绝不能有闪失。近年来，按照党中央、国务院决策部署，各地区各有关部门积极采取措施，强化主体责任，严格落实占补平衡制度，严守耕地红线，耕地保护工作取得显著成效。当前，我国经济发展进入新常态，新型工业化、城镇化建设深入推进，耕地后备资源不断减少，实现耕地占补平衡、占优补优的难度日趋加大，激励约束机制尚不健全，耕地保护面临多重压力。为进一步加强耕地保护和改进占补平衡工作，现提出如下意见。

一、总体要求

（一）指导思想。全面贯彻党的十八大和十八届三中、四中、五中、六中全会精神，深入贯彻习近平总书记系列重要讲话精神和治国理政新理念新思想新战略，紧紧围绕统筹推进“五位一体”总体布局和协调推进“四个全面”战略布局，牢固树立新发展理念，按照党中央、国务院决策部署，坚守土地公有制性质不改变、耕地红线不突破、农民利益不受损三条底线，坚持最严格的耕地保护制度和最严格的节约用地制度，像保护大熊猫一样保护耕地，着力加强耕地数量、质量、生态“三位一体”保护，着力加强耕地管控、建设、激励多措并举保护，采取更加有力措施，依法加强耕地占补平衡规范管理，落实藏粮于地、藏粮于技战略，提高粮食综合生产能力，保障国家粮食安全，为实现“两个一百年”奋斗目标、实现中华民族伟大复兴中国梦构筑坚实的资源基础。

（二）基本原则

——坚持严保严管。强化耕地保护意识，强化土地用途管制，强化耕地质量保护与提升，坚决防止耕地占补平衡中补充耕地数量不到位、补充耕地质量不到位的问题，坚决防止占多补少、占优补劣、占水田补旱地的现象。已经确定的耕地红线绝不能突破，已经划定的城市周边永久基本农田绝不能随便占用。

——坚持节约优先。统筹利用存量和新增建设用地，严控增量、盘活存量、优化结构、提高效率，实行建设用地总量和强度双控，提高土地节约集约利用水平，以更少的土地投入支撑经济社会可持续发展。

——坚持统筹协调。充分发挥市场配置资源的决定性作用和更好发挥政府作用，强化耕地保护主体责任，健全利益调节机制，激励约束并举，完善监管考核制度，实现耕地保护与经济社会发展、生态文明建设相统筹，耕地保护责权利相统一。

——坚持改革创新。适应经济发展新常态和供给侧结构性改革要求，突出问题导向，完善永久基本农田管控体系，改进耕地占补平衡管理方式，实行占补平衡差别化管理政策，拓宽补充耕地途径和资金渠道，不断完善耕地保护和占补平衡制度，把握好经济发展与耕地保护的关系。

（三）总体目标。牢牢守住耕地红线，确保实有耕地数量基本稳定、质量有提升。到 2020 年，全国耕地保有量不少于 18.65 亿亩，永久基本农田保护面积不少于 15.46 亿亩，确保建成 8 亿亩、力争建成 10 亿亩高标准农田，稳步提高粮食综合生产能力，为确保谷物基本自给、口粮绝对安全提供资源保障。耕地保护制度和占补平衡政策体系不断完善，促进形成保护更加有力、执行更加顺畅、管理更加高效的耕地保护新格局。

二、严格控制建设占用耕地

（四）加强土地规划管控和用途管制。充分发挥土地利用总体规划的整体管控作用，从严核定新增建设用地规模，优化建设用地布局，从严控制建设占用耕地特别是优质耕地。实行新增建设用地计划安排与土地节约集约利用水平、补充耕地能力挂钩，对建设用地存量规模较大、利用粗放、补充耕地能力不足的区域，适当调减新增建设用地计划。探索建立土地用途转用许可制，强化非农建设占用耕地的转用管控。

（五）严格永久基本农田划定和保护。全面完成永久基本农田划定，将永久基本农田划定作为土地利用总体规划的规定内容，在规划批准前先行核定并上图入库、落地到户，并与农村土地承包经营权确权登记相结合，将永久基本农田记载到农村土地承包经营权证书上。粮食生产功能区和重要农产品生产保护区范围内的耕地要优先划入永久基本农田，实行重点保护。永久基本农田一经划定，任何单位和个人不得擅自占用或改变用途。强化永久基本农田对各类建设布局的约束，各地区各有关部门在编制城乡建设、基础设施、生态建设等相关规划，推进多规合一过程中，应当与永久基本农田布局充分衔接，原则上不得突破永久基本农田边界。一般建设项目不得占用永久基本农田，重大建设项目选址确实难以避让永久基本农田的，在可行性研究阶段，必须对占用的必要性、合理性和补划方案的可行性进行严格论证，通过国土资源部用地预审；农用地转用和土地征收依法依规报国务院批准。严禁通过擅自调整县乡土地利用总体规划，规避占用永久基本农田的审批。

（六）以节约集约用地缓解建设占用耕地压力。实施建设用地总量和强度双控行动，逐级落实“十三五”时期建设用地总量和单位国内生产总值占用建设用地面积下降的目标任务。盘活利用存量建设用地，推进建设用地二级市场改革试点，促进城镇低效用地再开发，引导产能过剩行业和“僵尸企业”用地退出、转产和兼并重组。完善土地使用标准体系，规范建设项目节地评价，推广应用节地技术和节地模式，强化节约集约用地目标考核和约束，推动有条件的地区实现建设用地减量化或零增长，促进新增建设不占或尽量少占耕地。

三、改进耕地占补平衡管理

（七）严格落实耕地占补平衡责任。完善耕地占补平衡责任落实机制。非农建设占用耕地的，建设单位必须依法履行补充耕地义务，无法自行补充数量、质量相当耕地的，应当按规定足额缴纳耕地开垦费。地方各级政府负责组织实施土地整治，通过土地整理、复垦、开发等推进高标准农田建设，增加耕地数量、提升耕地质量，以县域自行平衡为主、省域内调剂为辅、国家适度统筹为补充，落实补充耕地任务。各省（自治区、直辖市）政府要依据土地整治新增耕地平均成本和占用耕地质量状况等，制定差别化的耕地开垦费标准。对经依法批准占用永久基本农田的，缴费标准按照当地耕地开垦费最高标准的两倍执行。

（八）大力实施土地整治，落实补充耕地任务。各省（自治区、直辖市）政府负责统筹落实本地区年度补充耕地任务，确保省域内建设占用耕地及时保质保量补充到位。拓展补充耕地途径，统筹实施土地整治、高标准农田建设、城乡建设用地增减挂钩、历史遗留工矿废弃地复垦等，新增耕地经核定后可用于落实补充耕地任务。在严格保护生态前提下，科学划定宜耕土地后备资源范围，禁止开垦严重沙化土地，禁止在25度以上陡坡开垦耕地，禁止违规毁林开垦耕地。鼓励地方统筹使用相关资金实施土地整治和高标准农田建设。充分发挥财政资金作用，鼓励采取政府和社会资本合作（PPP）模式、以奖代补等方式，引导农村集体经济组织、农民和新型农业经营主体等，根据土地整治规划投资或参与土地整治项目，多渠道落实补充耕地任务。

（九）规范省域内补充耕地指标调剂管理。县（市、区）政府无法在本行政辖区内实现耕地占补平衡的，可在市域内相邻的县（市、区）调剂补充，仍无法实现耕地占补平衡的，可在省域内资源条件相似的地区调剂补充。各省（自治区、直辖市）要规范补充耕地指标调剂管理，完善价格形成机制，综合考虑补充耕地成本、资源保护补偿和管护费用等因素，制定调剂指导价格。

（十）探索补充耕地国家统筹。根据各地资源环境承载状况、耕地后备资源条件、土地整治新增耕地潜力等，分类实施补充耕地国家统筹。耕地后备资源严重匮乏的直辖市，新增建设占用耕地后，新开垦耕地数量不足以补充所占耕地数量的，可向国务院申请国家统筹；资源环境条件严重约束、补充耕地能力严重不足的省份，对由于实施国家重大建设项目造成的补充耕地缺口，可向国务院申请国家统筹。经国务院批准后，有关省份按规定标准向中央财政缴纳跨省补充耕地资金，中央财政统筹安排落实国家统筹补充耕地任务所需经费，在耕地后备资源丰富省份落实补充耕地任务。跨省补充耕地资金收取标准综合考虑补充耕地成本、资源保护补偿、管护费用及区域差异等因素确定，具体办法由财政部会同国土资源部另行制定。

（十一）严格补充耕地检查验收。市县政府要加强对土地整治和高标准农田建设项目的全程管理，规范项目规划设计，强化项目日常监管和施工监理。做好项目竣工验收，严格新增耕地数量认定，依据相关技术规程评定新增耕地质量。经验收合格的新增耕地，应当及时在年度土地利用变更调查中进行地类变更。省级政府要做好对市县补充耕地的检查复核，确保数量质量到位。

四、推进耕地质量提升和保护

（十二）大规模建设高标准农田。各省（自治区、直辖市）要根据全国高标准农田建设总体规划和全国土地整治规划的安排，逐级分解高标准农田建设任务，统一建设标准、统一上图入库、统一监管考核。建立政府主导、社会参与的工作机制，以财政资金引导社会资本参与高标准农田建设，充分调动各方积极性。加强高标准农田后期管护，按照谁使用、谁管护和谁受益、谁负责的原则，落实高标准农田基础设施管护责任。高标准农田建设情况要统一纳入国土资源遥感监测“一张图”和综合监管平台，实行在线监管，统一评估考核。

（十三）实施耕地质量保护与提升行动。全面推进建设占用耕地耕作层剥离再利用，市县政府要切实督促建设单位落实责任，将相关费用列入建设项目投资预算，提高补充耕地质量。将中低质量的耕地纳入高标准农田建设范围，实施提质改造，在确保补充耕地数量的同时，提高耕地质量，严格落实占补平衡、占优补优。加强新增耕地后期培肥改良，综合采取工程、生物、农艺等措施，开展退化耕地综合治理、污染耕地阻控修复等，加速土壤熟化提质，实施测土配方施肥，强化土壤肥力保护，有效提高耕地产能。

（十四）统筹推进耕地休养生息。对25度以上坡耕地、严重沙化耕地、重要水源地15—25度坡耕地、严重污染耕地等有序开展退耕还林还草，不得将确需退耕还林还草的耕地划为永久基本农田，不得将已退耕还林还草的土地纳入土地整治项目，不得擅自将永久基本农田、土地整治新增耕地和坡改梯耕地纳入退耕范围。积极稳妥推进耕地轮作休耕试点，加强轮作休耕耕地管理，不得减少或破坏耕地，不得改变耕地地类，不得削弱农业综合生产能力；加大轮作休耕耕地保护和改造力度，优先纳入高标准农田建设范围。因地制宜实行免耕少耕、深松浅翻、深施肥料、粮豆轮作套作的保护性耕作制度，提高土壤有机质含量，平衡土壤养分，实现用地与养地结合，多措并举保护提升耕地产能。

（十五）加强耕地质量调查评价与监测。建立健全耕地质量和耕地产能评价制度，完善评价指标体系和评价方法，定期对全国耕地质量和耕地产能水平进行全面评价并发布评价结果。完善土地调查监测体系和耕地质量监测网络，开展耕地质量年度监测成果更新。

五、健全耕地保护补偿机制

（十六）加强对耕地保护责任主体的补偿激励。积极推进中央和地方各级涉农资金整合，综合考虑耕地保护面积、耕地质量状况、粮食播种面积、粮食产量和粮食商品率，以及耕地保护任务量等因素，统筹安排资金，按照谁保护、谁受益的原则，加大耕地保护补偿力度。鼓励地方统筹安排财政资金，对承担耕地保护任务的农村集体经济组织和农户给予奖补。奖补资金发放要与耕地保护责任落实情况挂钩，主要用于农田基础设施后期管护与修缮、地力培育、耕地保护管理等。

（十七）实行跨地区补充耕地的利益调节。在生态条件允许的前提下，支持耕地后备资源丰富的国家重点扶贫地区有序推进土地整治增加耕地，补充耕地指标可对口向省域内经济发达地区调剂，补充耕地指标调剂收益由县级政府通过预算安排用于耕地保护、农业生产和农村经济社会发展。省（自治区、直辖市）政府统筹耕地保护和区域协调发展，支持占用耕地地区在支付补充耕地指标调剂费用基础上，通过实施产业转移、支持基础设施建设等多种方式，对口扶持补充耕地地区，调动补充耕地地区保护耕地的积极性。

六、强化保障措施和监管考核

（十八）加强组织领导。各地区各有关部门要按照本意见精神，抓紧研究制定贯彻落实具体方案，强化耕地保护工作责任和保障措施。建立党委领导、政府负责、部门协同、公众参与、上下联动的共同责任机制，地方各级党委和政府要树立保护耕地的强烈意识，切实担负起主体责任，采取积极有效措施，严格源头控制，强化过程监管，确保本行政区域内耕地保护责任目标全面落实；地方各级政府主要负责人要承担起耕地保护第一责任人的责任，组织相关部门按照职责分工履职尽责，充分调动农村集体经济组织、农民和新型农业经营主体保护耕地的积极性，形成保护耕地合力。

（十九）严格监督检查。完善国土资源遥感监测“一张图”和综合监管平台，扩大全天候遥感监测范围，对永久基本农田实行动态监测，加强对土地整治过程中的生态环境保护，强化耕地保护全流程监管。加强耕地保护信息化建设，建立耕地保护数据与信息部门共享机制。健全土地执法联动协作机制，严肃查处土地违法违规行为。国家土地督察机构要加强对省级政府实施土地利用总体规划、履行耕地保护目标责任、健全耕地保护制度等情况的监督检查。

（二十）完善责任目标考核制度。完善省级政府耕地保护责任目标考核办法，全面检查和考核耕地与永久基本农田保护情况、高标准农田建设任务完成情况、补充耕地任务完成情况、耕地占补平衡落实情况等。经国务院批准，国土资源部会同农业部、国家统计局等有关部门下达省级政府耕地保护责任目标，作为考核依据。各省级政府要层层分解耕地保护任务，落实耕地保护责任目标，完善考核制度和奖惩机制。耕地保护责任目标考核结果作为领导干部实绩考核、生态文明建设目标评价考核的重要内容。探索编制土地资源资产负债表，完善耕地保护责任考核体系。实行耕地保护党政同责，对履职不力、监管不严、失职渎职的，依纪依规追究党政领导责任。

7. 中共中央　国务院印发《生态文明体制改革总体方案》（节选）

为加快建立系统完整的生态文明制度体系，加快推进生态文明建设，增强生态文明体制改革的系统性、整体性、协同性，制定本方案。

五、完善资源总量管理和全面节约制度

（十七）完善最严格的耕地保护制度和土地节约集约利用制度。完善基本农田保护制度，划定永久基本农田红线，按照面积不减少、质量不下降、用途不改变的要求，将基本农田落地到户、上图入库，实行严格保护，除法律规定的国家重点建设项目选址确实无法避让外，其他任何建设不得占用。加强耕地质量等级评定与监测，强化耕地质量保护与提升建设。完善耕地占补平衡制度，对新增建设用地占用耕地规模实行总量控制，严格实行耕地占一补一、先补后占、占优补优。实施建设用地总量控制和减量化管理，建立节约集约用地激励和约束机制，调整结构，盘活存量，合理安排土地利用年度计划。

8. 中共中央办公厅　国务院办公厅印发《关于调整完善土地出让收入使用范围优先支持乡村振兴的意见》

土地出让收入是地方政府性基金预算收入的重要组成部分。长期以来，土地增值收益取之于农、主要用之于城，有力推动了工业化、城镇化快速发展，但直接用于农业农村比例偏低，对农业农村发展的支持作用发挥不够。为深入贯彻习近平总书记关于把土地增值收益更多用于“三农”的重要指示精神，落实党中央、国务院有关决策部署，拓宽实施乡村振兴战略资金来源，现就调整完善土地出让收入使用范围优先支持乡村振兴提出如下意见。

一、总体要求

（一）指导思想。以习近平新时代中国特色社会主义思想为指导，全面贯彻党的十九大和十九届二中、三中、四中全会精神，紧紧围绕统筹推进“五位一体”总体布局和协调推进“四个全面”战略布局，坚持和加强党对农村工作的全面领导，坚持把解决好“三农”问题作为全党工作重中之重，坚持农业农村优先发展，按照“取之于农、主要用之于农”的要求，调整土地出让收益城乡分配格局，稳步提高土地出让收入用于农业农村比例，集中支持乡村振兴重点任务，加快补上“三农”发展短板，为实施乡村振兴战略提供有力支撑。

（二）工作原则

——坚持优先保障、务求实效。既要在存量调整上做文章，也要在增量分配上想办法，确保土地出让收入用于支持乡村振兴的力度不断增强，为实施乡村振兴战略建立稳定可靠的资金来源。

——坚持积极稳妥、分步实施。统筹考虑各地财政实力、土地出让收入规模、农业农村发展需求等情况，明确全国总体目标，各省（自治区、直辖市）确定分年度目标和实施步骤，合理把握改革节奏。

——坚持统筹使用、规范管理。统筹整合土地出让收入用于农业农村的资金，与实施乡村振兴战略规划相衔接，聚焦补短板、强弱项，健全管理制度，坚持精打细算，加强监督检查，防止支出碎片化，提高资金使用整体效益。

（三）总体目标。从“十四五”第一年开始，各省（自治区、直辖市）分年度稳步提高土地出让收入用于农业农村比例；到“十四五”期末，以省（自治区、直辖市）为单位核算，土地出让收益用于农业农村比例达到50%以上。

二、重点举措

（一）提高土地出让收入用于农业农村比例。以省（自治区、直辖市）为单位确定计提方式。各省（自治区、直辖市）可结合本地实际，从以下两种方式中选择一种组织实施：一是按照当年土地出让收益用于农业农村的资金占比逐步达到50%以上计提，若计提数小于土地出让收入8%的，则按不低于土地出让收入8%计提；二是按照当年土地出让收入用于农业农村的资金占比逐步达到10%以上计提。严禁以已有明确用途的土地出让收入作为偿债资金来源发行地方政府专项债券。各省（自治区、直辖市）可对所辖市、县设定差异化计提标准，但全省（自治区、直辖市）总体上要实现土地出让收益用于农业农村比例逐步达到50%以上的目标要求。北京、上海等土地出让收入高、农业农村投入需求小的少数地区，可根据实际需要确定提高土地出让收入用于农业农村的具体比例。中央将根据实际支出情况考核各省（自治区、直辖市）土地出让收入用于农业农村比例是否达到要求，具体考核办法由财政部另行制定。

（二）做好与相关政策衔接。从土地出让收益中计提的农业土地开发资金、农田水利建设资金、教育资金等，以及市、县政府缴纳的新增建设用地土地有偿使用费中，实际用于农业农村的部分，计入土地出让收入用于农业农村的支出。允许省级政府按照现行政策继续统筹土地出让收入用于支持“十三五”易地扶贫搬迁融资资金偿还。允许将已收储土地的出让收入，继续通过计提国有土地收益基金用于偿还因收储土地形成的地方政府债务，并作为土地出让成本性支出计算核定。各地应当依据土地管理法等有关法律法规及政策规定，合理把握土地征收、收储、供应节奏，保持土地出让收入和收益总体稳定，统筹处理好提高土地出让收入用于农业农村比例与防范化解地方政府债务风险的关系。

（三）建立市县留用为主、中央和省级适当统筹的资金调剂机制。土地出让收入用于农业农村的资金主要由市、县政府安排使用，重点向县级倾斜，赋予县级政府合理使用资金自主权。省级政府可从土地出让收入用于农业农村的资金中统筹一定比例资金，在所辖各地区间进行调剂，重点支持粮食主产和财力薄弱县（市、区、旗）乡村振兴。省级统筹办法和具体比例由各省（自治区、直辖市）自主确定。中央财政继续按现行规定统筹农田水利建设资金的

20%、新增建设用地土地有偿使用费的30%，向粮食主产区、中西部地区倾斜。

（四）加强土地出让收入用于农业农村资金的统筹使用。允许各地根据乡村振兴实际需要，打破分项计提、分散使用的管理方式，整合使用土地出让收入中用于农业农村的资金，重点用于高标准农田建设、农田水利建设、现代种业提升、农村供水保障、农村人居环境整治、农村土地综合整治、耕地及永久基本农田保护、村庄公共设施建设和管护、农村教育、农村文化和精神文明建设支出，以及与农业农村直接相关的山水林田湖草生态保护修复、以工代赈工程建设等。加强土地出让收入用于农业农村资金与一般公共预算支农投入之间的统筹衔接，持续加大各级财政通过原有渠道用于农业农村的支出力度，避免对一般公共预算支农投入产生挤出效应，确保对农业农村投入切实增加。

（五）加强对土地出让收入用于农业农村资金的核算。根据改革目标要求，进一步完善土地出让收入和支出核算办法，加强对土地出让收入用于农业农村支出的监督管理。规范土地出让收入管理，严禁变相减免土地出让收入，确保土地出让收入及时足额缴入国库。严格核定土地出让成本性支出，不得将与土地前期开发无关的基础设施和公益性项目建设成本纳入成本核算范围，虚增土地出让成本，缩减土地出让收益。

三、保障措施

（一）加强组织领导。各地区各有关部门要提高政治站位，从补齐全面建成小康社会短板、促进乡村全面振兴、推动城乡融合发展高度，深刻认识调整完善土地出让收入使用范围优先支持乡村振兴的重要性和紧迫性，切实将其摆上重要议事日程，明确工作责任，确保各项举措落地见效。地方党委和政府要加强领导，各省（自治区、直辖市）在2020年年底前制定具体措施并报中央农办，由中央农办会同有关部门审核备案。

（二）强化考核监督。把调整完善土地出让收入使用范围、提高用于农业农村比例情况纳入实施乡村振兴战略实绩考核，作为中央一号文件贯彻落实情况督查的重要内容。加强对土地出让相关政策落实及土地出让收支管理的审计监督，适时开展土地出让收入专项审计。建立全国统一的土地出让收支信息平台，实现收支实时监控。严肃查处擅自减免、截留、挤占、挪用应缴国库土地出让收入以及虚增土地出让成本、违规使用农业农村投入资金等行为，并依法依规追究有关责任人的责任。

各省（自治区、直辖市）党委和政府每年向党中央、国务院报告实施乡村振兴战略进展情况时，要专题报告调整完善土地出让收入使用范围、提高用于农业农村投入比例优先支持乡村振兴的情况。

9. 国务院关于开展第三次全国土壤普查的通知

国发〔2022〕4 号

各省、自治区、直辖市人民政府，国务院各部委、各直属机构：

按照党中央、国务院有关决策部署，为全面掌握我国土壤资源情况，国务院决定自 2022 年起开展第三次全国土壤普查。现将有关事项通知如下：

一、普查总体要求

以习近平新时代中国特色社会主义思想为指导，全面贯彻党的十九大和十九届历次全会精神，弘扬伟大建党精神，完整、准确、全面贯彻新发展理念，加快构建新发展格局，推动高质量发展，遵循全面性、科学性、专业性原则，衔接已有成果，按照“统一领导、部门协作、分级负责、各方参与”的要求，全面查明查清我国土壤类型及分布规律、土壤资源现状及变化趋势，真实准确掌握土壤质量、性状和利用状况等基础数据，提升土壤资源保护和利用水平，为守住耕地红线、优化农业生产布局、确保国家粮食安全奠定坚实基础，为加快农业农村现代化、全面推进乡村振兴、促进生态文明建设提供有力支撑。

二、普查对象与内容

普查对象为全国耕地、园地、林地、草地等农用地和部分未利用地的土壤。其中，林地、草地重点调查与食物生产相关的土地，未利用地重点调查与可开垦耕地资源相关的土地，如盐碱地等。

普查内容为土壤性状、类型、立地条件、利用状况等。其中，性状普查包括野外土壤表层样品采集、理化和生物性状指标分析化验等；类型普查包括对主要土壤类型的剖面挖掘观测、采样化验等；立地条件普查包括地形地貌、水文地质等；利用状况普查包括基础设施条件、植被类型等。

三、普查时间安排

2022 年，完成工作方案编制、技术规程制定、工作平台构建、外业采样点规划布设、普查试点，开展培训和宣传等工作，启动并完成全国盐碱地普查。

2023—2024 年，组织开展多层级技术实训指导，完成外业调查采样和内业测试化验，开展土壤普查数据库与样品库建设，形成阶段性成果。外业调查采样时间截至 2024 年 11 月底。

2025 年上半年，完成普查成果整理、数据审核，汇总形成第三次全国土壤普查基本数据；下半年，完成普查成果验收、汇交与总结，建成土壤普查数据库与样品库，形成全国耕地质量报告和全国土壤利用适宜性评价报告。

四、普查组织实施

土壤普查是一项重要的国情国力调查，涉及范围广、参与部门多、工作任务重、技术要求高。为加强组织领导，成立国务院第三次全国土壤普查领导小组（以下简称领导小组），负责普查组织实施中重大问题的研究和决策。领导小组办公室设在农业农村部，负责普查工作的具体组织和协调。领导小组成员单位要各司其职、各负其责、通力协作、密切配合，加强技术指导、信息共享、质量控制、经费物资保障等工作。各省级人民政府是本地区土壤普查工作的责任主体，要加强组织领导、系统谋划、统筹推进，确保高质量完成普查任务。地方各级人民政府要成立相应的普查领导小组及其办公室，负责本地区普查工作的组织实施。各省（自治区、直辖市）按照统一要求，结合本地区实际编制实施方案，报领导小组办公室备案。

五、普查经费保障

本次土壤普查经费由中央财政和地方财政按承担的工作任务分担。中央负责全国技术规程制定、平台系统构建、工作底图制作、采样点规划布设等；负责国家层面的技术培训、专家指导服务、内业测试化验结果抽查校核、数据分析和成果汇总等。地方负责本区域的外业调查采样、内业测试化验、技术培训、专家指导服务、数据分析和成果汇总等。地方各级人民政府要根据工作进度安排，将经费纳入相应年度预算予以保障，并加强监督审计。各地可按规定统筹现有资金渠道支持土壤普查相关工作。

六、普查工作要求

各地要加强专家技术指导、专业技术人员配置、普查队伍培训，确保土壤普查专业化、标准化、规范化。要强化质量控制，建立普查工作质量管理体系和普查数据质量追溯机制，层层压实责任。各级普查机构及其工作人员必须严格按要求报送普查数据，确保数据真实、准确、完整。任何地方、部门、单位和个人都不得虚报、瞒报、拒报、迟报，不得弄虚作假和篡改普查数据。各地区、各有关部门要充分利用全国统一的土壤普查工作平台等现代化技术手段，提高信息化水平，科学、规范、高效推进普查工作。用好报刊、广播、电视、互联网等媒体，广泛宣传土壤普查的重要意义和要求，为普查工作顺利开展营造良好社会氛围。

附件：国务院第三次全国土壤普查领导小组人员名单

国务院

2022 年 1 月 29 日

（此件公开发布）

附件

国务院第三次全国土壤普查领导小组人员名单

组　长：胡春华　国务院副总理

副组长：唐仁健　农业农村部部长

陆　昊　自然资源部部长

郭　玮　国务院副秘书长

成　员：唐登杰　国家发展改革委副主任

朱忠明　财政部副部长

邱启文　生态环境部副部长

田学斌　水利部副部长

张桃林　农业农村部副部长

李晓超　国家统计局副局长

张　涛　中科院副院长

李树铭　国家林草局副局长

领导小组办公室主任由农业农村部副部长张桃林兼任。

10. 国务院关于印发《"十四五"推进农业农村现代化规划》的通知（节选）

国发〔2021〕25号

各省、自治区、直辖市人民政府，国务院各部委、各直属机构：

现将《"十四五"推进农业农村现代化规划》印发给你们，请认真贯彻执行。

（本文有删减）

国务院

2021年11月12日

第二章 夯实农业生产基础 提升粮食等重要农产品供给保障水平

深入实施国家粮食安全战略和重要农产品保障战略，落实藏粮于地、藏粮于技，健全辅之以利、辅之以义的保障机制，强化生产、储备、流通产业链供应链建设，构建科学合理、安全高效的重要农产品供给保障体系，夯实农业农村现代化的物质基础。

第二节 加强耕地保护与质量建设

坚守18亿亩耕地红线。落实最严格的耕地保护制度，加强耕地用途管制，实行永久基本农田特殊保护。严禁违规占用耕地和违背自然规律绿化造林、挖湖造景，严格控制非农建设占用耕地，建立健全耕地数量、种粮情况监测预警及评价通报机制，坚决遏制耕地"非农化"、严格管控"非粮化"。改善撂荒地耕种条件，有序推进撂荒地利用。明确耕地利用优先序，永久基本农田重点用于发展粮食生产，特别是保障稻谷、小麦、玉米等谷物种植。强化土地流转用途监管。

推进高标准农田建设。实施新一轮高标准农田建设规划。高标准农田全部上图入库并衔接国土空间规划"一张图"。加大农业水利设施建设力度，因地制宜推进高效节水灌溉建设，支持已建高标准农田改造提升。实施大中型灌区续建配套和现代化改造，在水土资源适宜地区有序新建一批大型灌区。

提升耕地质量水平。实施国家黑土地保护工程，因地制宜推广保护性耕作，提高黑土地耕层厚度和有机质含量。推进耕地保护与质量提升行动，加强南方酸化耕地降酸改良治理和北方盐碱耕地压盐改良治理。加强和改进耕地占补平衡管理，严格新增耕地核实认定和监管，严禁占优补劣、占水田补旱地。健全耕地质量监测监管机制。

11. 国务院关于建立粮食生产功能区和重要农产品生产保护区的指导意见（节选）

国发〔2017〕24号

一、总体要求

（三）主要目标。力争用3年时间完成10.58亿亩“两区”地块的划定任务，做到全部建档立卡、上图入库，实现信息化和精准化管理；力争用5年时间基本完成“两区”建设任务，形成布局合理、数量充足、设施完善、产能提升、管护到位、生产现代化的“两区”，国家粮食安全的基础更加稳固，重要农产品自给水平保持稳定，农业产业安全显著增强。

1. 粮食生产功能区。划定粮食生产功能区9亿亩，其中6亿亩用于稻麦生产。以东北平原、长江流域、东南沿海优势区为重点，划定水稻生产功能区3.4亿亩；以黄淮海地区、长江中下游、西北及西南优势区为重点，划定小麦生产功能区3.2亿亩（含水稻和小麦复种区6 000万亩）；以松嫩平原、三江平原、辽河平原、黄淮海地区以及汾河和渭河流域等优势区为重点，划定玉米生产功能区4.5亿亩（含小麦和玉米复种区1.5亿亩）。

2. 重要农产品生产保护区。划定重要农产品生产保护区2.38亿亩（与粮食生产功能区重叠8 000万亩）。以东北地区为重点，黄淮海地区为补充，划定大豆生产保护区1亿亩（含小麦和大豆复种区2 000万亩）；以新疆为重点，黄河流域、长江流域主产区为补充，划定棉花生产保护区3 500万亩；以长江流域为重点，划定油菜籽生产保护区7 000万亩（含水稻和油菜籽复种区6 000万亩）；以广西、云南为重点，划定糖料蔗生产保护区1500万亩；以海南、云南、广东为重点，划定天然橡胶生产保护区1 800万亩。

二、科学合理划定“两区”

（四）科学确定划定标准。粮食生产功能区和大豆、棉花、油菜籽、糖料蔗生产保护区划定应同时具备以下条件：水土资源条件较好，坡度在15度以下的永久基本农田；相对集中连片，原则上平原地区连片面积不低于500亩，丘陵地区连片面积不低于50亩；农田灌排工程等农业基础设施比较完备，生态环境良好，未列入退耕还林还草、还湖还湿、耕地休耕试点等范围；具有粮食和重要农产品的种植传统，近三年播种面积基本稳定。优先选择已建成或规划建设的高标准农田进行“两区”划定。天然橡胶生产保护区划定的条件：风寒侵袭少、海拔高度低于900米的宜胶地块。

三、大力推进“两区”建设

（八）强化综合生产能力建设。依据高标准农田建设规划和土地整治规划等，按照集中连片、旱涝保收、稳产高产、生态友好的要求，积极推进“两区”范围内的高标准农田建设。加强“两区”范围内的骨干水利工程和中小型农田水利设施建设，因地制宜兴建“五小水利”工程，大力发展节水灌溉，打通农田水利“最后一公里”。加强天然橡胶生产基地建设，加快老龄残次、低产低质胶园更新改造，强化胶树抚育和管护，提高橡胶产出水平和质量。

12. 国务院办公厅关于防止耕地“非粮化”稳定粮食生产的意见

国办发〔2020〕44号

各省、自治区、直辖市人民政府，国务院各部委、各直属机构：

近年来，我国农业结构不断优化，区域布局趋于合理，粮食生产连年丰收，有力保障了国家粮食安全，为稳定经济社会发展大局提供坚实支撑。与此同时，部分地区也出现耕地“非粮化”倾向，一些地方把农业结构调整简单理解为压减粮食生产，一些经营主体违规在永久基本农田上种树挖塘，一些工商资本大规模流转耕地改种非粮作物等，这些问题如果任其发展，将影响国家粮食安全。各地区各部门要坚持以习近平新时代中国特色社会主义思想为指导，增强“四个意识”、坚定“四个自信”、做到“两个维护”，认真落实党中央、国务院决策部署，采取有力举措防止耕地“非粮化”，切实稳定粮食生产，牢牢守住国家粮食安全的生命线。经国务院同意，现提出以下意见。

一、充分认识防止耕地“非粮化”稳定粮食生产的重要性紧迫性

（一）坚持把确保国家粮食安全作为“三农”工作的首要任务。随着我国人口增长、消费结构不断升级和资源环境承载能力趋紧，粮食产需仍将维持紧平衡态势。新冠肺炎疫情全球大流行，国际农产品市场供给不确定性增加，必须以稳定国内粮食生产来应对国际形势变化带来的不确定性。各地区各部门要始终绷紧国家粮食安全这根弦，把稳定粮食生产作为农业供给侧结构性改革的前提，着力稳政策、稳面积、稳产量，坚持耕地管控、建设、激励多措并举，不断巩固提升粮食综合生产能力，确保谷物基本自给、口粮绝对安全，切实把握国家粮食安全主动权。

（二）坚持科学合理利用耕地资源。耕地是粮食生产的根基。我国耕地总量少，质量总体不高，后备资源不足，水热资源空间分布不匹配，确保国家粮食安全，必须处理好发展粮食生产和发挥比较效益的关系，不能单纯以经济效益决定耕地用途，必须将有限的耕地资源优先用于粮食生产。各地区各部门要认真落实重要农产品保障战略，进一步优化区域布局和生产结构，实施最严格

的耕地保护制度，科学合理利用耕地资源，防止耕地“非粮化”，切实提高保障国家粮食安全和重要农产品有效供给水平。

（三）坚持共同扛起保障国家粮食安全的责任。我国人多地少的基本国情决定了必须举全国之力解决 14 亿人口的吃饭大事。各地区都有保障国家粮食安全的责任和义务，粮食主产区要努力发挥优势，巩固提升粮食综合生产能力，继续为全国作贡献；产销平衡区和主销区要保持应有的自给率，确保粮食种植面积不减少、产能有提升、产量不下降，共同维护好国家粮食安全。

二、坚持问题导向，坚决防止耕地“非粮化”倾向

（四）明确耕地利用优先序。对耕地实行特殊保护和用途管制，严格控制耕地转为林地、园地等其他类型农用地。永久基本农田是依法划定的优质耕地，要重点用于发展粮食生产，特别是保障稻谷、小麦、玉米三大谷物的种植面积。一般耕地应主要用于粮食和棉、油、糖、蔬菜等农产品及饲草饲料生产。耕地在优先满足粮食和食用农产品生产基础上，适度用于非食用农产品生产，对市场明显过剩的非食用农产品，要加以引导，防止无序发展。

（五）加强粮食生产功能区监管。各地区要把粮食生产功能区落实到地块，引导种植目标作物，保障粮食种植面积。组织开展粮食生产功能区划定情况“回头看”，对粮食种植面积大但划定面积少的进行补划，对耕地性质发生改变、不符合划定标准的予以剔除并及时补划。引导作物一年两熟以上的粮食生产功能区至少生产一季粮食，种植非粮作物的要在一季后能够恢复粮食生产。不得擅自调整粮食生产功能区，不得违规在粮食生产功能区内建设种植和养殖设施，不得违规将粮食生产功能区纳入退耕还林还草范围，不得在粮食生产功能区内超标准建设农田林网。

（六）稳定非主产区粮食种植面积。粮食产销平衡区和主销区要按照重要农产品区域布局及分品种生产供给方案要求，制定具体实施方案并抓好落实，扭转粮食种植面积下滑势头。产销平衡区要着力建成一批旱涝保收、高产稳产的口粮田，保证粮食基本自给。主销区要明确粮食种植面积底线，稳定和提高粮食自给率。

（七）有序引导工商资本下乡。鼓励和引导工商资本到农村从事良种繁育、粮食加工流通和粮食生产专业化社会化服务等。尽快修订农村土地经营权流转管理办法，督促各地区抓紧建立健全工商资本流转土地资格审查和项目审核制度，强化租赁农地监测监管，对工商资本违反相关产业发展规划大规模流转耕地不种粮的“非粮化”行为，一经发现要坚决予以纠正，并立即停止其享受相关扶持政策。

（八）严禁违规占用永久基本农田种树挖塘。贯彻土地管理法、基本农田

保护条例有关规定，落实耕地保护目标和永久基本农田保护任务。严格规范永久基本农田上农业生产经营活动，禁止占用永久基本农田从事林果业以及挖塘养鱼、非法取土等破坏耕作层的行为，禁止闲置、荒芜永久基本农田。利用永久基本农田发展稻渔、稻虾、稻蟹等综合立体种养，应当以不破坏永久基本农田为前提，沟坑占比要符合稻渔综合种养技术规范通则标准。推动制订和完善相关法律法规，明确对占用永久基本农田从事林果业、挖塘养鱼等的处罚措施。

三、强化激励约束，落实粮食生产责任

（九）严格落实粮食安全省长责任制。各省、自治区、直辖市人民政府要切实承担起保障本地区粮食安全的主体责任，稳定粮食种植面积，将粮食生产目标任务分解到市县。要坚决遏制住耕地"非粮化"增量，同时对存量问题摸清情况，从实际出发，分类稳妥处置，不搞"一刀切"。国家发展改革委、农业农村部、国家粮食和储备局等部门要将防止耕地"非粮化"作为粮食安全省长责任制考核重要内容，提高粮食种植面积、产量和高标准农田建设等考核指标权重，细化对粮食主产区、产销平衡区和主销区的考核要求。严格考核并强化结果运用，对成绩突出的省份进行表扬，对落实不力的省份进行通报约谈，并与相关支持政策和资金相衔接。

（十）完善粮食生产支持政策。落实产粮大县奖励政策，健全粮食主产区利益补偿机制，着力保护和调动地方各级政府重农抓粮、农民务农种粮的积极性。将省域内高标准农田建设产生的新增耕地指标调剂收益优先用于农田建设再投入和债券偿还、贴息等。加大粮食生产功能区政策支持力度，相关农业资金向粮食生产功能区倾斜，优先支持粮食生产功能区内目标作物种植，加快把粮食生产功能区建成"一季千斤、两季一吨"的高标准粮田。加强对种粮主体的政策激励，支持家庭农场、农民合作社发展粮食适度规模经营，大力推进代耕代种、统防统治、土地托管等农业生产社会化服务，提高种粮规模效益。完善小麦稻谷最低收购价政策，继续实施稻谷补贴和玉米大豆生产者补贴，继续推进三大粮食作物完全成本保险和收入保险试点。积极开展粮食生产薄弱环节机械化技术试验示范，着力解决水稻机插、玉米籽粒机收等瓶颈问题，加快丘陵山区农田宜机化改造。支持建设粮食产后烘干、加工设施，延长产业链条，提高粮食经营效益。

（十一）加强耕地种粮情况监测。农业农村部、自然资源部要综合运用卫星遥感等现代信息技术，每半年开展一次全国耕地种粮情况监测评价，建立耕地"非粮化"情况通报机制。各地区要对本区域耕地种粮情况进行动态监测评价，发现问题及时整改，重大情况及时报告。定期对粮食生产功能区内目标作

物种植情况进行监测评价，实行信息化、精细化管理，及时更新电子地图和数据库。

（十二）加强组织领导。各省、自治区、直辖市人民政府要按照本意见要求，抓紧制定工作方案，完善相关政策措施，稳妥有序抓好贯彻落实，于2020年年底前将有关落实情况报国务院，并抄送农业农村部、自然资源部。各有关部门要按照职责分工，切实做好相关工作。农业农村部、自然资源部要会同有关部门做好对本意见执行情况的监督检查。

国务院办公厅

2020年11月4日

13. 国务院办公厅关于坚决制止耕地“非农化”行为的通知

国办发明电〔2020〕24 号

各省、自治区、直辖市人民政府，国务院各部委、各直属机构：

耕地是粮食生产的重要基础，解决好 14 亿人口的吃饭问题，必须守住耕地这个根基。党中央、国务院高度重视耕地保护，习近平总书记作出重要指示批示，李克强总理提出明确要求。近年来，党中央、国务院出台了一系列严格耕地保护的政策措施，但一些地方仍然存在违规占用耕地开展非农建设的行为，有的违规占用永久基本农田绿化造林，有的在高速铁路、国道省道（含高速公路）、河渠两侧违规占用耕地超标准建设绿化带，有的大规模挖湖造景，对国家粮食安全构成威胁。地方各级人民政府要增强“四个意识”、坚定“四个自信”、做到“两个维护”，按照党中央、国务院决策部署，采取有力措施，强化监督管理，落实好最严格的耕地保护制度，坚决制止各类耕地“非农化”行为，坚决守住耕地红线。经国务院同意，现将有关要求通知如下。

一、严禁违规占用耕地绿化造林。要严格执行土地管理法、基本农田保护条例等法律法规，禁止占用永久基本农田种植苗木、草皮等用于绿化装饰以及其他破坏耕作层的植物。违规占用耕地及永久基本农田造林的，不予核实造林面积，不享受财政资金补助政策。平原地区要根据资源禀赋，合理制定绿化造林等生态建设目标。退耕还林还草要严格控制在国家批准的规模和范围内，涉及地块全部实现上图入库管理。正在违规占用耕地绿化造林的要立即停止。

二、严禁超标准建设绿色通道。要严格控制铁路、公路两侧用地范围以外绿化带用地审批，道路沿线是耕地的，两侧用地范围以外绿化带宽度不得超过 5 米，其中县乡道路不得超过 3 米。铁路、国道省道（含高速公路）、县乡道路两侧用地范围以外违规占用耕地超标准建设绿化带的要立即停止。不得违规在河渠两侧、水库周边占用耕地及永久基本农田超标准建设绿色通道。今后新增的绿色通道，要依法依规建设，确需占用永久基本农田的，应履行永久基本农田占用报批手续。交通、水利工程建设用地范围内的绿化用地要严格按照有关规定办理建设用地审批手续，其中涉及占用耕地的必须做到占补平衡。禁止以城乡绿化建设等名义违法违规占用耕地。

三、严禁违规占用耕地挖湖造景。禁止以河流、湿地、湖泊治理为名，擅自占用耕地及永久基本农田挖田造湖、挖湖造景。不准在城市建设中违规占用耕地建设人造湿地公园、人造水利景观。确需占用的，应符合国土空间规划，依法办理建设用地审批和规划许可手续。未履行审批手续的在建项目，应立即停止并纠正；占用永久基本农田的，要限期恢复，确实无法恢复的按照有关规定进行补划。

四、严禁占用永久基本农田扩大自然保护地。新建的自然保护地应当边界清楚，不准占用永久基本农田。目前已划入自然保护地核心保护区内的永久基本农田要纳入生态退耕、有序退出。自然保护地一般控制区内的永久基本农田要根据对生态功能造成的影响确定是否退出，造成明显影响的纳入生态退耕、有序退出，不造成明显影响的可采取依法依规相应调整一般控制区范围等措施妥善处理。自然保护地以外的永久基本农田和集中连片耕地，不得划入生态保护红线，允许生态保护红线内零星的原住民在不扩大现有耕地规模前提下，保留生活必需的少量种植。

五、严禁违规占用耕地从事非农建设。加强农村地区建设用地审批和乡村建设规划许可管理，坚持农地农用。不得违反规划搞非农建设、乱占耕地建房等。巩固“大棚房”问题清理整治成果，强化农业设施用地监管。加强耕地利用情况监测，对乱占耕地从事非农建设及时预警，构建早发现、早制止、严查处的常态化监管机制。

六、严禁违法违规批地用地。批地用地必须符合国土空间规划，凡不符合国土空间规划以及不符合土地管理法律法规和国家产业政策的建设项目，不予批准用地。各地区不得通过擅自调整县乡国土空间规划规避占用永久基本农田审批。各项建设用地必须按照法定权限和程序报批，按照批准的用途、位置、标准使用，严禁未批先用、批少占多、批甲占乙。严格临时用地管理，不得超过规定时限长期使用。对各类未经批准或不符合规定的建设项目、临时用地等占用耕地及永久基本农田的，依法依规严肃处理，责令限期恢复原种植条件。

七、全面开展耕地保护检查。各省、自治区、直辖市人民政府要组织有关部门，结合2016—2020年省级政府耕地保护责任目标考核，对本地区耕地及永久基本农田保护情况进行全面检查，严肃查处违法占用和破坏耕地及永久基本农田的行为，对发现的问题限期整改。自然资源部要会同农业农村部、国家统计局按照《省级政府耕地保护责任目标考核办法》进行全面检查，并将违规占用永久基本农田开展绿化造林、挖湖造景、非农建设等耕地“非农化”行为纳入考核内容，加强对违法违规行为的查处，对有令不行、有禁不止的严肃追究责任。

八、严格落实耕地保护责任。各地区各部门要充分认识实行最严格耕地保护制度的极端重要性。地方各级人民政府要承担起耕地保护责任，对本行政区域内耕地保有量和永久基本农田保护面积及年度计划执行情况负总责。要健全党委领导、政府负责、部门协同、公众参与、上下联动的共同责任机制，对履职不力、监管不严、失职渎职的领导干部，依纪依规追究责任。各地区要根据本通知精神，抓紧制定和调整完善相关政策措施，对违反本通知规定的行为立即纠正，坚决遏制新增问题发生。各省、自治区、直辖市人民政府要在2020年底前将本通知执行情况报国务院，并抄送自然资源部、农业农村部。各有关部门要按照职责分工，履行耕地保护责任。自然资源部、农业农村部要会同有关部门做好对本通知执行情况的监督检查。

国务院办公厅

2020年9月10日

14. 国务院办公厅关于切实加强高标准农田建设提升国家粮食安全保障能力的意见

国办发〔2019〕50号

各省、自治区、直辖市人民政府，国务院各部委、各直属机构：

确保重要农产品特别是粮食供给，是实施乡村振兴战略的首要任务。建设高标准农田，是巩固和提高粮食生产能力、保障国家粮食安全的关键举措。近年来，各地各有关部门认真贯彻党中央、国务院决策部署，大力推进高标准农田建设，取得了明显成效。但我国农业基础设施薄弱、防灾抗灾减灾能力不强的状况尚未根本改变，粮食安全基础仍不稳固。为切实加强高标准农田建设，提升国家粮食安全保障能力，经国务院同意，现提出以下意见。

一、总体要求

（一）指导思想。以习近平新时代中国特色社会主义思想为指导，全面贯彻党的十九大和十九届二中、三中、四中全会精神，紧紧围绕实施乡村振兴战略，按照农业高质量发展要求，推动藏粮于地、藏粮于技，以提升粮食产能为首要目标，聚焦重点区域，统筹整合资金，加大投入力度，完善建设内容，加强建设管理，突出抓好耕地保护、地力提升和高效节水灌溉，大力推进高标准农田建设，加快补齐农业基础设施短板，提高水土资源利用效率，切实增强农田防灾抗灾减灾能力，为保障国家粮食安全提供坚实基础。

（二）基本原则。夯实基础，确保产能。突出粮食和重要农产品优势区，着力完善农田基础设施，提升耕地质量，持续改善农业生产条件，稳步提高粮食生产能力，确保谷物基本自给、口粮绝对安全。

因地制宜，综合治理。严守生态保护红线，依据自然资源禀赋和国土空间、水资源利用等规划，根据各地农业生产特征，科学确定高标准农田建设布局、标准和内容，推进田水林路电综合配套。

依法严管，良田粮用。稳定农村土地承包关系，强化用途管控，实行最严格的保护措施，完善管护机制，确保长期发挥效益。建立健全激励和约束机制，支持高标准农田主要用于粮食生产。

政府主导，多元参与。切实落实地方政府责任，持续加大资金投入，积极引导社会力量开展农田建设。鼓励农民和农村集体经济组织自主筹资投劳，参与农田建设和运营管理。

（三）目标任务。到2020年，全国建成8亿亩集中连片、旱涝保收、节水高效、稳产高产、生态友好的高标准农田；到2022年，建成10亿亩高标准农田，以此稳定保障1万亿斤以上粮食产能；到2035年，通过持续改造提升，全国高标准农田保有量进一步提高，不断夯实国家粮食安全保障基础。

二、构建集中统一高效的管理新体制

（四）统一规划布局。开展高标准农田建设专项清查，全面摸清各地高标准农田数量、质量、分布和利用状况。结合国土空间、水资源利用等相关规划，修编全国高标准农田建设规划，形成国家、省、市、县四级农田建设规划体系，找准潜力区域，明确目标任务和建设布局，确定重大工程、重点项目和时序安排。把高效节水灌溉作为高标准农田建设重要内容，统筹规划，同步实施。在永久基本农田保护区、粮食生产功能区、重要农产品生产保护区，集中力量建设高标准农田。粮食主产区要立足打造粮食生产核心区，加快区域化整体推进高标准农田建设。粮食主销区和产销平衡区要加快建设一批高标准农田，保持粮食自给率。优先支持革命老区、贫困地区以及工作基础好的地区建设高标准农田。（农业农村部、国家发展改革委、财政部、自然资源部、水利部和地方各级人民政府按职责分工负责。以下均需地方各级人民政府负责，不再列出）

（五）统一建设标准。加快修订高标准农田建设通则，研究制定分区域、分类型的高标准农田建设标准及定额，健全耕地质量监测评价标准，构建农田建设标准体系。各省（区、市）可依据国家标准编制地方标准，因地制宜开展农田建设。完善高标准农田建设内容，统一规范工程建设、科技服务和建后管护等要求。综合考虑农业农村发展要求、市场价格变化等因素，适时调整建设内容和投资标准。在确保完成新增高标准农田建设任务的基础上，鼓励地方结合实际，对已建项目区进行改造提升。（农业农村部、国家发展改革委、财政部、水利部、国家标准委按职责分工负责）

（六）统一组织实施。及时分解落实高标准农田年度建设任务，同步发展高效节水灌溉。统筹整合各渠道农田建设资金，提升资金使用效益。规范开展项目前期准备、申报审批、招标投标、工程施工和监理、竣工验收、监督检查、移交管护等工作，实现农田建设项目集中统一高效管理。严格执行建设标准，确保建设质量。充分发挥农民主体作用，调动农民参与高标准农田建设积极性，尊重农民意愿，维护好农民权益。积极支持新型农业经营主体建设高标准农田，规范有序推进农业适度规模经营。（农业农村部、国家发展改革委、财政部、水利部按职责分工负责）

（七）统一验收考核。建立健全“定期调度、分析研判、通报约谈、奖优罚劣”的任务落实机制，确保年度建设任务如期保质保量完成。按照粮食安全省长责任制考核要求，进一步完善高标准农田建设评价制度。强化评价结果运用，对完成任务好的予以倾斜支持，对未完成任务的进行约谈处罚。严格按程序开展农田建设项目竣工验收和评价，向社会统一公示公告，接受社会和群众监督。（农业农村部、国家发展改革委、财政部、国家粮食和储备局按职责分工负责）

（八）统一上图入库。运用遥感监控等技术，建立农田管理大数据平台，以土地利用现状图为底图，全面承接高标准农田建设历史数据，统一标准规范、统一数据要求，把各级农田建设项目立项、实施、验收、使用等各阶段相关信息上图入库，建成全国农田建设“一张图”和监管系统，实现有据可查、全程监控、精准管理、资源共享。各地要加快完成高标准农田上图入库工作，有关部门要做好相关数据共享和对接移交等工作。（农业农村部牵头，国家发展改革委、财政部、自然资源部、水利部按职责分工负责）

三、强化资金投入和机制创新

（九）加强财政投入保障。建立健全农田建设投入稳定增长机制。各地要优化财政支出结构，将农田建设作为重点事项，根据高标准农田建设任务、标准和成本变化，合理保障财政资金投入。加大土地出让收入对高标准农田建设的支持力度。各地要按规定及时落实地方支出责任，省级财政应承担地方财政投入的主要支出责任。鼓励有条件的地区在国家确定的投资标准基础上，进一步加大地方财政投入，提高项目投资标准。（财政部、国家发展改革委、农业农村部按职责分工负责）

（十）创新投融资模式。发挥政府投入引导和撬动作用，采取投资补助、以奖代补、财政贴息等多种方式支持高标准农田建设。鼓励地方政府有序引导金融和社会资本投入高标准农田建设。在严格规范政府债务管理的同时，鼓励开发性、政策性金融机构结合职能定位和业务范围支持高标准农田建设，引导商业金融机构加大信贷投放力度。完善政银担合作机制，加强与信贷担保等政策衔接。鼓励地方政府在债务限额内发行债券支持符合条件的高标准农田建设。有条件的地方在债券发行完成前，对预算已安排债券资金的项目可先行调度库款开展建设，债券发行后及时归垫。加强国际合作与交流，探索利用国外

贷款开展高标准农田建设。（财政部、中国人民银行、中国银保监会、农业农村部按职责分工负责）

（十一）完善新增耕地指标调剂收益使用机制。优化高标准农田建设新增耕地和新增产能的核定流程、核定办法。高标准农田建设新增耕地指标经核定后，及时纳入补充耕地指标库，在满足本区域耕地占补平衡需求的情况下，可用于跨区域耕地占补平衡调剂。加强新增耕地指标跨区域调剂统筹和收益调节分配，拓展高标准农田建设资金投入渠道。土地指标跨省域调剂收益要按规定用于增加高标准农田建设投入。各地要将省域内高标准农田建设新增耕地指标调剂收益优先用于农田建设再投入和债券偿还、贴息等。（财政部、自然资源部、农业农村部按职责分工负责）

（十二）加强示范引领。开展绿色农田建设示范，推动耕地质量保护提升、生态涵养、农业面源污染防治和田园生态改善有机融合，提升农田生态功能。选取一批土壤盐碱化、酸化、退化和工程性缺水等区域，针对农业生产存在的主要障碍因素，采取专项工程措施开展高标准农田建设，为相同类型区域高标准农田建设进行试验示范。在潜力大、基础条件好、积极性高的地区，推进高标准农田建设整县示范。（农业农村部、生态环境部按职责分工负责）

（十三）健全工程管护机制。结合农村集体产权制度和农业水价综合改革，建立健全高标准农田管护机制，明确管护主体，落实管护责任。各地要建立农田建设项目管护经费合理保障机制，调动受益主体管护积极性，确保建成的工程设施正常运行。将建后管护落实情况纳入年度高标准农田建设评价范围。（农业农村部、国家发展改革委、财政部、自然资源部、水利部按职责分工负责）

四、保障措施

（十四）加强组织领导。农田建设实行中央统筹、省负总责、市县抓落实、群众参与的工作机制。强化省级政府一把手负总责、分管领导直接负责的责任制，抓好规划实施、任务落实、资金保障、监督评价和运营管护等工作。农业农村部门要全面履行好农田建设集中统一管理职责，发展改革、财政、自然资源、水利、人民银行、银保监等相关部门按照职责分工，密切配合，做好规划指导、资金投入、新增耕地核定、水资源利用和管理、金融支持等工作，协同推进高标准农田建设。及时总结和推广好经验好做法，营造农田建设良好氛围。（农业农村部牵头，国家发展改革委、财政部、自然资源部、水利部、中国人民银行、中国银保监会按职责分工负责）

（十五）加大基础支撑。推进农田建设法规制度建设，制定完善项目管理、资金管理、监督评估和监测评价等办法。加强农田建设管理和技术服务体系队伍建设，重点配强县乡两级工作力量，与当地高标准农田建设任务相适应。围绕农田建设关键技术问题，开展科学研究，组织科技攻关。大力引进推广高标准农田建设先进实用技术，加强工程建设与农机农艺技术的集成和应用，推动科技创新与成果转化。加强农田建设行业管理服务，加大相关技术培训力度，提升农田建设管理技术水平。（农业农村部、国家发展改革委、科技部、财政部、水利部按职责分工负责）

（十六）严格保护利用。对建成的高标准农田，要划为永久基本农田，实行特殊保护，防止“非农化”，任何单位和个人不得损毁、擅自占用或改变用途。严格耕地占用审批，经依法批准占用高标准农田的，要及时补充，确保高标准农田数量不减少、质量不降低。对水毁等自然损毁的高标准农田，要纳入年度建设任务，及时进行修复或补充。完善粮食主产区利益补偿机制和种粮激励政策，引导高标准农田集中用于重要农产品特别是粮食生产。探索合理耕作制度，实行用地养地相结合，加强后续培肥，防止地力下降。严禁将不达标污水排入农田，严禁将生活垃圾、工业废弃物等倾倒、排放、堆存到农田。（农业农村部、自然资源部、国家发展改革委、财政部、生态环境部按职责分工负责）

（十七）加强风险防控。树立良好作风，强化廉政建设，严肃工作纪律，切实防范农田建设管理风险。加强对农田建设资金全过程绩效管理，科学设定绩效目标，做好绩效运行监控和评价，强化结果应用。加强工作指导，对发现的问题及时督促整改。严格跟踪问责，对履职不力、监管不严、失职渎职的，依法依规追究有关人员责任。（农业农村部、国家发展改革委、财政部按职责分工负责）

国务院办公厅

2019 年 11 月 13 日

15. 国务院办公厅关于印发《跨省域补充耕地国家统筹管理办法》和《城乡建设用地增减挂钩节余指标跨省域调剂管理办法》的通知（节选）

国办发〔2018〕16号

各省、自治区、直辖市人民政府，国务院各部委、各直属机构：

《跨省域补充耕地国家统筹管理办法》和《城乡建设用地增减挂钩节余指标跨省域调剂管理办法》已经国务院同意，现印发给你们，请认真贯彻执行。

国务院办公厅

2018年3月10日

（此文件公开发布）

跨省域补充耕地国家统筹管理办法

第一章　总　　则

第一条　为规范有序实施跨省域补充耕地国家统筹，严守耕地红线，根据《中华人民共和国土地管理法》和《中共中央 国务院关于加强耕地保护和改进占补平衡的意见》《中共中央 国务院关于实施乡村振兴战略的意见》有关规定，制定本办法。

第二条　本办法所称跨省域补充耕地国家统筹，是指耕地后备资源严重匮乏的直辖市，占用耕地、新开垦耕地不足以补充所占耕地，或者资源环境条件严重约束、补充耕地能力严重不足的省，由于实施重大建设项目造成补充耕地缺口，经国务院批准，在耕地后备资源丰富省份落实补充耕地任务的行为。

第三条 跨省域补充耕地国家统筹应遵循以下原则：

（一）保护优先，严控占用。坚持耕地保护优先，强化土地利用规划计划管控，严格土地用途管制，从严控制建设占用耕地，促进土地节约集约利用。

（二）明确范围，确定规模。坚持耕地占补平衡县域自行平衡为主、省域内调剂为辅、国家适度统筹为补充，明确补充耕地国家统筹实施范围，合理控制补充耕地国家统筹实施规模。

（三）补足补优，严守红线。坚持耕地数量、质量、生态"三位一体"保护，以土地利用总体规划及相关规划为依据，以土地整治和高标准农田建设新增耕地为主要来源，先建成再调剂，确保统筹补充耕地数量不减少、质量不降低。

（四）加强统筹，调节收益。运用经济手段约束耕地占用，发挥经济发达地区和资源丰富地区资金资源互补优势，建立收益调节分配机制，助推脱贫攻坚和乡村振兴。

第四条 国土资源部负责跨省域补充耕地国家统筹管理，会同财政部、国家发展改革委、农业部等相关部门制定具体实施办法，进行监督考核；财政部会同国土资源部等相关部门负责制定资金使用管理办法；有关省级人民政府负责具体实施，筹措补充耕地资金或落实补充耕地任务。

第二章 申请补充耕地国家统筹

第五条 根据各地资源环境承载状况、耕地后备资源条件、土地整治和高标准农田建设新增耕地潜力等，分类实施补充耕地国家统筹。

（一）耕地后备资源严重匮乏的直辖市，由于城市发展和基础设施建设等占用耕地、新开垦耕地不足以补充所占耕地的，可申请国家统筹补充。

（二）资源环境条件严重约束、补充耕地能力严重不足的省，由于实施重大建设项目造成补充耕地缺口的，可申请国家统筹补充。重大建设项目原则上限于交通、能源、水利、军事国防等领域。

第六条 补充耕地国家统筹申请、批准按以下程序办理：

（一）由省、直辖市人民政府向国务院提出补充耕地国家统筹申请。其中，有关省根据实施重大建设项目需要和补充耕地能力，提出需国家统筹补充的耕地数量、水田规模和粮食产能，原则上每年申请一次，如有特殊需要可分次申请；直辖市根据建设占用耕地需要和补充耕地能力，提出需国家统筹补充的耕地数量、水田规模和粮食产能，每年申请一次。

（二）国土资源部组织对补充耕地国家统筹申请的评估论证，汇总有关情况并提出意见，会同财政部按程序报国务院批准。国土资源部、财政部在国务院批准之日起30个工作日内函复有关省、直辖市人民政府，明确国务院批准的国家统筹规模以及相应的跨省域补充耕地资金总额。

第七条 有关省、直辖市人民政府收到复函后，即可在国务院批准的国家统筹规模范围内，依照法定权限组织相应的建设用地报批。

建设用地报批时，用地单位应按规定标准足额缴纳耕地开垦费，补充耕地方案应说明耕地开垦费缴纳和使用国家统筹规模情况。

建设用地属于省级人民政府及以下审批权限的，使用国家统筹规模情况须随建设用地审批结果一并报国土资源部备案。

第八条 经国务院批准补充耕地由国家统筹的省、直辖市，应缴纳跨省域补充耕地资金。以占用的耕地类型确定基准价，以损失的耕地粮食产能确定产能价，以基准价和产能价之和乘以省份调节系数确定跨省域补充耕地资金收取标准。对国家重大公益性建设项目，可按规定适当降低收取标准。

（一）基准价每亩10万元，其中水田每亩20万元。

（二）产能价根据农用地分等定级成果对应的标准粮食产能确定，每亩每百公斤2万元。

（三）根据区域经济发展水平，将省份调节系数分为五档。

一档地区：北京、上海，调节系数为2；

二档地区：天津、江苏、浙江、广东，调节系数为1.5；

三档地区：辽宁、福建、山东，调节系数为1；

四档地区：河北、山西、吉林、黑龙江、安徽、江西、河南、湖北、湖南、海南，调节系数为0.8；

五档地区：重庆、四川、贵州、云南、陕西、甘肃、青海，调节系数为0.5。

第九条 跨省域补充耕地资金总额纳入省级财政向中央财政的一般公共预算转移性支出，在中央财政和地方财政年终结算时上解中央财政。

第十条 跨省域补充耕地资金，全部用于巩固脱贫攻坚成果和支持实施乡村振兴战略。其中，一部分安排给承担国家统筹补充耕地任务的省份，优先用于高标准农田建设等补充耕地任务；其余部分由中央财政统一安排使用。

第三章 落实国家统筹补充耕地

第十一条 根据国务院批准的补充耕地国家统筹规模，在耕地后备资源丰富的省份，按照耕地数量、水田规模相等和粮食产能相当的原则落实补充耕地。

第十二条 在耕地保护责任目标考核期内，不申请补充耕地国家统筹的省份，可由省级人民政府向国务院申请承担国家统筹补充耕地任务。申请承担补充耕地任务的新增耕地，应为已验收并在全国农村土地整治监测监管系统中上图入库的土地整治和高标准农田建设项目新增耕地。

第十三条 国土资源部根据全国农村土地整治监测监管系统信息，对申请承担国家统筹补充耕地任务的新增耕地进行复核，如有必要，会同相关部门进行实地检查。国土资源部会同财政部等相关部门按照自然资源条件相对较好，优先考虑革命老区、民族地区、边疆地区、贫困地区和耕地保护成效突出地区的原则确定省份，认定可用于国家统筹补充耕地的新增耕地数量、水田规模和粮食产能。开展土地整治工程技术创新新增耕地，可作为专项支持，安排承担国家统筹补充耕地任务。

国土资源部会同财政部等相关部门确定承担国家统筹补充耕地任务省份和认定结果，按程序报国务院同意后，由国土资源部函告有关省份。经认定为承担国家统筹补充耕地任务的新增耕地，不得用于所在省份耕地占补平衡。

第十四条 根据认定的承担国家统筹补充耕地规模和相关经费标准，中央财政将国家统筹补充耕地经费预算下达承担国家统筹补充耕地任务的省份。有关省份收到国家统筹补充耕地经费后，按规定用途安排使用。

第十五条 国家统筹补充耕地经费标准根据补充耕地类型和粮食产能确定。补充耕地每亩5万元（其中水田每亩10万元），补充耕地标准粮食产能每亩每百公斤1万元，两项合计确定国家统筹补充耕地经费标准。

第四章 监管考核

第十六条 国土资源部建立跨省域补充耕地国家统筹信息管理平台，将补充耕地国家统筹规模申请与批准、建设项目占用、补充耕地落实等情况纳入平台管理。

第十七条 有关省级人民政府负责检查核实承担国家统筹补充耕地任务的新增耕地，确保数量真实、质量可靠；监督国家统筹补充耕地经费安排使用情况，严格新增耕地后期管护，发现存在问题要及时予以纠正。

国土资源部利用国土资源遥感监测“一张图”和综合监管平台等手段对国家统筹新增耕地进行监管。

第十八条 补充耕地国家统筹情况纳入有关省级人民政府耕地保护责任目标考核内容，按程序报国务院。

国土资源部做好国家统筹涉及省份耕地变化情况台账管理，在新一轮土地利用总体规划编制或实施期内适时按程序调整有关省份规划耕地保有量。

第十九条 国家土地督察机构在监督检查省级人民政府落实耕地保护主体责任情况时，结合督察工作将有关省份的国家统筹补充耕地实施情况纳入督察内容。

第五章 附 则

第二十条 财政部会同国土资源部根据补充耕地国家统筹实施情况适时调整跨省域补充耕地资金收取标准和国家统筹补充耕地经费标准。

第二十一条 本办法由国土资源部、财政部负责解释。

第二十二条 本办法自印发之日起施行，有效期至2022年12月31日。

16. 国务院办公厅关于印发《省级政府耕地保护责任目标考核办法》的通知

国办发〔2018〕2号

各省、自治区、直辖市人民政府，国务院各部委、各直属机构：

经国务院同意，现将修订后的《省级政府耕地保护责任目标考核办法》印发给你们，请认真贯彻执行。2005年10月28日经国务院同意、由国务院办公厅印发的《省级政府耕地保护责任目标考核办法》同时废止。

国务院办公厅

2018年1月3日

（此文件公开发布）

省级政府耕地保护责任目标考核办法

第一章　总　　则

第一条　为贯彻落实《中共中央 国务院关于加强耕地保护和改进占补平衡的意见》，坚持最严格的耕地保护制度和最严格的节约用地制度，守住耕地保护红线，严格保护永久基本农田，建立健全省级人民政府耕地保护责任目标考核制度，依据《中华人民共和国土地管理法》和《基本农田保护条例》等法律法规的规定，制定本办法。

第二条　各省、自治区、直辖市人民政府对《全国土地利用总体规划纲要》（以下简称《纲要》）确定的本行政区域内的耕地保有量、永久基本农田保护面积以及高标准农田建设任务负责，省长、自治区主席、直辖市市长为第一责任人。

第三条　国务院对各省、自治区、直辖市人民政府耕地保护责任目标履行情况进行考核，由国土资源部会同农业部、国家统计局（以下称考核部门）负责组织开展考核检查工作。

第四条 省级政府耕地保护责任目标考核在耕地占补平衡、高标准农田建设等相关考核评价的基础上综合开展，实行年度自查、期中检查、期末考核相结合的方法。

年度自查每年开展 1 次，由各省、自治区、直辖市自行组织开展；从 2016 年起，每五年为一个规划期，期中检查在每个规划期的第三年开展 1 次，由考核部门组织开展；期末考核在每个规划期结束后的次年开展 1 次，由国务院组织考核部门开展。

第五条 考核部门会同有关部门，根据《纲要》确定的相关指标和高标准农田建设任务、补充耕地国家统筹、生态退耕、灾毁耕地等实际情况，对各省、自治区、直辖市耕地保有量和永久基本农田保护面积等提出考核检查指标建议，经国务院批准后，由考核部门下达，作为省级政府耕地保护责任目标。

第六条 全国土地利用变更调查提供的各省、自治区、直辖市耕地面积、生态退耕面积、永久基本农田面积数据以及耕地质量调查评价与分等定级成果，作为考核依据。

各省、自治区、直辖市人民政府要按照国家统一规范，加强对耕地、永久基本农田保护和高标准农田建设等的动态监测，在考核年向考核部门提交监测调查资料，并对数据的真实性负责。

考核部门依据国土资源遥感监测“一张图”和综合监管平台以及耕地质量监测网络，采用抽样调查和卫星遥感监测等方法和手段，对耕地、永久基本农田保护和高标准农田建设等情况进行核查。

第七条 省级政府耕地保护责任目标考核遵循客观、公开、公正，突出重点、奖惩并重的原则，年度自查、期中检查和期末考核采用定性与定量相结合的综合评价方法，结果采用评分制，满分为 100 分。考核检查基本评价指标由考核部门依据《中华人民共和国土地管理法》《基本农田保护条例》等共同制定，并根据实际情况需要适时进行调整完善。

第二章 年度自查

第八条 各省、自治区、直辖市人民政府按照本办法的规定，结合考核部门年度自查工作要求和考核检查基本评价指标，每年组织自查。主要检查所辖市（县）上一年度的耕地数量变化、耕地占补平衡、永久基本农田占用和补划、高标准农田建设、耕地质量保护与提升、耕地动态监测等方面情况，涉及补充耕地国家统筹的省份还应检查该任务落实情况。

第九条 各省、自治区、直辖市人民政府应于每年 6 月底前向考核部门报送自查情况。考核部门根据自查情况和有关督察检查情况，将有关情况向各省、自治区、直辖市通报，并纳入省级政府耕地保护责任目标期末考核。

第三章　期中检查

第十条　省级政府耕地保护责任目标期中检查按照耕地保护工作任务安排实施，主要检查规划期前两年各地区耕地数量变化、耕地占补平衡、永久基本农田占用和补划、高标准农田建设、耕地质量保护与提升、耕地保护制度建设以及补充耕地国家统筹等方面情况。

第十一条　各省、自治区、直辖市人民政府按照本办法和考核部门期中检查工作要求开展自查，在期中检查年的 6 月底前向考核部门报送自查报告。考核部门根据情况选取部分省份进行实地抽查，结合各省份省级自查、实地抽查和相关督察检查等对各省耕地保护责任目标落实情况进行综合评价、打分排序，形成期中检查结果报告。

第十二条　期中检查结果由考核部门向各省、自治区、直辖市通报，纳入省级政府耕地保护责任目标期末考核，并向国务院报告。

第四章　期末考核

第十三条　省级政府耕地保护责任目标期末考核内容主要包括耕地保有量、永久基本农田保护面积、耕地数量变化、耕地占补平衡、永久基本农田占用和补划、高标准农田建设、耕地质量保护与提升、耕地保护制度建设等方面情况。涉及补充耕地国家统筹的有关省份，考核部门可以根据国民经济和社会发展规划纲要以及耕地保护工作进展情况，对其耕地保护目标、永久基本农田保护目标等考核指标作相应调整。

第十四条　各省、自治区、直辖市人民政府按照本办法和考核部门期末考核工作要求开展自查，在规划期结束后次年的 6 月底前向国务院报送耕地保护责任目标任务完成情况自查报告，并抄送考核部门。省级人民政府对自查情况及相关数据的真实性、准确性和合法性负责。

第十五条　考核部门对各省、自治区、直辖市人民政府耕地保护责任目标履行情况进行全面抽查，根据省级自查、实地抽查和年度自查、期中检查等对各省份耕地保护责任目标落实情况进行综合评价、打分排序，形成期末考核结果报告。

第十六条　考核部门在规划期结束后次年的 10 月底前将期末考核结果报送国务院，经国务院审定后，向社会公告。

第五章　奖　　惩

第十七条　国务院根据考核结果，对认真履行省级政府耕地保护责任、成效突出的省份给予表扬；有关部门在安排年度土地利用计划、土地整治工作专项资金、耕地提质改造项目和耕地质量提升资金时予以倾斜。考核发现问题突出的省份要明确提出整改措施，限期进行整改；整改期间暂停该省、自治区、直辖市相关市、县农用地转用和土地征收审批。

第十八条 省级政府耕地保护责任目标考核结果，列为省级人民政府主要负责人综合考核评价的重要内容，年度自查、期中检查和期末考核结果抄送中央组织部、国家发展改革委、财政部、审计署、国家粮食局等部门，作为领导干部综合考核评价、生态文明建设目标评价考核、粮食安全省长责任制考核、领导干部问责和领导干部自然资源资产离任审计的重要依据。

第六章 附 则

第十九条 县级以上地方人民政府应当根据本办法，结合本行政区域实际情况，制定下一级人民政府耕地保护责任目标考核办法。

第二十条 本办法自印发之日起施行。2005 年 10 月 28 日经国务院同意、由国务院办公厅印发的《省级政府耕地保护责任目标考核办法》同时废止。

17. 国务院办公厅关于印发粮食安全省长责任制考核办法的通知

国办发〔2015〕80号

各省、自治区、直辖市人民政府，国务院各部委、各直属机构：

《粮食安全省长责任制考核办法》已经国务院同意，现印发给你们，请认真贯彻执行。

国务院办公厅

2015年11月3日

（此件公开发布）

粮食安全省长责任制考核办法

第一条 为深入贯彻落实新形势下的国家粮食安全战略，根据《国务院关于建立健全粮食安全省长责任制的若干意见》（国发〔2014〕69号）等有关规定，制定本办法。

第二条 国务院对各省（区、市）人民政府粮食安全省长责任制落实情况进行年度考核，由发展改革委、农业部、粮食局会同中央编办、财政部、国土资源部、环境保护部、水利部、工商总局、质检总局、食品药品监管总局、统计局、农业发展银行等部门和单位组成考核工作组负责具体实施。考核工作组办公室设在粮食局，承担考核日常工作。

第三条 考核工作坚持统一协调与分工负责相结合、全面监督与重点考核相结合、定量评价与定性评估相结合的原则。

第四条 国务院各有关部门根据职责分工，结合日常工作对各省（区、市）人民政府粮食安全省长责任制落实情况进行监督检查。检查结果作为年度考核的重要内容，纳入考核评分体系。

第五条 考核内容包括增强粮食可持续生产能力、保护种粮积极性、增强地方粮食储备能力、保障粮食市场供应、确保粮食质量安全、落实保障措施等6个方面，由各牵头部门具体落实。（详见附件）

第六条 考核采用评分制，满分为100分。考核结果分为优秀、良好、合格、不合格四个等级。考核得分90分以上为优秀，75分以上90分以下为良好，60分以上75分以下为合格，60分以下为不合格。（以上包括本数，以下不包括本数）

第七条 各牵头部门要会同配合部门和单位，结合年度重点工作任务，制定考核细化方案，经考核工作组审核汇总后，于每年3月31日前印发。

第八条 考核采取以下步骤：

（一）自查评分。各省（区、市）人民政府按照本办法和考核细化方案，对上一年度粮食安全省长责任制落实情况进行全面总结和自评打分，形成书面报告，于每年4月30日前报送发展改革委、农业部、粮食局，抄送考核工作组其他成员单位。

（二）部门评审。各牵头部门会同配合部门和单位，按照考核细化方案，结合日常监督检查情况，对各省（区、市）人民政府上一年度粮食安全省长责任制落实情况及自评报告有关内容进行考核评审，形成书面意见送考核工作组办公室。

（三）组织抽查。考核工作组根据各省（区、市）人民政府的自评报告和各牵头部门的书面意见，确定抽查省份，组成联合抽查小组，对被抽查的省（区、市）进行实地考核，形成抽查考核报告。

（四）综合评价。考核工作组办公室对相关部门评审和抽查情况进行汇总，报考核工作组作出综合评价，确定考核等级，于每年6月30日前报国务院审定。

第九条 考核结果经国务院审定后，由考核工作组向各省（区、市）人民政府通报，并交由中央干部主管部门作为对各省（区、市）人民政府主要负责人和领导班子综合考核评价的重要参考。

对考核结果为优秀的省（区、市）人民政府给予表扬，有关部门在相关项目资金安排和粮食专项扶持政策上优先予以考虑。考核结果为不合格的省（区、市）人民政府，应在考核结果通报后一个月内，向国务院作出书面报告，提出整改措施与时限，同时抄送考核工作组各成员单位；逾期整改不到位的，由发展改革委、农业部、粮食局约谈该省（区、市）人民政府有关负责人，必要时由国务院领导同志约谈该省（区、市）人民政府主要负责人。对因不履行职责、存在重大工作失误等对粮食市场及社会稳定造成严重影响的，年度考核为不合格，并依法依纪追究有关责任人的责任。

第十条 考核工作要公平公正、实事求是。对在考核工作中存在弄虚作假、瞒报虚报情况的，予以通报批评，并依法依纪追究有关责任人的责任。

各省（区、市）人民政府要根据本办法，结合各自实际情况，制定本地区落实粮食安全省长责任制考核办法，于2015年12月31日前报发展改革委、农业部、粮食局备案。

第十一条 本办法由发展改革委、农业部、粮食局负责解释，自印发之日起施行。

附件：粮食安全省长责任制考核表

附件

粮食安全省长责任制考核表

考核内容	重点考核事项	考核指标	考核部门	
			牵头部门	配合部门（单位）
确保耕地面积基本稳定、质量不下降，粮食生产稳定发展，粮食可持续生产能力不断增强（40分，30分）	保护耕地（15分，12分）	耕地保有量；基本农田保护（7分，6分）	国土资源部	农业部
		耕地质量保护与提升；耕地质量监测网络（5分，4分）	农业部	国土资源部
		耕地质量等级情况（3分，2分）	农业部 国土资源部	
	提高粮食生产能力（25分，18分）	粮食生产科技水平（5分，3分）	农业部	
		粮食种植面积；粮食总产量（5分，3分）	统计局 农业部	
		产粮大县等粮食核心产区和育制种大县建设（5分，4分）	农业部	发展改革委 财政部 国土资源部 水利部
		高标准农田建设（5分，4分）	国土资源部	发展改革委 财政部 水利部 农业部
		农田水利设施建设；农业节水重大工程建设（5分，4分）	水利部	发展改革委 财政部 农业部

（续）

<table>
<tr><th rowspan="2">考核内容</th><th rowspan="2">重点考核事项</th><th rowspan="2">考核指标</th><th colspan="2">考核部门</th></tr>
<tr><th>牵头部门</th><th>配合部门（单位）</th></tr>
<tr><td rowspan="4">保护种粮积极性，财政对扶持粮食生产和流通的投入合理增长，提高种粮比较收益，落实粮食收购政策，不出现卖粮难问题（15分，5分）</td><td rowspan="2">落实和完善粮食扶持政策（7分，2分）</td><td>落实粮食补贴政策（4分，1分）</td><td>财政部</td><td>农业部</td></tr>
<tr><td>培育新型粮食生产经营主体及社会化服务体系（3分，1分）</td><td>农业部</td><td>财政部</td></tr>
<tr><td rowspan="2">抓好粮食收购（8分，3分）</td><td>执行收购政策；安排收购网点（5分，2分）</td><td>粮食局</td><td>发展改革委</td></tr>
<tr><td>组织落实收购资金（3分，1分）</td><td>粮食局</td><td>农业发展银行</td></tr>
<tr><td rowspan="5">落实地方粮食储备，增强粮食仓储能力，加强监督管理，确保地方储备粮数量真实、质量安全（13分，18分）</td><td rowspan="3">加强粮食仓储物流设施建设和管理（7分，9分）</td><td>仓储物流设施建设（3分，4分）</td><td>发展改革委
粮食局</td><td></td></tr>
<tr><td>仓储设施维修改造升级（3分）</td><td>财政部
粮食局</td><td></td></tr>
<tr><td>落实国有粮食仓储物流设施保护制度（1分，2分）</td><td>粮食局</td><td></td></tr>
<tr><td rowspan="2">管好地方粮食储备（6分，9分）</td><td>落实地方粮食储备；完善轮换管理和库存监管机制（4分，5分）</td><td>粮食局</td><td>发展改革委
财政部</td></tr>
<tr><td>落实储备费用、利息补贴和轮换补贴（2分，4分）</td><td>财政部</td><td>粮食局</td></tr>
<tr><td rowspan="4">完善粮食调控和监管体系，保障粮食市场供应和价格基本稳定，不出现脱销断档，维护粮食市场秩序。完善粮食应急保障体系，及时处置突发事件，确保粮食应急供应（14分，29分）</td><td>保障粮食市场供应（5分，15分）</td><td>粮油供应网络建设；政策性粮食联网交易；完善粮食应急预案；粮食应急供应、加工网点及配套系统建设；落实成品粮油储备（5分，15分）</td><td>粮食局</td><td>发展改革委
财政部</td></tr>
<tr><td>完善区域粮食市场调控机制（4分，7分）</td><td>维护粮食市场秩序，确保粮食市场基本稳定（4分，7分）</td><td>粮食局</td><td>发展改革委
财政部
工商总局</td></tr>
<tr><td>加强粮情监测预警（2分，4分）</td><td>落实粮食流通统计制度；加强粮食市场监测，及时发布粮食市场信息（2分，4分）</td><td>粮食局</td><td>统计局</td></tr>
<tr><td>培育发展新型粮食市场主体（3分）</td><td>深化国有粮食企业改革；发展混合所有制粮食经济；培育主食产业化龙头企业（3分）</td><td>粮食局</td><td>财政部</td></tr>
</table>

（续）

考核内容	重点考核事项	考核指标	考核部门	
			牵头部门	配合部门（单位）
加强耕地污染防治，提高粮食质量安全检验监测能力和超标粮食处置能力，禁止不符合食品安全标准的粮食流入口粮市场（10分）	加强源头治理（4分）	耕地土壤污染防治（2分）	环境保护部	国土资源部 农业部
		粮食生产禁止区划定（2分）	农业部	环境保护部
	健全粮食质量安全监管保障体系（6分）	严格实行粮食质量安全监管和责任追究制度；建立超标粮食处置长效机制（3分）	粮食局	发展改革委 财政部 农业部 工商总局 质检总局 食品药品监管总局
		粮食质量安全监管机构及质量监测机构建设；粮食质量安全监管执法装备配备及检验监测业务经费保障；库存粮油质量监管（3分）	粮食局	财政部
按照保障粮食安全的要求，落实农业、粮食等相关行政主管部门的职责任务，确保责任落实、人员落实（8分）	加强粮食风险基金管理（2分）	非主产区及时足额安排粮食风险基金；粮食风险基金使用管理（2分）	财政部	粮食局
	落实工作责任（6分）	保障粮食安全各环节工作力量；细化农业、粮食等相关行政主管部门的责任，建立健全责任追究机制（6分）	农业部 粮食局	中央编办、财政部等

注：1. 在设置以上六个方面考核内容的同时，由农业部对各省级人民政府粮食生产扶持政策等进行定性评估，加减分不超过2分；由质检总局对各省级人民政府配合加强进口粮食质量安全把关进行定性评估，加减分不超过2分；由粮食局对各省级人民政府开展粮食产销合作、“放心粮油”工程建设和节粮减损等进行定性评估，加减分不超过3分。定性评价指标加分后，考核总分不超过100分。

2. 表中项目有两个分值的，前者为粮食主产区分值，后者为非主产区分值。

规划方案

1. 中华人民共和国国民经济和社会发展第十四个五年规划和2035年远景目标纲要（节选）

第七篇　坚持农业农村优先发展　全面推进乡村振兴

走中国特色社会主义乡村振兴道路，全面实施乡村振兴战略，强化以工补农、以城带乡，推动形成工农互促、城乡互补、协调发展、共同繁荣的新型工农城乡关系，加快农业农村现代化。

第二十三章　提高农业质量效益和竞争力

持续强化农业基础地位，深化农业供给侧结构性改革，强化质量导向，推动乡村产业振兴。

第一节　增强农业综合生产能力

夯实粮食生产能力基础，保障粮、棉、油、糖、肉、奶等重要农产品供给安全。坚持最严格的耕地保护制度，强化耕地数量保护和质量提升，严守18亿亩耕地红线，遏制耕地“非农化”、防止“非粮化”，规范耕地占补平衡，严禁占优补劣、占水田补旱地。以粮食生产功能区和重要农产品生产保护区为重点，建设国家粮食安全产业带，实施高标准农田建设工程，建成10.75亿亩集中连片高标准农田。实施黑土地保护工程，加强东北黑土地保护和地力恢复。推进大中型灌区节水改造和精细化管理，建设节水灌溉骨干工程，同步推进水价综合改革。加强大中型、智能化、复合型农业机械研发应用，农作物耕种收综合机械化率提高到75%。加强种质资源保护利用和种子库建设，确保种源安全。加强农业良种技术攻关，有序推进生物育种产业化应用，培育具有国际竞争力的种业龙头企业。完善农业科技创新体系，创新农技推广服务方式，建设智慧农业。加强动物防疫和农作物病虫害防治，强化农业气象服务。

第二节　深化农业结构调整

优化农业生产布局，建设优势农产品产业带和特色农产品优势区。推进粮经饲统筹、农林牧渔协调，优化种植业结构，大力发展现代畜牧业，促进水产生态健康养殖。积极发展设施农业，因地制宜发展林果业。深入推进优质粮食工程。推进农业绿色转型，加强产地环境保护治理，发展节水农业和旱作农业，深入实施农药化肥减量行动，治理农膜污染，提升农膜回收利用率，推进秸秆综合利用和畜禽粪污资源化利用。完善绿色农业标准体系，加强绿色食品、有机农产品和地理标志农产品认证管理。强化全过程农产品质量安全监管，健全追溯体系。建设现代农业产业园区和农业现代化示范区。

第三节　丰富乡村经济业态

发展县域经济，推进农村一二三产业融合发展，延长农业产业链条，发展各具特色的现代乡村富民产业。推动种养加结合和产业链再造，提高农产品加工业和农业生产性服务业发展水平，壮大休闲农业、乡村旅游、民宿经济等特色产业。加强农产品仓储保鲜和冷链物流设施建设，健全农村产权交易、商贸流通、检验检测认证等平台和智能标准厂房等设施，引导农村第二、第三产业集聚发展。完善利益联结机制，通过“资源变资产、资金变股金、农民变股东”，让农民更多分享产业增值收益。

第二十四章　实施乡村建设行动

把乡村建设摆在社会主义现代化建设的重要位置，优化生产生活生态空间，持续改善村容村貌和人居环境，建设美丽宜居乡村。

第一节　强化乡村建设的规划引领

统筹县域城镇和村庄规划建设，通盘考虑土地利用、产业发展、居民点建设、人居环境整治、生态保护、防灾减灾和历史文化传承。科学编制县域村庄布局规划，因地制宜、分类推进村庄建设，规范开展全域土地综合整治，保护传统村落、民族村寨和乡村风貌，严禁随意撤并村庄搞大社区、违背农民意愿大拆大建。优化布局乡村生活空间，严格保护农业生产空间和乡村生态空间，科学划定养殖业适养、限养、禁养区域。鼓励有条件地区编制实用性村庄规划。

第二节　提升乡村基础设施和公共服务水平

以县域为基本单元推进城乡融合发展，强化县城综合服务能力和乡镇服务农民功能。健全城乡基础设施统一规划、统一建设、统一管护机制，推动市政公用设施向郊区乡村和规模较大中心镇延伸，完善乡村水、电、路、气、邮政通信、广播电视、物流等基础设施，提升农房建设质量。推进城乡基本公共服务标准统一、制度并轨，增加农村教育、医疗、养老、文化等服务供给，推进县域内教师医生交流轮岗，鼓励社会力量兴办农村公益事业。提高农民科技文化素质，推动乡村人才振兴。

第三节　改善农村人居环境

开展农村人居环境整治提升行动，稳步解决“垃圾围村”和乡村黑臭水体等突出环境问题。推进农村生活垃圾就地分类和资源化利用，以乡镇政府驻地和中心村为重点梯次推进农村生活污水治理。支持因地制宜推进农村厕所革命。推进农村水系综合整治。深入开展村庄清洁和绿化行动，实现村庄公共空间及庭院房屋、村庄周边干净整洁。

第二十五章　健全城乡融合发展体制机制

建立健全城乡要素平等交换、双向流动政策体系，促进要素更多向乡村流动，增强农业农村发展活力。

第一节　深化农业农村改革

巩固完善农村基本经营制度，落实第二轮土地承包到期后再延长 30 年政策，完善农村承包地所有权、承包权、经营权分置制度，进一步放活经营权。发展多种形式适度规模经营，加快培育家庭农场、农民合作社等新型农业经营主体，健全农业专业化社会化服务体系，实现小农户和现代农业有机衔接。深化农村宅基地制度改革试点，加快房地一体的宅基地确权颁证，探索宅基地所有权、资格权、使用权分置实现形式。积极探索实施农村集体经营性建设用地入市制度。允许农村集体在农民自愿前提下，依法把有偿收回的闲置宅基地、废弃的集体公益性建设用地转变为集体经营性建设用地入市。建立土地征收公共利益认定机制，缩小土地征收范围。深化农村集体产权制度改革，完善产权权能，将经营性资产量化到集体经济组织成员，发展壮大新型农村集体经济。切实减轻村级组织负担。发挥国家城乡融合发展试验区、农村改革试验区示范带动作用。

第二节　加强农业农村发展要素保障

健全农业农村投入保障制度，加大中央财政转移支付、土地出让收入、地方政府债券支持农业农村力度。健全农业支持保护制度，完善粮食主产区利益补偿机制，构建新型农业补贴政策体系，完善粮食最低收购价政策。深化供销合作社改革。完善农村用地保障机制，保障设施农业和乡村产业发展合理用地需求。健全农村金融服务体系，完善金融支农激励机制，扩大农村资产抵押担保融资范围，发展农业保险。允许入乡就业创业人员在原籍地或就业创业地落户并享受相关权益，建立科研人员入乡兼职兼薪和离岗创业制度。

第二十六章　实现巩固拓展脱贫攻坚成果同乡村振兴有效衔接

建立完善农村低收入人口和欠发达地区帮扶机制，保持主要帮扶政策和财政投入力度总体稳定，接续推进脱贫地区发展。

第一节　巩固提升脱贫攻坚成果

严格落实“摘帽不摘责任、摘帽不摘政策、摘帽不摘帮扶、摘帽不摘监管”要求，建立健全巩固拓展脱贫攻坚成果长效机制。健全防止返贫动态监测和精准帮扶机制，对易返贫致贫人口实施常态化监测，建立健全快速发现和响应机制，分层分类及时纳入帮扶政策范围。完善农村社会保障和救助制度，健全农村低收入人口常态化帮扶机制。对脱贫地区继续实施城乡建设用地增减挂钩节余指标省内交易政策、调整完善跨省域交易政策。加强扶贫项目资金资产管理和监督，推动特色产业可持续发展。推广以工代赈方式，带动低收入人口就地就近就业。做好易地扶贫搬迁后续帮扶，加强大型搬迁安置区新型城镇化建设。

第二节　提升脱贫地区整体发展水平

实施脱贫地区特色种养业提升行动，广泛开展农产品产销对接活动，深化拓展消费帮扶。在西部地区脱贫县中集中支持一批乡村振兴重点帮扶县，从财政、金融、土地、人才、基础设施、公共服务等方面给予集中支持，增强其巩固脱贫成果及内生发展能力。坚持和完善东西部协作和对口支援、中央单位定点帮扶、社会力量参与帮扶等机制，调整优化东西部协作结对帮扶关系和帮扶方式，强化产业合作和劳务协作。

2. 国家乡村振兴战略规划（2018—2022年）（节选）

第四篇　加快农业现代化步伐

坚持质量兴农、品牌强农，深化农业供给侧结构性改革，构建现代农业产业体系、生产体系、经营体系，推动农业发展质量变革、效率变革、动力变革，持续提高农业创新力、竞争力和全要素生产率。

第十一章　夯实农业生产能力基础

深入实施藏粮于地、藏粮于技战略，提高农业综合生产能力，保障国家粮食安全和重要农产品有效供给，把中国人的饭碗牢牢端在自己手中。

第一节　健全粮食安全保障机制

坚持以我为主、立足国内、确保产能、适度进口、科技支撑的国家粮食安全战略，建立全方位的粮食安全保障机制。按照"确保谷物基本自给、口粮绝对安全"的要求，持续巩固和提升粮食生产能力。深化中央储备粮管理体制改革，科学确定储备规模，强化中央储备粮监督管理，推进中央、地方两级储备协同运作。鼓励加工流通企业、新型经营主体开展自主储粮和经营。全面落实粮食安全省长责任制，完善监督考核机制。强化粮食质量安全保障。加快完善粮食现代物流体系，构建安全高效、一体化运作的粮食物流网络。

第二节　加强耕地保护和建设

严守耕地红线，全面落实永久基本农田特殊保护制度，完成永久基本农田控制线划定工作，确保到2020年永久基本农田保护面积不低于15.46亿亩。大规模推进高标准农田建设，确保到2022年建成10亿亩高标准农田，所有高标准农田实现统一上图入库，形成完善的管护监督和考核机制。加快将粮食生产功能区和重要农产品生产保护区细化落实到具体地块，实现精准化管理。加强农田水利基础设施建设，实施耕地质量保护和提升行动，到 2022 年农田有效灌溉面积达到 10.4 亿亩，耕地质量平均提升 0.5 个等级（别）以上。

第三节　提升农业装备和信息化水平

推进我国农机装备和农业机械化转型升级，加快高端农机装备和丘陵山区、果菜茶生产、畜禽水产养殖等农机装备的生产研发、推广应用，提升渔业船舶装备水平。促进农机农艺融合，积极推进作物品种、栽培技术和机械装备集成配套，加快主要作物生产全程机械化，提高农机装备智能化水平。加强农业信息化建设，积极推进信息进村入户，鼓励互联网企业建立产销衔接的农业服务平台，加强农业信息监测预警和发布，提高农业综合信息服务水平。大力发展数字农业，实施智慧农业工程和“互联网+”现代农业行动，鼓励对农业生产进行数字化改造，加强农业遥感、物联网应用，提高农业精准化水平。发展智慧气象，提升气象为农服务能力。

第十二章　加快农业转型升级

按照建设现代化经济体系的要求，加快农业结构调整步伐，着力推动农业由增产导向转向提质导向，提高农业供给体系的整体质量和效率，加快实现由农业大国向农业强国转变。

第一节　优化农业生产力布局

以全国主体功能区划确定的农产品主产区为主体，立足各地农业资源禀赋和比较优势，构建优势区域布局和专业化生产格局，打造农业优化发展区和农业现代化先行区。东北地区重点提升粮食生产能力，依托“大粮仓”打造粮肉奶综合供应基地。华北地区着力稳定粮油和蔬菜、畜产品生产保障能力，发展节水型农业。长江中下游地区切实稳定粮油生产能力，优化水网地带生猪养殖布局，大力发展名优水产品生产。华南地区加快发展现代畜禽水产和特色园艺产品，发展具有出口优势的水产品养殖。西北、西南地区和北方农牧交错区加快调整产品结构，限制资源消耗大的产业规模，壮大区域特色产业。青海、西藏等生态脆弱区域坚持保护优先、限制开发，发展高原特色农牧业。

第二节　推进农业结构调整

加快发展粮经饲统筹、种养加一体、农牧渔结合的现代农业，促进农业结构不断优化升级。统筹调整种植业生产结构，稳定水稻、小麦生产，有序调减非优势区籽粒玉米，进一步扩大大豆生产规模，巩固主产区棉油糖胶生产，确保一定的自给水平。大力发展优质饲料牧草，合理利用退耕地、南方草山草坡和冬闲田拓展饲草发展空间。推进畜牧业区域布局调整，合理布局规模化养殖场，大力发展种养结合循环农业，促进养殖废弃物就近资源化利用。优化畜牧业生产结构，大力发展草食畜牧业，做大做强民族奶业。加强渔港经济区建设，推进渔港渔区振兴。合理确定内陆水域养殖规模，发展集约化、工厂化水产养殖和深远海养殖，降低江河湖泊和近海渔业捕捞强度，规范有序发展远洋渔业。

第三节　壮大特色优势产业

以各地资源禀赋和独特的历史文化为基础，有序开发优势特色资源，做大做强优势特色产业。创建特色鲜明、优势集聚、市场竞争力强的特色农产品优势区，支持特色农产品优势区建设标准化生产基地、加工基地、仓储物流基地，完善科技支撑体系、品牌与市场营销体系、质量控制体系，建立利益联结紧密的建设运行机制，形成特色农业产业集群。按照与国际标准接轨的目标，支持建立生产精细化管理与产品品质控制体系，采用国际通行的良好农业规范，塑造现代顶级农产品品牌。实施产业兴村强县行动，培育农业产业强镇，打造一乡一业、一村一品的发展格局。

第四节　保障农产品质量安全

实施食品安全战略，加快完善农产品质量和食品安全标准、监管体系，加快建立农产品质量分级及产地准出、市场准入制度。完善农兽药残留限量标准体系，推进农产品生产投入品使用规范化。建立健全农产品质量安全风险评估、监测预警和应急处置机制。实施动植物保护能力提升工程，实现全国动植物检疫防疫联防联控。完善农产品认证体系和农产品质量安全监管追溯系统，着力提高基层监管能力。落实生产经营者主体责任，强化农产品生产经营者的质量安全意识。建立农资和农产品生产企业信用信息系统，对失信市场主体开展联合惩戒。

第五节　培育提升农业品牌

实施农业品牌提升行动，加快形成以区域公用品牌、企业品牌、大宗农产品品牌、特色农产品品牌为核心的农业品牌格局。推进区域农产品公共品牌建设，擦亮老品牌，塑强新品牌，引入现代要素改造提升传统名优品牌，努力打造一批国际知名的农业品牌和国际品牌展会。做好品牌宣传推介，借助农产品博览会、展销会等渠道，充分利用电商、“互联网＋”等新兴手段，加强品牌市场营销。加强农产品商标及地理标志商标的注册和保护，构建我国农产品品牌保护体系，打击各种冒用、滥用公用品牌行为，建立区域公用品牌的授权使用机制以及品牌危机预警、风险规避和紧急事件应对机制。

第六节　构建农业对外开放新格局

建立健全农产品贸易政策体系。实施特色优势农产品出口提升行动，扩大高附加值农产品出口。积极参与全球粮农治理。加强与“一带一路”沿线国家合作，积极支持有条件的农业企业走出去。建立农业对外合作公共信息服务平台和信用评价体系。放宽农业外资准入，促进引资引技引智相结合。

第十三章　建立现代农业经营体系

坚持家庭经营在农业中的基础性地位，构建家庭经营、集体经营、合作经营、企业经营等共同发展的新型农业经营体系，发展多种形式适度规模经营，发展壮大农村集体经济，提高农业的集约化、专业化、组织化、社会化水平，有效带动小农户发展。

第一节　巩固和完善农村基本经营制度

落实农村土地承包关系稳定并长久不变政策，衔接落实好第二轮土地承包到期后再延长 30 年的政策，让农民吃上长效“定心丸”。全面完成土地承包经营权确权登记颁证工作，完善农村承包地“三权分置”制度，在依法保护集体所有权和农户承包权前提下，平等保护土地经营权。建立农村产权交易平台，加强土地经营权流转和规模经营的管理服务。加强农用地用途管制。完善集体林权制度，引导规范有序流转，鼓励发展家庭林场、股份合作林场。发展壮大农垦国有农业经济，培育一批具有国际竞争力的农垦企业集团。

第二节　壮大新型农业经营主体

实施新型农业经营主体培育工程，鼓励通过多种形式开展适度规模经营。培育发展家庭农场，提升农民专业合作社规范化水平，鼓励发展农民专业合作社联合社。不断壮大农林产业化龙头企业，鼓励建立现代企业制度。鼓励工商资本到农村投资适合产业化、规模化经营的农业项目，提供区域性、系统性解决方案，与当地农户形成互惠共赢的产业共同体。加快建立新型经营主体支持政策体系和信用评价体系，落实财政、税收、土地、信贷、保险等支持政策，扩大新型经营主体承担涉农项目规模。

第三节　发展新型农村集体经济

深入推进农村集体产权制度改革，推动资源变资产、资金变股金、农民变股东，发展多种形式的股份合作。完善农民对集体资产股份的占有、收益、有偿退出及抵押、担保、继承等权能和管理办法。研究制定农村集体经济组织法，充实农村集体产权权能。鼓励经济实力强的农村集体组织辐射带动周边村庄共同发展。发挥村党组织对集体经济组织的领导核心作用，防止内部少数人控制和外部资本侵占集体资产。

第四节　促进小农户生产和现代农业发展有机衔接

改善小农户生产设施条件，提高个体农户抵御自然风险能力。发展多样化的联合与合作，提升小农户组织化程度。鼓励新型经营主体与小农户建立契约型、股权型利益联结机制，带动小农户专业化生产，提高小农户自我发展能力。健全农业社会化服务体系，大力培育新型服务主体，加快发展“一站式”农业生产性服务业。加强工商企业租赁农户承包地的用途监管和风险防范，健全资格审查、项目审核、风险保障金制度，维护小农户权益。

第十四章　强化农业科技支撑

深入实施创新驱动发展战略，加快农业科技进步，提高农业科技自主创新水平、成果转化水平，为农业发展拓展新空间、增添新动能，引领支撑农业转型升级和提质增效。

第一节　提升农业科技创新水平

培育符合现代农业发展要求的创新主体，建立健全各类创新主体协调互动和创新要素高效配置的国家农业科技创新体系。强化农业基础研究，实现前瞻性基础研究和原创性重大成果突破。加强种业创新、现代食品、农机装备、农业污染防治、农村环境整治等方面的科研工作。深化农业科技体制改革，改进科研项目评审、人才评价和机构评估工作，建立差别化评价制度。深入实施现代种业提升工程，开展良种重大科研联合攻关，培育具有国际竞争力的种业龙头企业，推动建设种业科技强国。

第二节　打造农业科技创新平台基地

建设国家农业高新技术产业示范区、国家农业科技园区、省级农业科技园区，吸引更多的农业高新技术企业到科技园区落户，培育国际领先的农业高新技术企业，形成具有国际竞争力的农业高新技术产业。新建一批科技创新联盟，支持农业高新技术企业建立高水平研发机构。利用现有资源建设农业领域国家技术创新中心，加强重大共性关键技术和产品研发与应用示范。建设农业科技资源开放共享与服务平台，充分发挥重要公共科技资源优势，推动面向科技界开放共享，整合和完善科技资源共享服务平台。

第三节　加快农业科技成果转化应用

鼓励高校、科研院所建立一批专业化的技术转移机构和面向企业的技术服务网络，通过研发合作、技术转让、技术许可、作价投资等多种形式，实现科技成果市场价值。健全省市县三级科技成果转化工作网络，支持地方大力发展技术交易市场。面向绿色兴农重大需求，加大绿色技术供给，加强集成应用和示范推广。健全基层农业技术推广体系，创新公益性农技推广服务方式，支持各类社会力量参与农技推广，全面实施农技推广服务特聘计划，加强农业重大技术协同推广。健全农业科技领域分配政策，落实科研成果转化及农业科技创新激励相关政策。

第十五章　完善农业支持保护制度

以提升农业质量效益和竞争力为目标，强化绿色生态导向，创新完善政策工具和手段，加快建立新型农业支持保护政策体系。

第一节　加大支农投入力度

建立健全国家农业投入增长机制，政府固定资产投资继续向农业倾斜，优化投入结构，实施一批打基础、管长远、影响全局的重大工程，加快改变农业基础设施薄弱状况。建立以绿色生态为导向的农业补贴制度，提高农业补贴政策的指向性和精准性。落实和完善对农民直接补贴制度。完善粮食主产区利益补偿机制。继续支持粮改饲、粮豆轮作和畜禽水产标准化健康养殖，改革完善渔业油价补贴政策。完善农机购置补贴政策，鼓励对绿色农业发展机具、高性能机具以及保证粮食等主要农产品生产机具实行敞开补贴。

第二节　深化重要农产品收储制度改革

深化玉米收储制度改革，完善市场化收购加补贴机制。合理制定大豆补贴政策。完善稻谷、小麦最低收购价政策，增强政策灵活性和弹性，合理调整最低收购价水平，加快建立健全支持保护政策。深化国有粮食企业改革，培育壮大骨干粮食企业，引导多元市场主体入市收购，防止出现卖粮难。深化棉花目标价格改革，研究完善食糖（糖料）、油料支持政策，促进价格合理形成，激发企业活力，提高国内产业竞争力。

第三节　提高农业风险保障能力

完善农业保险政策体系，设计多层次、可选择、不同保障水平的保险产品。积极开发适应新型农业经营主体需求的保险品种，探索开展水稻、小麦、玉米三大主粮作物完全成本保险和收入保险试点，鼓励开展天气指数保险、价格指数保险、贷款保证保险等试点。健全农业保险大灾风险分散机制。发展农产品期权期货市场，扩大“保险＋期货”试点，探索“订单农业＋保险＋期货（权）”试点。健全国门生物安全查验机制，推进口岸动植物检疫规范化建设。强化边境管理，打击农产品走私。完善农业风险管理和预警体系。

3. “十四五”推进农业农村现代化规划（节选）

国发〔2021〕25号

第二章 夯实农业生产基础 提升粮食等重要农产品供给保障水平

深入实施国家粮食安全战略和重要农产品保障战略，落实藏粮于地、藏粮于技，健全辅之以利、辅之以义的保障机制，强化生产、储备、流通产业链供应链建设，构建科学合理、安全高效的重要农产品供给保障体系，夯实农业农村现代化的物质基础。

第一节 稳定粮食播种面积

压实粮食安全政治责任。落实粮食安全党政同责，健全完善粮食安全责任制，细化粮食主产区、产销平衡区、主销区考核指标。实施重要农产品区域布局和分品种生产供给方案。加强粮食生产能力建设，守住谷物基本自给、口粮绝对安全底线。

完善粮食生产扶持政策。稳定种粮农民补贴，完善稻谷、小麦最低收购价政策和玉米、大豆生产者补贴政策。完善粮食主产区利益补偿机制，健全产粮大县支持政策体系。鼓励粮食主产区主销区之间开展多种形式的产销合作，引导主销区与主产区合作建设生产基地。扩大稻谷、小麦、玉米三大粮食作物完全成本保险和种植收入保险实施范围，支持有条件的省份降低产粮大县三大粮食作物农业保险保费县级补贴比例。

优化粮食品种结构。稳定发展优质粳稻，巩固提升南方双季稻生产能力。大力发展强筋、弱筋优质专用小麦，适当恢复春小麦播种面积。适当扩大优势区玉米种植面积，鼓励发展青贮玉米等优质饲草饲料。实施大豆振兴计划，增加高油高蛋白大豆供给。稳定马铃薯种植面积，因地制宜发展杂粮杂豆。

第二节　加强耕地保护与质量建设

坚守18亿亩耕地红线。落实最严格的耕地保护制度，加强耕地用途管制，实行永久基本农田特殊保护。严禁违规占用耕地和违背自然规律绿化造林、挖湖造景，严格控制非农建设占用耕地，建立健全耕地数量、种粮情况监测预警及评价通报机制，坚决遏制耕地“非农化”、严格管控“非粮化”。改善撂荒地耕种条件，有序推进撂荒地利用。明确耕地利用优先序，永久基本农田重点用于发展粮食生产，特别是保障稻谷、小麦、玉米等谷物种植。强化土地流转用途监管。

推进高标准农田建设。实施新一轮高标准农田建设规划。高标准农田全部上图入库并衔接国土空间规划“一张图”。加大农业水利设施建设力度，因地制宜推进高效节水灌溉建设，支持已建高标准农田改造提升。实施大中型灌区续建配套和现代化改造，在水土资源适宜地区有序新建一批大型灌区。

提升耕地质量水平。实施国家黑土地保护工程，因地制宜推广保护性耕作，提高黑土地耕层厚度和有机质含量。推进耕地保护与质量提升行动，加强南方酸化耕地降酸改良治理和北方盐碱耕地压盐改良治理。加强和改进耕地占补平衡管理，严格新增耕地核实认定和监管，严禁占优补劣、占水田补旱地。健全耕地质量监测监管机制。

第三节　保障其他重要农产品有效供给

发展现代畜牧业。健全生猪产业平稳有序发展长效机制，推进标准化规模养殖，将猪肉产能稳定在5500万吨左右，防止生产大起大落。实施牛羊发展五年行动计划，大力发展草食畜牧业。加强奶源基地建设，优化乳制品产品结构。稳步发展家禽业。建设现代化饲草产业体系，推进饲草料专业化生产。

加快渔业转型升级。完善重要养殖水域滩涂保护制度，严格落实养殖水域滩涂规划和水域滩涂养殖证核发制度，保持可养水域面积总体稳定，到2025年水产品年产量达到6900万吨。推进水产绿色健康养殖，稳步发展稻渔综合种养、大水面生态渔业和盐碱水养殖。优化近海绿色养殖布局，支持深远海养殖业发展，加快远洋渔业基地建设。加强渔港建设和管理，建设渔港经济区。

促进果菜茶多样化发展。发展设施农业，因地制宜发展林果业、中药材、食用菌等特色产业。强化“菜篮子”市长负责制，以南菜北运基地和黄淮海地区设施蔬菜生产为重点加强冬春蔬菜生产基地建设，以高山、高原、高海拔等冷凉地区蔬菜生产为重点加强夏秋蔬菜生产基地建设，构建品种互补、档期合理、区域协调的供应格局。统筹茶文化、茶产业、茶科技，提升茶业发展质量。

第四节　优化农业生产布局

加强粮食生产功能区建设。以东北平原、长江流域、东南沿海地区为重点，建设水稻生产功能区。以黄淮海地区、长江中下游、西北及西南地区为重点，建设小麦生产功能区。以东北平原、黄淮海地区以及汾河和渭河流域为重点，建设玉米生产功能区。加大粮食生产功能区政策支持力度，相关农业资金向粮食生产功能区倾斜，优先支持粮食生产功能区内目标作物种植。以产粮大县集中、基础条件良好的区域为重点，打造生产基础稳固、产业链条完善、集聚集群融合、绿色优质高效的国家粮食安全产业带。

加强重要农产品生产保护区建设。以东北地区为重点、黄淮海地区为补充，提升大豆生产保护区综合生产能力。以新疆为重点、长江和黄河流域的沿海沿江环湖地区为补充，建设棉花生产保护区。以长江流域为重点，扩大油菜生产保护区种植面积。积极发展黄淮海地区花生生产，稳定提升长江中下游地区油茶生产，推进西北地区油葵、芝麻、胡麻等油料作物发展。巩固提升广西、云南糖料蔗生产保护区产能。加强海南、云南、广东天然橡胶生产保护区胶园建设。

加强特色农产品优势区建设。发掘特色资源优势，建设特色农产品优势区，完善特色农产品优势区体系。强化科技支撑、质量控制、品牌建设和产品营销，建设一批特色农产品标准化生产、加工和仓储物流基地，培育一批特色粮经作物、园艺产品、畜产品、水产品、林特产品产业带。

第五节　协同推进区域农业发展

服务国家重大战略。推进西部地区农牧业全产业链价值链转型升级，大力发展高效旱作农业、节水型设施农业、戈壁农业、寒旱农业。加快发展西南地区丘陵山地特色农业，积极发展高原绿色生态农业。推进东北地区加快发展现代化大农业，建设稳固的国家粮食战略基地。巩固提升中部地区重要粮食生产基地地位，加强农业资源节约集约利用。发挥东部地区创新要素集聚优势，大力发展高效农业，率先基本实现农业现代化。统筹利用海岸带和近海、深海海域，发展现代海洋渔业。

推进重点区域农业发展。深入推进京津冀现代农业协同发展，支持雄安新区建设绿色生态农业。深化粤港澳大湾区农业合作，建设与国际一流湾区和世界级城市群相配套的绿色农产品生产供应基地。推进长江三角洲区域农业一体化发展，先行开展农产品冷链物流、环境联防联治等统一标准试点，发展特色乡村经济。发挥海南自由贸易港优势，扩大农业对外开放，建设全球热带农业中心和动植物种质资源引进中转基地。全域推进成渝地区双城经济圈城乡统筹发展，建设现代高效特色农业带。

第六节 提升农业抗风险能力

增强农业防灾减灾能力。 加强防洪控制性枢纽工程建设，推动大江大河防洪达标提升，加快中小河流治理，调整和建设蓄滞洪区，完成现有病险水库除险加固。加强农业气象综合监测网络建设，强化农业气象服务。健全动物防疫和农作物病虫害防治体系，加强监测预警网络建设。发挥农业保险灾后减损作用。

提升重要农产品市场调控能力。 深化农产品收储制度改革，改革完善中央储备粮管理体制，加快培育多元市场购销主体，提升重要农产品收储调控能力。健全粮食储备体系，保持合理储备规模，合理布局区域性农产品应急保供基地。加强粮食等重要农产品监测预警，建立健全多部门联合分析机制和信息发布平台。开展粮食节约行动，有效降低粮食损耗。实施新一轮中国食物与营养发展纲要。

稳定国际农产品供应链。 实施农产品进口多元化战略，健全农产品进口管理机制，稳定大豆、食糖、棉花、天然橡胶、油料油脂、肉类、乳制品等农产品国际供应链。

保障农业生产安全。健全农业安全生产制度体系，推动农业企业建立完善全过程安全生产管理制度。实施农业安全生产专项整治三年行动。构建渔业安全治理体系，提升渔船装备、渔民技能、渔港避风和风险保障能力。强化农机安全生产，组织平安农机示范创建。加强农药安全使用技术培训与指导。加强农村沼气报废设施安全处置。

专栏2 粮食等重要农产品安全保障工程

1. 高标准农田建设。以永久基本农田、粮食生产功能区和重要农产品生产保护区为重点，新建高标准农田2.75亿亩，其中新增高效节水灌溉面积0.6亿亩，并改造提升现有高标准农田1.05亿亩。

2. 黑土地保护。以土壤侵蚀治理、农田基础设施建设、肥沃耕层构建、盐碱渍涝治理为重点，加强黑土地综合治理。实施东北黑土地保护性耕作行动计划，保护性耕作实施面积达到1.4亿亩。

3. 国家粮食安全产业带建设。立足水稻、小麦、玉米、大豆等生产供给，统筹布局生产、加工、储备、流通等能力建设，打造东北平原、黄淮海地区、长江中下游地区等粮食安全产业带。

4. 优质粮食工程。推进粮食优产、优购、优储、优加、优销“五优联动”，统筹开展粮食绿色仓储、品种品质品牌、质量追溯、机械装备、应急保障能力、节约减损健康消费“六大提升行动”，加快建设现代化粮食产业体系。

5. 棉油糖胶生产能力建设。改善棉田基础设施条件，加大采棉机械推广力度。加快坡改梯和中低产蔗田改造，建设一批规模化机械化、高产高效的优质糖料生产基地。推进油茶等木本油料低产低效林改造。加快老残胶园更新改造。

6. 绿色高质高效行动。选择一批粮油作物生产基础好、产业集中度高的县（市、区），集成推广区域性、标准化高产高效技术，示范带动大面积均衡增产增效、提质增效。

7. 动物防疫和农作物病虫害防治。提升动物疫病国家参考实验室和病原学监测区域中心设施条件，改善牧区动物防疫专用设施和基层动物疫苗冷藏设施，建设动物防疫指定通道和病死动物无害化处理场。建设水生动物疫病监控监测中心和实验室。分级建设农作物病虫害监测、应急防治和农药风险监控等中心。

8. 生猪标准化养殖。启动实施新一轮生猪标准化规模养殖提升行动，推动一批生猪标准化养殖场改造养殖饲喂、动物防疫及粪污处理等设施装备，继续开展生猪调出大县奖励，加大规模养猪场信贷支持。

9. 草食畜牧业提升。实施基础母畜扩群提质和南方草食畜牧业增量提质行动，引导一批肉牛肉羊规模养殖场实施畜禽圈舍标准化、集约化、智能化改造。

10. 奶业振兴工程。改造升级一批适度规模奶牛养殖场，推动重点奶牛养殖大县整县推进生产数字化管理，建设一批重点区域生鲜乳质量检测中心，建设一批优质饲草料基地。

11. 水产养殖转型升级。实施水产健康养殖提升行动，创建一批国家级水产健康养殖和生态养殖示范区。发展深远海大型智能化养殖渔场。

12. 渔船更新改造和渔港建设。推动渔船及装备更新改造和减船转产，建造新材料、新能源渔船。加强沿海现代渔港建设，提高渔港避风能力。

4. 国务院关于印发全国国土规划纲要（2016—2030年）的通知（节选）

国发〔2017〕3号

各省、自治区、直辖市人民政府，国务院各部委、各直属机构：

现将《全国国土规划纲要（2016—2030年）》印发给你们，请认真贯彻执行。

国务院

2021年8月27日

（此件公开发布）

全国国土规划纲要（2016—2030年）（节选）

第五章　分类保护

第四节　严格水资源和耕地资源保护

加强水资源保护。严格保护和加快修复水生态系统，加强水源涵养区、江河源头区和湿地保护，开展内源污染防治，推进生态脆弱河流和地区水生态修复。科学制定陆域污染物减排计划，推进水功能区水质达标，依法划定饮用水水源保护区，开展重要饮用水水源地安全保障体系达标建设，强化饮用水水源应急管理，到2020年城市供水水源地原水水质基本达标。严格河湖占用管理，缓解缺水地区水资源供需矛盾。西北缺水地区，合理安排农牧业、工业和城镇生活用水，加快转变农业用水方式，根据水资源承载能力，合理确定土地开发规模，严格限制高耗水工业和服务业发展，严禁挤占生态用水；西南缺水地区，加快水源工程建设，提高城乡供水保障能力；华北缺水地区，优化水资源配置，调整农业种植结构，实施节水和地下水压采，限制高耗水行业发展。

强化耕地资源保护。严守耕地保护红线，坚持耕地质量数量生态并重。严格控制非农业建设占用耕地，加强对农业种植结构调整的引导，加大生产建设和自然灾害损毁耕地的复垦力度，适度开发耕地后备资源，划定永久基本农田并加以严格保护，2020 年和 2030 年全国耕地保有量分别不低于 18.65 亿亩（1.24 亿公顷）、18.25 亿亩（1.22 亿公顷），永久基本农田保护面积不低于 15.46 亿亩（1.03 亿公顷），保障粮食综合生产能力 5 500 亿公斤以上，确保谷物基本自给。实施耕地质量保护与提升行动，有序开展耕地轮作休耕，加大退化、污染、损毁农田改良修复力度，保护和改善农田生态系统。加强北方旱田保护性耕作，提高南方丘陵地带酸化土壤质量，优先保护和改善农田土壤环境，加强农产品产地重金属污染防控，保障农产品质量安全。建立完善耕地激励性保护机制，加大资金、政策支持，对落实耕地保护义务的主体进行奖励。加强优质耕地保护，强化辽河平原、三江平原、松嫩平原等区域黑土地农田保育，强化黄淮海平原、关中平原、河套平原等区域水土资源优化配置，加强江汉平原、洞庭湖平原、鄱阳湖平原、四川盆地等区域平原及坝区耕地保护，促进稳产高产商品粮棉油基地建设。

第六章　综合整治

构建政府主导、社会协同、公众参与的工作机制，加大投入力度，完善多元化投入机制，实施综合整治重大工程，修复国土功能，增强国土开发利用与资源环境承载能力之间的匹配程度，提高国土开发利用的效率和质量。

第一节　推进形成“四区一带”国土综合整治格局

分区域加快推进国土综合整治。以主要城市化地区、农村地区、重点生态功能区、矿产资源开发集中区及海岸带（即“四区一带”）和海岛地区为重点开展国土综合整治。开展城市低效用地再开发和人居环境综合整治，优化城乡格局，促进节约集约用地，改善人居环境；农村地区实施田水路林村综合整治和高标准农田建设工程，提高耕地质量，持续推进农村人居环境治理，改善农村生产生活条件；生态脆弱和退化严重的重点生态功能区，以自然修复为主，加大封育力度，适度实施生态修复工程，恢复生态系统功能，增强生态产品生产能力；矿产资源开发集中区加强矿山环境治理恢复，建设绿色矿山，开展工矿废弃地复垦利用；海岸带和海岛地区修复受损生态系统，提升环境质量和生态价值。

第三节　推进农村土地综合整治

加快田水路林村综合整治。以耕地面积不减少和质量有提高、建设用地总量减少、农村生产生活条件和生态环境改善为目标，按照政府主导、整合资金、维护权益的要求，整体推进田水路林村综合整治，规范开展城乡建设用地增减挂钩。加强乡村土地利用规划管控。全面推进各类低效农用地整治，调整优化农村居民点用地布局，加快“空心村”整治和危旧房改造，完善农村基础设施与公共服务设施。稳步推进美丽宜居乡村建设，保护自然人文景观及生态环境，传承乡村文化景观特色。

推进高标准农田建设。大规模建设高标准农田，整合完善建设规划，统一建设标准、监管考核和上图入库。统筹各类农田建设资金，做好项目衔接配套，形成工作合力。在东北平原、华北平原、长江中下游平原、四川盆地、陕西渭河流域、陕北黄土高原沟壑区、山西汾河谷地和雁北地区、河套平原、海南丘陵平原台地区、鄂中鄂北丘陵岗地区、攀西安宁河谷地区、新疆天山南北麓绿洲区等有关县（市），开展土地整治工程，适度开发宜耕后备土地，全面改善相关区域农田基础设施条件，提高耕地质量，巩固提升粮食综合生产能力。

实施土壤污染防治行动。开展土壤污染调查，掌握土壤环境质量状况。对农用地实施分类管理，保障农业生产环境安全。对建设用地实施准入管理，防范人居环境风险。强化未污染土壤保护，严控新增土壤污染，加强污染源监管，开展污染治理与修复，改善区域土壤环境质量。在江西、湖北、湖南、广东、广西、四川、贵州、云南等省份受污染耕地集中区域优先组织开展治理与修复。建设土壤污染综合防治先行区。

5. 国务院关于全国高标准农田建设规划（2021—2030年）的批复

国函〔2021〕86号

各省、自治区、直辖市人民政府，新疆生产建设兵团，发展改革委、财政部、自然资源部、生态环境部、水利部、农业农村部、人民银行、市场监管总局、统计局、银保监会、林草局：

农业农村部关于报请审定《全国高标准农田建设规划（2021—2030年）》的请示收悉。现批复如下：

一、原则同意《全国高标准农田建设规划（2021—2030年）》（以下简称《规划》），请认真组织实施。

二、《规划》实施要以习近平新时代中国特色社会主义思想为指导，深入贯彻党的十九大和十九届二中、三中、四中、五中全会精神，认真落实党中央、国务院决策部署，立足新发展阶段，完整、准确、全面贯彻新发展理念，构建新发展格局，以推动高质量发展为主题，以提升粮食产能为首要目标，坚持新增建设和改造提升并重、建设数量和建成质量并重、工程建设和建后管护并重，健全完善投入保障机制，加快推进高标准农田建设，提高建设标准和质量，为保障国家粮食安全和重要农产品有效供给提供坚实基础。

三、通过实施《规划》，到2022年建成高标准农田10亿亩，以此稳定保障1万亿斤以上粮食产能；到2025年建成10.75亿亩，并改造提升现有高标准农田1.05亿亩，以此稳定保障1.1万亿斤以上粮食产能；到2030年建成12亿亩，并改造提升现有高标准农田2.8亿亩，以此稳定保障1.2万亿斤以上粮食产能。将高效节水灌溉与高标准农田建设统筹规划、同步实施，2021—2030年完成1.1亿亩新增高效节水灌溉建设任务。

四、各省（自治区、直辖市）人民政府和新疆生产建设兵团要把高标准农田建设摆在更加突出的位置，加强组织领导和统筹协调，优化财政支出结构，将农田建设作为重点支持事项，强化建设进度和质量管理，提升建设成效。要根据《规划》确定的目标任务，加快推进省、市、县级高标准农田建设规划编制，细化政策措施，将建设任务分解到市、县，落实到地块。要加强高标准农田建后管护和保护利用，强化高标准农田产能目标监测与评价，严格实行用途管制，坚决遏制“非农化”、防止“非粮化”。

五、农业农村部要会同有关部门不断完善相关标准和制度，做好相关规划的衔接，开展跟踪分析和考核评估，督促各地落实《规划》目标任务。国务院各有关部门和单位要根据职责分工，加强支持配合，形成建设合力。《规划》实施过程中的重大问题及时向国务院报告。

国务院

2021 年 8 月 27 日

全国高标准农田建设规划
（2021—2030年）

二〇二一年八月

目　录

前　言

党中央、国务院高度重视高标准农田建设。习近平总书记指出，中国人的饭碗要牢牢端在自己手里，而且里面应该主要装中国粮；强调要突出抓好耕地保护和地力提升，坚定不移抓好高标准农田建设，提高建设标准和质量，真正实现旱涝保收、高产稳产。李克强总理对发展粮食生产、加强高标准农田建设提出明确要求。各地、各部门认真贯彻落实党中央、国务院决策部署，持续推进高标准农田建设，有力支撑了粮食和重要农产品生产能力的提升。

当前和今后一个时期，粮食消费结构不断升级，粮食需求和资源禀赋相对不足的矛盾日益凸显，加之面临的外部环境趋于复杂，确保国家粮食安全的任务更加艰巨。党的十九大提出了实施乡村振兴战略的重大历史任务，十九届五中全会要求全面推进乡村振兴、实施高标准农田建设工程。确保重要农产品特别是粮食供给，是实施乡村振兴战略、加快农业农村现代化的首要任务。建设高标准农田，是巩固和提高粮食生产能力、保障国家粮食安全的关键举措。大力推进高标准农田建设，加快补上农业基础设施短板，增强农田防灾抗灾减灾能力，有利于聚集现代生产要素，推动农业生产经营规模化专业化，促进农业农村现代化发展；有利于落实最严格的耕地保护制度，不断提升耕地质量和粮食产能，实现土地和水资源集约节约利用，推动形成绿色生产方式，促进农业可持续发展；有利于有效应对国际农产品贸易风险，确保国内农产品市场稳定。

2019 年中央 1 号文件提出“修编全国高标准农田建设总体规划，统一规划布局、建设标准、组织实施、验收考核、上图入库”。2020 年中央 1 号文件强调加快“修编建设规划”。2021 年中央 1 号文件要求“实施新一轮高标准农田建设规划”。据此编制了《全国高标准农田建设规划（2021—2030 年）》（以下简称《规划》）。

《规划》以 2013 年《全国高标准农田建设总体规划》和“十二五”时期以来各地实践为基础，对接《乡村振兴战略规划（2018—2022 年）》《中华人民共和国国民经济和社会发展第十四个五年规划和 2035 年远景目标纲要》《全国国土规划纲要（2016—2030 年）》《全国水资源综合规划》等相关规划，借鉴了有关部门近年来相关工作成果和研究结论。《规划》在深入调研基础上，分析了当前全国高标准农田建设面临的形势，提出了今后一个时期高标准农田建设的总体要求、建设标准和建设内容、建设分区和建设任务、建设监管和后续管护、效益分析、实施保障等，是指导各地科学有序开展高标准农田建设的重要依据。

规划期为2021—2030年，展望到2035年。

第一章　发展形势

党中央、国务院高度重视农田建设，加强规划引领，强化政策支持，不断加大投入，持续改善农业生产条件。2013 年国务院批准实施《全国高标准农田建设总体规划》，各地、各有关部门狠抓规划落实，通过采取农业综合开发、土地整治、农田水利建设、新增千亿斤粮食产能田间工程建设、土壤培肥改良等措施，持续推进农田建设，不断夯实农业生产物质基础。2018 年机构改革以来，农田建设力量得到有效整合，体制机制进一步理顺，各地加快推进高标准农田建设，完成了政府工作报告确定的建设任务，为粮食及重要农副产品稳产保供提供了有力支撑。

一、建设成效

（一）提高了国家粮食综合生产能力。截至 2020 年底，全国已完成 8 亿亩高标准农田建设任务。通过完善农田基础设施，改善农业生产条件，增强了农田防灾抗灾减灾能力，巩固和提升了粮食综合生产能力。建成后的高标准农田，亩均粮食产能增加 10%～20%，稳定了农民种粮的积极性，为我国粮食连续多年丰收提供了重要支撑。

（二）推动了农业生产方式转型升级。高标准农田通过集中连片开展田块整治、土壤改良、配套设施建设等措施，解决了耕地碎片化、质量下降、设施不配套等问题，有效促进了农业规模化、标准化、专业化经营，带动了农业机械化提档升级，提高了水土资源利用效率和土地产出率，加快了新型农业经营主体培育，推动了农业经营方式、生产方式、资源利用方式的转变，有效提高了农业综合效益和竞争力。

（三）改善了农田生态环境。高标准农田通过田块整治、沟渠配套、节水灌溉、林网建设和集成推广绿色农业技术等措施，调整优化了农田生态格局，增强了农田生态防护能力，减少了农田水土流失，提高了农业生产投入品利用率，降低了农业面源污染，保护了农田生态环境。建成后的高标准农田，农业绿色发展水平显著提高，节水、节电、节肥、节药效果明显，促进了山水林田湖草整体保护和农村环境连片整治，为实现生态宜居打下了坚实基础。

（四）拓宽了农民增收致富渠道。高标准农田建设通过完善农田基础设施、提升耕地质量、改善农业生产条件，降低了农业生产成本、提高了产出效率、增加了土地流转收入，显著提高了农业生产综合效益，从各地实践看，平均每亩节本增效约 500 元，有效增加了农民生产经营性收入。

二、主要问题

（一）建设任务十分艰巨。我国已建成高标准农田占耕地面积的比例约40%，大部分耕地仍然存在着基础设施薄弱、抗灾能力不强、耕地质量不高、田块细碎化等问题。《乡村振兴战略规划（2018—2022年）》提出到2022年建成10亿亩高标准农田，《中华人民共和国国民经济和社会发展第十四个五年规划和2035年远景目标纲要》要求"十四五"末建成10.75亿亩集中连片高标准农田，《全国国土规划纲要（2016—2030年）》提出到2030年建成12亿亩高标准农田，新增建设任务十分繁重。同时，受到自然灾害破坏等因素影响，部分已建成高标准农田不同程度存在着工程不配套、设施损毁等问题，影响农田使用成效，改造提升任务仍然艰巨。现有高标准农田无论是数量规模还是质量等级，都不适应农业高质量发展的要求。

（二）建设标准偏低。过去一个时期，高标准农田建设在资金使用、建设内容、组织实施等方面要求不统一。随着高标准农田建设的深入推进，集中连片、施工条件较好的地块越来越少，建设难度不断增大，建设成本持续攀升，资金需求大、筹措难。受此影响，一些地方高标准农田建设内容不完善、工程措施不配套，难以达到国家标准。

（三）建后管护机制亟待健全。农田建设三分建、七分管。一些地方存在重建设、轻管护的问题，未能有效落实管护责任，管护措施和手段薄弱，后续监测评价和跟踪督导机制不完善，日常管护不到位，设施设备损毁后得不到及时有效修复，常年带病运行，工程使用年限明显缩短。部分地区存在建成高标准农田被占用问题，个别地区甚至出现撂荒现象。

（四）绿色发展需进一步加强。早期建设的高标准农田侧重产能提升而对改善农田生态环境重视不够，在高标准农田项目设计、施工各环节，未能充分体现绿色发展理念，存在简单硬化沟渠道路等影响生态环境的问题。加之因缺乏与良种良法良机良制等措施的有效融合，一些高标准农田建成后，仍然沿用传统粗放的生产方式，资源消耗强度大，耕地质量提升不明显，支撑现代农业绿色发展的作用未能充分发挥。

三、有利条件

（一）党中央、国务院高度重视高标准农田建设。习近平总书记多次作出重要指示，强调要保障粮食安全，关键是要保粮食生产能力，确保需要时能产得出、供得上，在保护好耕地特别是永久基本农田的基础上，大规模开展高标准农田建设。李克强总理多次作出批示，强调要把高标准农田建设摆在更加突出的位置，作为落实粮食安全省长责任制的重要内容，扎实推进建设。党的十九届五中全会、中央经济工作会议、中央农村工作会议及连续多年的中央1号文件对高标准农田建设提出明确要求，《国务院办公厅关于切实加强高标准农田建设提升国家粮食安全保障能力的意见》作出系统部署，为大力推进高标准农田建设提供了政策保障。

（二）高标准农田建设管理体制更加规范高效。2018年，党中央、国务院明确提出关于农田建设管理职能调整与转变的要求，实行农田建设项目集中统一管理，体制机制进一步理顺、建设资金整合力度进一步加大，为构建完善统一规划布局、建设标准、组织实施、验收考核、上图入库的管理新体制，统筹推进高标准农田建设工作奠定了坚实基础。

（三）高标准农田建设形成了广泛社会共识。“十二五”以来的实践表明，高标准农田建设是一项事关国家粮食安全、现代农业发展的基础性工程，是一项事关农村产业兴旺、农民脱贫致富的民心工程，是一项事关乡村田园风貌、农村生态文明的战略性工程，是一项功在当代、利在千秋、惠及全民的德政工程，社会各界高度认同，农民群众普遍欢迎。

（四）各地实践探索积累了丰富经验。近年来，各级政府高度重视高标准农田建设，在组织形式、工作机制、资金筹措、实施模式等方面探索了政府主导、多方参与，强化统筹、部门协同，政府投入为主、多渠道筹资，集中示范、整区域推进等诸多好做法、好经验，创造了一批可复制、可推广的典型模式，为加快推进高标准农田建设提供了丰富的实践经验和路径借鉴。

第二章　总体要求

一、指导思想

以习近平新时代中国特色社会主义思想为指导，深入贯彻党的十九大和十九届二中、三中、四中、五中全会精神，立足新发展阶段，完整、准确、全面贯彻新发展理念，构建新发展格局，全面落实中央经济工作会议和中央农村工作会议部署，紧紧围绕全面推进乡村振兴、加快农业农村现代化，以推动高质量发展为主题，深入实施藏粮于地、藏粮于技战略，立足确保谷物基本自给、口粮绝对安全，以提升粮食产能为首要目标，以农产品主产区为主体，以永久基本农田、粮食生产功能区、重要农产品生产保护区为重点区域，优先建设口粮田，坚持新增建设和改造提升并重、建设数量和建成质量并重、工程建设和建后管护并重，产能提升和绿色发展相协调，统一组织实施与分区分类施策相结合，健全中央统筹、省负总责、市县乡抓落实、群众参与的工作机制，注重提质增效，强化监督考核，实现高质量建设、高效率管理、高水平利用，切实补上农业基础设施短板，确保建一块成一块，提高水土资源利用效率，增强农田防灾抗灾减灾能力，把建成的高标准农田划为永久基本农田，实行特殊保护，遏制“非农化”、防止“非粮化”，为保障国家粮食安全和重要农产品有效供给提供坚实基础。

二、工作原则

（一）政府主导、多元参与。切实落实地方政府责任，加强政府投入保障，提高资金配置效率和使用效益。尊重农民意愿，维护农民权益，积极引导广大农民群众、新型农业经营主体、农村集体经济组织和各类社会资本参与高标准农田建设和管护，形成共谋一碗粮、共抓一块田的工作合力。

（二）科学布局、突出重点。依据国土空间规划、衔接水资源利用等相关专项规划，科学确定高标准农田建设布局，主要在农产品主产区，以永久基本农田为基础，优先在粮食生产功能区、重要农产品生产保护区建设高标准农田，筑牢国家粮食和重要农产品安全阵地。

（三）建改并举、注重质量。落实高质量发展要求，在保质保量完成新增高标准农田建设任务的基础上，合理安排已建高标准农田改造提升，切实解决部分已建高标准农田设施不配套、工程老化、建设标准低等问题，有效提升高标准农田建设质量。

（四）绿色生态、土壤健康。将绿色发展理念贯穿于高标准农田建设全过程，切实加强水土资源集约节约利用和生态环境保护，强化耕地质量保护与提升，防止土壤污染，实现农业生产与生态保护相协调，提升农业可持续发展能力。

（五）分类施策、综合配套。根据自然资源禀赋、农业生产特征及生产主要障碍因素，因地制宜确定建设重点与内容，统筹推进田、土、水、路、林、电、技、管综合治理，完善农田基础设施，实现综合配套，满足现代农业发展需要。

（六）建管并重、良性运行。加强高标准农田建设和利用评价，确保建设成效。完善管护机制，落实管护主体和管护经费，确保工程长久发挥效益。完善耕地质量监测网络，强化长期跟踪监测。

（七）依法严管、良田粮用。对建成的高标准农田实行严格保护，全面上图入库，强化用途管控，遏制“非农化”、防止“非粮化”。强化高标准农田产能目标监测与评价。完善粮食主产区利益补偿机制和种粮激励政策，引导高标准农田集中用于重要农产品特别是粮食生产。

三、建设目标

规划期内，集中力量建设集中连片、旱涝保收、节水高效、稳产高产、生态友好的高标准农田，形成一批“一季千斤、两季吨粮”的口粮田，满足人们粮食和食品消费升级需求，进一步筑牢保障国家粮食安全基础，把饭碗牢牢端在自己手上。通过新增建设和改造提升，力争将大中型灌区有效灌溉面积优先打造成高标准农田，确保到 2022 年建成 10 亿亩高标准农田，以此稳定保障 1 万亿斤以上粮食产能。到 2025 年建成 10.75 亿亩高标准农田，改造提升 1.05 亿亩高标准农田，以此稳定保障 1.1 万亿斤以上粮食产能。到 2030 年建成 12 亿亩高标准农田，改造提升 2.8 亿亩高标准农田，以此稳定保障 1.2 万亿斤以上粮食产能。把高效节水灌溉与高标准农田建设统筹规划、同步实施，规划期内完成 1.1 亿亩新增高效节水灌溉建设任务。到 2035 年，通过持续改造提升，全国高标准农田保有量和质量进一步提高，绿色农田、数字农田建设模式进一步普及，支撑粮食生产和重要农产品供给能力进一步提升，形成更高层次、更有效率、更可持续的国家粮食安全保障基础。

专栏 1　全国高标准农田建设主要指标

序号	指标	目标值	属性
1	高标准农田建设	到 2022 年累计建成高标准农田 10 亿亩	约束性
		到 2025 年累计建成高标准农田 10.75 亿亩	
		到 2025 年累计改造提升高标准农田 1.05 亿亩	
		到 2030 年累计建成高标准农田 12 亿亩	
		到 2030 年累计改造提升高标准农田 2.8 亿亩	
2	高效节水灌溉建设	到 2022 年累计建成高效节水灌溉面积 4 亿亩	预期性
		2021—2030 年新增高效节水灌溉面积 1.1 亿亩	
3	新增粮食综合生产能力	新增高标准农田亩均产能提高 100 公斤左右	预期性
		改造提升高标准农田产能不低于当地高标准农田产能的平均水平	
4	新增建设高标准农田亩均节水率	10%以上	预期性
5	建成高标准农田上图入库覆盖率	100%	预期性

高标准农田建设主要涉及田、土、水、路、林、电、技、管 8 个方面目标。

（一）田。通过合理归并和平整土地、坡耕地田坎修筑，实现田块规模适度、集中连片、田面平整，耕作层厚度适宜，山地丘陵区梯田化率提高。

（二）土。通过培肥改良，实现土壤通透性能好、保水保肥能力强、酸碱平衡、有机质和营养元素丰富，着力提高耕地内在质量和产出能力。

（三）水。通过加强田间灌排设施建设和推进高效节水灌溉等，增加有效灌溉面积，提高灌溉保证率、用水效率和农田防洪排涝标准，实现旱涝保收。

（四）路。通过田间道（机耕路）和生产路建设、桥涵配套，合理增加路面宽度，提高道路的荷载标准和通达度，满足农机作业、生产物流要求。

（五）林。通过农田林网、岸坡防护、沟道治理等农田防护和生态环境保护工程建设，改善农田生态环境，提高农田防御风沙灾害和防止水土流失能力。

（六）电。通过完善农田电网、配套相应的输配电设施，满足农田设施用电需求，降低农业生产成本，提高农业生产的效率和效益。

（七）技。通过工程措施与农艺技术相结合，推广数字农业、良种良法、病虫害绿色防控、节水节肥减药等技术，提高农田可持续利用水平和综合生产能力。

（八）管。通过上图入库和全程管理，落实建后管护主体和责任、管护资金，完善管护机制，确保建成的工程设施在设计使用年限内正常运行、高标准农田用途不改变、质量有提高。

专栏 2　整区域推进示范

在潜力大、基础条件好、积极性高的地区，整区域推进高标准农田建设，基本实现区域内划定的永久基本农田全部建成高标准农田。通过整区域推进，集聚要素、创新机制、树立典型、总结经验，引领带动高标准农田建设高质量发展。

第三章　建设标准和建设内容

一、建设标准

遵循乡村振兴战略部署要求，统筹考虑高标准农田建设的农业、水利、土地、林业、电力、气象等各方面因素，围绕提升农田生产能力、灌排能力、田间道路通行运输能力、农田防护与生态环境保护能力、机械化水平、科技应用水平、建后管护能力等要求，结合国土空间、农业农村现代化发展、水资源利用等规划，紧扣高标准农田建设的田、土、水、路、林、电、技、管 8 个方面内容，加快构建科学统一、层次分明、结构合理的高标准农田建设标准体系。

以提升粮食产能为首要目标，兼顾油料、糖料、棉花等重要农产品生产，坚持数量、质量、生态相统一，修订《高标准农田建设通则》（GB/T 30600）、《高标准农田建设评价规范》（GB/T 33130）。根据不同区域自然资源特点、社会经济发展水平、土地利用状况，制订分区域、分类型的高标准农田建设标准及定额，健全耕地质量监测评价标准。综合考虑农业农村发展要求、市场价格变化等因素，适时调整建设内容和投资标准。各省（自治区、直辖市）可结合本地实际制订地方标准，与国家标准相衔接。

新增建设和改造提升高标准农田应依据《高标准农田建设通则》（GB/T 30600）等国家标准、行业标准和地方标准，结合地方实际，统筹抓好农田配套设施建设和地力提升，确保工程质量与耕地质量。有条件的地区可以将晒场、烘干、机具库棚、有机肥积造等配套设施纳入高标准农田建设范围。

专栏 3　健全标准体系

> 完善标准制修订机制，构建以高标准农田建设通则、高标准农田建设评价规范为基础的农田建设国家标准体系，规范高标准农田项目建设、建后管护和监测评价等工作；制订分区域、分类型农田建设定额，适时调整投入标准。各省（自治区、直辖市）可依据国家标准编制地方标准，提高建设质量。

综合考虑建设成本、物价波动、政府投入能力和多元筹资渠道等因素，全国高标准农田建设亩均投资一般应逐步达到 3 000 元左右。各地可结合本地经济水平、政府投入和融资能力等条件，因地制宜合理确定本地区不同区域、不同类型高标准农田的亩均投资水平，支持有条件的地区适度提高亩均投资标准。鼓励各地创新投资模式，合理提高社会投资占比。

二、建设内容

（一）田块整治

充分考虑水土光热资源环境条件等因素，进一步优化高标准农田空间布局。根据不同区域地形地貌、作物种类、机械作业和灌溉排水效率等因素，合理划分和适度归并田块，确定田块的适宜耕作长度与宽度。在山地丘陵区因地制宜修筑梯田，增强农田保土、保水、保肥能力。通过客土填充、剥离回填表土层等措施平整土地，合理调整农田地表坡降，改善农田耕作层，提高灌溉排水适宜性。建成后，农田土体厚度宜在 50 cm 以上，水田耕作层厚度宜在 20 cm左右，水浇地和旱地耕作层厚度宜在 25 cm 以上，丘陵区梯田化率宜达到 90%以上，田间基础设施占地率一般不超过 8%。

（二）土壤改良

通过工程、生物、化学等方法，治理过沙或过黏土壤、盐碱土壤和酸化土壤，提高耕地质量水平。采取深耕深松、秸秆还田、增施有机肥、种植绿肥等方式，增加土壤有机质，治理退化耕地，改良土壤结构，提升土壤肥力。根据不同区域生产条件，推广合理轮作、间作或休耕模式，减轻连作障碍，改善土壤生态环境。实施测土配方施肥，促进土壤养分平衡。建成后，土壤 pH 宜在 5.5～7.5（盐碱区土壤 pH 不高于 8.5），土壤的有机质含量、容重、阳离子交换量、有效磷、速效钾、微生物碳量等其他物理、化学、生物指标达到当地自然条件和种植水平下的中上等水平。

专栏4　土壤改良示范

1. 黑土地保护利用。为切实保护和恢复好黑土地资源，夯实国家粮食安全的基础，开展黑土地保护利用高标准农田建设示范。通过增施有机肥，秸秆还田，加强坡耕地与风蚀沙化土地综合防护与治理，推广节水技术，开展保护性耕作技术创新与集成示范，推行粮豆轮作，推进农牧结合等措施，加快保护修复黑土地生态环境，提升粮食综合生产能力。

2. 土壤盐碱化治理。选择土壤含盐量0.1%～0.6%的轻中度盐碱化农田，开展盐碱地治理高标准农田建设示范。针对不同盐碱地类型开展洗盐、排盐工程与灌排设施建设，对于碱化土壤辅助施用钙基物料，然后冲洗进行改良。推广农业节水灌溉、秸秆还田、种植绿肥、施有机肥、粉垄等改土培肥技术。

3. 土壤酸化治理。选取pH5.5以下强酸性土壤农田，开展酸性土壤治理高标准农田建设示范。依据《石灰质改良酸性土壤技术规范》，合理施用农用石灰质物质等土壤调理剂，快速提升土壤pH值。实施秸秆粉碎还田或覆盖还田，种植绿肥还田，施用有机肥，配合改良培肥土壤。

（三）灌溉和排水

按照旱、涝、渍和盐碱综合治理的要求，科学规划建设田间灌排工程，加强田间灌排工程与灌区骨干工程的衔接配套，形成从水源到田间完整的灌排体系。因地制宜配套小型水源工程，加强雨水和地表水收集利用。按照灌溉与排水并重要求，合理配套建设和改造输配水渠（管）道、排水沟（管）道、泵站及渠系建筑物，完善农田灌溉排水设施。因地制宜推广渠道防渗、管道输水灌溉和喷灌、微灌等节水措施，支持建设必要的灌溉计量设施，提高农业灌溉保证率和用水效率。倡导建设生态型灌排系统，保护农田生态环境。建成后，田间灌排系统完善、工程配套、利用充分，输、配、灌、排水及时高效，灌溉水利用效率和水分生产率明显提高，灌溉保证率不低于50%，旱作区农田排水设计暴雨重现期达到5～10年一遇，1～3 d暴雨从作物受淹起1～3 d排至田面无积水；水稻区农田排水设计暴雨重现期达到10年一遇，1～3 d暴雨3～5 d排至作物耐淹水深。

（四）田间道路

田间道路布置应按照区域生产作业需要和农业机械化要求，优化机耕路、生产路布局，整修田间道路，充分利用现有农村公路，因地制宜确定道路密度、宽度等要求。机耕路宽度宜3～6 m，生产路宽度一般不超过3 m，在大型机械化作业区，路面可适当放宽。合理配套建设农机下田坡道、桥涵、错车道和末端掉头点等附属设施，提高农机作业便捷度。倡导建设生态型田间道路，因地制宜减少硬化路面及附属设施对生态的不利影响。建成后，在集中连片的耕作田块中，田间道路直接通达的田块数占田块总数的比例，平原区达到100%，山地丘陵区达到90%以上，满足农机作业、农资运输等农业生产活动的要求。

(五) 农田防护和生态环境保护

根据因害设防、因地制宜的原则，对农田防护与生态环境保护工程进行合理布局，与田块、沟渠、道路等工程相结合，与村庄环境相协调，完善农田防护与生态环境保护体系。以受大风、沙尘等影响严重区域、水土流失易发区为重点，加强农田防护与生态环境保护工程建设，完善农田防护林体系。在风沙危害区，结合立地和水源条件，兼顾生态和景观要求，确定树种、修建农田林网，对退化严重的农田防护林抓紧实施更新改造；在水土流失易发区，合理修筑岸坡防护、沟道治理、坡面防护等设施，提高水土保持和防洪能力。建成后，区域内受防护农田面积比例一般不低于90%，防洪标准达到10～20年一遇。

专栏5　绿色农田建设示范

为提升农田生态功能，在全国范围选择部分区域，开展绿色农田建设示范。因地制宜推行土壤改良、生态沟渠、田间道路和农田林网等工程措施，通过开展农田生态保护修复、集成推广绿色高质高效技术，提升农田生态保护能力和耕地自然景观水平，增加绿色优质农产品有效供给，打造集耕地质量保护提升、生态涵养、面源污染防治和田园生态景观改善为一体的高标准农田。

(六) 农田输配电

对适宜电力灌排和信息化的农田，铺设高压和低压输电线路，配套建设变配电设施，为泵站、机井以及信息化工程等提供电力保障。根据农田现代化建设和管理要求，合理布设弱电设施。输配电设施布设应与田间道路、灌溉与排水等工程相结合。建成后，实现农田机井、泵站等供电设施完善，电力系统安装与运行符合相关标准，用电质量和安全水平得到提高。

(七) 科技服务

建立高标准农田耕地质量长期定位监测点，跟踪监测耕地质量变化情况，推广免耕少耕、黑土地保护等技术措施，保护和持续提升耕地质量。推进数字农业、良种良法、科学施肥、病虫害综合防治等农业科技应用，科学合理利用高标准农田。建成后，田间定位监测点布设密度符合要求，农田监测网络基本完善，科学施肥施药技术基本全覆盖，良种覆盖率、农作物耕种收综合机械化率明显提高。

专栏6　耕地质量长期定位监测

为跟踪监测高标准农田耕地质量变化情况，及时发现耕地生产障碍因素与设施损毁情况，开展有针对性的培肥改良、治理修复、设施维护，可按不低于每3.5万～5万亩设置1个监测点的密度要求，建立高标准农田耕地质量长期定位监测点。监测点对农田生产条件、土壤墒情、土壤主要理化性状、农业投入品、作物产量、农田设施维护等情况开展监测，为有针对性提高高标准农田质量与产能水平提供依据。

(八) 管护利用

全面开展高标准农田建设项目信息统一上图入库，实现有据可查、全程监控、精准管理、资源共享。依据《耕地质量等级》(GB/T 33469)国家标准，在项目实施前后及时开展耕地质量等级调查评价。深入推进农业水价综合改革，落实高标准农田管护主体和责任，引导新型农业经营主体参与高标准农田设施运行管护，健全管护制度，落实管护资金。加强管护资金使用监管，研究制定高标准农田管护投入成本标准体系，对管护资金实施全过程绩效管理。及时修复损毁工程，确保建成的高标准农田持续发挥效益。对建成的高标准农田，要划为永久基本农田，实行特殊保护，确保高标准农田数量不减少、质量不降低。

专栏7　数字农田示范

利用数字技术，推动农田建设、生产、管护相融合，提高全要素生产效率。重点推进物联网、大数据、移动互联网、智能控制、卫星定位等信息技术在农田建设中的应用，配套耕地质量综合监测点，构建天空地一体化的农田建设和管理测控系统，对工程建后管护和农田利用状况进行持续监测，实行农田灌溉排水等田间智能作业，提升生产精准化、智慧化水平。

第四章　建设分区和建设任务

一、建设分区

依据区域气候特点、地形地貌、水土条件、耕作制度等因素，按照自然资源禀赋与经济条件相对一致、生产障碍因素与破解途径相对一致、粮食作物生产与农业区划相对一致、地理位置相连与省级行政区划相对完整的要求，将全国高标准农田建设分成七个区域。

以各分区的永久基本农田、粮食生产功能区和重要农产品生产保护区为重点，集中力量建设高标准农田，着力打造粮食和重要农产品保障基地。新增建设项目的建设区域应相对集中，土壤适合农作物生长，无潜在地质灾害，建设区域外有相对完善、能直接为建设区提供保障的基础设施。改造提升项目应优先选择已建高标准农田中建成年份较早、投入较低等建设内容全面不达标的建设区域，对于建设内容部分达标的项目区允许各地按照“缺什么、补什么”的原则开展有针对性的改造提升。对建设内容达标的已建高标准农田，若在规划期内达到规定使用年限，可逐步开展改造提升。限制建设区域包括水资源贫乏区域，水土流失易发区、沙化区等生态脆弱区域，历史遗留的挖损、塌陷、压占等造成土地严重损毁且难以恢复的区域，安全利用类耕地，易受自然灾害损毁的区域，沿海滩涂、内陆滩涂等区域。禁止在严格管控类耕地，自然保护地

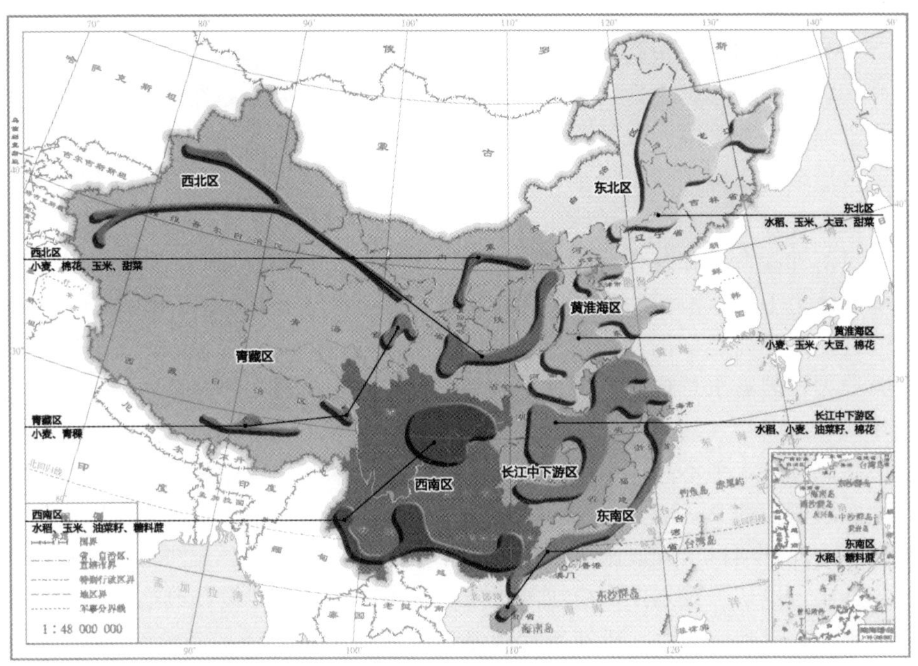

核心保护区，退耕还林区、退牧还草区，河流、湖泊、水库水面及其保护范围等区域开展高标准农田建设，防止破坏生态环境。

——东北区。包括辽宁、吉林、黑龙江 3 省，以及内蒙古的赤峰、通辽、兴安和呼伦贝尔 4 盟（市）。地势低平，山环水绕。耕地主要分布在松嫩平原、三江平原、辽河平原、西辽河平原，以及大小兴安岭、长白山和辽东半岛山麓丘陵。耕地集中连片，以平原区为主，丘陵漫岗区为辅。土壤类型以黑土、暗棕壤和黑钙土为主，是世界主要“黑土带”之一。耕地立地条件较好，土壤比较肥沃，耕地质量等级以中上等为主。春旱、低温冷害较严重，土壤墒情不足；部分耕地存在盐碱化和土壤酸化等障碍因素，土壤有机质下降、养分不平衡。坡耕地与风蚀沙化土地水土和养分流失较严重，黑土地退化和肥力下降风险较大。夏季温凉多雨，冬季严寒干燥，年降水量 300～1 000 mm，水资源总量相对丰富，但分布不均；平原区地下水资源量约占水资源总量的 33%，但局部地区地下水超采严重。农作物以一年一熟为主，是世界著名的“黄金玉米带”，也是我国优质粳稻、高油大豆的重要产区。农田基础设施较为薄弱，有效灌溉面积少，田间道路建设标准低，农田输配水、农田防护林和生态保护等工程设施普遍缺乏。已经建成高标准农田面积约 1.67 亿亩，未来建设任务仍然艰巨。已建高标准农田投资标准偏低，部分项目因设施不配套、老化或损毁，没有发挥应有作用，改造提升需求迫切。规划期内应加快推进高标准农田新增建设工作，兼顾改造提升任务，加强田间工程配套，提高田间工程标准，重点建设水稻、玉米、大豆、甜菜等保障基地。

——黄淮海区。包括北京、天津、河北、山东和河南5省（直辖市）。地域广阔，平原居多，山地、丘陵、河谷穿插。耕地主要分布在滦河、海河、黄河、淮河等冲积平原，以及燕山、太行山、豫西、山东半岛山麓丘陵。耕地以平原区居多。土壤类型以潮土、砂姜黑土、棕壤、褐土为主。耕地立地条件较好，土壤养分含量中等，耕地质量等级以中上等居多。耕作层变浅，部分地区土壤可溶性盐含量和碱化度超过限量，土壤板结，犁底层加厚，容重变大，蓄水保肥能力下降。淮河北部及黄河南部地区砂姜黑土易旱易涝，地力下降潜在风险大。夏季高温多雨，春季干旱少雨，年降水量500～900 mm，但时空分布差异大，灌溉水总量不足，地下水超采面积大，形成多个漏斗区。农作物以一年两熟或两年三熟为主，是我国优质小麦、玉米、大豆和棉花的主要产区。农田基础设施水平不高，田间沟渠防护少，灌溉水利用效率偏低。已经建成高标准农田面积约1.76亿亩，未来建设任务仍然较重。已建高标准农田投资标准偏低，部分项目工程设施维修保养不足、老化损毁严重，无法正常运行，改造提升需求迫切。规划期内应统筹推进高标准农田新增建设和改造提升，重点建设小麦、玉米、大豆、棉花等保障基地。

——长江中下游区。包括上海、江苏、安徽、江西、湖北和湖南6省（直辖市）。平原与丘岗相间，河谷与丘陵交错，平原区河网密布。耕地主要分布在江汉平原、洞庭湖平原、鄱阳湖平原、皖苏沿江平原、里下河平原和长江三角洲平原，以及江淮、江南丘陵山地。大部分耕地在平原区，坡耕地不多。土壤类型以水稻土、黄壤、红壤、潮土为主。土壤立地条件较好，土壤养分处于中等水平，耕地质量等级以中等偏上为主。土壤酸化趋势较重，有益微生物减少，存在滞水潜育等障碍因素。夏季高温多雨，冬季温和少雨，年降水量1 000～1 500 mm，水资源丰富，灌溉水源充足。农作物以一年两熟或三熟为主，是我国水稻、油菜籽、小麦和棉花的重要产区。农田基础设施配套不足，田间道路、灌排、输配电和农田防护与生态环境保护等工程设施参差不齐。已经建成高标准农田面积约1.77亿亩，未来建设任务仍然较重。已建高标准农田建设标准不高，防洪抗旱能力不足，部分项目因工程设施不配套、老化或损毁问题，长期带病运行，改造提升需求迫切。规划期内应加强农田防护工程建设，提升平原圩区、渍害严重区的农田防洪除涝能力，有序推进高标准农田新增建设和改造提升，重点建设水稻、小麦、油菜籽、棉花等保障基地。

——东南区。包括浙江、福建、广东和海南4省。平原较少，山地丘陵居多。耕地主要分布在钱塘江、珠江、闽江、韩江、南渡江三角洲平原，以及浙闽、南岭、海南丘陵山地。耕地以平地居多。土壤类型以水稻土、赤红壤、红壤、砖红壤为主。耕地立地条件一般，土壤养分处于中等水平，耕地质量等级以中等偏下为主。部分地区农田土壤酸化、潜育化，部分水田冷浸问题突出。气候温暖多雨，台风暴雨多发，年降水量 1 400～2 000 mm，水资源丰沛。农作物以一年两熟或三熟为主，是我国水稻、糖料蔗重要产区。农田基础设施配套不足，田间道路、灌排、输配电和农田防护等工程设施建设标准不高。已经建成高标准农田面积约 0.55 亿亩，未来建设任务较多。已建高标准农田建设标准不高，防御台风暴雨能力不足，部分项目因工程设施不配套、老化或损毁问题，长期带病运行，改造提升需求迫切。规划期内应加强农田基础设施建设，增强农田防洪抗灾能力，加大土壤酸化、土壤潜育化和冷浸田改良，有序推进高标准农田新增建设和改造提升，重点建设水稻、糖料蔗等保障基地。

——**西南区。**包括广西、重庆、四川、贵州和云南 5 省（自治区、直辖市）。地形地貌复杂，喀斯特地貌分布广，高原山地盆地交错。耕地主要分布在成都平原、川中丘陵和盆周山区，以及广西盆地、云贵高原的河流冲积平原、山地丘陵。以坡耕地为主，地块小而散，平地较少。土壤类型以水稻土、紫色土、红壤、黄壤为主。土壤立地条件一般，耕地质量等级以中等为主。土壤酸化较重，农田滞水潜育现象普遍；山地丘陵区土层浅薄、贫瘠、水土流失严重；石漠化面积大。气候类型多样，年降水量 600～2 000 mm，水资源较丰沛，但不同地区、季节和年际之间差异大。生物多样性突出，农产品种类丰富，以一年两熟或三熟为主，是我国水稻、玉米、油菜籽重要产区和糖料蔗主要产区。农田建设基础条件较差，田间道路、灌排等工程设施普遍不足，农田防护能力差，水土流失严重，抵御自然灾害能力不足。已经建成高标准农田面积约 1.17 亿亩，未来建设任务依然较多。已建高标准农田建设标准不高、维修保养难度大，部分项目因工程设施不配套、老化或损毁问题不能正常发挥作用，改造提升需求迫切。规划期内应加强细碎化农田整理，丘陵区建设水平梯田，配套农田防护设施，大力加强高标准农田新增建设和改造提升，重点建设水稻、玉米、油菜籽、糖料蔗等保障基地。

——**西北区。**包括山西、陕西、甘肃、宁夏和新疆（含新疆生产建设兵团）5 省（自治区），以及内蒙古的呼和浩特、锡林郭勒、包头、乌海、鄂尔多斯、巴彦淖尔、乌兰察布、阿拉善 8 盟（市）。地域广阔，地貌多样，有高原、山地、盆地、沙漠、戈壁、草原，以塬地、台地和谷地为主。耕地主要分布在黄土高原、汾渭平原、河套平原、河西走廊，以及伊犁河、塔里木河等干支流谷地和内陆诸河沿岸的绿洲区。土壤类型以黄绵土、灌淤土、灰漠土、褐土、栗褐土、栗钙土、潮土、盐化土为主。耕地立地条件较差，土壤养分贫瘠，耕地质量等级以中下等为主。土壤有机质含量低，盐碱化、沙化严重，地力退化明显，保水保肥能力差。光照充足，风沙较大，生态环境脆弱，年降水量 50～400 mm，干旱缺水，是我国水资源最匮乏地区，农业开发难度较大。农作物以一年一熟为主，是我国小麦、玉米、棉花、甜菜的重要产区。农田建设基础条件薄弱，田间道路连通性差、通行标准低，农田灌排工程普遍缺乏，农田防护水平低，土壤沙化、盐碱化严重，农业生产力水平较低。已经建成高标准农田面积约 1.02 亿亩，未来建设任务仍然不少。已建高标准农田维修保养难度较大，部分项目因工程设施不配套、老化或损毁问题不能正常发挥作用。规划期内应加强土壤改良和农田节水工程建设，提升道路通行标准，积极推进高标准农田新增建设和改造提升，重点建设小麦、玉米、棉花、甜菜等保障基地。

——青藏区。包括西藏、青海 2 省（自治区）。地势高耸，雪山连绵，湖沼众多，湿地广布，自然保护区面积大，是我国西部重要的生态屏障。耕地主要分布在南部雅鲁藏布江、怒江、澜沧江、金沙江等干支流谷地，东北部黄河干流及湟水河谷地，北部柴达木盆地周围。山地和丘陵地较多，坡耕地占比较高。土壤类型以亚高山草甸土、黑钙土、栗钙土为主。耕地立地条件差，土壤养分贫瘠，耕地质量等级较低。土壤肥力差，土层浅薄，存在砂砾层等障碍层次。青藏高原是亚洲许多著名大河发源地，水资源总量占全国的 22.71%，年降水量 50～2 000 mm。高寒气候，可耕地少，农业发展受到限制，农作物以一年一熟的小麦、青稞生产为主。农田建设基础条件薄弱，田间道路、灌排、输配电和农田防护与生态环境保护等工程设施普遍短缺，农业生产力水平低下。已经建成高标准农田面积约 617 万亩，未来建设任务仍然不轻。已建高标准农田维修保养十分困难，工程设施不配套、老化或损毁问题最为突出。规划期内应加大农田生态保护，加强沿河引水灌溉区农田开发建设，科学推进高标准农田新增建设和改造提升，重点建设小麦、青稞等保障基地。

二、分区建设重点

（一）东北区

针对黑土地退化、冬干春旱、水土流失、积温偏低等粮食生产主要制约因素，以完善农田灌排设施、保护黑土地、节水增粮为主攻方向，围绕稳固提升水稻、玉米、大豆、甜菜等粮食和重要农产品产能，开展高标准农田建设，亩均粮食产能达到 650 公斤。

1. 合理划分和适度归并田块，开展土地平整，田块规模适度。土地平整应避免打乱表土层与心土层，无法避免时应实施表土剥离回填工程。丘陵漫岗区沿等高线实施条田化改造。通过客土回填、挖高填低等措施保障耕作层厚度，平原区水浇地和旱地耕作层厚度不低于 30 cm、水田耕作层厚度不低于 25 cm。

2. 以黑土地保护修复为重点，加强黑土地保护利用。通过实施等高种植、增施有机肥、秸秆还田、保护性耕作、秸秆覆盖、深松深耕、粮豆轮作等措施，增加土壤有机质含量，保护修复黑土地微生态系统，提高耕地基础地力。结合耕地质量监测点现状分布情况，每 5 万亩左右建设 1 个耕地质量监测点，开展长期定位监测。高标准农田的土壤有机质含量平原区一般不低于30 g/kg，耕地质量等级宜达到 3.5 等以上。

3. 适当增加有效灌溉面积，配套灌排设施，完善灌排工程体系。配套输配电设施，满足生产和管理需要。因地制宜开展管道输水灌溉、喷灌、微灌等高效节水灌溉设施建设。三江平原等水稻主产区，完善地表水与地下水合理利用工程体系，控制地下水开采，推广水稻控制灌溉。改造完善平原低洼区排水设施。实现水田灌溉设计保证率不低于 80%，旱作区农田排水设计暴雨重现期达到 5～10 年一遇，水稻区农田排水设计暴雨重现期达到 10 年一遇。

4. 合理确定路网密度，配套机耕路、生产路。机耕路路面宽度宜为 4～6 m，一般采用泥结石或砂石路面，暴雨冲刷严重地区应采用硬化措施。生产路路面宽度一般不超过 3 m，一般采用泥结石或砂石路面。平原区需满足大型机械化作业要求，路面宽度可适度放宽，修筑下田坡道等附属设施。田间道路直接通达的田块数占田块总数的比例，平原区达到 100%、丘陵漫岗区达到 90%以上。

5. 在风沙危害区配套建设和修复农田防护林，水田区可结合干沟（渠）和道路设置防护林。丘陵漫岗区应合理修筑截水沟、排洪沟等坡面水系工程和谷坊、沟头防护等沟道治理工程，配套必要的农田林网，形成完善的坡面和沟道防护体系，控制农田水土流失。受防护的农田占建设区面积的比例不低于 85%。

（二）黄淮海区

针对春旱夏涝易发、地下水超采严重、土壤有机质含量下降、土壤盐碱化等粮食生产主要制约因素，以提高灌溉保证率、农业用水效率、耕地质量等为主攻方向，围绕稳固提升小麦、玉米、大豆、棉花等粮食和重要农产品产能，开展高标准农田建设，亩均粮食产能达到 800 公斤。

1. 合理划分、提高田块归并程度，满足规模化经营和机械化生产需要。山地丘陵区因地制宜修建水平梯田。实现耕地田块相对集中、田面平整，耕作层厚度一般达到 25 cm 以上。

2. 推行秸秆还田、深耕深松、绿肥种植、有机肥增施、配方施肥、施用土壤调理剂、客土改良质地过沙土壤等措施，保护土壤健康。综合利用耕作压盐、工程改碱压盐等措施，开展盐碱化土壤治理。有条件的地方配套秸秆还田和农家肥积造设施。结合耕地质量监测点现状分布情况，每 4 万亩左右建设 1 个耕地质量监测点，开展长期定位监测。土壤有机质含量平原区一般不低于 15 g/kg、山地丘陵区一般不低于 12 g/kg，土壤 pH 一般保持在 6.0～7.5，盐碱区土壤 pH 不超过 8.5，耕地质量等级宜达到 4 等以上。

3. 改造提升田间灌排设施，完善井渠结合灌溉体系，防止次生盐碱化。推进管道输水灌溉、喷灌、微灌等高效节水灌溉工程建设。配套输配电设施，满足生产和管理需要。山地丘陵区因地制宜建设小型蓄水设施，提高雨水和地表水集蓄利用能力。水资源紧缺地区灌溉保证率达到 50%以上，其余地区达到 75%以上，旱作区农田排水设计暴雨重现期达到 5～10 年一遇。

4. 合理确定路网密度，配套机耕路、生产路，修筑机械下田坡道等附属设施。机耕路路面宽度一般为 4～6 m，宜采用混凝土、沥青、碎石等材质，暴雨冲刷严重地区应采用硬化措施。生产路路面宽度一般不超过 3 m，宜采用碎石、素土等材质。田间道路直接通达的田块数占田块总数的比例，平原区达到 100%、丘陵区达到 90%以上。

5. 农田林网布设应与田块、沟渠、道路有机衔接。在有显著主害风的地区，应采取长方形网格配置，应尽可能与生态林、环村林等相结合。合理修建截水沟、排洪沟等工程，达到防洪标准，防治水土流失。受到有效防护的农田面积比例应不低于 90%。

（三）长江中下游区

针对田块分散、土壤酸化、土壤潜育化、暴雨洪涝灾害多发、季节性干旱等主要制约因素，以增强农田防洪排涝能力、土壤改良为主攻方向，围绕稳固提升水稻、小麦、油菜籽、棉花等粮食和重要农产品产能，开展高标准农田建设。亩均粮食产能达到 1 000 公斤。

1. 合理划分和适度归并田块，平原区以整修条田为主，山地丘陵区因地制宜修建水平梯田。水田应保留犁底层。耕作层厚度一般在 20 cm 以上。

2. 改良土体，消除土体中明显的黏盘层、砂砾层等障碍因素。通过施用石灰质物质等方法，治理酸化土壤。培肥地力，推行种植绿肥、增施有机肥、秸秆还田、测土配方等措施，有条件的地方配套水肥一体化、农家肥积造设施。结合耕地质量监测点现状分布情况，每 3.5 万亩左右建设 1 个耕地质量监测点，开展长期定位监测。土壤有机质含量宜达到 20 g/kg 以上，土壤 pH 一般达到 5.5～7.5，耕地质量等级宜达到 4.5 等以上。

3. 开展旱、涝、渍综合治理，合理建设田间灌排工程。因地制宜修建蓄水池和小型泵站等设施，加强雨水和地表水利用。推行渠道防渗、管道输水灌溉和喷灌、微灌等节水措施。开展沟渠配套建设和疏浚整治，增强农田排涝能力，防治土壤潜育化。配套输配电设施，满足生产和管理需要。倡导建设生态型灌排系统，加强农田生态保护。水稻区灌溉保证率达到90%，水稻区农田排水设计暴雨重现期达到10年一遇，旱作区农田排水设计暴雨重现期达到5～10年一遇。

4. 合理规划建设田间路网，优先改造利用原有道路，平原区田间道路应短顺平直，山地丘陵区应随坡就势。机耕路路面宽度宜为3～6 m，宜采用沥青、混凝土、碎石等材质，重要路段应采用硬化措施。生产路路面宽度一般不超过3 m，宜采用碎石、素土等材质，暴雨冲刷严重地区可采用硬化措施。配套建设桥、涵和农机下田设施，满足农机作业、农资运输等农业生产要求。鼓励建设生态型田间道路，减少硬化道路对生态的不利影响。田间道路直接通达的田块数占田块总数的比例，平原区达到100%、丘陵区达到90%以上。

5. 新建、修复农田防护林，选择适宜的乡土树种，沿田边、沟渠或道路布设，宜采用长方形网格配置。水土流失易发区，合理修筑岸坡防护、沟道治理、坡面防护等设施。农田防护面积比例应不低于80%。

（四）东南区

针对山地丘陵多、地块小而散、土壤酸化、土壤潜育化、台风暴雨危害等粮食生产主要制约因素，以增强农田防御风暴能力、改良土壤酸化、改良土壤潜育化为主攻方向，围绕巩固提升水稻、糖料蔗等粮食和重要农产品产能，开展高标准农田建设，亩均粮食产能达到900公斤。

1. 开展田块整治，优化农田结构和布局。平原区以修建水平条田为主，山地丘陵区因地制宜修筑梯田，梯田化率达到90%以上。通过表土层剥离再利用、客土回填、挖高垫低等方式开展土地平整，增加农田土体厚度，耕作层厚度宜达到20 cm以上。

2. 推行种植绿肥、增施有机肥、秸秆还田、冬耕翻土晒田、施用石灰深耕改土、测土配方施肥、水肥一体化、水旱轮作等措施，培肥耕地基础地力，改良渍涝潜育型耕地，治理酸性土壤，促进土壤养分平衡。结合耕地质量监测点现状分布情况，每3.5万亩左右建设1个耕地质量监测点，开展长期定位监测。土壤有机质含量宜达到20 g/kg以上，土壤pH一般保持在5.5～7.5，耕地质量等级宜达到5等以上。

3. 按照旱、涝、渍、酸综合治理要求，合理建设田间灌排工程。鼓励建设生态型灌排系统，保护农田生态环境。因地制宜建设和改造灌排沟渠、管道、泵站及渠系建筑物，加强雨水集蓄利用、沟渠清淤整治等工程建设。完善配套输配电设施。水稻区灌溉保证率达到85%以上，水稻区农田排水设计暴雨重现期达到10年一遇，旱作区农田排水设计暴雨重现期达到5～10年一遇。

4. 开展机耕路、生产路建设和改造，科学配套建设农机下田坡道、桥涵、错车点和末端掉头点等附属设施，满足农机作业、农资运输等农业生产要求。机耕路路面宽度宜为 3～6 m，生产路路面宽度一般不超过 3 m。暴雨冲刷严重地区应采用硬化措施。田间道路直接通达的田块数占田块总数的比例，平原区达到 100%，丘陵区达到 90%以上。

5. 因地制宜开展农田防护和生态环境保护工程建设。台风威胁严重区，合理修建农田防护林、排水沟和护岸工程。水土流失易发区，与田块、沟渠、道路等工程相结合，合理开展岸坡防护、沟道治理、坡面防护等工程建设。受防护的农田面积比例应不低于 80%。

（五）西南区

针对丘陵山地多、耕地碎片化、工程性缺水、土壤保水能力差、水土流失易发等粮食生产主要制约因素，以提高梯田化率和道路通达度、增加土体厚度为主攻方向，围绕稳固提升水稻、玉米、油菜籽、糖料蔗等粮食和重要农产品产能，开展高标准农田建设，亩均粮食产能达到 850 公斤。

1. 山地丘陵区因地制宜修筑梯田，田面长边平行等高线布置，田面宽度应便于机械化作业和田间管理，配套坡面防护设施。在易造成冲刷的土石山区，结合石块、砾石的清理，就地取材修筑石坎。平坝区以修建条田为主，提高田块格田化程度。土层较薄地区实施客土填充，增加耕作层厚度。梯田化率宜达到 90%以上，耕作层厚度宜达到 20 cm 以上。

2. 因地制宜建设秸秆还田和农家肥积造设施，推广秸秆还田、增施有机肥、种植绿肥等措施，提升土壤有机质含量。合理施用石灰质物质等土壤调理剂，改良酸化土壤。采用水旱轮作等措施，改良渍涝潜育型耕地。实施测土配方施肥，促进土壤养分相对均衡。结合耕地质量监测点现状分布情况，每 3.5 万亩左右建设 1 个耕地质量监测点，开展长期定位监测。土壤有机质含量宜达到 20 g/kg 以上，土壤 pH 一般保持在 5.5～7.5，耕地质量等级宜达到 5 等以上。

3. 修建小型泵站、蓄水设施等，加强雨水集蓄利用，开展沟渠清淤整治，提高供水保障能力。盆地、河谷、平坝地区配套灌排设施，完善田间灌排工程体系。发展管灌、喷灌、微灌等高效节水灌溉，提高水资源利用效率。配套输配电设施，满足生产和管理需要。水稻区灌溉设计保证率一般达到 80%以上，水稻区农田排水设计暴雨重现期达到 10 年一遇，旱作区农田排水设计暴雨重现期达到 5～10 年一遇。

4. 优化田间道路布局，合理确定路网密度、路面宽度、路面材质，整修和新建机耕路、生产路，配套建设农机下田（地）坡道、错车点、末端掉头点、桥涵等附属设施，提高农田道路通达率和农业生产效率。田间道路直接通达的田块数占田块总数的比例，平原区达到100%，山地丘陵区不低于90%。

5. 因害设防，合理新建、修复农田防护林。在水土流失易发区，修筑岸坡防护、沟道治理、坡面防护等设施。在岩溶石漠化地区，综合采用拦沙谷坊坝、沉沙池、地埂绿篱等措施，改善农田生态环境，提高水土保持能力。农田防护面积比例应不低于90%。

（六）西北区

针对风沙侵蚀、干旱缺水、土壤肥力不高、水土流失严重、次生盐碱化等粮食生产主要制约因素，以完善农田基础设施、培肥地力为主攻方向，围绕稳固提升小麦、玉米、棉花、甜菜等粮食和重要农产品产能，开展高标准农田建设，亩均粮食产能达到450公斤。

1. 开展土地平整，合理划分和适度归并田块。土地平整应避免打乱表土层与心土层，无法避免时应实施表土剥离回填工程。汾渭平原、河套平原、河西走廊、伊犁河谷地、塔里木河谷地等平原区依托有林道路或较大沟渠，进行田块整合归并形成条田。黄土高原等丘陵沟壑区因地制宜修建等高梯田，增强农田水土保持能力。耕作层厚度达到25 cm以上。

2. 培肥耕地地力，因地制宜建设秸秆还田和农家肥积造设施，大力推行秸秆还田、增施有机肥、种植绿肥、测土配方施肥等措施。通过工程手段、施用土壤调理剂等措施改良盐碱土壤。结合耕地质量监测点现状分布情况，每5万亩左右建设1个耕地质量监测点，开展长期定位监测。土壤有机质含量宜达到12 g/kg以上，土壤pH一般保持在6.0～7.5，盐碱地不高于8.5，耕地质量等级宜达到6等以上。

3. 汾渭平原、河套平原、河西走廊、伊犁河谷地、塔里木河谷地等平原区完善田间灌排设施，大力发展管灌、喷灌、微灌等高效节水灌溉，提高水资源利用率。黄土高原等丘陵沟壑区因地制宜改造建设蓄水设施和小型泵站，加强雨水和地表水利用，提高灌溉保障能力。配套建设输配电设施，满足生产和管理需要。高标准农田灌溉保证率达到50%以上，旱作区农田排水设计暴雨重现期达到5～10年一遇。

4. 合理确定路网密度，配套机耕路、生产路，修筑桥、涵和下田坡道等附属设施。机耕路路面宽度宜为3～6 m，生产路路面宽度一般控制在3 m以下，满足农机作业、农资运输等农业生产要求。田间道路直接通达的田块数占田块总数的比例，平原地区达到100%，丘陵沟壑区达到90%以上。

5. 风沙危害区配套建设和修复农田防护林，丘陵沟壑区合理修筑截水沟、排洪沟等坡面水系工程和谷坊、沟头防护等沟道治理工程，保护农田生态环境，减少水土流失，受防护的农田占建设区面积的比例不低于90%。

（七）青藏区

针对高原严寒、热量不足、耕地土层薄、土壤贫瘠、生态环境脆弱等主要制约因素，以完善农田基础设施、改良土壤为主攻方向，围绕稳固提升小麦、青稞等粮食和重要农产品产能，开展高标准农田建设，亩均粮食产能达到300公斤。

1. 综合考虑农机作业、灌溉排水和生态保护需要，开展田块整治。平原区推行水平条田建设，山地丘陵区开展水平梯田化改造，通过填补客土、挖深垫浅增加农田土体厚度，使耕作层厚度达到20 cm以上。

2. 因地制宜通过农艺、生物、化学、工程等措施，加强耕地质量建设，改善土壤结构，培肥基础地力，促进养分平衡，治理土壤盐碱化，提高耕地粮食综合生产能力。结合耕地质量监测点现状分布情况，每5万亩左右建设1个耕地质量监测点，开展长期定位监测。土壤有机质含量宜达到12 g/kg以上，土壤pH一般保持在6.0～7.5，耕地质量等级宜达到7等以上。

3. 合理建设田间灌溉排水工程，大力推行渠道防渗、管道输水灌溉、喷灌、微灌等节水措施，配套完善输配电设施，增加农田有效灌溉面积，提高农业灌溉用水效率，增强农田抗旱防涝能力，农田灌溉设计保证率达到50%以上，旱作区农田排水设计暴雨重现期达到5～10年一遇。

4. 开展田间机耕路、生产路建设和改造，机耕路路面宽度宜为3～6 m，生产路路面宽度一般不超过3 m，可酌情采用混凝土、沥青、碎石、泥结石或素土等材质，暴雨冲刷严重地区应采用硬化措施。配套建设农机下田坡道、桥涵、错车点和末端掉头点等附属设施，提升完善农田路网工程。田间道路直接通达的田块数占田块总数的比例，平原区达到100%，山地丘陵区达到90%以上。

5. 建设农田防护和生态环境保护工程。风沙危害区，结合立地和水源条件，合理选择树种、修建农田防护林。水土流失区，与田块、沟渠、道路等工程相结合，配套建设岸坡防护、沟道治理、坡面防护等工程，增强农田保土、保水、保肥能力。受防护的农田面积比例应不低于90%。

三、建设任务

确保到2025年建成10.75亿亩、2030年建成12亿亩高标准农田。其中，2021—2022年年均新增建设1亿亩；2023—2030年年均新增建设2 500万亩，同时年均改造提升3 500万亩高标准农田。2021—2030年完成1.1亿亩新增高效节水灌溉建设任务。规划实施过程中，根据各省（自治区、直辖市）及新疆生产建设兵团耕地和永久基本农田保护任务变化情况，可按照程序对分省高标准农田建设任务实行动态调整。

专栏8　各省（自治区、直辖市）高标准农田建设任务

单位：万亩

区域	到2025年累计建成面积	到2025年累计改造提升面积	到2030年累计建成面积	到2030年累计改造提升面积
全国合计	107 500	10 500	120 000	28 000
北京	119	13	139	28
天津	438	19	463	49
河北	5 234	491	5 775	1 311
山西	2 484	218	2 860	583
内蒙古	5 470	512	6 000	1 458
辽宁	3 712	389	4 219	1 037
吉林	4 819	379	5 832	1 048
黑龙江	11 085	1 145	12 713	3 041
上海	184	7	194	17
江苏	4 540	483	4 926	1 288
浙江	2 000	111	2 050	297
安徽	6 250	630	6 750	1 718
福建	1 150	99	1 260	205
江西	3 079	305	3 330	793
山东	7 791	870	8 320	2 320
河南	8 759	1 007	9 459	2 686
湖北	4 689	474	5 309	1 264
湖南	4 298	452	4 643	1 212
广东	2 670	213	2 720	575
广西	2 977	293	3 389	781
海南	503	51	546	127
重庆	1 810	202	1 960	545
四川	5 726	598	6 353	1 594
贵州	2 010	161	2 515	408
云南	3 733	360	4 350	966
西藏	446	45	566	103
陕西	2 194	114	2 617	303
甘肃	2 750	222	3 368	592
青海	485	38	548	114
宁夏	1 050	104	1 200	275
新疆	3 874	384	4 375	966
新疆兵团	1 171	111	1 251	296

专栏9　各省（自治区、直辖市）高效节水灌溉建设任务

单位：万亩

区域	2021—2030年新增高效节水灌溉面积	其中，2021—2025年新增高效节水灌溉面积	其中，2026—2030年新增高效节水灌溉面积
全国合计	11 000	6 000	5 000
北京	38	21	17
天津	22	12	10
河北	920	502	418
山西	440	240	200
内蒙古	934	510	424
辽宁	220	120	100
吉林	242	132	110
黑龙江	490	267	223
上海	6	3	3
江苏	166	91	75
浙江	54	29	25
安徽	224	122	102
福建	78	43	35
江西	166	91	75
山东	1 300	709	591
河南	1 660	905	755
湖北	160	87	73
湖南	160	87	73
广东	56	31	25
广西	120	65	55
海南	6	3	3
重庆	112	61	51
四川	406	221	185
贵州	236	129	107
云南	598	326	272
西藏	6	3	3
陕西	492	268	224
甘肃	638	348	290
青海	16	9	7
宁夏	102	56	46
新疆	632	345	287
新疆兵团	300	164	136

第五章　建设监管和后续管护

一、强化质量管理

（一）严控建设质量。适应农业高质量发展要求，合理规划建设布局，科学设计建设内容，统一组织项目实施。全面推行项目法人制、招标投标制、工程监理制、合同管理制，实现项目精细化管理，严格执行相关建设标准和规范，落实工程质量管理责任，确保建设质量。

（二）开展质量评价。依托布设的高标准农田耕地质量长期定位监测点，跟踪监测土壤理化性状、区域性特征等指标。按照《耕地质量等级》（GB/T 33469）国家标准，在建设前后分别开展耕地质量等级变更调查，评价高标准农田粮食产能水平，逐步实现“建设一片、调查一片、评价一片”。

（三）加强社会监督。尊重农民意愿，维护农民权益，保障农民知情权、参与权和监督权。及时公开项目建设相关信息，在项目区设立统一规范的公示标牌和标志，接受社会和群众监督。

二、统一上图入库

（一）完善信息平台。充分利用现有资源，加快农田管理大数据平台建设，做好相关信息系统的对接移交和数据共享，以土地利用现状图为底图，全面承接高标准农田建设历史数据，把高标准农田建设项目立项、实施、验收、使用等各阶段信息及时上图入库，形成全国高标准农田建设“一张图”。

（二）加强动态监管。综合运用航空航天遥感、卫星导航定位、地理信息系统、移动通信、区块链等现代信息技术手段，构建天空地一体的立体化监测监管体系，实现高标准农田建设的有据可查、全程监控、精准管理。

（三）强化信息共享。落实国务院关于政务信息资源共享管理要求，完善部门间信息共享机制，实现农田建设、保护、利用信息的互通共享。加强数据挖掘分析，为农田建设管理和保护利用提供决策支撑。

三、规范竣工验收

（一）明确验收程序。按照“谁审批、谁验收”的原则，地方农业农村部门根据现行农田建设项目管理规定，组织开展项目竣工验收和监督抽查，验收结果逐级上报。对竣工验收合格的项目，核发农业农村部统一格式的竣工验收合格证书。

（二）规范项目归档。项目竣工验收后，按照高标准农田档案管理有关规定，做好项目档案的收集、整理、组卷、存档工作。

（三）做好工程移交。工程竣工验收后，及时按照有关规定办理交付利用手续，做好登记造册，明确工程设施的所有权和使用权。需要变更权属的，及时办理变更登记发证，确保建成后的高标准农田权属清晰。

四、加强后续管护

（一）明确管护责任。完善高标准农田建后管护制度，明确地方各级政府相关责任，落实管护主体，压实管护责任。发挥村级组织、承包经营者在工程管护中的主体作用，落实受益对象管护投入责任，引导和激励专业大户、家庭农场、农民合作社等参与农田设施的日常维护。相关基层服务组织要加强对管护主体和管护人员的定期技术指导、服务和监管。

（二）健全管护机制。按照权责明晰、运行有效的原则，建立健全日常管护和专项维护相结合的工程管护机制。相关部门要做好灌溉与排水、农田林网、输配电等工程管护的衔接，确保管护机制落实到位。调动村级组织、受益农户、新型农业经营主体和专业管护机构、社会化服务组织等落实高标准农田管护责任的积极性，探索实行“田长制”“田保姆”、项目建管护一体化等方式，形成多元化管护格局。

（三）落实管护资金。各地要建立农田建设项目管护经费合理保障机制，制订管护经费标准，对管护资金全面实施预算绩效管理。对灌溉渠系、喷灌、微灌设施、机耕路、生产桥（涵）、农田林网等公益性强的农田基础设施管护，地方政府根据实际情况适当给予运行管护经费补助。完善鼓励社会资本积极参与高标准农田管护的政策措施，保障管护主体合理收益。鼓励开展高标准农田工程设施灾毁保险。

（四）推进农业水价综合改革。在有条件的地区统筹推进农业水价形成机制、农田水利工程建设和管护机制、精准补贴和节水奖励机制、终端用水管理机制建立，促进农业节水和农田水利工程的良性运行。

五、严格保护利用

（一）强化用途管控。已建成的高标准农田，要及时划为永久基本农田，实行特殊保护，遏制“非农化”、防止“非粮化”，任何单位和个人不得损毁、擅自占用或改变用途。严格耕地占用审批，经依法批准占用高标准农田的，要及时补充，确保高标准农田数量不减少、质量不降低。

（二）加强农田保护。推行合理耕作制度，实行用地养地相结合，加强后续培肥，防止地力下降，确保可持续利用。对水毁等自然损毁的高标准农田，要纳入年度建设任务，及时进行修复或补充。严禁将不达标污水排入农田，严禁将生活垃圾、工业废弃物等倾倒、排放、存放到农田。

（三）坚持良田粮用。完善粮食主产区利益补偿机制，健全产粮大县奖补政策和农民种粮激励政策，压实主销区和产销平衡区稳定粮食生产责任，保障农民种粮合理收益，调动地方政府重农抓粮积极性和农民种粮积极性。引导高标准农田集中用于重要农产品特别是粮食生产。引导作物一年两熟以上的粮食生产功能区至少生产一季粮食，种植非粮作物的要在一季后能够恢复粮食生产。

第六章　效益分析

一、经济效益

建成后，新增建设高标准农田亩均预计可提高粮食综合产能 100 公斤左右、改造提升高标准农田亩均预计可提高粮食综合产能 80 公斤左右，节水、节能、节肥、节药、节劳效果显著，亩均每年增收节支约 500 元。规划实施后，每年可增加粮食综合产能 1 000 亿斤左右。通过节本增效，促进农民增收效果明显。

二、社会效益

增强国家粮食安全保障能力。高标准农田建成后，能够提高水土资源利用效率，增强粮食生产能力和防灾抗灾减灾能力，形成旱涝保收、稳产高产的粮田。预计到 2030 年建成 12 亿亩高标准农田，加上改造提升已建的高标准农田，能够稳定保障 1.2 万亿斤以上粮食产能，确保谷物基本自给、口粮绝对安全。**推动农业高质量发展。**高标准农田建成后，有效促进农业规模化、专业化、标准化生产经营，加快农业新品种、新技术、新装备的推广应用，推动农业经营方式、生产方式、资源利用方式的转型升级，加快质量兴农、绿色兴农、品牌强农，助力全面推进乡村振兴。**保护种粮农民积极性。**高标准农田建成后，能够完善农田基础设施，提升耕地质量，改善农业生产条件，提高农业竞争力，调动种粮农民的积极性。

三、生态效益

提高水土资源利用效率。高标准农田建成后，有效提高耕地集约节约利用水平，灌溉水有效利用系数可提高 10% 以上，亩均节水率 10% 以上，缓解农业发展的水土资源约束，促进农业可持续发展。**改善农业生态环境。**高标准农田建成后，亩均节药、节肥率均在 10% 以上，可有效提高农药化肥利用效率，减轻农业面源污染，防治土壤酸化、土壤潜育化、次生盐碱化、水土流失，保持耕地土壤健康，促进农业绿色发展。**提升农田生态功能。**高标准农田建成后，可增强农田水土保持能力、改善小气候、防风固沙、增加林木蓄积量，优化农村田园景观，为乡村生态宜居提供绿色屏障。

第七章　实施保障

一、加强组织领导

（一）完善体制机制。加快推进农田建设立法，健全法律法规制度体系。落实高标准农田建设统一规划布局、统一建设标准、统一组织实施、统一验收考核、统一上图入库要求，构建集中统一高效的管理新体制。高标准农田建设实行中央统筹、省负总责、市县乡抓落实、群众参与的工作机制。强化省级政府一把手负总责、分管领导直接负责的责任制，抓好规划实施、任务落实、资金保障、监督评价和运营管护等工作。农业农村部全面履行高标准农田建设集中统一管理职责，发展改革委、财政部、自然资源部、水利部、人民银行、银保监会和林草局等相关部委按照职责分工，密切配合，做好规划指导、资金投入、新增耕地核定、水资源利用和管理、金融支持等工作，协同推进高标准农田建设。地方农业农村部门要在本级人民政府的领导下，逐级落实好建设任务和工作责任，地方有关部门要按照职责分工，主动协作配合，确保各项工作任务按期完成。加强建设资金全过程绩效管理，科学设定绩效目标，做好绩效运行监控和评价，强化结果应用，提高资金使用效益。

（二）加强行业管理。严把高标准农田建设从业机构资质审查关，提高勘察、设计、施工和监理等相关单位技术力量门槛，杜绝无资质或资质不符合要求的从业机构承接相关业务。大力推行信用承诺制度，依法依规建立健全高标准农田建设从业机构失信惩戒机制，加强行业自律和动态监管。

（三）强化队伍建设。加强高标准农田建设管理和技术服务体系队伍建设，强化人员配备，重点配强县乡两级工作力量，与当地高标准农田建设任务相适应。加快形成层次清晰、上下衔接的专业化人才队伍。加大技术培训力度，加强业务交流，提升高标准农田建设管理和技术人员的业务能力和综合素质。

二、强化规划引领

（一）构建规划体系。建立国家、省、市、县四级建设规划体系。各省（自治区、直辖市）在全面摸清高标准农田数量、质量等底数情况的基础上，根据本规划确定的总体目标和分省任务要求，编制本地区高标准农田建设规划，将建设任务分解落实到市、县。市级建设规划重点提出区域布局，确定重点项目和资金安排。县级建设规划要将各项建设任务落实到地块，明确时序安排。

（二）做好规划衔接。各级地方政府在编制本级高标准农田建设规划时，在建设目标、任务、布局以及重大项目安排上，要结合国土空间规划编制，充分做好与水资源利用等相关规划衔接。综合考虑资源环境承载力、粮食保障要求等因素，科学开展水资源论证，确定高标准农田建设区域，明确建设的重点区域、限制区域和禁止区域。

（三）开展规划评估。在规划实施的中期，采用各地自评与第三方评估相结合的方式，对规划目标、建设任务、重点工程的执行情况进行评估分析，客观评价规划实施进展，总结提炼经验做法、剖析实施过程中存在的问题及原因，进一步发挥好规划的引领作用。

三、加强资金保障

（一）加强政府投入保障。建立健全高标准农田建设投入保障机制。各地要优化支出结构，将农田建设作为重点事项，按规定及时落实地方资金，压实地方投入责任，根据高标准农田建设任务、标准和成本变化，切实保障各项政府投入。省级政府应承担地方主要投入责任。调整完善土地出让收入使用范围，整合使用土地出让收入中用于农业农村的资金，重点支持高标准农田建设。鼓励有条件的地区在国家确定的投资标准基础上，进一步加大投入力度，提高投资标准。

（二）完善多元化筹资机制。发挥政府投入引导和撬动作用，完善银企担合作机制，采取投资补助、以奖代补、财政贴息等多种方式，有序引导金融、社会资本和新型农业经营主体投入高标准农田建设。鼓励地方政府在债务限额内发行债券支持符合条件的高标准农田建设。各地地方政府专项债券用于农业农村的投入，要重点支持符合专项债券发行使用条件的高标准农田建设。加强新增耕地指标跨区域调剂统筹和收益调节分配，拓展高标准农田建设资金投入渠道。在高标准农田建设中增加的耕地作为占补平衡补充耕地指标在省域内调剂，所得收益用于高标准农田建设。在不加重农民负担的前提下，积极鼓励农民和农村集体经济组织自主筹资投劳，参与高标准农田建设和运营管理。加强国际合作与交流，探索利用国外贷款开展高标准农田建设。

（三）统筹整合资金。健全完善涉农资金统筹整合使用机制，加大高标准农田建设投入，推进集中连片建设，集中力量办大事，确保完成规划目标任务。中央层面，加强部门间沟通协调，按照有关规定，指导地方做好资金统筹整合工作。省级层面，统筹不同渠道相关资金用于高标准农田建设，按照任务和资金相匹配的原则，将资金分解落实到县。县级层面，制定整合资金使用方案，统筹使用和有序投入各类相关资金，将任务和资金落实到地块，确保完成建设任务。

四、加大科技支撑

（一）加强技术创新。针对涉及高标准农田建设、管理、保护全过程的“卡脖子”问题，加强科技研发前瞻布局，加大对农田防灾抗灾减灾能力提升、国家耕地质量科学研究、农田信息化监管等关键技术问题的攻关力度。明确阶段性目标，集成跨学科、跨领域优势力量，加快重点突破，推进科技创新成果转化，为高标准农田建设提供技术支撑。

（二）完善创新机制。建立产学研用深度融合的技术创新机制，鼓励农田建设领域内各类创新主体建立创新联盟，建立关键核心技术攻关机制。建设一批长期定位监测点、技术创新中心等科研平台，加大资源开放和数据共享力度，优化科研平台管理机制。

（三）开展科技示范。大力引进和推广高标准农田建设先进实用工程与装备技术，加强农田建设与农机农艺技术的集成与应用。开展生态绿色农田、数字农田和土壤盐碱化、酸化、退化及工程性缺水等专项建设示范，引领相同类型区域高标准农田建设。实施区域化整体建设，在潜力大、基础条件好、积极性高的地区，推进高标准农田建设整区域示范。

五、严格监督考核

（一）强化激励考核。建立健全“定期调度、分析研判、通报约谈、奖优罚劣”的任务落实机制，加强项目日常监管和跟踪指导，强化质量管理，提升建设成效。按照粮食安全省长责任制考核要求，进一步完善高标准农田建设评价制度，强化评价结果运用，对完成任务好的予以倾斜支持，对未完成任务的进行约谈处罚。

（二）动员群众参与。构建群众监督参与机制，积极引导农村集体经济组织、农民、社会组织等各方面广泛参与高标准农田建设工作，形成共同监督、共同参与的良好氛围。注重发挥农民群众的主体作用，激发耕地所有者、农民及新型农业经营主体等参与高标准农田项目规划、建设和管护等方面的积极性、主动性和创造性。

（三）做好风险防控。树立良好作风，强化廉政建设，严肃工作纪律，推进项目建设公开透明、廉洁高效，切实防范农田建设项目管理风险。加强工作指导，对发现的问题及时督促整改。严格跟踪问责，对履职不力、监管不严、失职渎职的，依法追究有关人员责任。

6. 国务院第三次全国土壤普查领导小组办公室关于印发《第三次全国土壤普查工作方案》的通知

农建发〔2022〕1号

各省、自治区、直辖市、计划单列市及新疆生产建设兵团第三次土壤普查领导小组办公室（农业农村（农牧）厅（局、委）），北大荒农垦集团有限公司、广东省农垦总局：

遵照《国务院关于开展第三次全国土壤普查的通知》（国发〔2022〕4号）要求，我们会同国务院第三次全国土壤普查领导小组成员单位组织编制了《第三次全国土壤普查工作方案》，现予印发。请各省（自治区、直辖市）按照工作方案要求，结合本地区实际情况，组织编制本地区的实施方案，2022年6月底前报第三次全国土壤普查领导小组办公室备案。

国务院第三次全国土壤普查领导小组办公室（代章）

2022年2月17日

第三次全国土壤普查工作方案

根据《国务院关于开展第三次全国土壤普查的通知》（国发〔2022〕4号，以下简称《通知》）的要求，为保障第三次全国土壤普查（以下简称“土壤三普”）工作科学有序开展，制定本方案。

一、普查目的意义

土壤普查是查明土壤类型及分布规律，查清土壤资源数量和质量等的重要方法，普查结果可为土壤的科学分类、规划利用、改良培肥、保护管理等提供科学支撑，也可为经济社会生态建设重大政策的制定提供决策依据。

（一）开展土壤三普是守牢耕地红线确保国家粮食安全的重要基础。随着经济社会发展，耕地占用刚性增加，要进一步落实耕地保护责任，严守耕地红线，确保国家粮食安全，需摸清耕地数量状况和质量底数。全国第二次土壤普查（以下简称“土壤二普”）距今已40年，相关数据不能全面反映当前农用地土壤质量实况，要落实藏粮于地、藏粮于技战略，守住耕地红线，需要摸清耕地质量状况。在第三次全国国土调查（以下简称“国土三调”）已摸清耕地数量的基础上，迫切需要开展土壤三普工作，实施耕地的“全面体检”。

（二）开展土壤三普是落实高质量发展要求加快农业农村现代化的重要支撑。完整、准确、全面贯彻新发展理念，推进农业发展绿色转型和高质量发展，节约水土资源，促进农产品量丰质优，都离不开土壤肥力与健康指标数据作支撑。推动品种培优、品质提升、品牌打造和标准化生产，提高农产品质量和竞争力，需要详实的土壤特性指标数据作支撑。指导农户和新型农业经营主体因土种植、因土施肥、因土改土，提高农业生产效率，需要土壤养分和障碍指标数据作支撑。发展现代农业，促进农业生产经营管理信息化、精准化，需要土壤大数据作支撑。

（三）开展土壤三普是保护环境促进生态文明建设的重要举措。随着城镇化、工业化的快速推进，大量废弃物排放直接或间接影响农用地土壤质量：农田土壤酸化面积扩大、程度增加，土壤中重金属活性增强，土壤污染趋势加重，农产品质量安全受威胁。土壤生物多样性下降、土传病害加剧，制约土壤多功能发挥。为全面掌握全国耕地、园地、林地、草地等土壤性状、耕作造林种草用地土壤适宜性，协调发挥土壤的生产、环保、生态等功能，促进“碳中和”，需开展全国土壤普查。

（四）开展土壤三普是优化农业生产布局助力乡村产业振兴的有效途径。人多地少是我国的基本国情，需要合理利用土壤资源，发挥区域比较优势，优化农业生产布局，提高水土光热等资源利用率。推进国民经济和社会发展“十四五”规划纲要提出的优化农林牧业生产布局落实落地，因土适种、科学轮作、农牧结合，因地制宜多业发展，实现既保粮食和重要农产品有效供给、又保食物多样，促进乡村产业兴旺和农民增收致富，需要土壤普查基础数据作支撑。

二、普查思路与目标

以习近平新时代中国特色社会主义思想为指导，全面贯彻党的十九大和十九届历次全会精神，深入落实党中央、国务院关于耕地保护建设和生态文明建设的决策部署；遵循土壤普查的全面性、科学性、专业性原则，衔接已有成果，借鉴以往经验做法，坚持摸清土壤质量与完善土壤类型相结合、土壤性状普查与土壤利用调查相结合、外业调查观测与内业测试化验相结合、土壤表层采样与重点剖面采集相结合、摸清土壤障碍因素与提出改良培肥措施相结合、政府主导与专业支撑相结合，统一普查工作平台、统一技术规程、统一工作底图、统一规划布设采样点位、统一筛选测试化验专业机构、统一过程质控；按照“统一领导、部门协作、分级负责、各方参与”的组织实施方式，到2025年实现对全国耕地、园地、林地、草地等土壤的“全面体检”，摸清土壤质量家底，为守住耕地红线、保护生态环境、优化农业生产布局、推进农业高质量发展奠定坚实基础。

三、普查对象与内容

（一）普查对象。全国耕地、园地、林地、草地等农用地和部分未利用地的土壤。其中，林地、草地重点调查与食物生产相关的土地，未利用地重点调查与可开垦耕地资源相关的土地，如盐碱地等。

（二）普查内容。包括土壤性状普查、土壤类型普查、土壤立地条件普查、土壤利用情况普查、土壤数据库和土壤样品库构建、土壤质量状况分析、普查成果汇交汇总等。以完善土壤分类系统与校核补充土壤类型为基础，以土壤理化性状普查为重点，更新和完善全国土壤基础数据，构建土壤数据库和样品库，开展数据整理审核、分析和成果汇总。查清不同生态条件、不同利用类型土壤质量及其退化与障碍状况，摸清特色农产品产地土壤特征、耕地后备资源土壤质量、典型区域土壤环境和生物多样性等，全面查清农用地土壤质量家底。

1. 土壤性状普查。通过土壤样品采集和测试，普查土壤颜色、质地、有机质、酸碱度、养分情况、容重、孔隙度、重金属等土壤物理、化学指标，以及满足优势特色农产品生产的微量元素；在典型区域普查植物根系、动物活动、微生物数量、类型、分布等土壤生物学指标。

2. 土壤类型普查。以土壤二普形成的分类成果为基础，通过实地踏勘、剖面观察等方式核实与补充完善土壤类型。同时，通过土壤剖面挖掘，重点普查1米土壤剖面中沙漏、砾石、黏磐、砂姜、白浆、碱磐层等障碍类型、分布层次等。

3. 土壤立地条件普查。重点普查土壤野外调查采样点所在区域的地形地貌、植被类型、气候、水文地质等情况。

4. 土壤利用情况普查。结合样点采样，重点普查基础设施条件、种植制度、耕作方式、灌排设施情况、植物生长及作物产量水平等基础信息，肥料、农药、农膜等投入品使用情况，农业经营者开展土壤培肥改良、农作物秸秆还田等做法和经验。

5. 土壤数据库构建。建立标准化、规范化的土壤空间和属性数据库。空间数据库包括土壤类型图、土壤质量图、土壤利用适宜性评价图、地形地貌图、道路和水系图等。属性数据库包括土壤性状、土壤障碍及退化、土壤利用等指标。有条件的地方可以建立土壤数据管理中心，对数据成果进行汇总管理。

6. 土壤样品库构建。依托科研教育单位，构建国家级和省级土壤剖面标本、土壤样品储存展示库，保存主要土壤类型样品和主要土属的土壤剖面标本和样品。有条件的市县可建立土壤样品储存库。

7. 土壤质量状况分析。利用普查取得的土壤理化和生物性状、剖面性状和利用情况等基础数据，分析土壤质量，评价土壤利用适宜性。

8. 普查成果汇交汇总。组织开展分级土壤普查成果汇总，包括图件成果、数据成果、文字成果和数据库成果。开展土壤质量状况、土壤改良与利用、农林牧业生产布局优化等数据成果汇总分析。开展 40 年来全国土壤变化趋势及原因分析，提出防止土壤退化的措施建议。开展黑土耕地退化、耕地土壤盐碱和酸化等专题评价，提出治理修复对策。

四、普查技术路线与方法

以土壤二普、国土三调、全国农用地土壤污染状况详查、农业普查、耕地质量调查评价、全国森林资源清查固定样地体系等工作形成的相关成果为基础，以遥感技术、地理信息系统、全球定位系统、模型模拟技术、现代化验分析技术等为科技支撑，统筹现有工作平台、系统等资源，建立土壤三普**统一工作平台**，实现普查工作全程智能化管理；**统一技术规程**，实现标准化、规范化操作；以土壤二普土壤图、地形图、国土三调土地利用现状图、全国农用地土壤污染状况详查点位图等为基础，编制土壤三普**统一工作底图**；根据土壤类型、地形地貌、土地利用现状类型等，参考全国农用地土壤污染状况详查点位、全国森林资源清查固定样地等在工作底图上**统一规划布设外业调查采样点位**；按照检测资质、基础条件、检测能力等，全国**统一筛选测试化验专业机构**，规范建立测试指标与方法；通过“一点一码”跟踪管理，构建涵盖普查全过程**统一质控体系**；依托土壤三普工作平台，国家级和省级分别开展数据分析和成果汇总；实现土壤三普标准化、专业化、智能化，科学、规范、高效推进普查工作。

1. 构建平台。利用遥感、地理信息和全球定位技术、模型模拟技术和空间可视化技术等，统一构建土壤三普工作平台，构建任务分发、质量控制、进度把控等工作管理模块，样点样品、指标阈值等数据储存模块，数据分类分析汇总模块等。

2. 制作底图。利用土壤二普土壤图、地形图，国土三调土地利用现状图、最新行政区划图等资料，统一制作满足不同层级使用的土壤三普工作底图。

3. 布设样点。在土壤普查工作底图上，根据地形地貌、土壤类型、土地利用现状类型等划分差异化样点区域，参考全国农用地污染状况详查布点、全国森林资源清查固定样地等，在样点区域上采用“网格法”布设土壤外业调查采样点；根据主要土壤土种（土属）的典型区域布设剖面样点。与其他已完成的各专项调查工作衔接，确保相关调查采样点的同一性。样点样品实行“一点一码”，作为外业调查采样、内业测试化验等普查工作唯一信息溯源码。

4. 调查采样。省级统一组织开展外业调查与采样。根据统一布设的样点和调查任务，按照统一的采样标准，确定具体采样点位，调查立地条件与土壤利用信息，采集表层土壤样品、典型代表剖面样等。表层土壤样品按照“S”形或梅花形等方法混合取样，剖面样品采取整段采集或分层取样。

5. 测试化验。以国家标准、行业标准和现代化验分析技术为基础，规范确定土壤三普统一的样品制备和测试化验方法。其中，重金属指标的测试方法与全国农用地土壤污染状况详查相衔接一致。开展标准化前处理，进行土壤样品的物理、化学等指标批量化测试。充分衔接已有专项调查数据，相同点位已有化验结果满足土壤三普要求的，不再重复测试相应指标。选择典型区域，利用土壤蚯蚓、线虫等动物形态学鉴定方法和高通量测序技术等，进行土壤生物指标测试。

6. 数据汇总。按照全国统一的数据库标准，建立分级的数据库。以省份为单位，采用内外业一体化数据采集建库机制和移动互联网技术，进行数据汇总，形成集空间、属性、文档、图件、影像等信息于一体的土壤三普数据库。

7. 质量校核。统一技术规程，采用土壤三普工作平台开展全程管控，建立国家和地方抽查复核和专家评估制度。外业调查采样实行“电子围栏”航迹管理，样点样品编码溯源；测试化验质量控制采用平行样、盲样、标样、飞行检查等手段，化验数据分级审核；数据审核采用设定指标阈值进行质控，阶段成果分段验收。

8. 成果汇总。采用现代统计方法等，对土壤性状、土壤退化与障碍、土壤利用等数据进行分析；利用数字土壤模型等方法进行数字制图，进行成果凝练与总结。

五、普查主要成果

（一）数据成果。形成全国土壤类型、土壤理化和典型区域生物性状指标数据清单，形成土壤退化与障碍数据，特色农产品区域、盐碱地调查等专题调查土壤数据，适宜于不同土地利用类型的土壤面积数据等。

（二）数字化图件成果。形成分类普查成果图件，主要包括全国土壤类型图，土壤养分图，土壤质量图，耕地盐碱、酸化等退化土壤分布图，土壤利用适宜性分布图，特色农产品生产区域土壤专题调查图等。

（三）文字成果。形成各类文字报告，主要包括土壤三普工作报告、技术报告，全国土壤利用适宜性（适宜于耕地、园地、林地和草地利用）评价报告，全国耕地、园地、林地、草地质量报告，东北黑土地、盐碱地、酸化耕地等改良利用、特色农产品区域土壤特征等专项报告。

（四）数据库成果。形成集土壤普查数据、图件和文字等国家级、省级土壤三普数据库，主要包括土壤性状数据库、土壤退化与障碍数据库、土壤利用等专题数据库。

（五）样品库成果。形成标准化、智能化的国家级和省级土壤样品库、典型土壤剖面标本库。

六、普查组织实施

（一）组织方式

土壤普查是一项重要的国情国力调查，涉及范围广、参与部门多、工作任务重、技术要求高。土壤三普工作按照“统一领导、部门协作、分级负责、各方参与”的方式组织实施。国家层面成立国务院第三次全国土壤普查领导小组，负责统一领导，协调落实相关措施，督促普查工作按进度推进。领导小组下设办公室（挂靠农业农村部），负责组织落实普查相关工作，定期向领导小组报告普查进展；负责组织制定土壤三普工作方案、技术规程、技术标准等；负责组织全国普查的技术指导、省级普查技术培训和省级普查质量抽查；负责组织建立土壤三普工作平台、数据库，汇总提交普查报告等。

各省（自治区、直辖市）成立省级人民政府第三次土壤普查领导小组（下设办公室），负责本省（自治区、直辖市）土壤普查工作的组织实施，开展以县为单位的普查。依据本工作方案和土壤三普技术规程，结合本省份实际，编制土壤普查实施方案，明确组织方式、队伍组建、技术培训、进度安排等，报国务院第三次全国土壤普查领导小组办公室备案后实施。各省（自治区、直辖市）土壤三普领导小组办公室具体负责本地区土壤普查工作落实、质量督查和成果验收等。

（二）进度安排

2022 年启动土壤三普工作，开展普查试点；2023—2024 年全面铺开普查；2025 年进行成果汇总、验收、总结。“十四五”期间全部完成普查工作，形成普查成果报国务院。

1. 2022 年开展土壤三普试点工作

出台普查通知，建立组织机构，全面动员部署，印发工作方案和技术规程，构建普查工作平台，校核完善土壤二普形成的土壤分类图，完善普查底图，完成外业采样点位布设。在31个省（自治区、直辖市）的80个以上县开展试点，验证和完善土壤三普技术路线、方法及技术规程，健全工作机制，培训技术队伍。启动并完成盐碱地普查工作。

（1）动员部署。贯彻落实《通知》要求，以国务院第三次全国土壤普查领导小组名义召开电视电话会议动员部署，印发工作方案，正式启动土壤三普工作。

（2）选定试点县。在全国31个省（自治区、直辖市）的80个以上县开展试点，验证和完善土壤三普技术路线、方法及技术规程，健全工作机制，培训技术队伍。推动全国盐碱地普查优先开展并于年底前完成。

（3）开展试点培训。各省（自治区、直辖市）组建省级土壤三普技术专家组和外业调查采样专业队伍，并组织开展技术培训、业务练兵、质量控制等。

（4）做好试点工作。按照普查工作内容、技术路线、技术规程、技术方法、工作手册等要求，完成各个环节试点任务。

（5）完善工作机制。总结试点工作经验，完善土壤三普技术规程、工作平台等，强化组织保障，压实各方责任，落实普查条件，加强宣传动员。

2. 2023—2024年全面开展土壤三普工作

开展多层级技术实训指导，分时段完成外业调查采样和内业测试化验，强化质量控制，开展土壤普查数据库与样品库建设，形成阶段性成果。

（1）开展技术实训指导。组织普查技术专家对土壤三普工作平台应用、调查采样、测试化验、数据汇总等，分级分类分层次开展技术实训指导、质量控制等。

（2）组织外业调查采样。各省份组织专业队伍，依靠县级支持，依据统一布设样点，严格按照相关技术规范在农闲空档期开展外业实地调查和采样，实时在线填报相关信息，按相关规范科学储运、分发样品至测试单位和存储单位。2024年11月底前完成全部外业调查采样工作。

（3）组织内业测试化验。测试化验机构按照统一检测标准、检测方法，开展样品测试化验，实时在线填报测试结果。2024年底前完成全部内业测试化验任务。

（4）组织抽查校核。根据工作进展，国家级和省级技术专家组分别开展外业调查采样、内业测试化验等核心环节的抽查校核工作，并根据抽查校核结果开展补充完善工作。

3. 2025年形成土壤三普成果

国家级和省级组织开展土壤基础数据、土壤剖面调查数据和标本、土壤利用数据的审核、汇总与分析。绘制专业图件，撰写普查报告，形成数据、文字、图件、数据库、样品库等普查成果并与有关部门等共享。完成全国耕地质量报告和土壤利用适宜性评价报告，以及黑土地、盐碱地、酸化耕地改良利用等专项报告，全面总结普查工作。2025 年上半年，完成普查成果整理、数据审核，汇总形成第三次全国土壤普查基本数据；下半年，建成土壤普查数据库与样品库，完成普查成果验收、汇交与总结，形成全国耕地质量报告和土壤利用适宜性评价报告。

七、普查保障措施

（一）组织保障。全国土壤普查在国务院第三次全国土壤普查领导小组统一领导和普查领导小组办公室具体组织推进下有序开展。领导小组成员单位要各司其职、各负其责、通力协作、密切配合，加强技术指导、信息共享、质量控制、经费物资保障等工作。各省级人民政府是本地区土壤普查工作的责任主体，要加强组织领导、系统谋划、统筹推进，确保高质量完成普查任务。地方各级人民政府要成立相应的普查领导小组及办公室，负责本地区普查工作的组织和实施。

（二）技术保障。国务院第三次全国土壤普查领导小组办公室加强技术规程制定、技术培训、技术指导，以及相关技术队伍体系组建等技术保障工作。成立专家咨询指导组和技术工作组，在领导小组和办公室领导下，负责土壤普查相关基础理论、技术原理，以及重大技术疑难问题的咨询、指导与技术把关等。各省（自治区、直辖市）组建省级技术专家组，并组建由省级技术专家组和各级基层技术推广机构参与的专业队伍体系，承担本区域以县级为单位的外业调查和采样等工作。

（三）经费保障。土壤普查经费由中央财政和地方财政按承担的工作任务分担。中央负责全国技术规程制定、平台系统构建、工作底图制作、样点规划布设等；负责国家级层面的技术培训、专家指导服务、内业测试化验结果抽查校核、数据分析和成果汇总等。地方负责本区域的外业调查采样、内业测试化验、技术培训、专家指导服务、数据分析、成果汇总和数据库样品库建设等。地方各级人民政府要根据工作进度安排，将经费纳入相应年度预算予以保障，并加强监督审计。各地可按规定统筹现有资金渠道支持土壤普查相关工作。

（四）宣传引导。通过报纸、电视、广播、网络等媒体和自媒体等渠道，大力宣传土壤普查对耕地保护和建设，促进农产品质量安全，推进农业高质量发展，支撑“藏粮于地”战略实施，夯实国家粮食安全基础，促进乡村振兴，推进生态文明建设，实现“碳中和”目标的重要意义，提高全社会对土壤三普工作重要性的认识。认真做好舆情引导，积极回应社会关切的热点问题，营造良好的外部环境。

（五）安全保障。严格执行国家信息安全制度，建立并落实普查工作保密责任制，确保普查信息安全。

7. 农业农村部 国家发展和改革委员会 财政部 水利部 科学技术部 中国科学院 国家林业和草原局 关于印发《国家黑土地保护工程实施方案（2021—2025年）》的通知

农建发〔2021〕3号

内蒙古、辽宁、吉林、黑龙江省（自治区）人民政府：

《国家黑土地保护工程实施方案（2021—2025年）》已经国务院同意，现印发给你们，请认真贯彻落实。

农业农村部　国家发展和改革委员会　财政部
水利部　科学技术部
中国科学院　国家林业和草原局
2021年6月30日

国家黑土地保护工程实施方案（2021—2025年）

黑土是地球上珍贵的土壤资源，是指拥有黑色或暗黑色腐殖质表土层的土壤，是一种性状好、肥力高、适宜农耕的优质土地。东北地区是世界主要黑土带之一，北起大兴安岭，南至辽宁南部，西到内蒙古东部的大兴安岭山地边缘，东达乌苏里江和图们江，行政区域涉及辽宁、吉林、黑龙江以及内蒙古东部的部分地区。东北典型黑土区土壤类型主要有黑土、黑钙土、白浆土、草甸土、暗棕壤、棕壤、水稻土等类型。《东北黑土地保护规划纲要（2017—2030年）》（以下简称《规划纲要》）明确保护范围为东北典型黑土区耕地面积约

2.78 亿亩。其中，内蒙古自治区 0.25 亿亩，辽宁省 0.28 亿亩，吉林省 0.69 亿亩，黑龙江省 1.56 亿亩。

一、工作基础

各地各部门认真贯彻落实习近平总书记关于把黑土地保护好、利用好和采取有效措施保护好黑土地这一“耕地中的大熊猫”的重要指示精神，积极推进黑土地保护利用，取得明显成效，东北四省（区）耕地质量较 5 年前提升 0.29 等级。

黑土地保护制度逐步完善。2017 年，经国务院同意，原农业部、发展改革委等 6 部门印发了《规划纲要》，明确到 2030 年在东北典型黑土区实施 2.5 亿亩黑土耕地保护任务。2020 年，经国务院同意，农业农村部和财政部印发《东北黑土地保护性耕作行动计划（2020—2025 年）》，明确到 2025 年在东北地区适宜区域实施以免耕少耕秸秆覆盖还田为主要内容的保护性耕作 1.4 亿亩。

高标准农田建设稳步推进。“十二五”以来东北四省（区）累计建成高标准农田 17 987 万亩（其中典型黑土区 8 735 万亩），农田基础设施不断完善，推动耕地质量进一步提升，夯实粮食安全基础。

水土流失治理初见成效。2016 年以来，实施了小流域综合治理、坡耕地综合整治和东北黑土区侵蚀沟综合治理等水土保持重点工程，治理水土流失面积超过 1.5 万平方公里。

土壤改良培肥面积不断扩大。2015 年以来，先后实施黑土地保护利用试点 1 050 万亩、保护性耕作面积 4 606 万亩、深松整地 3.11 亿亩次、实施秸秆还田面积 3.8 亿亩次。

探索形成了一批有效治理模式。探索工程与生物、农机与农艺、用地与养地相结合的综合治理模式，形成了以免耕少耕秸秆覆盖还田为关键技术的防风固土“梨树模式”，以秸秆粉碎、有机肥混合深翻还田，结合玉米—大豆轮作为关键技术的深耕培土“龙江模式”，以玉米连作与秸秆一年深翻两年归行覆盖还田的“中南模式”，以秋季秸秆粉碎翻压还田、春季有机肥抛撒搅浆平地的水田“三江模式”等 10 种黑土地综合治理模式。

但是，黑土耕地退化趋势尚未得到有效遏制。已经实施综合性治理措施的黑土耕地面积占比较低，坡耕地水土流失仍较重，耕作层变薄和侵蚀沟问题仍然突出，土壤有机质含量下降趋势仍未扭转，局部酸化、盐渍化问题仍然存在，要实现《规划纲要》确定的到 2030 年实施黑土耕地保护 2.5 亿亩目标，还需要多措并举，持续推进，久久为功。

二、总体要求

（一）指导思想。坚持以习近平新时代中国特色社会主义思想为指导，全面贯彻党的十九大和十九届二中、三中、四中、五中全会精神，贯彻落实习近平总书记关于黑土地保护重要指示批示精神，依据《中华人民共和国国民经济和社会发展第十四个五年规划和 2035 年远景目标纲要》要求，坚定不移贯彻新发展理念，深入实施藏粮于地、藏粮于技战略，以保障粮食产能、恢复耕地地力，促进黑土耕地资源持续利用为核心，以治理黑土耕地“薄、瘦、硬”问题为导向，以保育培肥、提质增肥、固土保肥、改良培肥为主攻方向，以防治坡耕地水土流失、治理侵蚀沟、完善农田基础设施、培育肥沃耕作层、加强黑土耕地质量监测评价为重点，以优化耕作制度为基础，坚持统筹工程、农艺措施综合治理，坚持分类施策、分区治理，坚持统筹政策、协同治理，健全体制机制，严格督查考核，集中连片、统筹推进，形成黑土地在利用中保护、以保护促利用的可持续发展新格局，夯实国家粮食安全基础，推动东北地区农业高质量发展和农业农村现代化。

（二）工作原则。

——坚持保护优先、用养结合。针对黑土地长期高强度利用，统筹优化农业结构，推进种养循环、秸秆粪污资源化利用、合理轮作，推广综合治理技术，促进黑土地在利用中保护、在保护中利用。

——坚持因地制宜、分类施策。根据东北黑土地类型、水热条件、地形地貌、耕作模式等差异，水田、旱地、水浇地等耕地地类，科学分区分类，实施差异化治理。

——坚持政策协同、综合治理。结合区域内农田建设、水土保持、水利工程建设等规划，统筹工程与农艺措施，统一设计方案、统一组织实施、统一绩效考核，统筹工程建设、耕地保护、资源养护等不同渠道资金，强化政策协同，实行综合治理。

——坚持示范引领、技术支撑。以建设黑土地保护工程标准化示范区为引领，实施集中连片综合治理示范，带动大面积推广。加强技术支撑，建立由科研教育和技术推广单位组成的专家团队，推进治理技术创新，实行包片技术指导。

——坚持政府引导、社会参与。坚持黑土保护的公益性、基础性、长期性，发挥政府投入引领作用，以市场化方式带动社会资本投入，引导农村集体经济组织、农户、企业积极参与，形成黑土地保护建设长效机制。

（三）目标任务。2021—2025 年，实施黑土耕地保护利用面积 1 亿亩（含标准化示范面积 1 800 万亩）。其中，建设高标准农田 5 000 万亩、治理侵蚀沟 7 000 条，实施免耕少耕秸秆覆盖还田、秸秆综合利用碎混翻压还田等保护性耕作 5 亿亩次（1 亿亩耕地每年全覆盖重叠 1 次）、有机肥深翻还田 1 亿亩。到“十四五”末，黑土地保护区耕地质量明显提升，旱地耕作层达到 30 厘米、水田耕作层达到 20～25 厘米，土壤有机质含量平均提高 10%以上，有效遏制黑土耕地“变薄、变瘦、变硬”退化趋势，防治水土流失，基本构建形成持续推进黑土地保护利用的长效机制。

国家黑土地保护工程（2021—2025 年）主要措施任务表

（面积单位：万亩）

省（区）	保护耕地总面积		工程措施		农艺措施	
		其中：标准化示范	高标准农田建设	侵蚀沟治理（条）	保护性耕作	有机肥还田
内蒙古	900	220	450	2 660	900	180
辽宁	1 000	110	510	700	1 000	200
吉林	2 500	600	1 240	1 120	2 500	500
黑龙江	5 600	870	2 800	2 520	5 600	1 120
合计	10 000	1 800	5 000	7 000	10 000	2 000

注：1. 标准化示范建设突出退化问题叠加严重的地区，提高建设标准，实施综合措施，持续支持示范。

2. 保护性耕作包括免耕少耕秸秆覆盖还田和秸秆碎混翻压＋免耕还田，两者互为补充，每年全覆盖实施 1 亿亩，5 年实施 5 亿亩次；有机肥还田与秸秆深翻还田结合每年实施 2 000 万亩，5 年实现 1 亿亩全覆盖。

3. 侵蚀沟治理对象是指长度大于 100 米的大中型侵蚀沟，结合小流域综合治理开展（其他小型侵蚀沟结合高标准农田建设开展）。

三、实施内容

针对黑土耕地出现的“薄、瘦、硬”问题，着重实施土壤侵蚀治理，农田基础设施建设，肥沃耕作层培育等措施。

（一）土壤侵蚀防治。东北黑土区坡度 2°以上的坡耕地面积占比 28％，以漫坡漫岗长坡耕地为主，汇水面积大，易形成水蚀。在松嫩平原和大兴安岭东南低山丘陵的农牧交错带，干旱少雨多风，土壤风蚀严重。

1. 治理坡耕地，防治土壤水蚀。建设截水、排水、引水等设施，拦蓄和疏导地表径流，防止客水进农田。采用改顺坡垄为横坡垄，改长垄为短垄，等高种植；打地埂、修筑植物护坎、较长坡面种植物防冲带；坡耕地适宜地区修建梯田，推行改自然漫流为筑沟导流，固定生态植被等，预防控制水蚀。

2. 建设农田防护体系，防治土壤风蚀。因害设防合理规划农田防护林体系，与沟、渠、路建设配套防护林带，大力营造各种水土保持防护林草，实现农田林网化、立体化防护。结合土壤、水分、积温、经营规模等实际情况，在适宜地区推广保护性耕作、精量播种，减少土壤扰动，降低土壤裸露，防治耕地土壤风蚀。

3. 治理侵蚀沟，修复和保护耕地。按照小流域为单元治理的思路，采取截、蓄、导、排等工程和生物措施，形成综合治理体系。小型侵蚀沟结合高标准农田建设实施沟道整形、暗管铺设、秸秆填沟、表层覆土等综合治理措施，将地表汇水导入暗管排水，侵蚀沟修复为耕地。大中型侵蚀沟修建拦沙坝等控制骨干工程，同时修建沟头防护、谷坊、塘坝等沟道防护设施，营造沟头、沟岸防护林以及沟底防冲林等水土保持林，配合沟道削坡、生态袋护坡等措施，构建完整的沟壑防护体系，以有效控制沟头溯源侵蚀和沟岸扩张。

（二）农田基础设施建设。针对黑土地盐碱，渍涝排水不畅，灌溉设施、路网、电网不配套以及田间道路不适应现代农机作业要求等问题，加强田间灌排工程建设和田块整治，优化机耕路、生产路布局，配套输配电设施，改善实施保护性耕作的基础条件。

1. 完善农田灌排体系。针对渍涝导致的土壤黏重和盐渍化等问题，按照区域化治理，灌溉与排水并重，渍、涝和盐碱综合治理的要求，以提高灌区输水、配水效率和排灌保证率为目标，对灌区渠首、骨干输水渠道、排水沟、渠系建筑物等进行配套完善和更新改造，强化排水骨干工程建设。加强骨干工程与田间工程的有效衔接配套，完善田间排灌渠系，形成顺畅高效的灌排体系。

2. 加强田块整治。为防治坡耕地水土流失，促进秸秆还田、深松深耕等农艺措施实施，依托高标准农田建设，推进旱地条田化、水田格田化建设，合理划分和适度归并田块，确定田块的适宜耕作长度与宽度。平整土地，合理调整田块地表坡降，提高耕作层厚度。完善灌区田间灌排体系，配套输配电设施，实现灌溉机井井井通电，大力推广节水灌溉，水田灌溉设计保证率不低于80%。

3. 开展田间道路建设。为推进宜机化作业，优化耕作制度，保障黑土地保护农艺措施落地落实，按照农机作业和运输需要，优化机耕路、生产路布局，推进路网密度、路面宽度、硬化程度、附属设施等规范化建设，使耕作田块农机通达率平原地区100%、丘陵山区90%以上。

（三）肥沃耕作层培育。20世纪50年代大规模开垦以来，东北典型黑土区逐渐由林草自然生态系统演变为人工农田生态系统，由于长期高强度利用，土壤有机质消耗流失多，秸秆、畜禽粪肥等有机物补充回归少，导致有机质含量大幅降低，耕地基础地力下降。加之长期的小马力农机作业，翻耕深度浅，耕作层厚度低于20厘米的耕地面积占一半。

1. 实施保护性耕作。优化耕作制度，推广应用少耕免耕秸秆覆盖还田、秸秆碎混翻压还田等不同方式的保护性耕作。在适宜地区重点推广免耕和少耕秸秆覆盖还田技术类型的“梨树模式”，增加秸秆覆盖还田比例。其余地区，改春整地为秋整地，旱地采取在秋季收获后实施秸秆机械粉碎翻压或碎混还田，推广一年深翻两年（或四年）免耕播种的“一翻两免（或四免）”的“龙江模式”“中南模式”；黑土层与障碍层梯次混合、秸秆与有机肥改良集成的“阿荣旗模式”；水田采取秋季收获时直接秸秆粉碎翻埋还田，或春季泡田搅浆整地的“三江模式”。

2. 实施有机肥还田。秋季根据当地土壤基础条件和降雨量特点，推行深松（深耕）整地，以渐进打破犁底层为原则，疏松深层土壤。利用大中型动力机械，结合秸秆粉碎还田、有机肥抛撒，开展深翻整地。在粪肥丰富的地区建设粪污贮存发酵堆沤设施，以畜禽粪便为主要原料堆沤有机肥并施用。

3. 推行种养结合、粮豆轮作。推进种养结合，按照以种定养、以养促种原则，推进养殖企业、合作社、大户与耕地经营者合作，促进畜禽粪肥还田，种养结合用地养地。在适宜地区，以大豆为中轴作物，推进种植业结构调整，维持适当的迎茬比例解决大豆土传病害，加快建立米豆薯、米豆杂、米豆经等轮作制度。

通过肥沃耕作层培育，旱地耕作层厚度要达到 30 厘米，水田耕作层厚度要达到 20～25 厘米，土壤有机质含量达到当地自然条件和种植水平的中上等。

（四）黑土耕地质量监测评价。为加强黑土耕地变化规律的研究和此方案实施效果的监测评价，建立健全黑土区耕地质量监测评价制度，完善耕地质量监测评价指标体系和网络，合理布设耕地质量长期定位监测站点和调查监测点，通过长期定位监测跟踪黑土耕地质量变化趋势，建设黑土耕地质量数据库。加强黑土地保护建设项目实施效果监测评价，作为第三方评价的参考。探索运用遥感监测、信息化管理手段监管黑土耕地质量。

1. 按土壤类型设立长期定位监测网。依托中国科学院、中国农业科学院、中国农业大学，以及相关省份科研教育单位，按照土壤类型，建立黑土地保护利用长期监测研究站。根据黑土区气候条件、地形地貌、地形部位、土壤类型、种植作物等，统筹布设耕地质量监测网点，三江平原区、松嫩平原区、辽河平原区按每 10 万～15 万亩布设 1 个监测点，大兴安岭东南麓区、长白山—辽东丘陵山区按每 8 万～10 万亩布设 1 个监测点，监测黑土耕地质量主要指标。

2. 实施黑土地保护利用遥感监测。依托科研机构，探索将卫星和无人机多光谱、高光谱、地物光谱等遥感与探地雷达快速检测技术和地面监测技术融合，构建天空地多源数据监测体系，对耕地质量稳定性指标（地形部位、有效土层厚度、耕作层质地等）进行测定与分析，对易变性指标（有机质、全量养分、速效养分、含水量、pH 等）进行动态监测。探索结合大数据、物联网等信息化技术，实现监测指标快速获取、智能判断、综合评价。

3. 开展实施效果评价。与高标准农田建设相结合，开展黑土地保护利用工程实施效果评价。在高标准农田建设项目验收评价中，对道路通达率、灌排能力、农田林网化程度等进行评价，对影响耕地质量的土壤有机质、耕作层厚度等指标进行监测。及时开展项目效果评价，确保高标准农田建设在保护黑土地、提升耕地综合生产能力上发挥作用。完善黑土耕地质量监测指标体系和评价技术，开展执行期和任务完成时的数量和质量评价，监测工程实施效果。

四、分区实施重点

根据地形地貌、水热条件、种植制度、土壤退化突出问题等因素，将东北典型黑土区划分为三江平原区、大兴安岭东南麓区、松嫩平原区、长白山—辽东丘陵山区、辽河平原区等 5 个区，提出分区治理重点内容。松嫩平原北部（北纬 45 度以北）的中厚黑土区以保育培肥为主；松嫩平原南部（北纬 45 度以南）、三江平原、辽河平原的浅薄黑土区以培育增肥为主；大兴安岭东南麓、长白山—辽东丘陵的水土流失区以固土保肥为主；三江平原和松嫩平原西部的障碍土壤区以改良培肥为主。

（一）三江平原区

区域特点。该区位于黑龙江、乌苏里江和松花江三江汇流处的冲积平原。属温带湿润、半湿润大陆性季风气候，年降水量 500～650 毫米。区域黑土耕地面积 4 563 万亩，占东北典型黑土区耕地总面积的 16%，平坦耕地占 88.6%。旱地、水浇地、水田分别占 47.8%、0.2%、52%，水稻种植面积大。地势低洼内涝严重，土壤障碍层明显，有机质下降幅度大，土壤酸化。

重点措施。以改良增肥为主攻方向，以解决低洼内涝、打破白浆土障碍层、遏制有机质含量下降与土壤酸化等为重点，改良培育耕作层，完善灌排设施，实施秸秆深翻还田和以秸秆覆盖条带耕作为主的保护性耕作技术，增厚耕作层，消除土壤障碍因素，提高耕地肥力。①完善大中型灌区配套，加强灌排工程建设；规范化改造低洼内涝区排水系统；开展田块整治，完善农田基础设施，建设农田防护林。②调减水稻井灌面积，控制地下水开采。③旱地推行秋季秸秆粉碎深翻还田和秸秆粉碎配合有机肥深翻还田，打破障碍层、治理土壤酸化等关键技术。④水田推行水稻秸秆粉碎翻、旋、耙（搅浆）还田技术。⑤重点监测土壤有机质变化情况，秸秆深翻还田对改良白浆土障碍层次作用。

（二）大兴安岭东南麓区

区域特点。该区位于黑龙江省的西北部和内蒙古自治区的东北部，属大陆性季风气候，年均降水量 270～530 毫米。区域黑土耕地面积 2 558 万亩，占东北典型黑土区耕地总面积的 9%。坡度 2°～6°缓坡耕地占 51%，坡度 6°以上坡耕地占 10%。旱地、水浇地、水田分别占 80%、16%、4%，主要种植玉米和大豆。该区域侵蚀沟数量多、水蚀风蚀严重，耕作层厚度不足 20 厘米的占 41%，农田基础设施薄弱。

重点措施。以固土保肥为主攻方向，以治理土壤侵蚀、增厚耕作层等为重点，完善农田基础设施，改造坡耕地、治理侵蚀沟，实施保护性耕作，修复侵蚀沟损毁耕地。①坡耕地改造。适宜地区修建梯田，修建排水沟，改自然漫流为筑沟导流。种植固定生态植被，修筑地埂植物带。②建设大中型侵蚀沟控制工程，修复小型侵蚀沟损毁耕地。③完善农田基础设施，建设农田防护林网，防风固土。④坡耕地改顺坡垄为横坡垄、改长垄为短垄，等高种植。推行玉米—大豆、小麦—油菜等轮作制度。实施秸秆粉碎＋有机肥深翻、“阿荣旗模式”、深松整地和以秸秆部分覆盖免耕少耕为主的保护性耕作技术。⑤重点监测保护性耕作对耕作层和钙积层的影响。

（三）松嫩平原区

区域特点。该区为松花江、嫩江冲积平原，位于黑龙江、吉林两省的中西部，属温带大陆性半湿润、半干旱季风气候，年降水量400～600毫米。区域黑土耕地面积16 343万亩，占东北典型黑土区耕地总面积的59%，是典型黑土集中分布区。平坦耕地占76.3%，坡度2°以上坡耕地占23.7%。旱地、水浇地、水田分别占84.6%、0.4%、15%，主要种植玉米、大豆和水稻。侵蚀沟数量众多，水蚀风蚀严重，耕作层厚度不足20厘米的占54%，盐碱耕地面积1 000万亩，占典型黑土区盐碱耕地的86%。

重点措施。北部以保育培肥为主攻方向、南部以培育增肥为主攻方向，以培肥土壤、防治水土流失为重点，实施肥沃耕作层培育，改造坡耕地，治理侵蚀沟，完善田间排水工程等农田基础设施，实现中厚黑土层保育、浅薄黑土层培肥、侵蚀沟损毁耕地复垦、内涝盐碱改良。①旱地实行分区保育培肥措施。北部建立玉米—大豆轮作制度，推行“龙江模式”秸秆还田。南部、西部建立粮豆、粮经、粮饲等轮作制度，推行全覆盖、条盖等多种形式的保护性耕作。②水田推行水稻秸秆粉碎翻、旋、耙（搅浆）还田技术。③种养结合区实施畜禽粪污无害化处理、积造堆沤发酵腐熟后还田。④开展田块整治，完善田间设施和农田林网，等高修筑地埂，种植生物篱带。漫川漫岗坡耕地推行等高横坡改垄，改长坡种植为短坡种植。⑤规范化改造低洼内涝区排水系统，盐碱耕地排水要达到临界水位以下。水田推广控制灌溉技术。⑥建设大中型侵蚀沟控制工程，修复小型侵蚀沟损毁耕地。⑦重点监测土壤耕作层和有机质变化情况。

（四）长白山—辽东丘陵山区

区域特点。该区位于黑龙江省东南部、吉林省和辽宁省东部，以丘陵山地为主，气候温和湿润，年降水量600～1 000毫米。区域黑土耕地面积1 968万亩，占东北典型黑土区耕地总面积的7%。坡耕地占68%，其中2°～6°和6°以上缓坡耕地各占一半。旱地、水田分别占87.3%、12.7%，主要种植玉米、冬小麦、大豆、高粱等。侵蚀沟分布密集、水蚀严重，耕作层厚度不足20厘米的占59%，土壤有机质含量低，农田基础设施薄弱。

重点措施。以固土培肥为主攻方向，以治理水土流失为重点，实施侵蚀沟治理、坡耕地改造，增施有机肥，推行保护性耕作。①建设大中型侵蚀沟控制工程，修复小型侵蚀沟损毁耕地。完善农田基础设施以及农田林网。②改造坡耕地，适宜地区修建梯田，修建排水沟，改自然漫流为筑沟导流。种植固定生态植被，修筑地埂植物带，较长坡面种植植物防冲带。③缓坡地改顺坡垄为横坡垄，改长垄为短垄，等高种植。④推行玉米—大豆、粮经（瓜菜、中药材）等轮作制度。实施秸秆粉碎+有机肥浅旋还田、秸秆覆盖条耕还田技术。⑤重点监测水土保持效果和土壤酸碱度。

（五）辽河平原区

区域特点。该区位于辽宁省中北部，属暖温带半湿润大陆性季风气候，年降水量500～700毫米。区域黑土耕地面积2 431万亩，占东北典型黑土区耕地总面积的9%，平坦耕地占79.1%。旱地、水浇地、水田分别占81.9%、2.6%、15.5%，主要种植水稻、玉米和大豆。土壤有机质下降显著，不足20克/千克的耕地面积占70%，土壤板结、黏重，耕作层厚度不足20厘米的占30.9%。

重点措施。以提质增肥为主攻方向，以增加土壤有机质含量为重点，实施秸秆还田、增施有机肥，推行保护性耕作。①旱地推行秸秆全量覆盖、部分覆盖免耕少耕，或实施秸秆粉碎深翻还田等保护性耕作技术模式。②水田推行水稻秸秆粉碎翻、旋、耙（搅浆）还田技术。③种养结合区实施畜禽粪污无害化处理，积造堆沤发酵腐熟后还田。④建设田间灌排工程，开展田块整治，配套机耕道路和农田防护林。⑤重点监测秸秆还田和施用有机肥对土壤有机质变化影响。

五、构建保护利用长效机制

（一）强化政策统筹。以《规划纲要》和此实施方案为引导，按照“各炒一盘菜、共做一桌席”思路，加强行业内相关资金整合和行业间相关资金统筹的衔接配合。以高标准农田建设为平台，统筹实施大中型灌区改造、小流域综合治理、高标准农田建设、畜禽粪污资源化利用、秸秆综合利用还田、深松整地、绿色种养循环农业、保护性耕作、东北黑土地保护利用试点示范等政策，实行综合治理，形成政策合力。畅通机具鉴定渠道，继续通过农机购置补贴支持保护性耕作、精量播种、秸秆还田等相关农用机具。加大有机肥还田政策支持，有机肥田间贮存和堆沤用地按设施农业用地管理。鼓励企业发展种养循环农业，促进畜禽粪污资源科学还田利用。完善落实农业保险保费补贴政策，确保及时足额理赔。在黑土区推进稻谷、小麦、玉米完全成本保险和种植收入保险政策。探索将黑土耕地保护措施、轮作休耕制度落实情况与耕地地力补贴、轮作休耕补贴等发放挂钩机制。加强东北四省（区）已出台黑土地保护法律法规的执行力度。

（二）强化多方协同。加强横向协作，强化农业农村、发展改革、科技、财政、水利、自然资源、生态环境、林业草原、中国科学院等多部门合作。加强纵向协同，构建地方人民政府为主责，中央地方紧密协同、上下联动工作机制。强化多主体协力，明确政府、企业、农村集体经济组织、新型经营主体、农户等各自责任，建立多元主体有钱出钱、有力出力、共同推进黑土地保护利用的机制。强化示范引领，开展绿色农田建设示范，以1 800万亩标准化示范区为重点，多主体协同、多政策协力、多技术合成，建设黑土地农田系统、资源利用、生态环境可持续的示范区。加强土壤污染防治和安全利用。

（三）强化规模化示范带动。加大种养大户、家庭农场、农民合作社等新型经营主体培育力度，利用专业合作、股份合作、土地流转、土地入股、土地托管等形式，引导土地向新型经营主体流转，发展适度规模经营，促进耕地集中连片生产，为黑土地保护利用创造条件。强化土地经营者用地养地责任，推进黑土地保护与发展高效农业、品牌农业的有机结合，提高黑土地保护利用综合效益，调动农民积极主动实施相关措施。

六、完善保障措施

（一）加强组织领导。推动将黑土地保护利用纳入五级书记抓乡村振兴的内容。建立东北黑土地保护部际协调及部省联动工作机制。中央农办、农业农村部牵头，有关部门参加，统筹落实中央政策，每年底向国务院报告黑土地保护工程实施情况。各级财政、发展改革部门负责协调落实资金，相关部门各负责保护工程实施内容任务落实。地方建立政府负责、部门协同、多方参与、上下联动的落实政策、组织实施、监管监测、考核评价的共同责任机制。省级人民政府负责制定本省（区）年度黑土地保护工作计划、实施方案和任务清单，分解细化任务资金，督促县级落实年度治理任务。县级人民政府负责制定年度资金统筹使用方案，编制本县黑土地保护工作计划、实施方案和任务清单并组织实施，落实治理任务到地块，发挥好乡（镇）村组织动员群众作用。“辅之以利、辅之以义”结合，充分调动农村集体经济组织、新型经营主体和农民保护利用黑土地积极性，促进用地养地。

（二）加大科技创新。通过中央财政科技计划（专项、基金等）支持黑土地保护利用技术。将黑土地保护利用科技创新内容纳入“十四五”科技发展规划，突破黑土地保护和作物丰产高效协同技术瓶颈。组建土壤、水利、生态保护、农业等领域专家组成的黑土地保护技术指导专家团队，统筹设计黑土区高标准农田建设、林网配套、水利设施、侵蚀治理、耕作层培育等方案，协同推进耕地质量、数量、生态“三位一体”保护。联合中国科学院、中国农业科学院、中国农业大学及东北四省（区）相关科研教育机构，立足黑土区立地条件及气候特点，研究探索适宜品种、种植制度、田间管理、农机装备等产品技术装备配套，研发推广一批适用新技术、新产品、新装备。省级推广部门做好技术推广落地。

（三）加大资金投入。提高高标准农田建设标准和质量，健全管护机制，多渠道筹集建设资金。因地制宜明确建设标准。地方可按规定统筹水土保持、大中型灌区改造、高标准农田建设、秸秆还田、绿色种养循环农业、保护性耕作等资金向黑土地保护倾斜。省级人民政府可以从土地出让收益中安排部分资金，用于高标准农田建设。鼓励地方可按规定整合工程建设、农业资源及生态保护等相关资金推广综合治理技术模式。采取有效措施，引导第三方服务机构、农业经营主体共同投入黑土地保护。

（四）加强监督考核。严格落实耕地保护制度，压实地方政府黑土地保护责任。加强对地方各级政府实施方案编制、各渠道资金整合投入、各年度保护任务落实、各协同机制构建的督查考核，将相关工作纳入东北四省（区）粮食安全省长责任制和省级政府耕地保护责任目标考核，增加黑土地保护考核权重，强化责任落实。压实相关部门对高标准农田建设、侵蚀沟治理、畜禽粪污资源化利用、秸秆还田、保护性耕作、有机肥还田等政策任务落实和完成质量的监管检查责任，相关监管信息共享。东北四省（区）加大对已出台地方法规规章执行情况的督查。完善东北黑土区耕地质量监测体系，健全耕地质量监测网络，跟踪黑土耕地质量变化情况，及时掌握耕地质量变化趋势。完善高标准农田建设监管平台，将黑土地保护利用纳入“一张图”管理。对黑土地保护工程各项任务落实情况，实施在线监测和遥感监测相结合，监督考核年度任务完成情况。适时开展项目绩效中期、期末评估。

（五）加强宣传培训。加强黑土地保护利用宣传和科普力度，积极通过多种媒体、多渠道宣传农业绿色发展、黑土地可持续保护利用的重大意义。地方政府应当落实好《中共中央办公厅、国务院办公厅关于加快推进乡村人才振兴的意见》精神，着力培养耕地质量保护、水土保持、农业工程建设、农机作业等方面人才，加强黑土地保护利用相关政策及综合技术培训推广力度，通过媒体宣传黑土地保护措施成效，推介典型案例，营造全社会关心黑土地、保护黑土地的良好氛围。

8. 农业农村部 国家发展改革委 科技部 自然资源部 生态环境部 国家林草局关于印发《"十四五"全国农业绿色发展规划》的通知(节选)

农规发〔2021〕8号

各省、自治区、直辖市农业农村（农牧）、畜牧兽医、渔业厅（局、委），发展改革委，科技厅（局、委），自然资源主管部门，生态环境厅（局），林业和草原主管部门，新疆生产建设兵团农业农村局、发展改革委、科技局、自然资源局、生态环境局、林业和草原局：

为贯彻落实党中央、国务院推进农业绿色发展决策部署，加快农业全面绿色转型，持续改善农村生态环境，农业农村部、国家发展改革委、科技部、自然资源部、生态环境部、国家林草局制定了《"十四五"全国农业绿色发展规划》（以下简称《规划》），现印发你们，请结合实际认真贯彻执行。

推进农业绿色发展是一项系统工程、一项艰巨任务，需要加强协调、密切配合，共同推进《规划》任务落实。要目标同向，聚焦农业绿色发展重点任务，列出清单，细化措施，逐项落实。资源同聚，资金、人才、技术等资源要素要向农业绿色发展的重点领域和重点区域聚集，发挥集合效应，提升农业发展质量。力量同汇，创新推进机制，形成政府引导、市场主导、社会参与的格局。

农业农村部 国家发展改革委 科技部
自然资源部 生态环境部 国家林草局
2021年8月23日

附件："十四五"全国农业绿色发展规划

“十四五”全国农业绿色发展规划（节选）

第三章　加强农业资源保护利用　提升可持续发展能力

节约资源是保护生态环境的根本之策。树立节约集约循环利用的资源观，推动资源利用方式根本转变，加强全过程节约管理，降低农业资源利用强度，促进农业资源永续利用。

第一节　加强耕地保护与质量建设

严守18亿亩耕地红线。落实最严格的耕地保护制度，牢牢守住耕地红线和永久基本农田保护面积，实施质量优先序下的耕地结构性保护。严禁违规占用耕地造林绿化、挖湖造景、挖塘养鱼，严格控制非农建设占用耕地，坚决遏制耕地“非农化”、防止“非粮化”。巩固永久基本农田划定成果，建立健全永久基本农田特殊保护制度。加强和改进耕地占补平衡管理，严格控制新增建设占用耕地，严格新增耕地核实认定和监管，杜绝占优补劣、占水田补旱地，对新增建设用地确需占用稳定耕地的，按数量、质量、生态“三位一体”的要求实现占补平衡，保证耕地面积不减少。管控西北内陆、沿海滩涂等区域开垦耕地行为，禁止毁林毁草开垦耕地。

加强耕地质量建设。实施新一轮高标准农田建设规划，开展土地平整、土壤改良、灌溉排水等工程建设，配套建设实用易行的计量设施，到2025年累计建成高标准农田10.75亿亩，并结合实际加快改造提升已建高标准农田。实施耕地保护与质量提升行动计划，开展秸秆还田，增施有机肥，种植绿肥还田，增加土壤有机质，提升土壤肥力。建立健全国家耕地质量监测网络，科学布局监测站点。开展耕地质量调查评价。

加强东北黑土地保护。实施国家黑土地保护工程，推进工程措施和农艺措施相结合，有效遏制黑土地“变薄、变瘦、变硬”退化趋势。**推进土壤侵蚀防治**，治理坡耕地防治土壤水蚀，建设农田防护体系防治土壤风蚀，治理侵蚀沟修复保护耕地。**建设完善农田基础设施**，完善农田灌排体系，加强田块整治，建设田间道路。**培育肥沃耕作层**，实行保护性耕作，增施有机肥，推行种养结合、粮豆轮作。**开展耕地质量监测评价**，实施长期定位监测和遥感监测，开展实施效果评价。到2025年实施黑土地保护利用面积1亿亩。**实施黑土地保护性耕作行动计划**，推广秸秆覆盖还田免（少）耕播种技术，有效减轻土壤风蚀水蚀，防治农田扬尘和秸秆焚烧，增加土壤肥力和保墒抗旱能力，2025年实施面积达到1.4亿亩。

加强退化耕地治理。坚持分类分区治理，集成推广土壤改良、地力培肥、治理修复等技术，有序推进退化耕地治理。在长江中下游、西南地区、华南地区等南方粮食主产区集成推广施用土壤调理剂、绿肥还田等技术模式，逐步实现酸化耕地降酸改良。在西北灌溉区、滨海灌溉区和松嫩平原西部等盐碱集中地区集成示范施用土壤调理剂、耕作压盐等技术模式，逐步实现盐碱耕地压盐改良。“十四五”期间累计治理酸化、盐碱化耕地 1 400 万亩。

9. 农业部 国家发展和改革委员会 财政部 国土资源部 环境保护部 水利部 关于印发《东北黑土地保护规划纲要（2017—2030 年）》的通知

农农发〔2017〕3 号

内蒙古、辽宁、吉林、黑龙江省（自治区）人民政府：

《东北黑土地保护规划纲要（2017—2030 年）》已经国务院同意，现印发给你们，请结合实际，认真贯彻实施。

农业部 国家发展改革委 财政部
国土资源部 环境保护部 水利部
2017 年 6 月 15 日

东北黑土地保护规划纲要（2017—2030 年）

引　言

耕地是重要的农业资源和生产要素，是粮食生产的“命根子”。落实好新形势下国家粮食安全战略，把中国人的饭碗牢牢端在自己手上，出路在科技，动力在政策，但根本还在耕地。东北是我国重要的粮食生产优势区、最大的商品粮生产基地，在保障国家粮食安全中具有举足轻重的地位。当前，东北黑土地数量在减少、质量在下降，影响粮食综合生产能力提升和农业可持续发展。

党中央、国务院高度重视东北黑土地保护，明确提出要采取有效措施，保护好这块珍贵的黑土地。按照《国民经济和社会发展第十三个五年规划纲要》《全国农业现代化规划（2016—2020年）》《全国农业可持续发展规划（2015—2030年）》《农业环境突出问题治理总体规划（2014—2018年）》的要求，农业部会同国家发展改革委、财政部、国土资源部、环境保护部、水利部编制了《东北黑土地保护规划纲要（2017—2030年）》（以下简称《规划纲要》）。

本《规划纲要》期限为2017—2030年，实施范围为内蒙古东部和辽宁、吉林、黑龙江的黑土区。

一、重要性和紧迫性

黑土地是地球上珍贵的土壤资源，是指拥有黑色或暗黑色腐殖质表土层的土地，是一种性状好、肥力高、适宜农耕的优质土地。东北平原是世界三大黑土区之一，北起大兴安岭，南至辽宁省南部，西到内蒙古东部的大兴安岭山地边缘，东达乌苏里江和图们江，行政区域涉及辽宁、吉林、黑龙江以及内蒙古东部的部分地区。根据第二次全国土地调查数据和县域耕地质量调查评价成果，东北典型黑土区耕地面积约2.78亿亩。其中，内蒙古自治区0.25亿亩，辽宁省0.28亿亩，吉林省0.69亿亩，黑龙江省1.56亿亩。

东北黑土区曾是生态系统良好的温带草原或温带森林景观，土壤类型主要有黑土、黑钙土、白浆土、草甸土、暗棕壤、棕壤等。原始黑土具有暗沃表层和腐殖质，土壤有机质含量高，团粒结构好，水肥气热协调。20世纪50年代大规模开垦以来，东北黑土区逐渐由林草自然生态系统演变为人工农田生态系统，由于长期高强度利用，加之土壤侵蚀，导致有机质含量下降、理化性状与生态功能退化，严重影响东北地区农业持续发展。黑土地是东北粮食生产能力的基石，保护和提升黑土耕地质量，实施东北黑土区水土流失综合治理，是守住“谷物基本自给、口粮绝对安全”战略底线的重要保障，是“十三五”规划纲要明确提出的重要生态工程，对于保障国家粮食安全和加强生态修复具有十分重要的意义。

（一）保护黑土地是保障国家粮食安全的迫切需要。贯彻新形势下国家粮食安全战略，根本在耕地。东北地区是我国重要的商品粮基地，粮食产量占全国的1/4，商品量占全国的1/4，调出量占全国的1/3。多年来，东北黑土区受水蚀、风蚀与冻融侵蚀等因素影响，造成部分坡耕地黑土层变薄，地力水平下降。加强东北黑土地保护，稳步提升黑土地基础地力，国家粮食安全就有坚实基础。

（二）保护黑土地是实施“藏粮于地、藏粮于技”战略的迫切需要。实施“藏粮于地、藏粮于技”战略，需要严格落实耕地保护制度、扎紧耕地保护的“篱笆”，更需要加强耕地质量保护、巩固提升粮食产能。东北黑土土壤腐殖质层深厚，有机质含量较高。由于多年开发利用，自然流失较多，补充回归较少，造成有机质含量逐年下降。据监测，近 60 年来，黑土耕作层土壤有机质含量下降了 1/3，部分地区下降了 50%。辽河平原多数地区土壤有机质含量已降到 20g/kg 以下。加强东北黑土地保护，采取综合性治理措施，有利于提升土壤有机质含量，提高黑土地综合生产能力。

（三）保护黑土地是促进农业绿色发展的迫切需要。多年来，为保障供给，东北黑土区耕地资源长期透支，化肥农药投入过量，打破了黑土原有稳定的微生态系统，土壤生物多样性、养分维持、碳储存、缓冲性、水净化与水分调节等生态功能退化。此外，近些年东北地区水稻面积逐年扩大，地下水超采严重。加强东北黑土地保护，大力推广资源节约型、环境友好型技术，有利于加快修复农田生态环境，促进生产与生态协调，推动农业绿色发展。

（四）保护黑土地是提升我国农产品竞争力的迫切需要。东北黑土区是我国水稻、玉米、大豆的优势产区，但农业规模化水平低，基础地力不高，导致生产成本增加，农产品价格普遍高于国际市场，产业竞争力不强。加强黑土地保护，大力发展生态农业、循环农业、有机农业，有利于实现节本增效、提质增效，提高东北粮食等农产品的质量效益和竞争力。

二、总体要求

（一）总体思路

全面贯彻党的十八大和十八届三中、四中、五中、六中全会精神，深入贯彻习近平总书记系列重要讲话精神和治国理政新理念新思想新战略，认真落实党中央、国务院决策部署，统筹推进“五位一体”总体布局和协调推进“四个全面”战略布局，牢固树立和贯彻落实创新、协调、绿色、开放、共享的发展理念，加快实施“藏粮于地、藏粮于技”战略，以巩固提升粮食综合生产能力和保障土地资源安全、农业生态安全为目标，依靠科技进步，加大资金投入，调整优化结构，创新服务机制，推进工程与生物、农机与农艺、用地与养地相结合，改善东北黑土区设施条件、内在质量、生态环境，切实保护好黑土地这一珍贵资源，夯实国家粮食安全的基础。

（二）基本原则

——坚持用养结合、保护利用。统筹粮食增产、畜牧业发展、农民增收和黑土地保护之间的关系，调整优化农业结构和生产布局，推广资源节约型、环境友好型技术，在保护中利用、在利用中保护。

——坚持突出重点、综合施策。以耕地质量建设和黑土地保护为重点，统筹土、肥、水、种及栽培等生产要素，综合运用工程、农艺、农机、生物等措施，确保黑土地保护取得实效。

——坚持试点先行、逐步推进。在东北黑土地保护利用试点的基础上，积累经验，有序推进。衔接相关投资建设规划，集中资金投入，推进连片治理，做到建一片成一片，使黑土质量得到提升。

——坚持政府引导、社会参与。坚持黑土保护的公益性、基础性、长期性，发挥政府作用，加大财政投入力度。鼓励地方加大黑土保护投入。发挥市场机制作用，鼓励农民筹资筹劳，引导社会资本投入黑土地保护。

（三）保护目标

1. 保护面积。到 2030 年，集中连片、整体推进，实施黑土地保护面积 2.5 亿亩（内蒙古自治区 0.21 亿亩、辽宁省 0.19 亿亩、吉林省 0.62 亿亩、黑龙江省 1.48 亿亩），基本覆盖主要黑土区耕地。通过修复治理和配套设施建设，加快建成一批集中连片、土壤肥沃、生态良好、设施配套、产能稳定的商品粮基地。

2. 耕地质量。到 2030 年，东北黑土区耕地质量平均提高 1 个等级（别）以上；土壤有机质含量平均达到 32g/kg 以上、提高 2g/kg 以上（其中辽河平原平均达到 20g/kg 以上、提高 3g/kg 以上）。通过土壤改良、地力培肥和治理修复，有效遏制黑土地退化，持续提升黑土耕地质量，改善黑土区生态环境。

三、重点任务

（一）提升黑土区农田系统的可持续性。改变利用方式，形成复合稳定的农田生态系统。在黑土范围的冷凉区、农牧交错区退耕还林还草还湿，使农田生态与森林生态和草地生态相协调；在风沙区推广少免耕栽培技术，减少风蚀沙化；在平原旱作区推广深松深耕整地，提高土壤蓄水保肥能力。推行粮豆轮作，推进农牧结合，构建用地养地结合的产业结构。

（二）提升黑土区资源利用的可持续性。将黑土耕地划为永久基本农田，并结合划定粮食生产功能区和重要农产品生产保护区，实行最严格的保护，实现永续利用。落实最严格水资源管理制度，推广节水技术，在三江平原、松嫩平原、辽河平原地表水富集区，控制水稻生产，合理开发利用地表水，减少地下水开采，恢复提升地下水水位。加快农业废弃物资源化利用，增施有机肥，实行秸秆还田，增加土壤碳储存和腐殖质，增强黑土微生物活力。以高标准农田建设为主要方向，完善农田水利配套设施，建设高产生态良田。

（三）提升黑土区生态环境的可持续性。治理面源污染，重点是控制工矿企业排放和城市垃圾、污水等外源性污染，推进化肥农药减量增效，推行农膜回收利用，率先在东北地区实现大田生产地膜零增长，减少对黑土地的污染。加强小流域水土流失综合治理，搞好缓坡耕地治理、侵蚀沟治理，推广等高修筑地埂，种植生物篱带、粮油作物隔带种植等水土流失综合治理模式，建立合理的农田林网结构，保持良好的田间小气候，保护生物多样性，防治黑土沙化风蚀。

（四）提升黑土区生产能力的可持续性。保持良好的外在设施，加快在东北黑土区建设一批集中连片、旱涝保收、稳产高产、生态友好的高标准农田，实现土地平整、沟渠配套、田间路通、林网完善。保持良好的内在质量，培育土体结构优良、耕层深厚、有机质丰富、养分均衡、生物群落合理的土壤，将剥离后耕层土壤用于中低产田改造、高标准农田建设和土地复垦。提升农机装备水平，推广大马力、高性能农业机械，开展深松深耕整地作业，巩固提升农业综合生产能力。

四、技术模式

（一）积造利用有机肥，控污增肥。通过增施有机肥、秸秆还田，增加土壤有机质含量，改善土壤理化性状，持续提升耕地基础地力。建设有机肥生产积造设施。在城郊肥源集中区，规模畜禽场（养殖小区）周边建设有机肥工厂，在畜禽养殖集中区建设有机肥生产车间，在农村秸秆丰富、畜禽分散养殖的地区建设小型有机肥堆沤池（场），因地制宜促进有机肥资源转化利用。推进秸秆还田，配置大马力机械、秸秆还田机械和免耕播种机，因地制宜开展秸秆粉碎深翻还田、秸秆覆盖免耕还田等。在秸秆丰富地区，建设秸秆气化集中供气（电）站，秸秆固化成型燃烧供热，实施灰渣还田，减少秸秆焚烧。

（二）控制土壤侵蚀，保土保肥。加强坡耕地与风蚀沙化土地综合防护与治理，控制水土和养分流失，遏制黑土地退化和肥力下降。对漫川漫岗与低山丘陵区耕地，改顺坡种植为机械起垄等高横向种植，或改长坡种植为短坡种植，等高修筑地埂并种植生物篱，根据地形布局修建机耕道。对侵蚀沟采取沟头防护、削坡、栽种护沟林等综合措施。对低洼易涝区耕地修建条田化排水、截水排涝设施，减轻积水对农作物播种和生长的不利影响。

（三）耕作层深松耕，保水保肥。开展保护性耕作技术创新与集成示范，推广少免耕、秸秆覆盖、深松等技术，构建高标准耕作层，改善黑土地土壤理化性状，增强保水保肥能力。在平原地区土壤黏重、犁底层浅的旱地实施机械深松深耕，配置大型动力机械，配套使用深松机、深耕犁，通过深松和深翻，有效加深耕作层、打破犁底层。建设占用耕地，耕作层表土要剥离利用，将所占用耕地耕作层的土壤用于新开垦耕地、劣质地或者其他耕地的土壤改良。

（四）科学施肥灌水，节水节肥。深入开展化肥使用量零增长行动，制定东北黑土区农作物科学施肥配方和科学灌溉制度。促进农企合作，发展社会化服务组织，建设小型智能化配肥站和大型配肥中心，推行精准施肥作业，推广配方肥、缓释肥料、水溶肥料、生物肥料等高效新型肥料，在玉米、水稻优势产区全面推进配方施肥到田。配置包括首部控制系统、田间管道系统和滴灌带的水肥设施，健全灌溉试验站网，推广水肥一体化和节水灌溉技术。

（五）调整优化结构，养地补肥。在黑龙江和内蒙古北部冷凉区，以及吉林和黑龙江东部山区，适度压缩籽粒玉米种植规模，推广玉米与大豆轮作和“粮改饲”，发展青贮玉米、饲料油菜、苜蓿、黑麦草、燕麦等优质饲草料。在适宜地区推广大豆接种根瘤菌技术，实现种地与养地相统一。推进种养结合，发展种养配套的混合农场，推进畜禽粪便集中收集和无害化处理。积极支持发展奶牛、肉牛、肉羊等草食畜牧业，实行秸秆“过腹还田”。

五、保障措施

保护东北黑土地是一项长期而艰巨的任务，需要加强规划引导，统筹各方力量，加大资金投入，强化监督评价，合力推进东北黑土地的保护。

（一）加强组织领导。东北4省（自治区）成立由政府分管负责同志牵头，农业、发展改革、财政、国土资源、环境保护、水利等部门负责同志组成的黑土地保护推进落实机制，加强协调指导，明确工作责任，推进措施落实。农业部会同国家发展改革委、财政部、国土资源部、环境保护部、水利部，加强对东北黑土地保护的工作指导和监督考核，构建上下联动、协同推进的工作机制，确保东北黑土地保护落到实处、取得实效。

（二）强化政策扶持。落实绿色生态为导向的农业补贴制度改革要求，继续在东北地区支持开展黑土地保护综合利用。鼓励探索东北黑土地保护奖补措施，调动地方政府和农民保护黑土地的积极性。允许地方政府统筹中央对地方转移支付中的相关涉农资金，用于黑土地保护工作。结合高标准农田建设等现有投入渠道，支持采取工程和技术相结合的综合措施，开展土壤改良、地力培肥、治理修复等。推进深松机、秸秆还田机等农机购置实行敞开补贴。鼓励地方政府按照“取之于土，用之于土”的原则，加大对黑土地保护的支持力度。

（三）推进科技创新。实施藏粮于技战略，加强黑土地保护技术研究。推进科技创新，组织科研单位开展技术攻关，重点开展黑土保育、土壤养分平衡、节水灌溉、旱作农业、保护性耕作、水土流失治理等技术攻关，特别要集中攻关秸秆低温腐熟技术。推进集成创新，结合开展绿色高产高效创建和模式攻关，集成组装一批黑土地保护技术模式。深入开展新型职业农民培训工程、农村实用人才带头人素质提升计划，着力提高种植大户、新型农业经营主体骨干人员的科学施肥、耕地保育水平，使之成为黑土地保护的中坚力量。

（四）创新服务机制。探索建立中央指导、地方组织、各类新型农业经营主体承担建设任务的项目实施机制，构建政府、企业、社会共同参与的多元化投入机制。采取政府购买服务方式，发挥财政投入的杠杆作用，鼓励第三方社会服务组织参与有机肥推广应用。推行 PPP 模式，在集中养殖区吸引社会主体参与建设与运营“粮—沼—畜”“粮—肥—畜”设施。通过补助、贷款贴息、设立引导性基金以及先建后补等方式，撬动政策性金融资本投入，引导商业性经营资本进入，调动社会化组织和专业化企业等社会力量参与的积极性。

（五）强化监督监测。严格落实耕地保护制度，强化地方政府保护黑土地的责任。支持东北 4 省（区）修订完善耕地保护地方性法规、规章。完善耕地质量标准和耕地质量保护评价指标体系，健全耕地质量监测网络，建设黑土地质量数据库。开展遥感动态监测，构建天空地数字农业管理系统，实现自动化监测、远程无线传输和网络化信息管理，跟踪黑土地质量变化趋势。建立第三方评价机制，定期开展黑土地保护效果评价。

规章制度

1. 农田建设项目管理办法

中华人民共和国农业农村部令 2019 年第 4 号

第一章 总 则

第一条 为规范农田建设项目管理，确保项目建设质量，实现项目预期目标，依据《中华人民共和国农业法》《基本农田保护条例》《政府投资条例》等法律、行政法规，制定本办法。

第二条 本办法所称农田建设，是指各级人民政府为支持农业可持续发展，改善农田基础设施条件，提高农田综合生产能力，贯彻落实“藏粮于地、藏粮于技”战略，安排资金对农田进行综合治理和保护的活动。本办法所称农田建设项目，是指为开展农田建设而实施的高标准农田建设等项目类型。

第三条 农田建设实行集中统一管理体制，统一规划布局、建设标准、组织实施、验收评价、上图入库。

第四条 农业农村部负责管理和指导全国农田建设工作，制定农田建设政策、规章制度，牵头组织编制农田建设规划，建立全国农田建设项目评审专家库，统筹安排农田建设任务，管理农田建设项目，对各地农田建设项目管理进行监督评价。

省级人民政府农业农村主管部门负责指导本地区农田建设工作，牵头拟订本地区农田建设政策和规划，组织完成中央下达的建设任务，提出本地区农田建设年度任务方案，建立省级农田建设项目评审专家库，审批项目初步设计文件，组织开展项目竣工验收和监督检查，确定本地区各级人民政府农业农村主管部门农田建设项目管理职责，对本地区农田建设项目进行管理。

地（市、州、盟）级人民政府农业农村主管部门负责指导本地区农田建设工作，承担省级下放或委托的项目初步设计审批、竣工验收等职责，对本地区农田建设项目进行监督检查和统计汇总等。

县级人民政府农业农村主管部门负责本地区农田建设工作，制定县域农田建设规划，建立项目库，组织编制项目初步设计文件，申报项目，组织开展项目实施和初步验收，落实监管责任，开展日常监管。

第五条 农田建设项目遵循规划编制、前期准备、申报审批、计划管理、组织实施、竣工验收、监督评价等管理程序。

第二章 规划编制

第六条 农田建设项目坚持规划先行。规划应遵循突出重点、集中连片、整体推进、分期建设的原则，明确农田建设区域布局，优先扶持粮食生产功能区和重要农产品生产保护区（以下简称“两区”），把“两区”耕地全部建成高标准农田。

第七条 农业农村部负责牵头组织制定全国农田建设规划，报经国务院批准后实施。省级人民政府农业农村主管部门根据全国农田建设规划，研究编制本省农田建设规划，经省级人民政府批准后发布实施，并报农业农村部备案。

第八条 县级人民政府农业农村主管部门对接省级农田建设规划任务，牵头组织编制本级农田建设规划，并与当地水利、自然资源等部门规划衔接。

县级农田建设规划要根据区域水土资源条件，按流域或连片区域规划项目，落实到地块，形成规划项目布局图和项目库（单个项目达到项目可行性研究深度）。县级规划经本级人民政府批准后发布实施，并报省、市两级人民政府农业农村主管部门备案。

第九条 省级人民政府农业农村主管部门汇总县级项目库，形成省级农田建设项目库。

第三章 项目申报与审批

第十条 农田建设项目实行常态化申报，纳入项目库的项目，在征求项目区农村集体经济组织和农户意见后，在完成项目区实地测绘和勘察的基础上，编制项目初步设计文件。

第十一条 农田建设项目初步设计文件由县级人民政府农业农村主管部门牵头组织编制。初步设计文件包括初步设计报告、设计图、概算书等材料。

第十二条 初步设计文件应由具有相应勘察、设计资质的机构进行编制，并达到规定的深度。

第十三条 县级人民政府农业农村主管部门依据规划任务、工作实际等情况，将项目初步设计文件报送上级人民政府农业农村主管部门。省级人民政府农业农村主管部门会同有关部门，结合本地实际，按照地方法规要求，确定项目审批主体。

第十四条 省、受托的地（市、州、盟）组织或委托第三方机构开展初步设计文件评审工作。评审专家从评审专家库中抽取。评审可行的项目要向社会公示（涉及国家秘密的内容除外），公示期一般不少于 5 个工作日。公示无异议的项目要适时批复。

第十五条 省级人民政府农业农村主管部门依据本省农田建设规划以及前期工作情况，以县为单元向农业农村部申报年度建设任务。农业农村部根据全国农田建设规划并结合省级监督评价等情况，下达年度农田建设任务。

第十六条 地方各级人民政府农业农村主管部门应当依据经批复的项目初步设计文件，编制、汇总农田建设项目年度实施计划。省级人民政府农业农村主管部门负责批复本地区农田建设项目年度实施计划，并报农业农村部备案。

第四章 组织实施

第十七条 农田建设项目应按照批复的初步设计文件和年度实施计划组织实施，按期完工，并达到项目设计目标。建设期一般为1～2年。

第十八条 农田建设项目应当推行项目法人制，按照国家有关招标投标、政府采购、合同管理、工程监理、资金和项目公示等规定执行。省级人民政府农业农村主管部门根据本地区实际情况，对具备条件的新型经营主体或农村集体经济组织自主组织实施的农田建设项目，可简化操作程序，以先建后补等方式实施，县级人民政府农业农村主管部门应选定工程监理单位监督实施。

第十九条 组织开展农田建设应坚持农民自愿、民主方式，调动农民主动参与项目规划、建设和管护等积极性。鼓励在项目建设中开展耕地小块并大块的宜机化整理。

第二十条 参与项目建设的工程施工、监理、审计及专业化管理等单位或机构应具有相应资质。

第二十一条 项目实施应当严格按照年度实施计划和初步设计批复执行，不得擅自调整或终止。确需进行调整或终止的，按照“谁审批、谁调整”的原则，依据有关规定办理审核批复。项目调整应确保批复的建设任务不减少，建设标准不降低。

终止项目和省级部门批复调整的项目应当报农业农村部备案。

第二十二条 农田建设项目执行定期调度和统计调查制度，各级人民政府农业农村主管部门应按照有关要求，及时汇总上报建设进度，定期报送项目年度实施计划完成情况。

第五章 竣工验收

第二十三条 农田建设项目按照“谁审批、谁验收”的原则，由审批项目初步设计单位组织竣工验收。

第二十四条 申请竣工验收的项目应当具备下列条件：

（一）完成批复的初步设计文件中各项建设内容；

（二）技术文件材料分类立卷，技术档案和施工管理资料齐全、完整；

（三）主要设备及配套设施运行正常，达到项目设计目标；

（四）各单项工程已经设计单位、施工单位、监理单位和建设单位等四方验收；

（五）编制竣工决算，并经有资质的机构审计。

第二十五条 县级人民政府农业农村主管部门组织初验，初验合格后，提出竣工验收申请报告。

竣工验收申请报告应依照竣工验收条件对项目实施情况进行分类总结，并附初验意见、竣工决算审计报告等。

第二十六条 项目初步设计审批部门在收到项目竣工验收申请报告后，及时组织竣工验收。由地（市、州、盟）级人民政府农业农村主管部门组织验收的项目，验收结果应报省级人民政府农业农村主管部门备案。省级每年应对不低于10%的当年竣工验收项目进行抽查。

对竣工验收合格的项目，核发由农业农村部统一格式的竣工验收合格证书。

第二十七条 农田建设项目全部竣工验收后，要在项目区设立统一规范的公示标牌和标志，将农田建设项目建设单位、设计单位、施工单位、监理单位、项目年度、建设区域、投资规模以及管护主体等信息进行公示，接受社会和群众监督。

第二十八条 项目竣工验收后，应及时按有关规定办理资产交付手续。按照“谁受益、谁管护，谁使用、谁管护”的原则明确工程管护主体，拟定管护制度，落实管护责任，保证工程在设计使用期限内正常运行。

第二十九条 项目竣工验收后，县级人民政府农业农村主管部门应按照有关规定对项目档案进行收集、整理、组卷、存档。

第三十条 加强农田建设新增耕地核定工作，并按相关要求将新增耕地指标调剂收益优先用于高标准农田建设。

第六章 监督管理

第三十一条 各级人民政府农业农村主管部门应当按照《中华人民共和国政府信息公开条例》等有关规定，公开农田建设项目建设相关信息，接受社会监督。

第三十二条 各级人民政府农业农村主管部门应当制定、实施内部控制制度，对农田建设项目管理风险进行预防和控制，加强事前、事中、事后的监督检查，发现问题及时纠正。

第三十三条 各级人民政府农业农村主管部门应当加强对农田建设项目的监

督评价。农业农村部结合粮食安全省长责任制考核，采取直接组织或委托第三方的方式，对各省农田建设项目开展监督评价和检查。

第三十四条 农田建设项目实施过程中发现存在严重违法违规问题的，各级人民政府农业农村主管部门应当及时终止项目，协助有关部门追回项目财政资金，并依法依规追究相关人员责任。

第三十五条 各级人民政府农业农村主管部门应当积极配合相关部门的审计和监督检查，对发现的问题及时整改。

第三十六条 各级人民政府农业农村主管部门应当及时在信息平台上填报农田建设项目的任务下达、初步设计审批、实施管理、竣工验收等工作信息。

县级人民政府农业农村主管部门应当在项目竣工验收后，对项目建档立册、上图入库并与规划图衔接。

第七章 附 则

第三十七条 省级人民政府农业农村主管部门根据本办法，结合本地区的实际情况，制定具体实施办法，报农业农村部备案。

第三十八条 本办法为农田建设项目管理程序性规定，涉及资金管理和中央预算内投资计划管理相关事宜按照相关规定执行。

第三十九条 在本办法施行之前，原由相关部门已经批复的农田建设项目，仍按原规定执行。

第四十条 本办法自 2019 年 10 月 1 日起施行。

2. 耕地质量调查监测与评价办法

中华人民共和国农业部令2016年第2号

第一章 总 则

第一条 为加强耕地质量调查监测与评价工作，根据《农业法》《农产品质量安全法》《基本农田保护条例》等法律法规，制定本办法。

第二条 本办法所称耕地质量，是指由耕地地力、土壤健康状况和田间基础设施构成的满足农产品持续产出和质量安全的能力。

第三条 农业部指导全国耕地质量调查监测体系建设。农业部所属相关耕地质量调查监测与保护机构（以下简称“农业部耕地质量监测机构”）组织开展全国耕地质量调查监测与评价工作，指导地方开展耕地质量调查监测与评价工作。

县级以上地方人民政府农业主管部门所属相关耕地质量调查监测与保护机构（以下简称“地方耕地质量监测机构”）负责本行政区域内耕地质量调查监测与评价具体工作。

第四条 耕地质量调查监测与保护机构（以下简称“耕地质量监测机构”）应当具备开展耕地质量调查监测与评价工作的条件和能力。

各级人民政府农业主管部门应当加强耕地质量监测机构的能力建设，对从事耕地质量调查监测与评价工作的人员进行培训。

第五条 农业部负责制定并发布耕地质量调查监测与评价工作的相关技术标准和规范。

省级人民政府农业主管部门可以根据本地区实际情况，制定本行政区域内耕地质量调查监测与评价技术标准和规范。

第六条 各级人民政府农业主管部门应当加强耕地质量调查监测与评价数据的管理，保障数据的完整性、真实性和准确性。

农业部耕地质量监测机构对外提供调查监测与评价数据，须经农业部审核批准。地方耕地质量监测机构对外提供调查监测与评价数据，须经省级人民政府农业主管部门审核批准。

第七条 农业部和省级人民政府农业主管部门应当建立耕地质量信息发布制度。农业部负责发布全国耕地质量信息，省级人民政府农业主管部门负责发布本行政区域内耕地质量信息。

第二章 调　　查

第八条 耕地质量调查包括耕地质量普查、专项调查和应急调查。

第九条 耕地质量普查是以摸清耕地质量状况为目的，按照统一的技术规范，对全国耕地自下而上逐级实施现状调查、采样测试、数据统计、资料汇总、图件编制和成果验收的全面调查。

第十条 耕地质量普查由农业部根据农业生产发展需要，会同有关部门制定工作方案，经国务院批准后组织实施。

第十一条 耕地质量专项调查包括耕地质量等级调查、特定区域耕地质量调查、耕地质量特定指标调查和新增耕地质量调查。

第十二条 耕地质量等级调查是为评价耕地质量等级情况而实施的调查。

各级耕地质量监测机构负责组织本行政区域内耕地质量等级调查。

第十三条 特定区域耕地质量调查是在一定区域内实施的耕地质量及其相关情况的调查。

特定区域耕地质量调查由县级以上人民政府农业主管部门根据工作需要确定区域范围，报请同级人民政府同意后组织实施。

第十四条 耕地质量特定指标调查是为了解耕地质量某些特定指标而实施的调查。

耕地质量特定指标调查由县级以上人民政府农业主管部门根据工作需要确定指标，报请同级人民政府同意后组织实施。

第十五条 新增耕地质量调查是为了解新增耕地质量状况、农业生产基本条件和能力而实施的调查。

新增耕地质量调查与占补平衡补充耕地质量评价工作同步开展。

第十六条 耕地质量应急调查是因重大事故或突发事件，发生可能污染或破坏耕地质量的情况时实施的调查。

各级人民政府农业主管部门应当根据事故或突发事件性质，配合相关部门确定应急调查的范围和内容。

第三章 监　　测

第十七条 耕地质量监测是通过定点调查、田间试验、样品采集、分析化验、数据分析等工作，对耕地土壤理化性状、养分状况等质量变化开展的动态监测。

第十八条 以农业部耕地质量监测机构和地方耕地质量监测机构为主体，以相关科研教学单位的耕地质量监测站（点）为补充，构建覆盖面广、代表性强、功能完备的国家耕地质量监测网络。

第十九条 农业部根据全国主要耕地土壤亚类、行政区划和农业生产布局建设耕地质量区域监测站。

耕地质量区域监测站负责土壤样品的集中检测，并做好数据审核和信息传输工作。

第二十条 农业部耕地质量监测机构根据耕地土壤类型、种植制度和质量水平在全国布设国家耕地质量监测点。地方耕地质量监测机构根据需要布设本行政区域耕地质量监测点。

耕地质量监测点主要在粮食生产功能区、重要农产品生产保护区、耕地土壤污染区等区域布设，统一标识，建档立案。根据实际需要，可增加土壤墒情、肥料效应和产地环境等监测内容。

第二十一条 农业部耕地质量监测机构负责耕地质量区域监测站、国家耕地质量监测点的监管，收集、汇总、分析耕地质量监测数据，跟踪国内外耕地质量监测技术发展动态。

地方耕地质量监测机构负责本行政区域内耕地质量区域监测站、耕地质量监测点的具体管理，收集、汇总、分析耕地质量监测数据，协助农业部耕地质量监测机构开展耕地质量监测。

第二十二条 县级以上地方人民政府农业主管部门负责本行政区域内耕地质量监测点的设施保护工作。任何单位和个人不得损坏或擅自变动耕地质量监测点的设施及标志。

耕地质量监测点未经许可被占用或损坏的，应当根据有关规定对相关单位或个人实施处罚。

第二十三条 耕地质量监测点确需变更的，应当经设立监测点的农业主管部门审核批准，相关费用由申请变更单位或个人承担。

耕地质量监测机构应当及时补充耕地质量监测点，并补齐基本信息。

第四章 评 价

第二十四条 耕地质量评价包括耕地质量等级评价、耕地质量监测评价、特定区域耕地质量评价、耕地质量特定指标评价、新增耕地质量评价和耕地质量应急调查评价。

第二十五条 各级耕地质量监测机构应当运用耕地质量调查和监测数据，对本行政区域内耕地质量等级情况进行评价。

农业部每 5 年发布一次全国耕地质量等级信息。

省级人民政府农业主管部门每5年发布一次本行政区域耕地质量等级信息，并报农业部备案。

第二十六条 各级耕地质量监测机构应当运用监测数据，对本行政区域内耕地质量主要性状变化情况进行评价。

年度耕地质量监测报告由农业部和省级人民政府农业主管部门发布。

第二十七条 各级耕地质量监测机构应当运用调查资料，根据需要对特定区域的耕地质量及其相关情况进行评价。

第二十八条 各级耕地质量监测机构应当运用调查资料，对耕地质量特定指标现状及变化趋势进行评价。

第二十九条 县级以上地方人民政府农业主管部门应当对新增耕地、占补平衡补充耕地开展耕地质量评价，并出具评价意见。

第三十条 各级耕地质量监测机构应当根据应急调查结果，配合相关部门对耕地污染或破坏的程度进行评价，提出修复治理的措施建议。

第五章 附 则

第三十一条 本办法自2016年8月1日起施行。

3. 农业农村部　财政部关于印发《高标准农田建设评价激励实施办法》的通知

农建发〔2022〕2号

各省、自治区、直辖市农业农村（农牧）厅（局、委）、财政厅（局），新疆生产建设兵团农业农村局、财政局：

按照《国务院办公厅关于新形势下进一步加强督查激励的通知》（国办发〔2021〕49号）有关要求，农业农村部、财政部研究制定了《高标准农田建设评价激励实施办法》现印发给你们，请认真遵照执行。

农业农村部 财政部

2022年3月7日

高标准农田建设评价激励实施办法

第一条　为建立健全高标准农田建设管理工作评价激励机制，有效激发各地开展高标准农田建设的积极性、主动性，高质量完成高标准农田建设任务，按照《国务院办公厅关于新形势下进一步加强督查激励的通知》（国办发〔2021〕49号）、《国务院办公厅 关于切实加强高标准农田建设提升国家粮食安全保障能力的意见》（国办发〔2019〕50号）、《全国高标准农田建设规划（2021—2030年）》（农建发〔2021〕6号）等文件要求，依据《农田建设项目管理办法》（农业农村部令2019年第4号）、《农田建设补助资金管理办法》（财农〔2022〕5号）等，制定本办法。

第二条　高标准农田建设评价范围为各省、自治区、直辖市、新疆生产建设兵团（以下统称“省”）上年度高标准农田建设任务（含高效节水灌溉建设任务，下同）完成情况和相关工作推进情况，激励对象为各省份人民政府、新疆生产建设兵团。

第三条 高标准农田建设评价内容主要包括前期工作、建设面积与质量、资金投入和支出、竣工验收和上图入库、建后管护和制度建设、日常工作调度等。得分采用百分制。

第四条 当年1月20日前，各省级农业农村部门会同同级财政部门，按照评价标准（见附表）对本省上年度高标准农田建设工作整体情况进行评价，形成省级自评报告，报经省人民政府同意后，将自评报告及相关佐证材料上传至全国农田建设综合监测监管平台。

第五条 农业农村部、财政部根据监测数据、定期调度、实地评价等日常监测监管情况，结合各省自评报告和相关佐证材料，对各省上年度高标准农田建设情况开展综合评价．其中，实地评价结合日常工作监督，主要采取“四不两直”明察暗访方式开展，评价地区根据区域位置、粮食生产功能定位等因素确定，原则上三年实现省级全覆盖。

第六条 农业农村部、财政部将综合评价得分靠前的4个省（原则上粮食主产区省份不少于3个）和较上一年评价结果相比排名提升最多的1个省作为拟激励省。对综合评价得分相同或排名提升相同的省份，依次按照上年度省级财政通过一般公共预算支持高标准农田建设情况、高标准农田建成面积占年度任务比例、开工建设的高标准农田面积占年度任务比例、竣工验收情况、上图入库等评价指标的得分高低进行二次排序。

第七条 农业农村部、财政部将拟激励省名单同步在官方网站公示5天，接受各方监督，公示无异议后将名单按程序报送国务院办公厅。

第八条 财政部根据国务院办公厅确定的激励省名单，在分配当年中央财政农田建设补助资金时，按照资金管理办法有关规定，通过定额补助予以激励，激励资金全部用于高标准农田建设。

第九条 党中央、国务院对高标准农田建设工作通报批评的，不予以激励。

党中央、国务院领导对高标准农田建设问题进行批评性批示的，以及省部级以上领导约谈地方、审计报告反映重大问题、舆情产生重大负面影响等情况的，将予以扣分。

党中央、国务院对高标准农田建设予以工作表彰或相关领导给予肯定性批示的，国务院大督查、国务院专项督查对高标准农田建设工作予以通报表扬的，将适当加分。

第十条 本办法由农业农村部、财政部负责解释。高标准农田建设评价标准根据工作需要适时调整，各省可结合当地实际，制定本省高标准农田建设评价激励办法。

第十一条 本办法自发布之日起施行。《农业农村部关于印发高标准农田建设评价激励实施办法（试行）的通知》（农建发〔2019〕1号）同时废止。

附表：高标准农田建设评价标准

高标准农田建设评价标准

评价指标	分值	评价标准	评价依据
前期工作	任务分解（2分）	按要求将年度任务分解落实到县级的，得2分；未完成的，不得分	全国农田建设综合监测监管平台数据
	审批备案（2分）	及时完成项目初步设计审批、编制年度实施计划并报农业农村部备案、填报农田建设综合监测监管系统的，得2分；未按时完成的，不得分	
	项目储备（2分）	根据有关规划和要求，建立相当规模项目储备的，得2分，否则不得分	省级自评报告及佐证材料
建设面积与质量	建成面积贡献率（5分）	高标准农田年度建成面积对当年全国建成总面积的贡献率，满分5分，按比例折算	农业农村部日常监测情况
	完成进度和工程质量（15分）	高标准农田（含高效节水灌溉，下同）建成面积完成年度任务、建设质量达到设计要求的，得15分；建成面积低于年度任务的，每减少1%，扣1分。土地平整工程、土壤改良工程、灌溉与排水工程、田间道路工程、农田防护与生态环境保持工程、农田输配电工程等工程质量，每发现一项质量未达到设计要求的，扣1分，最多扣6分	全国农田建设综合监测监管平台数据，农业农村部日常监测情况和实地评价数据
	项目开工率（6分）	立项且开工建设（含建成）的高标准农田面积达到年度任务90%及以上的，得6分；比例不足90%时，每减少5%，扣1分，扣完为止	全国农田建设综合监测监管平台数据
	耕地质量建设（4分）	在高标准农田上采取耕地质量保护与提升技术措施（如耕作层剥离回填、秸秆还田等），措施覆盖面积达年度任务量的90%及以上的得3分；不足90%时，每减少10%，扣0.5分，扣完为止。在高标准农田建设项目竣工验收后开展耕地质量等级评价工作的，得1分；未开展的，不得分	结合耕地质量建设项目，或直接利用高标准农田建设项目资金，或利用地方自筹资金，在高标准农田上实施耕地质量保护与提升技术措施的相关佐证材料。耕地质量等级按照《耕地质量等级》(GB/T 33469—2016）评价

（续）

<table>
<tr><th>评价指标</th><th>分值</th><th>评价标准</th><th>评价依据</th></tr>
<tr><td rowspan="5">资金投入和支出</td><td>亩均财政投入（13 分）</td><td>有稳定的地方财政资金来源，中央和地方财政资金投入达到 1 500 元/亩的，得 10 分，未达到的，每减少 10%（不足 10%，按 10%算），扣 1 分，扣完为止；在此基础上每增加 10%，粮食主产区得 1 分，非粮食主产区得 0.5 分，满分 3 分。省级自评报告及佐证材料，财政部调度取得的相关材料，全国农田建设综合监测监管平台数据等</td><td></td></tr>
<tr><td>省级财政投入（10 分）</td><td>省级财政一般公共预算安排农田建设补助资金（综合考虑财政困难程度后）达到平均水平的，得 7 分，未达到平均水平的，按比例得分；在此基础上，每超过平均水平 10%的，得 1 分，满分 3 分。省级自评报告及佐证材料，财政部调度取得的相关材料，全国农田建设综合监测监管平台数据等</td><td></td></tr>
<tr><td>社会投融资（2 分）</td><td>积极鼓励和引导社会资金、受益农户或新型农业经营主体等投入高标准农田建设的，得 2 分，否则不得分。省级自评报告及佐证材料，财政部调度取得的相关材料，监测评价数据，全国农田建设综合监测监管平台数据等</td><td></td></tr>
<tr><td rowspan="2">支出进度（5 分）</td><td>中央财政农田建设补助资金支出进度达到平均进度的，得 3 分；未达到的，按比例扣分；低于 50%，不得分</td><td rowspan="2">省级财政农田建设补助资金支出进度达到平均进度的，得 2 分；未达到的，按比例扣分；低于 50%，不得分</td></tr>
<tr><td>省级自评报告及佐证材料，直达资金监控系统数据等</td></tr>
<tr><td rowspan="3">竣工验收和上图入库</td><td>项目竣工验收（6 分）</td><td>按照竣工验收有关规定，已竣工项目在半年内全部完成验收的，得 6 分；未按要求在半年内完成验收的，根据占应验收项目的比例，每减少 10%，扣 1 分</td><td>全国农田建设综合监测监管平台数据</td></tr>
<tr><td>上图入库（8 分）</td><td>及时完成上图入库工作，且数据真实准确的，得 8 分；未按要求开展上图入库、新建项目与已建项目重叠、项目区存在明显非耕地地类等问题的，每发现 1 项，扣 1 分</td><td>全国农田建设综合监测监管平台数据</td></tr>
<tr><td>新增耕地（2 分）</td><td>通过开展高标准农田建设有新增耕地面积的，得 2 分，否则不得分</td><td>自然资源部门会同农业农村部门对新增耕地的核定结果</td></tr>
</table>

（续）

评价指标	分值	评价标准	评价依据
建后管护和制度建设	建后管护（8分）	省级及以下建立由地方履行支出责任的管护制度的，得1分，否则不得分；省级及以下安排落实项目管护资金的，得1分，否则不得分。对已竣工验收项目，全部落实管护主体、责任、经费的，得6分；任何一项未落实或落实不到位的，扣2分，扣完为止	省级自评报告及佐证材料，农业农村部日常监测情况和实地评价报告
	制度建设（2分）	按照制度建设的相关要求，出台省级农田建设相关办法、实施细则等的，每1项得1分，满分2分	省级自评报告及佐证材料
日常工作调度	日常工作（8分）	及时部署、组织开展各项日常重点工作，按要求完成绩效管理工作，按时提交材料，且逻辑清晰、数据准确，未发现重大问题的，得8分。党中央、国务院领导对高标准农田建设问题进行批评性批示的，以及省部级以上领导约谈地方、审计报告反映重大问题、舆情产生重大负面影响等情况的，每一次扣3分，扣完为止；有未及时报送材料、数据存在错误等问题的，根据日常工作汇总情况，每出现1项问题，扣1分，扣完为止	全国农田建设综合监测监管平台数据，农业农村部、财政部日常监测情况
加分项	加分项（5分）	党中央、国务院对高标准农田建设予以工作表彰或相关领导给予肯定性批示的，一次加3分；国务院大督查、国务院专项督查对高标准农田建设工作予以通报表扬的，一次加2分。累计不超过5分	

4. 农业农村部关于印发《高标准农田建设项目竣工验收办法》的通知

农建发〔2021〕5 号

各省、自治区、直辖市及计划单列市农业农村（农牧）厅（局、委），新疆生产建设兵团农业农村局，北大荒农垦集团有限公司，广东省农垦总局：

按照《国务院办公厅关于切实加强高标准农田建设提升国家粮食安全保障能力的意见》（国办发〔2019〕50 号）和《农田建设项目管理办法》（农业农村部令 2019 年第 4 号）的有关要求，我部研究制定了《高标准农田建设项目竣工验收办法》。现印发给你们，请认真遵照执行。

农业农村部

2021 年 9 月 3 日

高标准农田建设项目竣工验收办法

第一章　总　　则

第一条　为规范高标准农田建设项目竣工验收工作，确保项目建设成效，依据《国务院办公厅关于切实加强高标准农田建设提升国家粮食安全保障能力的意见》（国办发〔2019〕50 号）、《农田建设项目管理办法》（农业农村部令 2019 年第 4 号）等有关规定，制定本办法。

第二条　本办法所称的高标准农田建设项目竣工验收工作，是指对批准立项实施的高标准农田建设项目完成情况、建设质量、资金使用情况等方面开展综合评价的活动。

第三条　项目竣工验收按照“谁审批、谁验收”的原则，由项目初步设计审批单位组织开展，并对验收结果负责。

第四条 农业农村部负责指导全国高标准农田建设项目竣工验收工作，抽查项目竣工验收工作情况，综合评价各地实施成效。省级农业农村部门负责制定本地区项目竣工验收工作规定，检查工作落实情况，每年对不低于10%的当年竣工验收项目进行抽查。省级农业农村部门承担项目初步设计审批职责的，要负责组织开展所审批的项目竣工验收工作。

地市级农业农村部门负责本区域项目竣工验收及相关工作。对承担省级下放项目初步设计审批职责的，要及时组织开展项目竣工验收，验收结果报省级农业农村部门备案；对未承担项目初步设计审批职责的，要积极配合验收单位开展项目竣工验收工作，督促指导县级农业农村部门或项目建设单位做好问题整改落实。

县级农业农村部门负责本辖区项目初步验收工作。对经初步验收合格的项目，及时向项目初步设计审批单位提出项目竣工验收申请。组织指导项目建设单位做好项目竣工验收准备，并对发现的问题进行整改。

第五条 本办法适用于中央财政资金以及地方各级人民政府投入的高标准农田建设项目（包括新建和改造提升）的竣工验收。新型农业经营主体或农村集体经济组织等自主实施的高标准农田建设项目竣工验收工作，可参照本办法执行。

第二章 竣工验收依据和条件

第六条 项目竣工验收的主要依据包括：

（一）国家及有关部门颁布的相关法律、法规、规章、标准、规范等。

（二）有关建设规划、项目初步设计文件、批复文件以及项目变更调整、终止批复文件。

（三）项目建设合同、资金下达拨付等文件资料。

（四）按照有关规定应取得的项目建设其他审批手续。

（五）初步验收报告及竣工验收申请。

第七条 申请竣工验收的项目应满足以下条件：

（一）按批复的项目初步设计文件完成各项建设内容并符合质量要求；有设计调整的，按项目批复变更文件完成各项建设内容并符合质量要求。完成项目竣工图绘制。

（二）项目工程主要设备及配套设施经调试运行正常，达到项目设计目标。

（三）各单项工程已通过建设单位、设计单位、施工单位和监理单位四方验收并合格。

（四）已完成项目竣工决算，经有相关资质的中介机构或当地审计机关审计，具有相应的审计报告。

（五）前期工作、招投标、合同、监理、施工管理资料及相应的竣工图纸等技术资料齐全、完整，已完成项目有关材料的分类立卷工作。

（六）已完成项目初步验收。

第三章　竣工验收程序和内容

第八条　项目审批单位应在项目完工后半年内组织完成竣工验收工作。应当按以下程序开展竣工验收：

（一）县级初步验收。项目完工并具备验收条件后，县级农业农村部门可根据实际，会同相关部门及时组织初步验收，核实项目建设内容的数量、质量，出具初验意见，编制初验报告等。

（二）申请竣工验收。初验合格的项目，由县级农业农村部门向项目审批单位申请竣工验收。竣工验收申请应按照竣工验收条件，对项目实施情况进行分类总结，并附竣工决算审计报告、初验意见、初验报告等。

（三）开展竣工验收。项目审批单位收到项目竣工验收申请后，一般应在60天内组织开展验收工作，可通过组织工程、技术、财务等领域的专家，或委托第三方专业技术机构组成的验收组等方式开展竣工验收工作。验收组通过听取汇报、查阅档案、核实现场、测试运行、走访实地等多种方式，对项目实施情况开展全面验收，形成项目竣工验收情况报告，包括验收工作组织开展情况、建设内容完成情况、工程质量情况、资金到位和使用情况、管理制度执行情况、存在问题和建议等，并签字确认。项目竣工验收过程中应充分运用现代信息技术，提高验收工作质量和效率。

（四）出具验收意见。项目审批单位依据项目竣工验收情况报告，出具项目竣工验收意见。对竣工验收合格的，核发农业农村部统一格式的《高标准农田建设项目竣工验收合格证书》（格式见附件）。对竣工验收不合格的，县级农业农村部门应当按照项目竣工验收情况报告提出的问题和意见，组织开展限期整改，并将整改情况报送竣工验收组织单位。整改合格后，再次按程序提出竣工验收申请。

项目通过竣工验收后，县级农业农村部门应对项目建档立册，按照有关规定对项目档案进行整理、组卷、归档，并按要求在全国农田建设综合监测监管平台填报项目竣工验收、地块空间坐标等信息。

第九条　项目竣工验收内容主要包括以下方面：

（一）项目初步设计批复内容或项目调整变更批复内容的完成情况。

（二）各级财政资金和自筹资金到位情况。

（三）资金使用规范情况，包括项目专账核算、专人管理、入账手续及支出凭证完整性等。

（四）项目管理情况，包括法人责任履行、招投标管理、合同管理、施工管理、监理工作和档案管理等。

（五）项目建设情况，包括现场查验工程设施的数量和质量、耕地质量、农机作业通行条件等，并对监理、四方验收、初步验收等相关材料进行核查。

（六）项目区群众对项目建设的满意程度。

（七）项目信息备案、地块空间坐标上图入库等情况。

（八）其他需要验收的内容。

第十条 项目竣工验收后，县级农业农村部门应当在项目区设立规范的信息公示牌，将项目建设单位、设计单位、施工单位、监理单位、立项年度、建设区域、投资规模等信息进行公开。

第四章　监督管理

第十一条 项目竣工验收过程中，验收组要主动听取项目区所在村委会、农村集体经济组织、农民等有关意见和建议，自觉接受社会和群众监督。

第十二条 各级农业农村部门要明确项目竣工验收工作纪律和有关要求。验收组成员要严格遵守廉洁自律各项规定，对项目作出客观公正的评价。验收组成员与被验收单位或验收事项有直接利害关系的，应主动申请回避。

第十三条 各级农业农村部门要积极配合相关部门开展审计和监督检查，在项目竣工验收过程中发现违法违规问题的，应当在法定职权范围内按有关规定及时作出处理。必要时，向有关部门提出追究责任的建议。

第五章　附　　则

第十四条 对2018年及以前立项实施的高标准农田建设项目，按照项目原主管部门有关规定开展项目竣工验收工作。各级农业农村部门要加强与项目原主管部门的沟通协调，做好相关工作。

第十五条 省级农业农村部门可根据本办法，结合本地区实际情况，制定项目竣工验收实施细则。

第十六条 本办法自发布之日起实施。

附件：高标准农田建设项目竣工验收合格证书（格式）

附件

高标准农田建设项目竣工验收合格证书（格式）

（高标准农田国家标识）

高标准农田建设项目竣工验收合格证书

（申报竣工验收单位）：

____

____

____

项目竣工验收组织单位（印章）：

年　月　日

注：项目竣工验收合格证书中应包含项目名称、建成高标准农田面积、项目投资、验收日期等内容。

5. 农业农村部关于完善农田建设项目调度制度的通知

农建发〔2021〕2号

各省、自治区、直辖市及计划单列市农业农村（农牧）厅（局、委），新疆生产建设兵团农业农村局，北大荒农垦集团有限公司，广东省农垦总局：

近年来，各地认真贯彻落实党中央、国务院关于加强高标准农田建设的一系列决策部署，按照农田建设调度制度等相关要求，定期调度农田建设项目建设进度，强化项目建设督促指导，为全面完成中央确定的高标准农田和高效节水灌溉建设任务，发挥了重要作用。根据农田建设实际情况，经研究，决定对农田建设项目调度制度予以优化完善。现将有关事项通知如下：

一、调度范围

各省、自治区、直辖市、计划单列市、新疆生产建设兵团农业农村部门及北大荒农垦集团有限公司、广东省农垦总局（以下简称“各省农业农村部门”）要对照农业农村部下达的年度建设任务清单和各省批复的年度实施计划报送项目建设进度。年度调度范围为当年批复的农田建设项目和以往年度批复实施但未竣工的项目。

二、调度时限和形式

实行农田建设项目月调度制度。各省农业农村部门应通过全国农田建设综合监测监管系统，以项目为基本单位，在每月10日前，按月填报当年度截至上月末的农田建设项目累计进度情况。各省农业农村部门在通过系统填报进度的同时，要将农田建设项目定期调度表（见附件，文件采用PDF或JPG等格式）上传至全国农田建设综合监测监管系统。农田建设项目定期调度表应由省级农业农村部门负责人审核签字或盖章。农业农村部于每月15日前汇总形成全国农田建设项目进度结果。

2021年4月初开始第1次调度，填报截至3月底的农田建设项目累计进度情况，各省农业农村部门可结合实际情况，采取线下纸质报送为主、线上系统试填为辅的方式于 4 月 10 日前填报。从 2021 年 5 月第 2 次调度开始，全面采用线上系统调度。农业农村部将根据工作需要，不定期调度各省农田建设项目进度情况。

三、有关要求

（一）加强组织领导。农田建设项目定期调度相关指标已纳入高标准农田建设有关考核和评价激励内容，也是近年来审计关注的重点。各省农业农村部门要高度重视调度工作，建立健全信息填报专人负责制和单位负责人把关制，及时客观反映农田建设项目进度情况。

（二）认真填报信息。各省农业农村部门要指导项目市县及时做好项目上图入库工作，按时填报进度信息；对各级定期调度数据进行审核汇总，确保信息的及时性、真实性和准确性。上传的农田建设项目定期调度表未签字盖章，或与系统填报数据不一致的，视为无效。对照年度建设任务，总体建设进度较慢的省份，要做好原因分析及对策措施说明。

（三）严格核查通报。农业农村部将对各省农田建设进度情况进行分析研判与核查，并视情况进行通报。各省要用好全国农田建设综合监测监管系统，完善督促指导、约谈通报、奖优罚劣等工作手段，加强工程质量管理，加快建设进度，确保建设任务落实落地、保质保量完成。

本通知印发后，《农业农村部关于建立农田建设项目调度制度的通知》（农建发〔2019〕3 号）同时废止。

附件：农田建设项目定期调度表

农业农村部

2021 年 3 月 5 日

附件

农田建设项目定期调度表

填报单位：　　　　　　（盖章）　　　　　　　　　　　　　　　　　　填报时间：

省份	立项年度	进度情况															
		前期工作			开工在建进度（万亩）		建设完成情况（万亩）							投资完成情况（万元）			
							高标准农田面积			其中：高效节水灌溉面积							
		项目个数	招投标完成个数	项目开工个数	高标准农田面积	其中：高效节水灌溉面积	完成面积	其中：上图入库面积	其中："两区"范围内面积	合计	喷灌	微灌	管灌	合计	中央财政资金	地方财政资金	其他资金

填报人：　　　　　　　　　　　　　　　　　　　　省级农业农村部门负责人签字：

6. 农业农村部关于印发《高标准农田建设质量管理办法（试行）》的通知

农建发〔2021〕1号

各省、自治区、直辖市及计划单列市农业农村（农牧）厅（局、委），新疆生产建设兵团农业农村局，北大荒农垦集团有限公司，广东省农垦总局：

为贯彻落实习近平总书记对高标准农田建设的系列重要指示精神和2021年中央1号文件、《国务院办公厅关于切实加强高标准农田建设提升国家粮食安全保障能力的意见》（国办发〔2019〕50号）等有关要求，推动农田建设高质量发展，夯实国家粮食安全基础，我部研究制定了《高标准农田建设质量管理办法（试行）》。现印发给你们，请认真遵照执行。办法执行中的重要情况及时报我部。

农业农村部

2021年3月13日

高标准农田建设质量管理办法（试行）

第一章　总　　则

第一条　为加强高标准农田建设质量管理，推动农田建设高质量发展，根据《建设工程质量管理条例》《基本农田保护条例》等法律法规以及《国务院办公厅关于切实加强高标准农田建设提升国家粮食安全保障能力的意见》（国办发〔2019〕50号）、《农田建设项目管理办法》（农业农村部令2019年第4号），制定本办法。

第二条　本办法适用于中央财政转移支付资金和中央预算内投资支持及地方政府投入的高标准农田建设项目（包括新建和改造提升）的质量管理。新型农业经营主体或农村集体经济组织自主组织实施的农田建设项目质量管理，可参照本办法相关要求执行。

第三条 农业农村部负责指导监督全国高标准农田建设质量管理工作。地方农业农村部门负责本地区高标准农田建设质量管理，组织开展质量管理工作，制定质量管理制度和标准，规范从业单位质量管理行为，加强质量管理业务培训，开展质量监督核查等。高标准农田建设质量管理相关的重大事项和重要情况应按程序报告农业农村部。

第四条 高标准农田建设项目实行项目法人责任制。项目法人对高标准农田建设质量负总责，承担项目测绘、勘察、设计、施工、监理、材料（设备或构配件）供应、评估评审等任务的单位依照法律法规和合同约定对各自承担的技术服务、工程和产品质量负责。

第五条 高标准农田建设项目实行招标投标制。

招标人（招标代理机构）应严格审查投标单位和人员的违法违规失信行为记录，严禁有围标、串标、违法分包和转让等不良行为记录，以及有违规出借资质的单位参与投标。

招标文件应根据项目建设规模、建设任务、建设标准、工程质量、耕地质量、进度要求等因素合理确定招标条件、划分标段和评标办法，在招标文件中应明确与质量有关的参数、标准、工艺流程等具体要求。

第六条 高标准农田建设项目实行合同管理制。

项目测绘、勘察、设计、施工、监理、材料（设备或构配件）供应、评估评审等业务应当签订合同。合同文件应当有相应质量条款，将质量目标分解到每个阶段、相关工序，确保质量可控。

项目测绘、勘察、设计、监理等相应承担单位不得转包（让）或分包任务，施工单位不得转包或违法分包任务。

第七条 鼓励使用绿色环保新技术、新工艺、新材料和新设备建设高标准农田。推动耕地质量保护提升、生态涵养、农业面源污染防治和田园生态改善有机融合，提升农田生态功能。

第八条 项目法人、设计和施工单位应当广泛征求高标准农田建设项目所在乡镇、农村集体经济组织、村民及其他利益相关方的意见建议，并吸纳合理意见。

第二章　项目储备库质量管理

第九条 地方农业农村部门要建立高标准农田建设项目储备库制度。县级农业农村部门负责建设、维护和管理本区域高标准农田建设项目储备库。县级以上地方农业农村部门逐级汇总管理本区域高标准农田建设项目储备库。

第十条 纳入高标准农田建设项目储备库的项目应满足但不限于以下要求：

(1) 符合农田建设规划；

(2) 项目选址、区域范围、建设规模、建设内容和资金需求科学合理；

(3) 项目区土地权属清晰，当地群众积极支持改善项目区农业生产条件；

(4) 地块相对集中连片，建设后能有效改善生产条件，提高粮食产能；

(5) 具备立项后及时组织实施的条件。

第十一条 地方农业农村部门应综合考虑规划布局、水源保障、基础设施现状、连片面积、建设周期、资金投入、农民意愿、实施效益等因素，优先在粮食生产功能区和重要农产品生产保护区安排项目建设，明确已纳入高标准农田建设项目储备库项目的优先序。

第十二条 高标准农田建设项目储备库实行动态管理。县级农业农村部门应提前谋划本区域高标准农田建设项目，对符合入库要求的项目及时入库；并定期分析研判，对已立项实施或因情况变化不符合入库要求的项目及时出库。

第三章 立项质量管理

第十三条 高标准农田建设项目应在完成实地测绘和必要的勘察并获取项目区耕地数量与质量状况的基础上，编制项目初步设计文件。

第十四条 高标准农田建设项目法人应对测绘、勘察、耕地质量等级评价、设计等单位的外业工作成果进行审核。

第十五条 高标准农田建设项目现状图测绘文件比例尺应能够准确反映项目区现状并满足土地平整、灌溉与排水、田间道路、农田防护与生态环境保持等工程设计和施工精度要求。

第十六条 高标准农田建设项目设计文件应以提升项目区粮食产能为首要目标，因地制宜提出工程、农艺（农机）、生物、管理等措施，明确建设内容和质量要求、投资和效益目标等。

第十七条 省级农业农村部门会同有关部门，结合本地实际，按照有关法律法规、部门规章及相关政策要求，确定项目审批主体。项目审批主体应按规定组织评审项目设计成果，对设计依据、建设方案、设计标准、概算编制、效益分析等内容的合规性、科学性、合理性和设计文件及附件材料的完整性、真实性加强审查，必要时可对申报、勘测、设计单位开展面对面质询。

项目评审专家和第三方评审机构的选取应实行回避制度。

第十八条 高标准农田建设项目审批主体应将项目设计评审可行的项目向社会公示（涉及国家秘密的内容除外），公示期一般不少于 5 个工作日。项目审批主体应及时批复立项公示无异议的项目。对公示有异议的，经专家论证符合立项条件后及时批复立项。

第四章　项目实施质量管理

第十九条　项目法人在高标准农田建设项目开工前应组织设计、监理、施工单位和项目区农民代表进行技术交底。设计单位应做好施工过程的技术指导、设计变更等后续服务工作。施工和监理单位应严格执行设计文件要求，确保设计意图在施工中得以落实。任何单位和个人不得擅自修改、变更项目设计文件。

第二十条　凡进入高标准农田建设项目施工现场的建筑材料、构配件和设备应具有产品质量出厂合格证明或技术标准规定的进场试验报告。施工单位、监理单位应对原材料和中间材料见证取样和送检，并对构配件和设备等进行抽检，未经检验或经检验不合格的，不得投入使用。

第二十一条　高标准农田建设项目施工单位应严格按照国家、地方、行业有关工程建设法律法规、技术标准以及设计文件和合同要求进行施工，严禁擅自降低标准，缩减规模。施工单位应加强各专业工种、工序施工管理，未经验收或质量检验评定不合格的，不得进行下一个工种、下一道工序施工。施工单位应加强隐蔽工程施工管理，在下一道工序施工前，应通过项目法人、设计、监理单位检查验收，并绘制隐蔽工程竣工图。施工单位应建立完整、可追溯的施工技术档案。

第二十二条　高标准农田建设项目实行工程监理制。

项目监理单位应按规定采取旁站、巡视、平行检验等多种形式开展全过程监理，加强施工材料质量、隐蔽工程施工、单项工程验收等关键环节监理，对施工现场存在的质量、进度、安全等问题及时督促整改并复查。监理单位应及时收集、整理、归档监理资料，按约定期限如实向项目法人及县级农业农村部门报告工程施工进度、工程质量、安全生产和相关控制措施。

第二十三条　高标准农田建设实施计划不得擅自调整，项目实施过程中，建设地点、建设工期、建设内容、单项工程设计、建设资金发生变化确需调整的，按照“谁审批、谁调整”的原则，依据有关规定办理审核批复。

由于自然灾害、地质情况变化、国土空间规划调整和实施国家重大建设项目等因素导致高标准农田建设项目无法实施的，项目审批主体应加强审查，根据需要及时终止项目建设。项目终止审查结果应向社会公示（涉及国家秘密的内容除外），公示期一般不少于5个工作日。终止项目应按程序报农业农村部备案。

第五章　项目建后质量管理

第二十四条　高标准农田建设项目竣工后，县级农业农村主管部门应对田块整治、土壤改良、灌溉和排水、田间道路、农田防护和生态环境保护、农田输配电等工程数量与质量进行复核，并形成复核报告。对复核发现的问题，由项目法人组织整改。通过工程数量与质量复核后，地方农业农村部门应按规定及时开展项目验收。

第二十五条 高标准农田建设项目竣工后，施工单位应向项目法人出具质量保修书、主要工程与设备使用说明书。质量保修书中应明确质量保修期、保修范围和内容、保修责任和经济责任等。工程与设备使用说明书应明确使用要求、操作规程、运行管理、维修与保养措施等。

第二十六条 高标准农田建设项目竣工后，县级农业农村部门应依据《耕地质量等级》（GB/T 33469—2016）等技术标准，组织开展耕地质量专项调查评价，对项目区耕地质量主要性状开展实地取样化验，评价并划分耕地质量等级、测算粮食产能。

第二十七条 地方农业农村部门应按照高标准农田建设项目竣工验收办法要求，严格开展验收工作，加强对项目工程建设、资金使用、耕地质量和粮食产能提升等情况的量化评价。对竣工验收发现的问题，地方农业农村部门要督促有关责任方及时整改到位。

第二十八条 高标准农田建设项目竣工验收后，地方农业农村部门要按照地方相关政策要求，及时开展项目新增耕地指标核定相关工作。

第二十九条 高标准农田建设项目验收通过后，项目法人应及时按有关规定办理资产交付手续。地方农业农村部门应组织建立高标准农田建设项目建后管护长效运行机制，监督落实管护责任。

第三十条 地方农业农村部门应加强高标准农田建设项目档案管理，建立完整的项目档案，及时按照有关规定对项目档案进行收集、整理、组卷、存档。项目档案保存期限不应短于工程设计使用年限。具备条件的地方，要通过全国农田建设监测监管平台实行高标准农田建设项目电子化管理。

第三十一条 地方农业农村部门应依据《耕地质量监测技术规程》（NY/T 1119—2019）等，持续跟踪耕地质量变化情况，加强高标准农田后续培肥，稳定提升地力。

第六章　质量监督

第三十二条 农业农村部按规定通过抽查、专项检查、重点督办等方式，地方农业农村部门可采用巡查、抽查、“双随机一公开”检查等方式加强高标准农田建设质量监督。

鼓励地方农业农村部门利用遥感、航测、大数据分析等现代信息技术对高标准农田建设项目实行全程动态监管。

第三十三条 地方农业农村部门应加强高标准农田建设项目各阶段信息上图入库填报审核把关，提高报送质量，准确填报开工、建设进展、地理信息等。

第三十四条 鼓励地方农业农村部门依法依规记录并公开高标准农田建设项目测绘、勘察、设计、施工、监理、材料（设备或构配件）采购、评估评审等从业单位和人员的违法违规失信行为信息，按规定程序将失信记录纳入信用评价管理体系。

第三十五条 鼓励通过以工代赈等方式引导农民参与高标准农田建设，支持将农民质量监督员纳入公益性岗位，开展建设质量监督。加强对农民质量监督员的技术指导和业务培训。

利用网络平台、项目公示标牌等信息渠道加大高标准农田建设信息公开力度，接受社会监督。

第三十六条 各级农业农村部门应将高标准农田建设质量监督结果作为项目绩效评价、项目验收和年度工作激励考核等的重要内容，实行奖优罚劣。质量监督结果与高标准农田建设任务安排相挂钩。

第三十七条 高标准农田建设质量管理工作中存在违法违规问题的，应依法依规追究相关人员责任。

第七章　附　　则

第三十八条 本办法自 2021 年 5 月 1 日起实施。

7. 农业农村部关于推进高标准农田改造提升的指导意见

农建发〔2022〕5号

高标准农田建设是巩固和提高粮食生产能力，保障国家粮食安全的关键举措。党中央、国务院高度重视高标准农田建设。党的十八大以来，各地区各部门认真贯彻党中央、国务院决策部署，大力推进高标准农田建设，有力支撑了粮食和重要农产品生产能力的提升。受建设年限、投入水平、因灾损毁等因素影响，部分已建成高标准农田质量与农业农村现代化发展要求还有一定差距。为做好已建高标准农田改造提升，完善农田基础设施，以基础设施现代化促进农业农村现代化，现提出以下意见。

一、总体要求

（一）指导思想。以习近平新时代中国特色社会主义思想为指导，全面贯彻落实党的十九大和十九届历次全会精神，深入实施藏粮于地、藏粮于技战略，突出高质量发展要求，依据《全国高标准农田建设规划（2021—2030年）》（以下简称《规划》）部署，以提升粮食产能为首要目标，围绕“田、土、水、路、林、电、技、管”八个方面，坚持问题导向和目标导向，因地制宜确定改造提升内容，着力提升建设标准和质量，打造高标准农田的升级版，形成一批现代化农田，为保障国家粮食安全和重要农产品有效供给提供坚实基础。

（二）工作原则。坚持政府主导，鼓励多元参与。切实落实地方政府责任，健全高标准农田改造提升投入保障机制，加强资金保障。切实保障各级政府投入，鼓励各地通过土地出让收益、高标准农田建设新增耕地指标调剂收益、金融和社会资本积极参与高标准农田改造提升，多渠道筹集建设资金。

坚持问题导向，提高粮食产能。针对不同区域、不同类型已建高标准农田存在的主要障碍因素，根据自然资源禀赋、农业生产特征，因地制宜确定高标准农田改造提升重点内容，完善农田基础设施，提高建设质量，改善农业生产条件，提升粮食综合生产能力，适应农业农村现代化需要。

坚持科学布局，分区分步实施。依据高标准农田建设规划，对接国土空间规划、水安全保障规划等，做好与“三区三线”划定工作的衔接，重点在永久基本农田、粮食生产功能区和重要农产品生产保护区，科学安排已建高标准农田改造提升区域布局，分阶段、分区域统筹实施改造提升项目。

坚持良田粮用，严格保护利用。对改造提升后的高标准农田实行严格保护，统一上图入库，强化高标准农田监测与用途管控，完善管护机制，保障持续利用。建立健全激励和约束机制，改造提升后的高标准农田原则上全部用于粮食生产，遏制“非农化”、防止“非粮化”。

（三）目标任务。2023—2030 年，全国年均改造提升 3500 万亩高标准农田，改造提升后的高标准农田亩均粮食综合生产能力明显提高。通过改造提升，解决已建高标准农田设施不配套、工程老化、工程建设标准低等问题，农田基础设施和耕地地力水平进一步提高，工程设施使用年限进一步延长，真正达到高标准，实现旱涝保收、高产稳产，与现代农业发展相适应，构建更高水平、更有效率、更可持续的国家粮食安全保障基础，为农业农村现代化提供有力支撑。

二、分类实施高标准农田改造提升建设

（四）坚决完成建设任务。各地要按照《规划》要求，切实落实高标准农田改造提升任务。在科学规划论证的基础上，逐级细化分解下达年度建设任务。要采取“谋划一批、储备一批、建设一批”的方式，抓紧开展项目前期工作，组织开展调研摸底、前期论证、初步设计等工作，有条件的地区可以组织先行立项，强化项目储备，进一步优化项目管理流程，压缩前期工作时间，优化项目组织实施和验收方案，确保项目及时立项、及时开工、及时验收。各地要抓紧开展 2023 年改造提升项目前期工作，有条件的地区可以在 2022 年 9 月底前完成第一批改造提升项目储备。落实高标准农田建设调度制度，开展项目建设进度监测，及时通报各地项目进展情况，采取实地督促指导等硬手段、硬措施，确保完成建设任务。

（五）统筹优化建设布局。各地要落实《规划》要求，结合国土空间规划、水安全保障规划等，科学编制本地区高标准农田建设规划，统筹安排高标准农田改造提升布局。分区域、分类型明确高标准农田改造提升标准。重点对永久基本农田划定范围内建设标准偏低、设施不配套，工程年久失修、损毁严重，粮食产能达不到国家标准的高标准农田进行改造提升。对建设内容部分达标的项目区允许各地按照“缺什么、补什么”的原则开展有针对性的改造提升；对建设内容达标的已建高标准农田，若达到规定使用年限，可逐步开展改造提升。因地制宜结合整区域推进高标准农田建设试点和数字农田建设，强化高标准农田改造提升成效。

（六）合理安排建设时序。各地要摸清已建高标准农田现状分布及主要障碍因素，综合考虑粮食产能、土层厚度、土壤质量、灌排设施和田间道路配套等情况，合理确定高标准农田改造提升时序。对属于永久基本农田划定范围且符合下列条件的优先纳入高标准农田改造提升范围：位于粮食主产区和乡村振兴重点支持地区的；位于大中型灌区内的；列入中央和地方重点督办事项的；因灾害等原因损毁需要尽快恢复农业生产的；改造后产能提升明显，有利于农业转型升级的；建成年份较早、投入水平较低、亟待改造提升的。

（七）完善农田基础设施。根据《高标准农田建设通则》等标准，针对农田基础设施薄弱、机械化水平相对较低，或已建高标准农田建设标准偏低、农田设施老化损毁严重的区域，着力更新改造农田设施，补齐基础设施短板，改善农业生产条件，提高机械化作业水平，增强农田防灾、抗灾、减灾能力。重点开展田块整治、灌排设施提升、田间道路改造、农田输配电建设、农田防护和生态环境保护措施等。具体包括以下内容：

——田块整治措施：合理划分和适度归并田块，平整土地，减小田面高差和坡降。适应农业机械化、规模化生产经营的需要，根据地形地貌、作物种类、机械作业效率、灌排效率和防止风蚀水蚀等因素，合理确定田块的长度、宽度和方向。田块整治后，有效土层厚度和耕层厚度应满足作物生长需要。

——建设灌溉与排水设施：适应农业生产需要，开展田间灌溉排水设施建设，有效衔接灌区骨干工程，合理配套改造和建设输配水渠（管）道和排水沟（管）道及渠系建筑物等，实现灌排设施配套。因地制宜推广高效节水灌溉技术、配套田间小型水源工程。

——修建田间道路：按照“有利生产、兼顾生态”的原则，优化田间道（机耕路）、生产路布局，合理确定路网密度、道路宽度，根据实际需要整修和新建田间道（机耕路）、生产路，配套建设农机下田（地）坡道、桥涵、错车道和回车场等附属设施，提高农机作业便捷度。平原区道路通达度100%，山地丘陵区道路通达度不小于90%。

——配套农田输配电设施：对适合电力灌排和信息化管理的农田，铺设低压输电线路，配套建设变配电设施，合理布设弱电设施，为泵站、河道提水、农田排涝、喷微灌、水肥一体化以及信息化工程等提供电力保障，提高农业生产效率和效益。

——农田防护和生态环境保护措施：根据农田防护需要，新建或修复农田防护林、岸坡防护、坡面防护、沟道治理工程，保障农田生产安全。推广生态型改造措施，以生态脆弱农田为重点，因地制宜加强生态沟渠及其它耕地利用设施建设，改善农田生态环境。

（八）着力提升耕地地力。针对地力水平相对较差的区域，重点通过综合性的地力提升措施，提高耕地地力和粮食单产水平，全面改善农田生产条件，确保农田持续高效利用。重点开展土壤改良、障碍土层消除、土壤培肥等。具体包括以下内容：

——土壤改良：采取掺黏、掺沙、施用调理剂、施有机肥、保护性耕作及工程措施等，开展土壤质地、酸化、盐碱化及板结等改良。

——障碍土层消除：采用深耕、深松等措施，消除障碍土层对作物根系生长和水气运行的限制。

——土壤培肥：通过秸秆还田、施有机肥、种植绿肥、深耕深松等措施，保持或提高耕地地力。

三、完善政策与要素保障

（九）加强资金保障。各地要根据《规划》和相关建设标准要求，研究确定不同类型高标准农田改造提升的投入标准，压实地方政府投入责任。完善多元化筹资机制，按规定及时落实地方资金，用好用足地方政府债券、新增耕地指标调剂收益、土地出让收入等，引导金融和社会资本投入高标准农田建设，力争高标准农田建设亩均投入逐步达到3000元左右。

（十）实行高标准农田特殊保护。改造提升后的高标准农田要及时划为永久基本农田，实行特殊保护，任何单位和个人不得损毁、擅自占用或改变用途。经依法批准占用高标准农田的，严格实行高标准农田先补后占和占补平衡、进出平衡，确保高标准农田数量不减少、质量不降低。推动将高标准农田保护情况纳入省级政府耕地保护责任目标考核等年度考核评价，督促地方采取措施，切实防止已建成的高标准农田因建设占用、农业结构调整而减少。

（十一）加强建后管护。完善高标准农田建后管护制度，明确地方各级政府相关责任，落实管护主体，压实管护责任。各地要建立农田建设项目管护经费合理保障机制，多渠道筹措高标准农田建后管护资金，积极推进农业水价综合改革。因地制宜探索创新管护模式，加强专业管护机构、社会化服务组织建设，提高高标准农田管护水平。

（十二）引导社会力量参与。鼓励农民和新型农业经营主体等参与高标准农田改造提升项目的规划设计、施工、竣工验收等，构建群众监督参与机制，提高建设质量。加强高标准农田改造提升相关政策宣传引导，激发相关主体参与高标准农田改造提升的积极性。

（十三）强化信息化监测监管。充分利用全国农田建设综合监测监管平台，将高标准农田改造提升项目全部纳入监测监管范围，确保建成面积及时足额上图入库。加强现代信息技术手段应用，发挥大数据、人工智能、遥感监测等先进技术作用，构建高标准农田立体化监测监管体系，实现农田建设全程信息化监控和精准管理。加强全国农田建设综合监测监管平台与国土空间规划“一张图”实施监督信息系统互联互通，定期更新共享数据。

四、加强组织领导

（十四）强化统筹协调。加强地方各级党委、政府对农田建设工作的领导，形成一级抓一级、层层抓落实的工作体系。各地农业农村部门要全面履行好农田建设集中统一管理职责，主动对接发展改革、财政、自然资源、水利等相关部门，明确工作分工，协同推进高标准农田改造提升。省级农业农村部门要加强对本地区高标准农田改造提升的指导，做好项目管理，从严开展监督。市县农业农村部门组织好项目实施，确保建设任务落实落地。

（十五）加强考核评估。各级农业农村部门要协调相关部门共同做好高标准农田改造提升任务实施，对任务目标落实情况开展跟踪分析和定期评估，发挥好规划引领作用。落实粮食安全党政同责的要求，进一步完善高标准农田建设评价激励工作，强化评价结果运用。综合运用实地评估、明察暗访、遥感监测等方式，加强对高标准农田改造提升的质量、管护利用等全过程的监测监管，切实提升建设成效。

（十六）强化宣传引导。深入总结推广改造提升典型案例、技术集成模式等经验做法，组织开展观摩交流活动，发挥示范带动作用。加强舆论引导，及时回应社会关切，充分运用报刊、电视、网络等媒体宣传农田建设新进展新成效，为凝聚各方力量持续推进农田建设营造良好氛围。

农业农村部

2022 年 9 月 1 日

8. 农业农村部办公厅关于印发《农业综合开发国际合作项目执行管理评价办法（试行）》的通知

农办建〔2021〕5号

各省、自治区、直辖市及计划单列市农业农村（农牧）厅（局、委），新疆生产建设兵团农业农村局：

为建立健全农业综合开发国际合作项目执行期管理工作评价激励机制，推动地方加快项目建设，稳步提升项目建设成效，按时保质完成各项建设任务，依据财政部有关规定和项目有关协议要求，我部研究制定了《农业综合开发国际合作项目执行管理评价办法（试行）》。现予以印发，请遵照执行。执行中如有问题，请及时反馈农业农村部农田建设管理司。

农业农村部办公厅

2021年7月26日

农业综合开发国际合作项目执行管理评价办法（试行）

第一章　总　　则

第一条　为规范和加强农业农村部农业综合开发国际合作项目（以下简称“国际合作项目”）执行期管理工作，根据财政部有关规定和项目有关协议，制定本办法。

第二条　国际合作项目是指由农业农村部农田建设管理司（国家项目管理办公室，以下简称“国家项目办”）牵头组织、利用国际金融组织贷款赠款资金实施的项目。

第三条 国际合作项目国家项目办主要负责项目整体实施，明确开发建设任务和资金使用方向，确定和汇总年度计划，编制合并财务报表，监督和监测项目实施进度等。省级项目管理办公室（以下简称“省项目办”）主要负责本省（自治区、直辖市）项目设计、实施和具体管理活动，编制年度计划、采购计划、监测评价报告、进展报告和财务报表等。县级项目管理办公室（以下简称“县项目办”）主要承担项目具体实施和日常管理工作。

国家项目办负责组织开展对省项目办的评价工作，并根据需要，对地市（如涉及）、县项目办工作开展相关检查。省项目办根据实际情况组织开展对县项目办的评价工作。各级项目办应积极配合国家项目办开展相关工作，及时提供相关材料并对材料真实性负责，认真落实评价结果和意见建议。

第四条 评价工作坚持客观公正、科学规范，统一标准、公开透明，权责明确、分项目分级进行的原则。

第二章 评价内容

第五条 评价内容包括项目实施管理、知识管理和财务管理等工作情况。

项目实施管理主要包括年度计划编制、完成和调整情况，进度报告、监测评价报告编制情况，管理信息系统数据更新情况等。

知识管理主要包括经验总结和宣传示范情况、交流学习培训情况、标志标识规范应用和项目公示情况、档案管理情况等。

财务管理主要包括地方财政资金落实情况、申请报账情况、财务报表编制情况、审计情况等。

第六条 评价内容使用不同的指标进行反映和评价（详见附件）。

第三章 评价方式

第七条 评价工作采取自评和他评相结合、定量和定性相结合、材料和实地相结合、内部和外部相结合、日常和年终相结合的方式进行。

第八条 根据工作情况，评价内容采取指标量化评分方法计算（详见附件）。

第九条 评价打分采用百分制。

第四章 评价程序

第十条 国家项目办每年根据工作情况，定期或者不定期发出评价通知，提出具体工作要求。

第十一条 省项目办按照本办法和国家项目办通知要求，组织开展自评并形成自评报告，按时提交国家项目办。

第十二条 国家项目办组织有关人员根据省级自评报告和其他有关情况，对省级项目管理工作进行评价，打分、排序并出具意见建议。

第五章 结果运用

第十三条 国家项目办采取适当的形式通报评价结果。对排名靠前的省项目办进行通报表扬，并在中期调整、宣传推荐、培训交流和其他相关工作中给予优先考虑；对排名靠后的省项目办将采取通报批评、函询、约谈等方式督促，并在中期调整和其他相关工作中予以体现。

第十四条 省项目办应按要求及时报送落实整改情况。

第六章 附 则

第十五条 本办法由农业农村部农田建设管理司负责解释。省项目办可结合当地实际，制定实施细则。

第十六条 本办法自颁布之日起施行。

附件：农业综合开发国际合作项目执行管理评价指标和评分标准表

附件

农业综合开发国际合作项目执行管理评价指标和评分标准表

评价内容	序号	评价指标	分值	评价标准	依据	评分
项目实施管理（43分）	1	年度计划编制	6	按时提交年度计划，得4分。每提前1天提交，加1分；每超过规定时间1天，扣1分；在国家项目办汇总时每修改1次扣1分，扣完为止	协议、国家项目办监管数据	
	2	年度计划完成进度	12	对照年度计划，在规定时间内完成任务，得12分，重点任务是基础设施建设与设备安装使用，合作社、龙头企业等价值链建设，管理人员和农民培训等。除不可抗力因素外，每未完成1个子项目中的1个建设内容，扣1分，扣完为止	年度计划、进展报告	
	3	年度计划调整	6	在国际金融组织出具不反对意见之后，未进行调整的，得6分；每调整1项计划，扣1分，扣完为止	管理信息系统数据、国家项目办监管数据	
	4	进度报告编制	6	按时提交进展报告，得4分。每提前1天提交，加1分；每超过规定时间1天，扣1分；在国家项目办汇总时每修改1次扣1分，扣完为止	协议、国家项目办监管数据	
	5	监测评价报告编制	6	按时提交监测评价报告（包括报告和附表），得4分。每提前1天提交，加1分；每超过规定时间1天，扣1分，在国家项目办汇总时每修改1次，扣1分，扣完为止	协议、国家项目办监管数据	

（续）

评价内容	序号	评价指标	分值	评价标准	依据	评分
项目实施管理（43分）	6	管理信息系统数据更新	7	按时完成管理信息系统数据录入，得7分，项目管理数据每半年检查一次，未完成数据更新的，一次扣2分，扣完为止；财务管理数据每年年底检查一次，未完成数据更新的，一次性扣3分	管理信息系统运维单位检查记录	
知识管理（20分）	7	经验总结和宣传示范	12	在地市级媒体、报纸、杂志、政府部门网站上进行宣传的，每次得0.5分。在省级媒体、报纸、杂志、政府部门网站（含省直厅局网站）上进行宣传的，每次得1分；在全国性媒体、报纸、杂志、政府部门网站（含中央部委网站）上进行宣传的，每次得2分；在全国性会议、培训等活动上进行经验交流的，每次得1分；总分不超12分。应加强信息安全审核，若有泄密事件发生，视情节严重情况扣分	宣传材料	
	8	交流学习培训	4	举办各类交流、学习、培训活动，每次加1分。总分不超过4分	签报、通知、签到表、影像资料	
	9	标志标识规范应用和项目公示	2	规范设立标志标识，并对项目信息统一公示的，得2分	影像资料	
	10	档案管理	2	规范档案管理工作，真实、完整反映项目实施情况的，得2分	制度文件、审计报告	
财务管理（37分）	11	地方财政资金落实	10	足额落实地方财政资金的，得10分。每减少10%，扣1分，扣完为止	预算指标文件	

（续）

评价内容	序号	评价指标	分值	评价标准	依据	评分
财务管理（37分）	12	报账申请比例	10	对照已签订合同规定的报账总金额，实际申请报账金额达到30%（含）～50%，得2分，50%（含）～70%，得4分，70%（含）～90%，得6分，90%（含）～95%，得8分，95%（含）以上的，得10分	合同、报账材料	
	13	财务报表编制	7	按时完成年度财务报表编制工作的，得5分；每提前1天提交，加1分；每超过规定时间1天，扣0.5分；每调整1次导致合并财务报表改变的，扣1分，扣完为止	管理信息系统数据、国家项目办监管数据	
	14	审计问题	10	配合审计部门顺利完成年度审计工作，得10分；审计报告中每出现1个审计问题，扣1分，扣完为止。各省（区、市）审计厅（局）审计报告与国家审计署最终审计报告中反映的相同问题不重复扣分	审计报告	

说明：对于不同类型的国际合作项目，如果上述评价指标和评分标准不能满足评价工作需要，应由国家项目办统一进行调整。

9. 农业农村部办公厅关于规范统一高标准农田国家标识的通知

农办建〔2020〕7号

各省、自治区、直辖市及计划单列市农业农村（农牧）厅（局、委），新疆生产建设兵团农业农村局，黑龙江省农垦总局、广东省农垦总局：

按照《国务院办公厅关于切实加强高标准农田建设提升国家粮食安全保障能力的意见》（国办发〔2019〕50号）和《农田建设项目管理办法》（农业农村部令2019年第4号）有关要求，我们统一制定了高标准农田国家标识及其使用说明（详见附件）。现印发给你们，请规范使用高标准农田国家标识，做好项目信息统一公示公告等工作，接受社会和群众监督，提升高标准农田建设、保护、利用水平。

各地要结合本地实际和需要，进一步明确高标准农田国家标识使用和公示牌设立的具体要求，包括标识的颜色（彩色或黑白）、规格等；按照实用易行、节约成本的原则，做好高标准农田国家标识使用和公示牌设立，积极营造高标准农田建设良好氛围。

附件：1. 高标准农田国家标识使用及项目公示牌设立总体说明

2. 高标准农田国家标识图案颜色及规格（彩色、黑白）

3. 高标准农田建设项目公示牌参考式样及规格（彩色、黑白）

4. 高标准农田国家标识和项目公示牌应用案例（彩色、黑白）

农业农村部办公厅

2020年11月9日

附件 1

高标准农田国家标识使用及项目公示牌设立总体说明

一、高标准农田国家标识以圆为基本形态，整体以农业元素构成，以绿色和橙红色为主基调。标识由文字和图形构成，外圈绕排“高标准农田”中英文，中文“高标准农田”标于上方，醒目且庄重；英文标于下方，采用《高标准农田建设 通则》（GB/T 30600—2014）的英文翻译。内圈采用具体形象和寓意形象相结合方式设计，下方图形代表农田，整齐规范的田块、笔直通达的田间道路和相通的沟渠标识，寓意高标准农田景观，而田块颜色的差异代表农田的多样化利用。上方图形由“高标”的首字母“GB”创意形成，组成图形下半部分象征着饭碗，上半部分象征着碗中的米饭，图形上下组合形以粮仓，代表着粮食丰产、五谷丰登，寓意着高标准农田建设以提升国家粮食安全保障能力为首要目标，将中国人的饭碗牢牢端在自己手上。

二、新建高标准农田建设项目均应统一使用本标识。标识主要用于高标准农田建设项目公示牌、农田建设综合配套工程设施（如泵房、沟渠、渠道建筑物、电力设施）等，可全部标识，也可以部分标识。此外，标识还可用于与高标准农田建设有关的管理资料、信息系统和宣传品等。

三、高标准农田建设项目均应设立项目公示牌。公示牌应选择在项目周边的公路、铁路等交通沿线和城镇、村庄周边的显著位置设立，便于宣传和接受群众监督。

四、高标准农田建设项目公示牌内容应包括项目名称、项目年度、项目四至范围、项目总投资、设计单位、建设单位、建设内容、建设工期、施工单位、监理单位、管护单位、投诉电话等。

五、项目公示牌左上角应统一绘制高标准农田国家标识，右下角应标明设立单位。

六、项目公示牌制作要坚持因地制宜、经济适用、简便易行原则，力求外观简朴、造价节约。

七、省级农业农村部门负责对本行政区域内设立项目公示的具体内容、尺寸、样式、制作材料、设立单位及后期管护等作出统一规定。

八、地方各级农业农村部门负责本行政区域内国家标识和项目公示牌的组织制作和监督。

九、高标准农田国家标识的所有权归属农业农村部。未经许可，任何单位和个人不得将该标识或与该标识相似的标识作为商标注册，也不得擅自使用。

附件 2

高标准农田国家标识图案颜色及规格

（彩图见书末彩插）

注：4、5为球形渐变

编号	颜色				
1	■	C89	M48	Y100	K12
2	■	C82	M27	Y100	K0
3	■	C53	M7	Y98	K0
4	■	C9	M79	Y100	K0
5	■	C2	M56	Y93	K0

高标准农田国家标识图案颜色

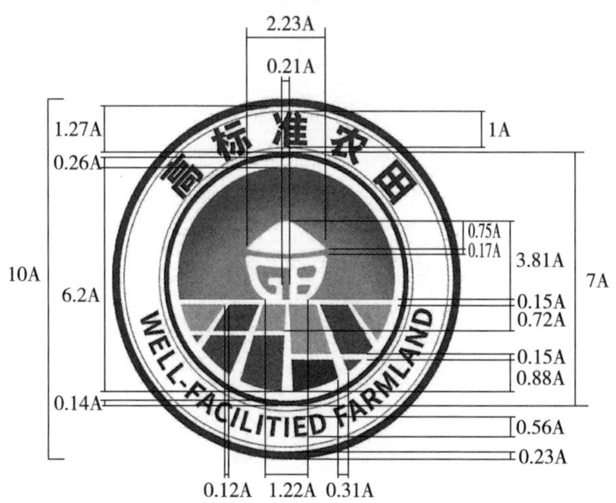

中文字体：思源黑体
英文字体：思源黑体

标示应用缩小极限

高标准农田国家标识图案规格

编号	颜色				
1		C89	M18	Y100	K12
2		C82	M27	Y100	K0
3		C53	M7	Y98	K0
4		C9	M79	Y100	K0
5		C2	M56	Y93	K0

高标准农田国家标识图案颜色

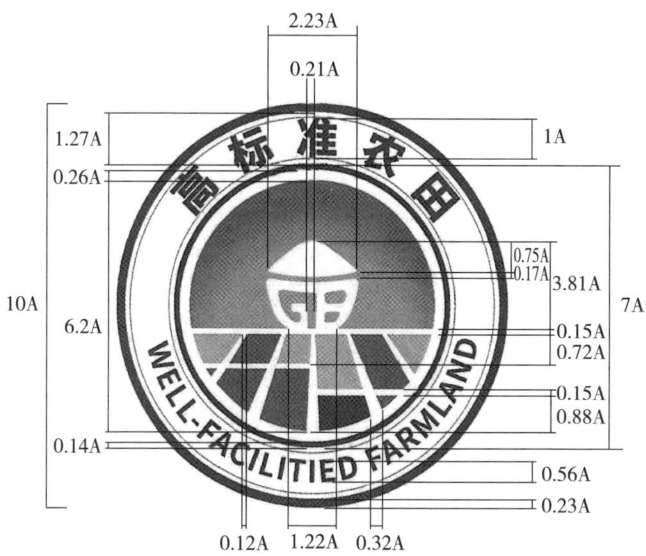

中文字体：思源黑体
英文字体：思源黑体

标示应用缩小极限

高标准农田国家标识图案规格

附件 3

高标准农田建设项目公示牌参考式样及规格

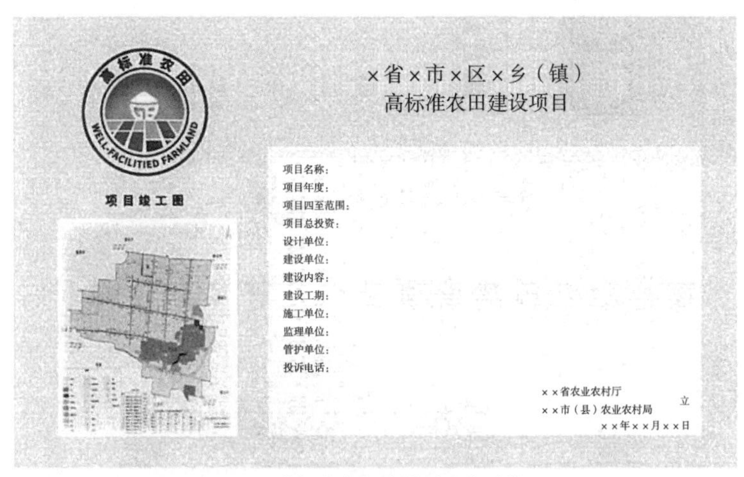

高标准农田建设项目公示牌

高标准农田建设项目公示牌参考式样

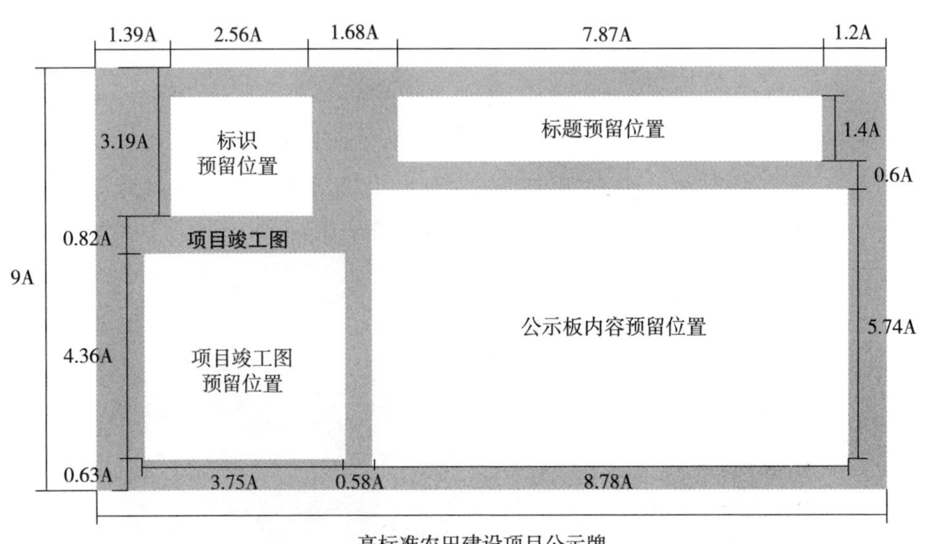

高标准农田建设项目公示牌

高标准农田建设项目公示牌参考式样及规格

附件 4

高标准农田国家标识和项目公示牌应用案例

泵房

镶嵌

喷绘

拐点界桩（喷绘）

拐点界桩（拓印）

电箱

电力设施

10. 农业农村部办公厅关于统筹做好疫情防控和高标准农田建设工作的通知

农办建〔2020〕1号

各省、自治区、直辖市农业农村（农牧）厅（局、委），新疆生产建设兵团农业农村局，黑龙江省农垦总局、广东省农垦总局：

为积极应对新冠肺炎疫情对农田建设的影响，在严格落实分区分级差异化疫情防控措施的同时，加快推进高标准农田建设，现就有关事项通知如下。

一、深入贯彻落实中央决策部署，确保完成农田建设任务

高标准农田建设是保障国家粮食安全的关键举措。当前正值春季农田建设关键时期，复杂严峻的疫情防控形势对各地高标准农田建设产生了不同程度的影响和挑战。各级农业农村部门要深入贯彻习近平总书记在中央政治局常委会会议、统筹推进新冠肺炎疫情防控和经济社会发展工作部署会议上的重要讲话精神，认真落实党中央、国务院有关决策部署，进一步提高政治站位，紧盯目标任务，加强形势研判，精准施策，切实抓好高标准农田建设，坚决完成年度建设任务，为决胜全面建成小康社会、决战脱贫攻坚提供有力支撑。

二、分区分类推进在建高标准农田项目复工

各地要在做好疫情防控工作的同时，抓住当前重要施工窗口期，在气候条件适宜施工地区，全面推动在建项目复工，做到"应复尽复、能复早复"。坚持分区施策，对低风险地区，要及时全面复工，加快形成实物工作量；对中风险地区，要在确保疫情防控措施到位的情况下，尽快复工；对高风险地区，要提前做好项目复工准备，有序推动陆续复工。

加强分类指导，对施工物料供应、运输困难地区，要积极采取"直通车""点对点"保障、实行运输车辆"特行证"、专班调度制度等措施，确保施工机械装备、物料按时进场；对村庄封锁禁入地区，要加强与村组、农民群众沟通协调，确保人员顺利到岗；对春播较早的地区，要有针对性地优化项目施工组织，灵活采用分标段、分工序并行施工等方式，优先开展土地平整、田间道路

和水利工程等可能影响春季农业生产的工程建设。

三、积极推进新建高标准农田项目开工

（一）加快项目初步设计编制进度。充分利用电话、网络等多种方式征求村集体和农户意见，加快确定项目实施区域和范围。对于设计合同金额较小的项目，可采用竞争性谈判等方式确定初步设计单位，简化程序、缩短流程。在防护到位和保证人员安全的情况下，开展实地测绘、勘察等外业工作，利用网络同步推进内业工作。

（二）灵活组织初步设计评审批复。利用快递寄送、网上传送等形式传递设计文件，利用网络采用“不见面”“非接触”等方式开展项目初步设计汇报、讨论答辩、评议审查，加快项目评审与批复。要科学安排，精心组织，加快推进项目初步设计相关工作，确保在秋收前完成本年度项目全部前期工作，为项目开工建设打下基础。

（三）抓紧开展项目招标投标。要按照有关要求合理确定招标方式，抓紧确定招标代理机构，完成招标文件，及时发布招标公告。要结合各地实际，用好当地在疫情防控期间开通的重大项目、民生项目绿色通道，采用网上招标、评标等方式，抓紧完成高标准农田建设项目招投标工作，尽快确定项目施工、监理单位。

（四）提前做好项目开工准备。各地要及时督促参建单位，在保证质量的前提下，提前做好项目物料采购、设备进场和人员调度工作，为新建项目尽快开工创造条件。

四、进一步加强农田建设项目管理工作

（一）抢赶建设工期。各地要统筹考虑疫情防控、农时、建设任务等因素，采取“一区一策、一项一策”，分区域制定复工方案，以县为单位，明确项目复工时间、时序安排和关键节点，倒排项目工期，优化施工组织，抢抓施工时机，加快建设进度，弥补工期损失。湖北省农业农村部门要优先做好疫情防控工作，并统筹谋划，科学制定年度农田建设计划，组织项目所在县（市、区）提前做好复工各项准备，督促具备条件的区域及时复工开工。

（二）确保工程质量。各地要督促施工、监理等参建单位严格按照规范施工，严禁违章操作、冒险作业。要通过多种形式做好质量巡查，加强监理工作，坚决把好材料设备进场关、工程质量验收关，严格质量控制，做到疫情防控和质量安全管理两不误。要坚决防止出现偷工减料、半拉子工程、设施不配套、不达标、不能用等现象，积极解决田间基础设施“最后一公里”问题。

（三）加强监督检查。各地要在严格做好疫情防控的情况下，加强农田建

设项目现场监督检查，按期保质保量完成建设任务。我部将建立农田建设视频会商机制，进一步加强工作调度，及时分析建设进展情况；通过遥感监测、实地检查等方式开展项目抽查，全力推动建设任务落实，对冲疫情对项目建设造成的不利影响。

（四）做好资金保障。及时协调发展改革、财政等部门加快资金落实和拨付进度，确保资金尽快拨付到县、到项目。加强资金使用管理，严防出现拖欠工程款及农民工工资现象，确保项目顺利建设。

（五）强化协同联动。各地要协调当地水利、交通、市场监管、能源等部门，做好项目审批、交通运输和电力保障等，为项目建设创造必要条件。充分发挥疫情联防联控机制作用，纠正断路设卡、“一律劝返”等不当做法，不得擅自拦截参建人员、施工车辆和物料运输，为项目实施创造便利条件。

各地要严格执行属地疫情分区分级防控要求，加强与疫情防控部门沟通协调，落实疫情防控责任。要实行项目防疫工作责任制，督促施工、监理等参建单位，配齐配足疫情防控物资，落实复工返岗人员管控要求，加强对复工人员的宣传教育，帮助复工人员加强自身防护；合理安排作业班组人员规模，做好食堂、宿舍、工地工棚的消毒通风工作，尽可能减少人员聚集，坚决防范疫情风险。监理单位要做好项目区疫情防控巡查，发现问题及时报告，并按照规定迅速做好隔离防范工作。

农业农村部办公厅

2020 年 2 月 27 日

11. 农业农村部办公厅 财政部办公厅 国家发展改革委办公厅关于进一步做好东北黑土地保护工作的通知

农办计财〔2021〕11号

内蒙古、辽宁、吉林、黑龙江省（自治区）农业农村（农牧）厅、财政厅、发展改革委：

党中央、国务院高度重视东北黑土地保护利用，明确提出要坚持用养结合，综合施策，保护好黑土地这一“耕地中的大熊猫”。为贯彻落实党中央、国务院决策部署，进一步做好东北黑土地保护利用工作，发挥政策集成效应，现就有关事项通知如下。

一、总体思路

以习近平新时代中国特色社会主义思想为指导，深入贯彻党的十九大和十九届二中、三中、四中、五中全会精神，认真落实党中央、国务院决策部署，坚持以人民为中心的发展思想，立足新发展阶段、贯彻新发展理念、构建新发展格局，深入实施藏粮于地、藏粮于技战略，全面实施黑土地保护利用综合性措施，持续完善黑土地保护利用政策机制，推进项目和资金统筹使用，调动农民积极性，夯实国家粮食安全基础，推进农业绿色发展。

二、基本原则

一是坚持规划引导、综合施策。根据《东北黑土地保护规划纲要（2017—2030年）》，统筹优化农业结构，大力实施保护性耕作、秸秆还田等农机农艺措施。在重点地区以高标准农田建设为平台，围绕农田灌溉排水，田间道路生态防护及侵蚀沟治理等工程，推进集中连片治理。鼓励各地积极探索工程与生物、农机与农艺、用地与养地相结合的综合治理模式。

二是坚持任务聚焦、统筹实施。东北黑土地保护重点任务进一步向重点县（市、区、旗，以下统称重点县）集中。要统筹用好黑土地保护利用相关政策，加强政策衔接，支持重点县根据重点任务，结合本地实际，按照“渠道不乱、用途不变、集中投入、各负其责、各记其功、形成合力”的原则，按规定统筹安排相关转移支付和中央预算内投资用于黑土地保护利用。

三是坚持农民参与、落细落实。强化政府规划引导、资金政策撬动，调动农民群众、村集体经济组织以及种粮大户、家庭农场等新型农业经营主体参与黑土地保护利用的积极性。要将黑土地保护利用措施和责任落实到具体地块和实施主体，加强绩效目标管理，强化政策资金落实，做到建一片成一片，切实保护好、利用好黑土地。

三、重点任务

“十四五”时期，聚焦83个重点县（名单详见附件），加强黑土地保护利用。农艺措施方面，主要实施保护性耕作或秸秆碎混（翻埋）还田措施，根据需要综合实施农机深松、粪肥还田等措施。工程措施方面，主要实施高标准农田建设，对其中黑土变薄、变瘦、变硬等问题突出的严重退化区开展集中治理保护。

四、工作机制

（一）中央统筹。中央财政继续通过现有渠道支持农田建设、东北黑土地保护性耕作、农机深松整地、秸秆还田等，积极支持东北黑土地保护利用。国家发展改革委继续通过中央预算内投资支持高标准农田建设、黑土地保护工程、畜禽粪污资源化利用整县推进等项目建设，积极推进东北黑土地保护利用。相关资金和项目，按原渠道测算下达。农业农村部根据东北黑土地保护利用实际需求，商财政部、国家发展改革委研究确定东北黑土地保护利用“十四五”时期工程和农艺措施相关任务和年度任务。

（二）省级负责。省级农业农村、财政、发展改革等相关部门（以下简称省级相关部门）要根据本地区发展实际，结合重点县报送的工作计划和实施方案，研究制定本地区年度工作计划和实施方案，经省级人民政府同意后，报送农业农村部、财政部、国家发展改革委备案。同时，要根据中央下达的年度黑土地保护利用相关资金、任务清单和绩效目标，并统筹省级安排的资金和工作任务，审核批复重点县年度实施方案，及时做好分解下达工作，使任务与资金相匹配，确保年度任务顺利实施。

（三）县级落实。重点县结合本地区实际需求，提出本县黑土地保护工作计划和实施方案，报送省级相关部门。制定工作计划和实施方案时要强化政策衔接，统筹做好项目布局、资金安排、政策衔接。根据省级相关部门批复下达的实施方案，强化项目资金统筹使用，因地制宜、综合施策，及时将资金安排、工作任务、建设责任细化落实到具体地块和实施主体，并组织项目实施。

五、保障措施

（一）加强组织领导。农业农村部与财政部、国家发展改革委等部门建立协同工作机制，明确重点任务，加强对黑土地保护利用工作的指导、监督和考核。省级相关部门对本地区黑土地保护利用工作负总责，要高度重视，进一步提高认识，周密安排部署；要制定支持重点县强化黑土地保护利用工作的指导意见和相关配套制度，完善监督机制。重点县人民政府要将黑土地保护利用作为实施乡村振兴战略的重点任务，列入重要议事日程，成立由县政府主要领导牵头的工作专班，建立完善部门协同推进的工作机制，抓好落实。

（二）抓好项目实施。省级相关部门要指导重点县人民政府建立完善黑土地保护项目储备库，抓紧推进项目前期工作，并区分轻重缓急，确定年度重点项目和任务，统筹黑土地保护利用相关政策，加强政策衔接，督促责任部门抓好落实。重点县要切实加强项目实施监管，确保建设质量；要按照高标准农田建设统一规划布局、统一建设标准、统一组织实施、统一验收考核和统一上图入库的“五统一”要求，将纳入高标准农田建设任务的面积上图入库，并按要求调度建设任务完成情况。

（三）加强绩效管理。各级财政、发展改革、农业农村部门要按照有关制度规定，建立健全全过程预算绩效管理机制，做好绩效监控、绩效自评，适时开展重点绩效评价，强化绩效结果运用。财政部、国家发展改革委、农业农村部将把绩效评价结果作为调整当年或安排下一年度预算资金、完善健全政策的重要依据。

（四）建立管护机制。各地区要按照“建管一体”的要求，统一谋划建设、运营和管护。要完善管护制度，统筹考虑政府事权、资金来源、受益群体等因素，合理确定管护主体，落实管护资金，压实管护责任。要充分发挥市场机制作用，鼓励社会各类主体参与黑土地保护利用设施管护。

（五）加强宣传引导。各地区要及时总结黑土地保护利用经验，深入挖掘典型案例，宣传推广黑土地保护利用的好经验好模式。要采取多渠道多形式开展宣传引导工作，突出政策导向，做好政策解读，积极营造全社会关心黑土地、保护黑土地的良好氛围。

附件：东北地区典型黑土区重点县名单（83 个）

农业农村部办公厅　财政部办公厅　国家发展改革委办公厅

2021 年 5 月 18 日

附件

东北地区典型黑土区重点县名单（83个）

分区	省（区）	地（市、盟）	县（市、区、旗）
三江平原区（10）	黑龙江	佳木斯市	同江市、富锦市、桦南县、桦川县
		双鸭山市	集贤县、友谊县、宝清县
		七台河市	勃利县
		鸡西市	虎林市、密山市
松嫩平原区（44）	黑龙江	哈尔滨市	呼兰区、阿城区、双城区、尚志市、五常市、方正县、宾县、巴彦县
		齐齐哈尔市	讷河市、龙江县、依安县、甘南县、富裕县、克山县、克东县、拜泉县
		绥化市	北林区、肇东市、海伦市、望奎县、兰西县、青冈县、庆安县、明水县、绥棱县
		黑河市	北安市、五大连池市、嫩江县
	吉林	长春市	双阳区、德惠市、九台区、榆树市、农安县、公主岭市
		吉林市	舒兰市、永吉县
		四平市	双辽市、梨树县、伊通满族自治县
		辽源市	东丰县
		松原市	宁江区、扶余市、长岭县、前郭尔罗斯蒙古族自治县
辽河平原区（12）	辽宁	沈阳市	新民市、辽中区、康平县、法库县
		辽阳市	灯塔市、辽阳县
		鞍山市	海城市、台安县
		铁岭市	开原市、铁岭县、西丰县、昌图县
长白山—辽东丘陵山区（12）	黑龙江	牡丹江市	宁安市
	吉林	吉林市	磐石市、蛟河市、桦甸市
		通化市	梅河口市、辉南县、柳河县
	辽宁	抚顺市	抚顺区、清原满族自治县
		本溪市	本溪满族自治县
		丹东市	凤城市、宽甸满族自治县
大兴安岭沿麓区（5）	内蒙古	呼伦贝尔市	扎兰屯市、阿荣旗、鄂伦春自治旗、莫力达瓦达斡尔族自治旗
		兴安盟	扎赉特旗

12. 农业农村部办公厅关于切实加强高标准农田建设项目管理进一步提升建设成效的意见

农办建〔2022〕3号

各省、自治区、直辖市及计划单列市农业农村（农牧）厅（局、委），新疆生产建设兵团农业农村局，北大荒农垦集团有限公司，广东省农垦总局：

近年来，各地高标准农田建设工作取得积极进展，支撑我国粮食综合生产能力不断提升，有力保障了国家粮食安全和重要农产品供给。与此同时，部分地区高标准农田建设项目管理还存在一些问题。为深入贯彻落实党中央、国务院有关决策部署，进一步提升高标准农田建设质量和成效，现就加强高标准农田建设项目管理提出以下意见。

一、加快完善高标准农田建设规划体系

各地要认真落实《全国高标准农田建设规划（2021—2030年）》（以下简称《规划》），根据《农业农村部办公厅关于加快构建高标准农田建设规划体系的通知》（农办建〔2021〕8号）相关工作要求，完善省、市、县级高标准农田建设规划。省级、市级农业农村部门要立足规划编制重点内容，加强对下级规划编制工作的指导协调和规划审核备案管理，着力提升规划编制质量。县级农业农村部门要加强项目布局、实地踏勘、成果论证等工作，在县级规划中将建设任务落实到具体项目和地块，为后续项目实施打下良好基础。各地可依据《高标准农田建设通则》等国家标准，因地制宜制定地方标准，完善高标准农田建设标准体系。要认真执行高标准农田建设国家标准、行业标准和地方标准，结合地方实际开展项目建设，提升建设质量。

二、扎实做好高标准农田建设项目前期工作

各地要落实高标准农田建设规划要求，结合本地资源禀赋，因地制宜扎实做好项目前期工作，建立健全项目储备库，落实项目筛选审核责任，扎实开展

项目入库前分析论证，常态化、动态化储备一批具备实施条件的高标准农田建设项目，申报年度投资的项目应为已经纳入储备库的项目。积极将符合条件的撂荒地纳入高标准农田建设范围。及时将农业农村部下达的年度建设任务分解落地，用好项目储备库，明确项目安排优先序，形成“储备一批、开工一批、建设一批、竣工一批”的滚动接续机制，避免出现“钱等项目”的现象。委托具有相应勘察、设计资质的机构，在深入实地测绘和勘察基础上，编制项目初步设计文件，明确项目建设技术要求，科学合理确定建设内容。按照高标准农田建设有关标准和规范，有针对性提升高标准农田生产能力、灌溉能力和排涝能力，优先在大中型灌区有效灌溉面积内建设高标准农田，实现旱涝保收、高产稳产。在重点设计灌溉排水、田间道路等工程建设内容的同时，统筹开展地力培肥等耕地质量提升工作。加强与有关部门的沟通衔接，鼓励采取在线编报、网上评审、电子招标等方式，建立项目初步设计文件编制申报、审查审批和项目招投标等工作快速通道，依法依规简化审批程序和审批环节，有效缩短项目准备周期。提前研究明确工程设施管护主体、管护责任、管护方式、管护经费来源等。

三、强化高标准农田建设项目实施管理

各地要按照直达资金管理有关要求以及项目资金下达文件等明确的建设期限，加快项目实施，倒排工期、定期调度、及时指导，及早形成实物工程量，确保项目早开工、早建成、早见效。认真做好项目建设情况调度，依托全国农田建设综合监测监管平台等及时更新项目开工、建设进度等信息。

各地要认真落实《高标准农田建设质量管理办法（试行）》（农建发〔2021〕1号）等各项规定，结合本地实际，加快建立完善高标准农田建设质量管理相关配套制度。加强调研指导和监督检查，抓好项目建设事前、事中、事后全程质量管理，严格执行公开公示、政府采购、合同管理、调整审批、质量检测等制度规定。规范从业单位行为管理，严把从业机构资质审查关，杜绝无资质或资质不符合要求的勘察、设计、施工和监理等机构承接相关业务。强化项目实施质量管理，细化施工质量要求，督促项目业主和施工单位严格按照技术规范和项目初步设计要求开展建设，把好材料设备进场关，做好隐蔽工程施工、单项工程验收等关键环节质量管理。严禁将工程肢解倒手转包，严防严查严处偷工减料、赶工省钱等影响工程质量的行为。

各地要按照《高标准农田建设项目竣工验收办法》（农建发〔2021〕5号）和本地区实施细则等有关要求，加快已完工项目县级初验和竣工验收，全面核查建设内容完成情况、工程质量情况、资金到位和使用情况、管理制度执行情况等，按时办理资产交付手续，促进工程及时发挥效益。对竣工验收不合格的

项目，要针对存在的问题限期整改。省级农业农村部门要落实好“每年对不低于10%的当年竣工验收项目进行抽查”的工作规定，切实加强竣工验收工作监督管理。

各地要加强对项目资金到位及执行情况的监督指导，加快提款报账、资金拨付进度，提高资金使用效益；严格按照《农田建设补助资金管理办法》（财农〔2022〕5号）的规定范围使用资金，据实列支勘测设计、项目评审、工程招标、工程监理、工程检测、项目验收等必要的费用，防止资金超范围使用或长期闲置，不得突破最高列支比例。按照全面实施预算绩效管理有关要求，加强项目实施绩效管理，做好绩效评价等相关工作。

各地要按照《规划》目标任务要求，压实高标准农田建设责任，避免采用“飞地”形式变通落实高标准农田建设任务。省级农业农村部门不能将建设在本省区域外的高标准农田纳入规划建设任务；已经建设在本省区域外并纳入高标准农田规划任务的，要在《规划》实施期内逐步退出。

四、加强高标准农田建后管护和利用

各地要加快健全多方参与、责任明确、协调顺畅、保障有力的高标准农田管护机制，明确管护标准，多渠道筹措管护经费，健全公共财政预算、集体经济投入、经营主体自筹等多元化合理保障机制。积极探索和总结推广成熟的管护经验和模式，通过购买服务委托管护、专职管护员网格化精细化管护、引入专业化市场化管护主体等，提升高标准农田建后管护水平，确保建成一亩、管好一亩。

各地要认真落实2022年中央一号文件等要求，强化高标准农田利用管理，高标准农田原则上全部用于粮食生产。已经在高标准农田种植林果、苗木、草皮和挖塘养鱼的，要根据作物周期、生产现状及对耕作层的影响程度等，明确时间表，逐步有序恢复种粮或置换补充。

五、规范开展高标准农田上图入库

各地要积极运用遥感监控等技术，以土地利用现状图为底图，统一标准规范、统一数据要求，及时完成高标准农田建设项目信息上图入库，做到可追溯、可跟踪、可核实。县级农业农村部门要规范、准确填报高标准农田建设项目基础信息，根据项目实施进展，及时更新项目状态，确保填报信息与相关审批、验收等文件一致。按照项目立项、完工、竣工验收三个阶段开展项目区空间位置上图入库的有关要求，精确定位项目区空间位置，支持基于最新遥感影像图确定项目区空间位置。省级、市级农业农村部门要加强项目信息审核把关，逐个项目开展立项、实施、竣工验收和空间位置等数据核实，做好数据清洗和校核，确保项目上图入库信息客观准确。各地可结合“十二五”以来已建成高标准农田清查评估整改成果和2019年以来新立项项目上图入库信息，构建省级农田建设“一张图”，利用国土“三调”数据成果，开展项目空间位置去重、耕地地类套合和空间数据分析等。鼓励有条件的地方利用遥感、“互联网＋”、大数据等现代信息技术，开展高标准农田建设全过程监管，不断提升农田建设信息化数字化管理水平。

农业农村部办公厅

2022年4月15日

13. 农业农村部办公厅关于加快构建高标准农田建设规划体系的通知

农办建〔2021〕8号

各省、自治区、直辖市及计划单列市农业农村（农牧）厅（局、委），新疆生产建设兵团农业农村局，北大荒农垦集团有限公司、广东省农垦总局：

今年中央1号文件明确要求实施新一轮高标准农田建设规划。近日，国务院印发《国务院关于全国高标准农田建设规划（2021—2030年）的批复》（国函〔2021〕86号），批准实施《全国高标准农田建设规划（2021—2030年）》（以下简称《规划》），要求加快推进省、市、县级高标准农田建设规划编制，细化政策措施，将建设任务分解到市、县，落实到地块。为贯彻落实党中央、国务院决策部署，完善高标准农田建设规划体系，现将有关要求通知如下。

一、把握规划编制的总体要求。各级高标准农田建设规划编制要以习近平新时代中国特色社会主义思想为指导，立足新发展阶段，完整、准确、全面贯彻新发展理念，构建新发展格局，全面落实中央经济工作会议、中央农村工作会议和地方党委政府部署，坚持新增建设和改造提升并重、建设数量和建成质量并重、工程建设和建后管护并重、产能提升和绿色发展相协调，深入调查研究，加强分析论证，创新规划编制手段，高起点、高标准、高质量开展规划编制工作，建立自上而下、衔接协调、责权清晰、科学高效的全国高标准农田建设规划体系，体现战略性、加强统筹性、提高科学性、强化操作性，确保顺利完成《规划》目标任务，为保障国家粮食安全和重要农产品有效供给提供坚实支撑。

二、构建上下衔接的规划体系。经批准发布实施的各级高标准农田建设规划是安排农田建设项目和资金、农田建设激励评价等工作的重要依据，是今后一个时期系统开展高标准农田建设的行动指南。

规划编制要坚持“下级规划服从上级规划、等位规划相互协调”的原则，下级建设规划提出的建设目标任务不得低于上级建设规划分解确定的建设任务。省级建设规划要全面落实全国《规划》确定的分省目标任务和建设要求，根据工作需要，细化建设分区，明确分区域建设任务、建设重点、建设内容和建设标准，将建设目标任务分解落实到市级。省级建设规划由省级人民政府批准后发布实施，并报农业农村部备案。市级建设规划是对全国和省级建设规划的细化落实，要明确区域布局，确定重点项目和资金安排，将建设目标任务分解落实到县级。市级建设规划经省级农业农村部门审核，市级人民政府批准后发布实施，并报省级农业农村部门备案。县级建设规划重点将建设任务落实到地块，明确时序安排，形成规划项目布局图和项目库，为项目和投资及时落地提前做好准备、打好基础。县级建设规划经市级农业农村部门审核，县级人民政府批准后发布实施，并报省、市两级农业农村部门备案。地方各级规划要综合考虑资源环境承载力、粮食保障要求、农业产业发展需求等因素，以经济社会发展规划为统领，充分做好与国土空间规划、水资源利用等相关规划的衔接，深入调查研究，优化高标准农田建设区域布局，突出粮食产能目标，落实落细重点举措，实现各级规划在底图、底数、目标、标准等融合统一。

省级建设规划原则上应在 2022 年 6 月底前出台，有条件的地方在 2021 年底前印发实施。市、县级建设规划也要加快编制，具体出台时间由省级农业农村部门确定，尽快形成国家、省、市、县四级规划体系。

三、明确规划编制的主要内容。主要包括建设目标任务、建设标准和内容、建设监管和后续管护、保障措施等。

——建设目标任务。综合考虑当地耕地资源、水资源、永久基本农田面积、“两区”面积、粮食产能保障、农业产业发展等因素，立足确保谷物基本自给、口粮绝对安全，以提升粮食产能为首要目标，找准建设潜力区域，科学确定本地区高标准农田新增建设、改造提升和新增高效节水灌溉建设目标，测算本地区粮食生产保障能力。合理细化建设分区，因地制宜提出不同区域农田建设的制约短板、主攻方向、产能目标和建设要求。科学确定高标准农田和高效节水灌溉建设的重点区域和建设布局，将建设任务细化落实到下一级行政区，确定重大工程、重点项目。东北黑土地区要与《国家黑土地保护工程实施方案（2021—2025 年）》明确的目标任务做好统筹衔接。

——建设标准和建设内容。明确本地区高标准农田建设标准，可结合本地实际制定地方相关标准，与国家标准相衔接。因地制宜确定本地区不同区域、不同类型高标准农田的亩均投资水平。合理采取田、土、水、路、林、电、技、管等方面的具体建设内容，因地制宜同步谋划整区域推进、土壤改良、绿色农田、数字农田等示范建设的思路、措施。

——建设监管和后续管护。从建设质量管理、上图入库、竣工验收、后续管护、保护利用等方面作出相关工作安排。相关工作举措应富有地方特色，具备较强的针对性和可操作性。

——保障措施。从组织领导、资金、监督、考核、激励、科技、人才等方面提出规划实施的保障措施。相关工作措施应具备较强的针对性和可操作性。

四、因地制宜确定规划期限和编制范围。省级规划期限原则上确定为2021—2030年，展望到2035年，与《规划》期限一致。市、县级建设规划期限可统一采用2021—2030年，也可采用“十四五”和“十五五”分阶段编制的方式。原则上规划期内能承担高标准农田建设任务的市、县都要编制建设规划，市、县两级建设规划的规划期限由省级农业农村部门确定。

五、加强规划编制工作保障。各地要高度重视高标准农田建设规划编制工作，不断提高政治站位，全面领会《规划》要求，准确把握核心要义，切实加强组织领导，细化实化保障举措，立足“十四五”、着眼“十五五”，抓紧编制地方各级建设规划，将新一轮《规划》确定的农田建设目标任务高质量谋划好、实施好。地方各级农业农村部门要勇于担当、主动作为，牵头组织开展规划编制工作，加强沟通协调，积极争取地方党委政府和相关部门支持，实行政府领导、部门协同、专家指导、公众参与的规划编制工作机制，研究制定规划编制工作方案，严格规划审查审批程序。地方各级农业农村部门负责同志要亲自挂帅，靠前指挥，当好指挥员、战斗员，组织精干力量成立规划编制专班，落实规划编制专门经费，实现有人干事、有钱办事。省级农业农村部门要加强对市、县级农田建设规划编制工作的指导和协调。

农业农村部办公厅
2021年10月13日

14. 农业农村部农田建设管理司关于推动地方政府债券支持高标准农田建设的通知

农建（高标）〔2020〕23 号

各省、自治区、直辖市及计划单列市农业农村（农牧）厅（局、委），新疆生产建设兵团农业农村局，黑龙江省农垦总局、广东省农垦总局：

今年《政府工作报告》明确提出，新建高标准农田 8 000 万亩，增加专项债投入，支持现代农业设施建设，持续改善农民生产生活条件。各地认真贯彻落实中央决策部署，积极探索通过发行债券等方式保障高标准农田建设投入，取得良好成效，今年各地已发行高标准农田建设政府专项债 61.44 亿元。从各地高标准农田建设资金需求和新增耕地调剂收益偿还能力看，进一步推动发行高标准农田建设政府债券仍有较大潜力。根据我部统一工作部署，结合地方实际情况，现就推动地方政府债券支持高标准农田建设相关工作通知如下。

一、切实增强利用地方政府债券支持高标准农田建设的紧迫感

今年以来，受新冠肺炎疫情叠加近年来经济下行和实施大规模减税降费措施等多重因素影响，各级财政收支矛盾较为突出。当前和今后一个时期，高标准农田建设任务十分艰巨，资金需求持续加大，单纯依赖一般公共预算弥补高标准农田建设投入缺口面临较大困难和不确定性。近期，党中央、国务院对扎实做好“六稳”工作、全面落实“六保”任务作出系列部署，明确发行抗疫特别国债，大幅增加政府债券发行规模，统筹推进疫情防控和经济社会发展。中央领导同志对做好当前农业投资工作作出重要批示，要求进一步扩大农业有效投资，推动农业优结构、增后劲。这些重大决策部署和政策要求，为拓宽高标准农田建设投资渠道，推动农田建设高质量发展提供了重大机遇。各地农业农村部门要深刻领会中央的部署要求，进一步转变思想观念，切实改变以往主要依靠中央财政资金建项目的惯性思维，主动担当，抢抓机遇，深入研究，用好政策，全力争取地方政府债券支持高标准农田建设，切实提高投入标准和建设质量。地方政府高标准农田建设债券发行空白省份要尽早实现突破，基础好的省份要加快扩大面上规模，努力改善高标准农田建设筹资难的困境，推动形成

多渠道投入高标准农田建设的良好局面。

二、积极做好高标准农田建设地方政府债券发行筹备工作

（一）制定债券发行计划。各地要立足当地高标准农田建设任务和资金供需等现实情况，积极谋划，制定高标准农田建设政府债券发行计划，确定发行额度。精准对接发行要求，加快项目储备和论证，形成切实可行的发债方案。

（二）优选发债模式。各地要根据实际情况，灵活选择打包捆绑等模式，发行高标准农田建设政府债券。针对部分高标准农田建设项目单体规模小、量大面广的特点，可充分借鉴江西省采用打包各地市的高标准农田建设项目，整体发行的方式，统一提高项目投入标准。鼓励各地结合实际，积极推广广东等地整合土地出让收入发行政府债券，采取高标准农田和现代农业产业园建设等可产生经营收入的相关项目打捆集合发行模式，打造高标准农田建设政府债券试点示范项目。要积极争取防疫特别国债支持高标准农田建设。

（三）深入挖掘偿债能力。各地要把高标准农田建设项目新增耕地指标（包括新增耕地和新增水田面积以及耕地粮食产能提升指标等）调剂收益作为高标准农田建设政府债券的重要偿债收入来源。要将新增耕地纳入高标准农田建设项目规划设计重要内容，提高新增耕地出地率，及时认定新增耕地指标，加大指标调剂使用力度，确保新增耕地指标形成收益偿付债券本息。

三、健全新增耕地指标调剂和收益使用机制

（一）完善指标认定要求。各地要优化高标准农田建设项目新增耕地和新增产能的核定流程、核定办法，进一步健全部门联动工作机制，明确农业农村部门在高标准农田建设项目新增耕地指标生产、认定中的工作分工，统一新增耕地指标核定政策要求和技术标准，实现指标核定结果部门间互认。

（二）规范指导指标调剂。遵循市场规律，发挥政府调控作用，明确新增耕地数量、旱改水面积和新增产能指标等调剂基准价，规范开展新增耕地指标调剂。积极协调有关部门，按照耕地质量从高到低的顺序，优先调剂使用高标准农田建设项目新增耕地指标。积极支持产粮大县开展高标准农田建设项目新增耕地指标跨省调剂使用。

（三）明确调剂收益用途。高标准农田建设项目新增耕地指标调剂收益在偿还债券本息后，要优先用于保障当地高标准农田建设和工程管护，稳固农田建设投入渠道。

四、切实加强组织领导

（一）坚持政府主导。各地要落实农田建设政府主体责任，积极发行政府

债券支持高标准农田建设。省级农业农村部门要积极主动向省政府专题报告，争取政策支持，加快推动高标准农田建设政府债券发行工作。

（二）加强部门协调。各级农业农村部门要主动与发展改革、财政、自然资源等部门沟通，推动各相关部门密切配合，形成强有力的高标准农田建设政府债券发行工作协调机制。

（三）强化业务指导。各地要加强政策宣贯和业务交流，组建工作专班和技术团队，借鉴已发行的土储债、棚改债、地铁债等经验，提高债券发行政策和业务工作水平。

各地要迅速行动起来，抢抓政策机遇，加快推进高标准农田建设债券发行工作，把我部举办的全国农业农村系统地方政府债券发行视频培训班会议精神落到实处，扩大农业有效投资。省级农业农村部门要注重总结本地经验做法，及时将高标准农田建设政府债券发行情况报送农业农村部农田建设管理司。

农业农村部农田建设管理司

2020 年 6 月 24 日

15. 财政部 农业农村部关于印发《农田建设补助资金管理办法》的通知

财农〔2022〕5号

各省、自治区、直辖市、计划单列市财政厅（局）、农业农村（农牧）厅（局、委），新疆生产建设兵团财政局、农业农村局：

为规范和加强农田建设补助资金管理，提高资金使用效益，推动落实党中央、国务院关于加强高标准农田建设的决策部署，根据《中华人民共和国预算法》《中华人民共和国预算法实施条例》等法律法规和《中共中央 国务院关于全面实施预算绩效管理的意见》等有关制度规定，财政部、农业农村部对《农田建设补助资金管理办法》（财农〔2019〕46号）进行了修订。现将修订后的《农田建设补助资金管理办法》予以印发，请遵照执行。

附件：农田建设补助资金管理办法

财政部　农业农村部

2022年1月12日

农田建设补助资金管理办法

第一章　总　　则

第一条　为规范和加强农田建设补助资金管理，提高资金使用效益，推动落实党中央、国务院关于加强高标准农田建设的决策部署，根据《中华人民共和国预算法》《中华人民共和国预算法实施条例》等法律法规和《中共中央　国务院关于全面实施预算绩效管理的意见》等有关制度规定，制定本办法。

第二条　本办法所称农田建设补助资金是指中央财政支持各地高标准农田建设的共同财政事权转移支付资金。农田建设补助资金实施期限至2025年，届时财政部会同农业农村部按照有关规定开展评估，根据法律法规、国务院有关规定及评估结果再作调整。

第三条 农田建设补助资金由财政部会同农业农村部管理。

财政部负责审核农田建设补助资金分配建议方案，编制并下达资金预算，组织做好预算绩效管理，指导地方加强资金管理等相关工作。

农业农村部负责组织开展全国高标准农田建设规划编制及实施，研究提出高标准农田建设任务和资金分配建议方案；按要求做好预算绩效管理工作，督促指导地方做好项目和资金管理等相关工作。

第四条 地方财政部门主要负责本地区农田建设补助资金的预算分解下达、资金审核拨付、资金使用监督以及本地区预算绩效管理等工作。

地方农业农村部门主要负责本地区高标准农田建设相关规划或实施方案编制、项目审查筛选、项目组织实施和监督、项目竣工验收等，研究提出本地区高标准农田建设任务分解方案和农田建设补助资金安排建议方案，做好本地区预算绩效管理具体工作。

第五条 中央财政对地方开展高标准农田建设给予适当补助，并视地方实际情况实行差别化补助。省级财政应当承担地方财政投入高标准农田建设的主要支出责任。地方各级财政应当合理保障高标准农田建后管护支出。地方政府应当通过一般公共预算、政府性基金预算中的土地出让收入等渠道，支持本地区高标准农田建设。

第六条 地方可以采取以奖代补、政府和社会资本合作、贷款贴息等方式，支持和引导承包经营高标准农田的个人和农业生产经营组织筹资投劳，建设和管护高标准农田。

第二章 资金使用范围

第七条 农田建设补助资金用于补助各省、自治区、直辖市、计划单列市、新疆生产建设兵团、中央直属垦区等（以下统称省）的高标准农田建设，具体用于支持以下建设内容：

（一）田块整治；

（二）土壤改良；

（三）灌溉排水与节水设施；

（四）田间道路；

（五）农田防护及其生态环境保持；

（六）农田输配电；

（七）自然损毁工程修复及农田建设相关的其他工程内容。

第八条 县级按照从严从紧的原则，可以从中央财政农田建设补助资金中列支勘测设计、项目评审、工程招标、工程监理、工程检测、项目验收等必要的费用，单个项目财政投入资金 1 500 万元以下的按不高于 3%据实列支；单个项目超过 1 500 万元的，其超过部分按不高于 1%据实列支。省级财政部门应会同农业农村部门，在符合上述要求的前提下，从严确定本地区列支上述费用的上限。省、市两级不得从中央财政农田建设补助资金中列支上述费用。

农田建设补助资金不得用于单位基本支出、单位工作经费、兴建楼堂馆所、偿还债务及其他与高标准农田建设无关的支出。

第三章　资金测算分配

第九条　农田建设补助资金分配，遵循规范、公正、公开的原则，主要采用因素法分配，并可以根据粮食产量、原粮净调出量、绩效评价结果、财政困难程度等因素进行适当调节。农田建设补助资金按照各省年度高标准农田建设任务（包括新增建设和改造提升任务）、高效节水灌溉建设任务、上一年度高标准农田严重自然损毁情况、上一年度高标准农田建设任务完成情况、上一年度省级财政通过一般公共预算支持高标准农田建设情况等因素测算分配，权重分别为 70%、7%、5%、8%、10%。因素及权重确需调整的，应当按照程序报批后实施。其中，2022 年的各省年度高标准农田建设任务不含改造提升任务。可以对西藏自治区予以适当倾斜。对新疆生产建设兵团可以实行定额补助。

对高标准农田建设地方投入力度大、任务完成质量高、建后管护效果好的省（自治区、直辖市），通过定额补助予以激励，激励资金全部用于支持高标准农田建设。

第十条　安排给脱贫县的农田建设补助资金使用管理，按照财政部等 11 部门《关于继续支持脱贫县统筹整合使用财政涉农资金工作的通知》（财农〔2021〕22 号）有关规定执行。各地可以结合实际，按要求统筹相关渠道的农田建设资金用于高标准农田建设。

第四章　预算下达

第十一条　财政部于每年全国人民代表大会批准预算后 30 日内，将当年农田建设补助资金预算下达省级财政部门；于每年 10 月 31 日前将下一年度农田建设补助资金预计数提前下达省级财政部门，相关转移支付预算下达文件抄送农业农村部、省级农业农村部门和财政部当地监管局。农田建设补助资金分配结果在预算下达文件印发后 20 日内向社会公开。

农业农村部审核省级农业农村部门、财政部门报送的绩效目标，按要求设置绩效目标并提交财政部。财政部在下达转移支付预算时一并下达各省分区域高标准农田建设绩效目标。

第十二条 省级财政部门接到下达的中央财政农田建设补助资金预算后，会同省级农业农村部门，根据本地区高标准农田建设实际情况，应当在30日内将预算分解下达到本行政区域县级以上各级财政部门，同时将资金分配结果报财政部备案，抄送农业农村部、财政部当地监管局。

第十三条 地方财政部门应当按照相关财政规划要求，做好转移支付资金使用规划，在安排本级相关资金时，加强与中央补助资金和有关工作任务的衔接。

第五章 预算执行、监督和绩效管理

第十四条 农田建设补助资金的支付应当按照国库集中支付制度有关规定执行，涉及政府采购的，应当按照政府采购法律法规和有关制度执行。

第十五条 财政部各地监管局应按照工作职责和财政部有关要求，对农田建设补助资金进行监管。地方各级财政部门应加强农田建设补助资金管理，自觉依法接受审计监督和财政监督。

第十六条 省级财政部门会同农业农村部门按照“高标准农田原则上全部用于粮食生产”的要求，将高标准农田用于粮食生产情况作为重要绩效目标，加强绩效目标管理，督促资金使用单位对照绩效目标做好绩效监控，按照规范要求开展绩效自评，及时将绩效自评结果上报财政部、农业农村部，抄送财政部当地监管局，并对自评中发现的问题及时组织整改。财政部可以根据需要组织开展重点绩效评价，并采取适当方式对绩效评价结果进行通报。

第十七条 各级财政部门要按照全面实施预算绩效管理的要求，建立健全全过程预算绩效管理机制，将评价结果作为预算安排、改进管理、完善政策的重要依据。省级财政部门应在资金分配等工作中加强绩效评价结果运用，督促省以下各级财政部门切实加强资金管理。

第十八条 各级农业农村部门应当组织核实农田建设补助资金支出内容，督促检查高标准农田建设任务完成情况，为财政部门按规定分配、审核拨付资金提供依据。

第十九条 各级财政部门应当加快预算执行进度，提高资金使用效益。对于结转结余资金，应当按照《国务院关于印发推进财政资金统筹使用方案的通知》（国发〔2015〕35号）等有关规定执行。

第二十条 各级财政部门、农业农村部门、有关管理部门及其工作人员在资金分配、项目安排工作中，存在违反规定分配资金、向不符合条件的单位（或项目）分配资金或擅自超出规定的范围或标准分配资金，弄虚作假或挤占、挪用、滞留资金，以及其他滥用职权、玩忽职守、徇私舞弊等违法违纪行为的，按照《中华人民共和国预算法》《中华人民共和国预算法实施条例》《中华人民共和国公务员法》《中华人民共和国监察法》《财政违法行为处罚处分条例》等有关规定追究相应责任；构成犯罪的，依法追究刑事责任。

第六章　附　　则

第二十一条　省级财政部门会同农业农村部门根据本办法，结合各地工作实际，制定具体管理办法报财政部和农业农村部备案，并抄送财政部当地监管局。

第二十二条　新疆生产建设兵团、中央直属垦区等中央单位农田建设补助资金使用管理参照本办法执行。

第二十三条　本办法由财政部会同农业农村部负责解释。

第二十四条　本办法自公布之日起实施。《农田建设补助资金管理办法》（财农〔2019〕46号）同时废止。

16. 财政部 农业农村部关于印发《农业相关转移支付资金绩效管理办法》的通知

财农〔2019〕48号

各省、自治区、直辖市、计划单列市财政厅（局）、农业农村（农牧）厅（委、局），新疆生产建设兵团财政局、农业农村局，中央直属垦区：

为规范和加强农业相关转移支付资金使用管理，建立健全激励和约束机制，提高财政资金使用效益，根据《中华人民共和国预算法》《中共中央 国务院关于全面实施预算绩效管理的意见》等法律法规及有关规定，财政部会同农业农村部制定了《农业相关转移支付资金绩效管理办法》。现予印发，请遵照执行。

附件：农业相关转移支付资金绩效管理办法

财政部　农业农村部

2019年5月29日

农业相关转移支付资金绩效管理办法

第一章　总　　则

第一条　为规范和加强农业相关转移支付资金使用管理，建立健全激励和约束机制，提高财政资金使用效益，根据《中华人民共和国预算法》《中共中央国务院关于全面实施预算绩效管理的意见》等法律法规及有关规定，制定本办法。

第二条　本办法所称农业相关转移支付资金绩效管理，是指县级以上财政部门和农业农村主管部门对中央财政预算安排的农业相关转移支付资金设定、审核、下达、调整和应用绩效目标，对绩效目标运行情况进行跟踪监控管理，对支出的经济性、效率性、效益性、公平性、规范性进行客观、公正的评价，并对评价结果予以应用的全过程绩效管理工作。

农业相关转移支付是指农业生产发展资金、农业资源及生态保护补助资金、动物防疫等补助经费、农田建设补助资金。

第三条 农业相关转移支付资金绩效管理应当遵循以下原则：

（一）科学规范原则。绩效管理应当符合真实、客观、公平、公正的要求，建立规范的工作流程，健全全过程绩效管理运行机制。

（二）结果导向原则。绩效监控、绩效评价指标体系设计、标准设定、方法选用以及具体实施，都以绩效目标的实现程度为准则。

（三）推动整合原则。将各省按规定统筹整合农业相关转移支付资金的有关情况作为绩效目标设定、绩效评价指标设计的参考因素，推动涉农资金统筹整合，增强地方自主性和灵活度。

（四）分级管理原则。中央负责设定整体绩效目标，实施整体绩效监控、评价和结果运用。各省负责设定区域绩效目标，组织实施本省绩效监控、自评和结果运用工作，具体实施由省级财政部门和农业农村主管部门根据工作需要自行规定，对绩效管理工作中发现的问题及时上报。

第四条 各级财政部门、农业农村主管部门按照职责分工，按规定做好农业相关转移支付资金绩效管理相关工作。

农业农村部门按照财政部门统一要求做好绩效评估工作。

第二章 绩效目标设定、审核与监控

第五条 农业相关转移支付资金绩效目标分为整体绩效目标和区域绩效目标。各级农业农村主管部门、财政部门、财政部各地监管局按规定开展绩效目标设定、审核与监控工作。

第六条 绩效目标应当清晰反映农业相关转移支付的预期产出和效果，与任务数相对应，与资金量相匹配，从数量、质量、时效、成本，以及经济效益、社会效益、生态效益、可持续影响、满意度等方面进行细化。

第七条 绩效目标设定、审核、下达的依据包括：

（一）农业法、动物防疫法等国家相关法律、法规和规章制度，国民经济和社会发展规划，国家乡村振兴战略规划、全国农业现代化规划、农业农村行业标准及其他相关重点规划等。

（二）财政部门制定的预算管理制度、农业相关转移支付使用管理规章制度及文件等。

（三）财政部门中期财政规划、年度预算管理要求和年度预算。

（四）统计部门或农业农村主管部门公布的有关农业农村统计数据和财政

部门反映资金管理的有关数据等。

（五）符合财政部和农业农村部要求的其他依据。

第八条 各级农业农村主管部门负责对设定的绩效目标根据工作需要按规定设计考核指标。

第九条 地方各级财政部门和农业农村主管部门，根据工作需要及财政部、农业农村部的要求实施绩效目标执行监控，重点监控农业相关转移支付资金使用是否符合预算批复时确定的绩效目标，发现绩效运行与原定绩效目标发生偏离时，及时采取措施予以纠正。农业农村部按规定对项目整体绩效目标实施情况进行监控。

第三章　绩效评价与结果运用

第十条 整体绩效评价工作由财政部会同农业农村部统一组织实施，区域绩效评价由省级财政部门和农业农村主管部门负责。预算执行结束后，地方各级财政和农业农村主管部门要对绩效目标完成情况组织开展绩效自评。绩效评价工作可根据需要委托中介机构、专家等第三方实施。

第十一条 绩效自评和评价内容包括：

（一）资金投入使用。主要考核资金使用方向是否符合资金管理办法等相关规定，是否与项目实施方案相符，是否体现了资金统筹整合与政策目标的有机统一。

（二）资金项目管理。主要考核绩效目标设定、方案制定报送、管理制度建设、预算执行情况、管理机制创新、有效管理措施、自评开展情况、信息宣传报道、部门协作机制以及相关保障措施等。

（三）资金实际产出。主要根据各省区域绩效目标，从不同支出方向考核资金的实际产出。

（四）政策实施效果。主要考核取得的经济效益、社会效益和生态效益，可持续影响及满意度情况。

（五）根据以上内容评价情况汇总形成相关项目整体绩效评价结果。

第十二条 绩效评价的依据应当包括：

（一）整体绩效目标和区域绩效目标。

（二）预算下达文件、当年使用情况报告、财务会计资料等有关文件资料。

（三）人大审查结果报告、审计报告及决定、财政监督检查报告及处理处罚决定，以及有关部门或委托中介机构出具的项目评审或竣工验收报告、评审考核意见等。

（四）反映工作情况和项目组织实施情况的正式文件、会议纪要等。

（五）其他相关资料。

第十三条 绩效评价原则上以年度为周期。根据工作需要，可开展中期绩效评价。

第十四条 省级财政部门和农业农村部门对省级自评结果和绩效评价相关材料的真实性负责。

第十五条 整体绩效和省级区域绩效评价应当形成绩效评价报告，对资金的实际产出和效果进行客观、公正的描述，对绩效目标实现程度进行判定，围绕实际绩效情况，从政策目标、预算管理、资金分配、支持方式、实施效果等方面进行绩效分析，提出有针对性的建议措施。

第十六条 绩效评价结果采取评分与评级相结合的形式。评分实行百分制，满分为100分。根据得分情况将评价结果划分为四个等级：总分在90分以上（含90分）为优秀；80～89分（含80分）为良好；60～79分（含60分）为合格；60分以下为不合格。

第十七条 整体绩效评价结果在适当范围内进行通报。相关资金绩效评价结果是分配农业相关转移支付的重要依据。省级财政部门和农业农村主管部门建立省级绩效评价结果通报制度和应用机制。

第四章 组织实施

第十八条 省级财政部门会同农业农村主管部门结合本省工作实际，根据农业相关转移支付年度实施方案（任务清单）、上一年度绩效目标和绩效考评结果、提前下达的预算等，研究设定当年农业相关转移支付资金区域绩效目标，于每年1月底前报送财政部和农业农村部，并抄送财政部当地监管局。

第十九条 农业农村部对各省报送的当年区域绩效目标进行审核，设定并提交整体绩效目标，一并报送财政部。财政部各地监管局根据工作需要和财政部具体要求参与区域绩效目标审核工作。

第二十条 财政部于每年全国人民代表大会批准预算后，结合有关方面审核意见对农业农村部报送的各省当年区域绩效目标进行审核后，在规定期限内随预算资金拨款文件一并下达，抄送财政部当地监管局。

第二十一条 省级财政部门和农业农村主管部门组织对上一年度农业相关转移支付资金区域绩效目标开展自评，形成绩效自评指标表和自评报告，按规定及时报送财政部和农业农村部，抄送财政部当地监管局。

第二十二条 财政部、农业农村部按照职责分工依据上一年度农业相关转移支付资金整体绩效目标开展绩效评价等相关绩效管理工作。

财政部各地监管局根据工作需要和财政部具体要求对各省绩效自评报告进行复核性评价。

第二十三条 各级财政部门、农业农村主管部门及其工作人员在绩效管理过程中存在严重弄虚作假、徇私舞弊、失职渎职及其他违规违纪行为的，按照预算法、公务员法、监察法、《财政违法行为处罚处分条例》等国家有关规定追究相应责任。

第五章 附 则

第二十四条 上划中央单位农业相关转移支付资金预算绩效管理工作参照本办法执行。

第二十五条 省级财政部门会同农业农村主管部门应当根据本办法制定实施细则，报送财政部和农业农村部备案，并抄送财政部当地监管局。

第二十六条 本办法所称省级、各省是指省、自治区、直辖市、计划单列市和新疆生产建设兵团、黑龙江省农垦总局、广东省农垦总局。农业农村主管部门是指农业农村、农牧、畜牧兽医、渔业等行政主管部门。

第二十七条 农业相关转移支付资金用于支持贫困县开展统筹整合使用财政涉农资金试点的部分，在脱贫攻坚期内，预算绩效管理按照有关规定执行。

第二十八条 本办法由财政部会同农业农村部负责解释。

第二十九条 本办法自印发之日起施行。《财政部 农业部关于印发〈中央财政草原生态保护补助奖励资金绩效评价办法〉的通知》（财农〔2012〕425号）、《财政部关于印发〈中央财政现代农业生产发展资金绩效评价办法〉的通知》（财农〔2013〕2号）同时废止。

17. 国家发展改革委 农业农村部 海关总署 国家林草局关于印发农业领域相关专项中央预算内投资管理办法的通知（节选）

发改农经规〔2021〕1273号

各省、自治区、直辖市及计划单列市、新疆生产建设兵团发展改革委、农业农村（农牧、畜牧兽医、海洋渔业）厅（局、委）、林草主管部门，海关总署广东分署、各直属海关，北大荒农垦集团有限公司，广东省农垦总局：

为贯彻落实党中央、国务院决策部署，更好发挥中央预算内投资效益，根据《政府投资条例》和中央预算内投资管理的相关规定，我们制定了藏粮于地藏粮于技、农业绿色发展等2个中央预算内投资专项管理办法。现印发给你们，并将有关事项通知如下：

一、进一步提高思想认识。抓好农业投资计划工作是实施乡村振兴战略、推动农业农村优先发展的重要保障。各地发展改革、农业农村、海关、林草主管等部门要进一步提高政治站位，加强配合，密切协商，充分沟通，确保农业投资计划管理和项目管理工作有序衔接，确保权责一致、协同高效、监管有力、运行顺畅。

二、进一步规范项目实施管理。各地要按照本管理办法要求和相关专项规划部署，加强农业投资项目的谋划和组织工作，完善各项建设条件，实现项目储备常态化、制度化。切实加强信息共享和工作会商，及时提出本地区年度项目投资需求和绩效目标。投资计划下达后，要严格落实项目管理要求，严禁将中央预算内投资截留、挤占或挪作他用，严禁将地方投资层层摊派到村级组织，防范增加村级组织债务风险。

三、进一步加强监督检查。对于项目实施管理中发现的问题，要严格按照中央预算内投资管理有关规定进行处理，对不按期开工、资金沉淀等重点问题项目和投资计划要实行清单管理，定期督促、限时整改、动态调整，必要时开展现场督导，对不履行整改责任或按期整改不到位的，按规定严肃处置。

国家发展改革委　农业农村部　海关总署　国家林草局
2021 年 9 月 1 日

藏粮于地藏粮于技中央预算内投资专项管理办法

第一章　总　　则

第一条　为加强和规范藏粮于地藏粮于技专项中央预算内投资管理，发挥中央预算内投资效益，根据《政府投资条例》（国务院令第 712 号）、《中央预算内直接投资项目管理办法》（国家发展改革委 2014 年第 7 号令）、《中央预算内投资补助和贴息项目管理办法》（国家发展改革委 2016 年第 45 号令）、《国家发展改革委关于规范中央预算内投资资金安排方式及项目管理的通知》（发改投资规〔2020〕518 号）等有关规定，制定本办法。

第二条　本办法所述藏粮于地藏粮于技专项，主要指使用中央预算内投资支持建设的高标准农田和东北黑土地保护、现代种业提升、动植物保护能力提升以及农业行业基础能力建设等项目，项目类型和支持范围可视情况作必要调整。各地要切实加强项目谋划和项目前期工作，按照国家有关专项规划和年度计划申报要求，及时提出本地区年度项目投资需求，严格落实项目管理各项要求。对符合相关条件要求的项目，国家发展改革委综合采取直接投资、投资补助等方式给予支持。本专项采取“大专项＋任务清单”管理模式，全部为约束性任务。

第二章　支持范围与方式

第三条　高标准农田新建和改造提升项目的建设内容、建设标准根据全国高标准农田建设规划、相关国家标准等要求执行。优先安排粮食生产功能区和重要农产品生产保护区，统筹支持油料、糖料蔗及新疆优质棉生产基地建设。

第四条　东北黑土地保护建设项目的建设内容、建设标准根据国家黑土地保护工程实施方案、相关国家标准等要求执行。项目范围限定在内蒙古自治区、辽宁省、吉林省、黑龙江省具有典型黑土分布的县（市、区、旗）和北大荒农垦集团有限公司。中央预算内投资重点支持农田基础设施、土壤侵蚀防治、肥沃耕作层培育等建设。东北黑土地保护建设应结合高标准农田建设统筹实施，建成后纳入高标准农田管理体系。

第五条 现代种业提升工程重点支持种质资源保护利用、测试评价、种业创新能力提升项目和制（繁）种基地。中央预算内投资支持中央单位和西藏地区项目的比例为100%。中央预算内投资支持地方项目的比例，种质资源保护利用项目东部、中部、西部、东北地区分别不超过核定总投资的70%、80%、90%、90%；测试评价项目东部、中部、西部、东北地区分别不超过核定总投资的60%、70%、80%、80%；除三大国家级育制种基地以及国家级分子育种平台外，种业创新能力提升项目和制（繁）种基地项目不超过核定总投资的40%，且最多不超过3 000万元。

第六条 动植物保护项目包括动物保护能力提升工程、植物保护能力提升工程、进出境动植物检疫能力提升工程。中央预算内投资支持中央单位和西藏地区项目的比例为100%；中央预算内投资支持地方项目的比例，东部、中部、西部、东北地区分别不超过核定总投资的60%、80%、90%、90%。

第七条 农业行业基础能力建设项目重点支持农业科技创新、天然橡胶、直属垦区公用基础设施和数字农业。中央预算内投资支持中央单位和西藏地区项目比例为100%。中央预算内投资支持地方项目投资比例，农业科技创新、数字农业创新中心及分中心东部、中部、西部、东北地区分别不超过核定总投资的70%、80%、90%、90%，数字农业创新应用基地东部、中部、西部、东北地区分别不超过核定总投资的40%、50%、60%、60%，天然橡胶和直属垦区公用基础设施为不超过核定总投资的80%。

第八条 中央预算内投资计划实行切块或打捆下达。各地在转发和分解年度中央预算内投资计划时，按规定采取适当方式安排相关工程项目。鼓励各地创新中央预算内投资使用方式，引导和带动社会资本加大投入，撬动社会资本更多投向项目建设。

第三章 投资计划申报

第九条 申请安排年度中央预算内投资计划的项目，必须完成相关前期工作手续，并已通过投资项目在线审批监管平台（以下简称投资在线平台）办理项目审批、核准、备案手续，确保当年能开工建设。中央预算内投资不得用于已完工项目，不得用于已安排过中央预算内投资或中央财政资金的项目。项目单位被列入严重失信主体名单的，不得申请中央预算内投资支持。

第十条 对于农业农村部负责管理的地方项目（包括高标准农田、东北黑土地保护建设项目、现代种业提升、农业领域动植物保护能力提升以及农业行业基础能力建设），由地方各级农业农村部门依托投资在线平台（国家重大建设项目库），会同各级发展改革部门做好项目储备并编制项目三年滚动投资计划。地方各级发展改革部门、农业农村部门，依托投资在线平台（国家重大建设项目库），根据国家有关专项规划和项目前期工作情况，联合提出本地区年度农业项目投资需求及绩效目标，逐级报送至国家发展改革委、农业农村部。

第十一条 对于动植物保护能力提升工程（林草领域）地方项目，由地方发展改革部门会同地方林草主管部门，依托投资在线平台（国家重大建设项目库），根据中央预算内投资年度项目申报要求和项目前期工作情况，提出本地区年度投资建议计划及绩效目标，逐级联合报送至国家发展改革委、国家林草局。

第十二条 对于安排中央单位投资项目，农业农村部、海关总署、国家林草局分别依托投资在线平台（国家重大建设项目库），对履行完审批程序的项目，向国家发展改革委报送年度投资计划申请报告和绩效目标。

第四章　投资计划下达与执行

第十三条 对于农业农村部负责管理的地方项目，由农业农村部负责汇总各省份年度农业投资建设需求，分省分类别向国家发展改革委提出计划申请及绩效目标，并同步在投资在线平台（国家重大建设项目库）中推送相关信息。国家发展改革委审核通过后，通过打捆或切块的方式同时下达农业农村部和省级发展改革部门。

农业农村部在接到投资计划下达文件后20个工作日内，将项目任务清单、绩效目标等按要求分解下达到省级农业农村部门，逐一落实项目（法人）单位及项目责任人、日常直接监管责任单位及监管责任人，并经日常监管责任单位及监管责任人认可后，抄送省级发展改革部门，并报国家发展改革委备案。

省级发展改革、农业农村部门，根据国家发展改革委下达的投资计划和农业农村部下达的项目任务清单及绩效目标，在20个工作日内将相关计划、任务、绩效目标分解下达，农业农村部门同步在投资在线平台（国家重大建设项目库）中进行分解备案，抄报国家发展改革委、农业农村部备案。

第十四条 对于动植物保护能力提升工程（林草领域）地方项目，国家发展改革委会同国家林草局对地方上报投资计划进行衔接平衡后，联合将中央预算内投资计划、绩效目标下达地方。各地在接到中央投资计划下达文件后的20个工作日内，按要求分解下达至具体项目，逐一落实项目（法人）单位及项目责任人、日常直接监管责任单位及监管责任人，并经日常监管责任单位及监管责任人认可后，抄报国家发展改革委、国家林草局备案。

第十五条 对于安排中央单位投资项目，国家发展改革委审核有关部门报送的年度投资计划后，将中央预算内投资计划分别下达农业农村部、海关总署、国家林草局，同步下达绩效目标。农业农村部、海关总署、国家林草局收到中央投资计划和绩效目标后，于20个工作日内分解下达至具体项目。

第十六条 投资计划下达后不得随意调整。因个别项目不能按时开工建设或者建设规模、标准和内容发生较大变化等情况，确需调整的，按照谁下达、谁调整的原则办理调整事项。在原专项内调整的，由省级负责调整，报国家发展改革委、有关行业主管部门备案。

跨专项调整的，由省级发展改革部门、省级行业主管部门联合将调整申请报送国家发展改革委、有关行业主管部门，行业主管部门提出调整建议，报国家发展改革委进行审核调整。

安排中央单位投资项目，在原专项内调整的，由行业主管部门进行调整，调整结果报国家发展改革委备案；跨专项调整的，由有关行业主管部门报国家发展改革委进行审核调整。

第十七条 各地在转发、分解下达中央预算内投资计划时要加强财力统筹，及时足额落实和到位地方建设资金。

第十八条 项目建设的前期工作费、基本预备费及项目管理费按照相关规定列支，从地方筹资中安排。

第十九条 项目建设应严格落实项目法人责任制、招标投标制、建设监理制和合同管理制。项目勘察、设计、施工和监理等环节工作，均依照《中华人民共和国招标投标法》等法律法规执行。

第二十条 项目建设单位应当督促施工单位严格依据批准的实施方案按期施工，对项目建设的工程质量、工程进度、资金管理和生产安全负责。

第二十一条 项目竣工后，要严格按照固定资产投资项目管理程序要求组织竣工验收。验收的主要内容包括项目建设任务及投资计划是否按批复的方案完成，是否随意变更项目建设地点、标准和主要建设内容；主要工程建设是否符合设计要求，达到规定标准；国家投资及地方投资是否按要求足额到位；项目施工质量、执行法律法规情况；运行使用情况、竣工决算和档案资料等。

第二十二条 工程验收后，必须及时办理移交手续，明确产权，落实工程运行管护主体和管护责任，制定管护制度，确保工程长期发挥效益。

第五章 监督管理

第二十三条 建立健全各项监管制度，逐级落实责任主体，明晰监管职责，做到任务到岗、责任到人、管理到位。各级发展改革、农业农村、海关、林草主管等部门要加强配合，密切协商，充分沟通，规范项目建设，提高工程质量和投资效益。

第二十四条 对于农业农村部负责管理的地方项目，农业农村部要加强项目事中事后监管和绩效目标考核，每月10日前通过投资在线平台（国家重大建设项目库）等将相关情况报送国家发展改革委；每年年底前将年度绩效目标实现情况形成评价报告报送国家发展改革委。

对于动植物保护能力提升工程（林草领域）和进出境动植物检疫能力提升工程项目，项目单位每月10日前通过投资在线平台（国家重大建设项目库），将相关数据报送国家发展改革委。每年年底前，海关总署、国家林草局将年度绩效目标实现情况形成评价报告报送国家发展改革委。

对未按要求通过投资在线平台（国家重大建设项目库）报送项目信息的，或录入信息数据不准确、不及时、不完整的，国家发展改革委可根据情节采取必要的惩戒措施。

第二十五条 国家发展改革委、农业农村部、海关总署、国家林草局适时对投资计划执行、项目执行情况进行检查督导。地方各级农业农村、海关、林草主管等部门负责本辖区、本领域投资项目日常监管，地方发展改革部门负责对本辖区的投资计划执行情况进行监督检查。

第二十六条 对于项目实施管理中发现的问题，严格按照中央预算内投资监督管理有关规定进行处理。对于投资计划执行、项目管理、绩效考核情况较好的地区，在下一年度投资安排时给予适当倾斜。

第六章 附 则

第二十七条 本办法由国家发展改革委、农业农村部、海关总署、国家林草局负责解释。

第二十八条 本办法自印发之日起施行，有效期5年。本办法施行后，《农业生产发展中央预算内投资专项管理暂行办法》《现代农业支撑体系中央预算内投资专项管理暂行办法》同时废止。

18. 农业农村部关于印发《农业农村部农业投资管理工作规程（试行）》的通知

农计财发〔2019〕10号

各省、自治区、直辖市及计划单列市农业农村（农牧）、农机、畜牧兽医、农垦、渔业厅（局、委、办），新疆生产建设兵团农业农村局，部机关各司局、派出机构、各直属单位：

为深入贯彻落实党和国家机构改革精神，切实履行农业投资管理职能，规范农业农村部负责实施的项目资金管理工作，我部在系统梳理相关管理制度基础上，制定了《农业农村部农业投资管理工作规程（试行）》，现印发给你们，请遵照执行。

农业农村部

2019年5月15日

农业农村部农业投资管理工作规程（试行）

第一章 总 则

第一条 为切实履行中央赋予农业农村部的农业投资管理职责，建立科学合理的投资决策机制，提高投资效率，根据《中共中央、国务院关于深化投融资体制改革的意见》《中共中央、国务院关于全面实施预算绩效管理的意见》《财政部关于印发中央对地方专项转移支付管理办法的通知》《国家发展改革委办公厅、农业农村部办公厅关于中央预算内投资补助地方农业项目投资计划管理有关问题的通知》和有关法律法规规定，结合农业农村部职能职责，制定本规程。

第二条 本规程所指农业投资包括农业农村部管理和参与管理的用于农业农村的中央财政转移支付项目、中央预算投资项目等。农业农村部部门预算项目、利用外资农业投资项目根据需要统筹安排。

第三条 农业农村部负责提出农业投融资体制机制改革建议，编制中央投资安排的农业投资专项建设规划，提出农业投资规模和方向、扶持农业农村发展财政项目的建议，按国务院规定权限审批农业投资项目，负责农业投资项目资金安排和监督管理。

第四条 农业投资管理遵循规划引领、统筹资金、简政放权、开拓创新的总体方向，坚持公开透明、程序规范、权责对等、监督问效的基本原则，强化对重点领域、重点任务的集中支持。

第五条 农业农村部计划财务司（以下简称“计划财务司”）是农业农村部农业投资管理的牵头部门，负责农业投资的统筹管理，包括组织编制农业投资规划、统筹协调安排项目资金、统筹下达项目投资计划和任务清单、统筹开展项目监督和绩效管理，组织制定相关项目资金管理办法等。

农业农村部各相关项目归口管理司局和派出机构（以下简称“各相关司局”）负责具体项目的管理，包括编制有关规划，提出投资项目安排建议，编制项目实施的总体绩效目标，组织项目实施并开展日常监督、绩效管理等工作。

第六条 各省（自治区、直辖市）、计划单列市农业农村行政主管部门（以下简称“省级农业农村部门”）负责提出本辖区需中央支持的农业投资项目建议，组织开展具体投资项目的立项、实施、监督和绩效管理等工作。

第二章　投融资政策研究与规划

第七条 计划财务司牵头组织开展农业投融资体制机制和支持保护政策研究，提出农业投资的总体方案和政策措施建议，组织论证形成重大投资政策项目储备。

第八条 中央财政转移支付项目实行中期财政规划管理，各相关司局负责提出本行业本领域的中央财政转移支付项目三年支出规划建议，计划财务司进行统筹平衡，经计划财务司司务会审议并报部领导审定，必要时报部党组会议或部常务会议审定后，报送财政部。

中央预算内投资项目决策以专项建设规划为重要依据。各相关司局负责提出本行业领域的农业投资专项建设规划，计划财务司负责统筹投资并组织进行论证，经计划财务司司务会审议并报部领导审定，必要时报部党组会议或部常务会议审定后，报送国家发展改革委。专项建设规划以农业农村部文件或会同国家发展改革委等部门联合印发。重大专项建设规划按程序报国务院审批后印发。

第九条 计划财务司对行业内交叉重复以及性质相同、用途相近的农业投资项目进行整合，对中央财政转移支付项目、中央预算内投资项目、部门预算项目按资金性质、功能等进行统筹安排，整体设计投资框架体系。

第十条 中央财政转移支付项目和中央预算内投资项目实行“大专项+任务清单”管理。鼓励创新投融资模式，探索通过政府购买服务、政府与社会资本合作、担保费补助、贷款贴息、风险补偿、先建后补、以奖代补等方式，引导和撬动金融资本、社会资本和农民加大农业投资。

第三章 年度投资安排

第十一条 各相关司局根据有关规划和要求，研究提出年度农业投资政策建议，计划财务司统筹平衡各类项目资金需求，形成年度农业投资建议，经计划财务司司务会审议，并报部党组会议或部常务会议审定后，按投资项目资金渠道分别报送国家发展改革委和财政部。

第十二条 计划财务司与国家发展改革委、财政部协调对接，确定年度中央财政转移支付项目资金、中央预算内投资的总体规模；组织细化支出方向和规模，形成年度农业投资安排总体方案，报部领导审定后组织实施。

第十三条 中央财政转移支付项目管理，按照以下流程进行。

（一）根据年度项目资金总体规模和有关专项管理办法，计划财务司组织各相关司局细化项目任务，测算资金安排，经综合平衡后，形成项目资金安排建议，报部领导审定后，向财政部报送资金安排建议。

（二）计划财务司牵头组织各相关司局制定项目实施指导意见或工作通知，由农业农村部会同财政部以正式文件印发，任务清单同步下达。

（三）计划财务司及时调财政部下达项目资金，并抄送各省农业农村部门。省级农业农村部门会同财政部门，根据项目实施指导意见以及中央财政下达资金，编制本区域具体项目绩效目标，报送农业农村部和财政部。

第十四条 中央预算内投资农业项目按照以下流程组织实施。

（一）根据年度投资计划安排，由各相关司局提出年度项目申报的初步意见，计划财务司统筹平衡后，统一发布项目申报通知。

各省级农业农村部门根据通知开展项目前期工作，并按要求在全国投资项目在线审批监管平台、国家重大建设项目库和农业建设项目管理平台中填报和推送有关信息。

（二）省级农业农村部门负责受理本区域内中央预算内农业投资项目申报，并批复可行性研究报告、初步设计方案。

申请中央预算内投资超过限额的重大项目，由农业农村部按程序报国家发展改革委进行审批。采取竞争立项的中央预算内投资项目采取一事一议方式，按照项目相关申报通知执行。

（三）省级农业农村部门按照相关程序及时间要求，会同相关部门以计财字号正式文件向农业农村部报送投资需求和绩效目标，文件应同时抄送计划财务司和各相关司局。各相关司局进行汇审核后，根据年度投资规模、有关专项建设规划和管理办法提出相关专项的投资建议计划及绩效目标，计划财务司审核汇总和衔接平衡后，形成农业农村部年度投资计划申请及绩效目标，经计划财务司司务会审议并报部领导审定后，分省份分投资类别（专项）报送国家发展改革委。

（四）根据国家发展改革委下达或抄送的年度投资计划，计划财务司会同各相关司局以农业农村部文件统一分解下达项目任务清单、绩效目标等，送省级发展改革部门，报国家发展改革委备案。

第十五条　农业农村部按照中央关于高标准农田建设“五统一”要求，统筹各渠道农田建设资金，组织开展高标准农田建设。

第四章　项目实施与监督

第十六条　省级农业农村部门根据财政部、农业农村部印发的中央财政转移支付资金下达文件及实施指导意见，以及国家发展改革委下达的中央预算内投资目投资计划、农业农村部下达的建设任务、项目任务清单和绩效目标，按有关要求会同相关部门将资金、任务、绩效目标分解下达，对标准农田建设等重大任务要统筹资金、创新投融资模式，统一组织实施。中央财政转移支付项目的细化方案报送农业农村部和财政部备案。中央预算内投资项目分解、任务清单、绩效目标文件抄报农业农村部备案。

第十七条　中央财政转移支付项目根据项目实施指意见，按照任务清单方式进行管理。任务清单分为约束性任务和指导性任务两类，允许地方在完成约束性任务的前提下，根据当地产业发展需要，在同一大专项内统筹使用资金，扶贫攻坚等领域有其他规定的可参照其他规定执行。中央财政转移支付项目调整，由该项目的审批机关审核批准，重大项目的调整报农业农村部、财政部备案。

第十八条　中央预算内投资项目按照基本建设投资项目进行管理，项目实施应遵守招标投标、工程监理、合同管理、竣工验收、资金管理等有关法律规章，依法办理相关手续。投资计划下达后不得随意调整，投资计划和项目任务清单确需调整的，按照谁下达、谁调整的原则，办理调整事项。其中，如调整后项目仍在原专项内的，由省级调整，调整结果及时报农业农村部备案；如调整到其他专项的项目，由省级农业农村部门会同相关部门联合将调整申请报送农业农村部、国家发展改革委，农业农村部提出调整建议，报国家发展改革委进行调整。

第十九条 计划财务司统筹组织农业投资的监督管理。各相关司局应加强对农业投资项目的监管，及时对项目进展进行调度、督导。省级农业农村部门负责项目日常监督管理工作，及时调度各地农业投资项目进展情况，加强对绩效目标实现和资金管理使用情况的督导检查。

第二十条 计划财务司、各相关司局、省级农业农村部门应按照有关规定，加强对农业投资项目的审计监督，主动支持配合有关部门开展审计、巡视督查、纪检监察等，自觉接受社会监督。对审计等发现的问题，应按要求提出整改措施并严格落实。对于社会各界反映的情况和重要信访举报线索，应及时组织调查核实，依法依规处理。

第二十一条 建立全过程的责任追究机制，对于项目决策、资金安排和使用、建设和管理、监督检查等各环节发现的问题，依法依规依纪追究相应的责任单位及责任人责任。

第五章　项目绩效管理

第二十二条 计划财务司统筹开展农业投资项目绩效管理工作，牵头制定农业农村部农业投资项目绩效管理相关制度，组织构建分行业、分领域、分层次的绩效指标和标准体系。各相关司局结合具体投资项目实际加强相关制度建设，构建本行业、本领域的绩效指标和标准体系。

第二十三条 各相关司局负责审核汇总省级农业农村部门报送的农业投资项目区域绩效目标。计财务司汇总审核，将中央财政转移支付项目绩效目标报送财政部；中央预算内投资项目绩效目标与中央预算内投资项目投资计划、项目任务清单一并印发。

第二十四条 各级农业农村部门应加强农业投资项目执行过程中的绩效监控，按照“谁支出、谁负责”的原则，组织开展农业投资项目绩效目标实现程度的运行监控，及时发现和纠正问题，确保绩效目标如期保质保量实现。

第二十五条 计划财务司统筹开展农业农村部农业投资项目年度绩效自评。各相关司局组织对项目实施情况进行总结并开展绩效自评，及时将项目实施情况总结和绩效自评结果报送计划财务司。计划财务司会同各相关司局对重点项目开展绩效评价，加强对绩效评价过程和绩效评价结果的监督。

第二十六条 计划财务司和各相关司局加强对绩效评价结果的运用，及时将绩效评价结果反馈给相关单位，对发现的问题进行督促整改，并将绩效评价结果作为政策调整、项目安排和资金分配的重要依据。

第二十七条 计划财务司牵头组织对重大农业投资项目总体实施情况进行评估，对政策到期或绩效低下的投资项目及时提出清理退出意见，会同有关部门进行调整。

第六章　附　　则

第二十八条　本规程由农业农村部计划财务司负责解释。

第二十九条　农业农村部部门预算项目、利用外资农业投资项目，以及直属事业单位、中央直属高校和中央直属企业承担的中央预算内投资相关项目的具体管理，按照相关制度规定执行。

第三十条　新疆生产建设兵团、黑龙江省农垦总局、广东省农垦总局申请中央投资的农业投资项目参照本规程进行管理。

第三十一条　本规程自发布之日起施行。

19. 自然资源部 农业农村部关于加强和改进永久基本农田保护工作的通知

自然资规〔2019〕1号

各省、自治区、直辖市及计划单列市自然资源、农业农村主管部门，新疆生产建设兵团自然资源、农业农村主管部门，中央军委后勤保障部军事设施建设局，国家林业和草原局，中国地质调查局及部其他直属单位，各派出机构，部机关各司局：

按照党中央、国务院关于全面划定永久基本农田并实行特殊保护的决策部署，自然资源部、农业农村部（以下简称“两部”）精心组织，各省（区、市）党委政府扎实推进，完成了永久基本农田划定工作，并纳入各级土地利用总体规划，实现了上图入库、落到实地，取得积极成效。当前，我国经济转向高质量发展阶段，新型工业化、城镇化建设深入推进，农业供给侧结构性改革逐步深入，对守住耕地红线和永久基本农田控制线提出了更高要求。为巩固划定成果，有效解决划定不实、非法占用等问题，完善保护措施，提高监管水平，现就有关事项通知如下：

一、总体要求

（一）指导思想。以习近平新时代中国特色社会主义思想为指导，深入贯彻党的十九大和十九届二中、三中全会精神，牢固树立新发展理念，实施乡村振兴战略，坚持最严格的耕地保护制度和最严格的节约用地制度，落实“藏粮于地、藏粮于技”战略，以确保国家粮食安全和农产品质量安全为目标，加强耕地数量、质量、生态“三位一体”保护，构建保护有力、集约高效、监管严格的永久基本农田特殊保护新格局，牢牢守住耕地保护红线。

（二）基本原则。

坚持从严保护。坚守十分珍惜、合理利用土地和切实保护耕地的基本国策，牢固树立山水林田湖草是一个生命共同体理念，强化永久基本农田特殊保护意识，将永久基本农田作为国土空间规划的核心要素，摆在突出位置，强化永久基本农田对各类建设布局的约束，严格控制非农建设占用，保护利用好永久基本农田。

坚持底线思维。 坚守土地公有制性质不改变、耕地红线不突破、粮食生产能力不降低、农民利益不受损四条底线，永久基本农田一经划定，要纳入国土空间规划，任何单位和个人不得擅自占用或改变用途，充分尊重农民自主经营意愿和保护农民土地承包经营权，鼓励农民发展粮食和重要农产品生产。

坚持问题导向。 凡是存在划定不实、补划不足、非法占用、查处不力等问题的，查明情况、分析原因，提出分类处置措施，落实整改、严肃问责，确保永久基本农田数量不减、质量提升、布局稳定。

坚持权责一致。 充分发挥市场配置资源的决定性作用，更好发挥政府作用，完善监督考核制度，地方各级政府主要负责人要承担起耕地保护第一责任人的责任，健全管控、建设和激励多措并举的保护机制。

二、巩固永久基本农田划定成果

（三）全面开展划定成果核实工作。 各省（区、市）自然资源主管部门会同农业农村主管部门要充分运用卫星遥感和信息化技术手段，以 2017 年度土地变更调查、地理国情监测、耕地质量调查监测与评价等成果为基础，结合第三次全国国土调查、自然资源督察、土地资源全天候遥感监测、永久基本农田划定成果专项检查、粮食生产功能区和重要农产品生产保护区（以下简称“两区”）划定等工作中发现的问题，组织对本省（区、市）永久基本农田划定成果进行全面核实，找准划定不实、违法占用等问题，梳理问题清单，提出分类处置意见，以县级行政区划为单元编制整改补划方案（具体要求详见附件 1）。

（四）全面清理划定不实问题。 根据《土地管理法》《基本农田保护条例》等法律法规要求，对下列不符合要求的耕地或其他土地错划入永久基本农田的，按照“总体稳定、局部微调、量质并重”的原则，进行整改补划，并相应对“两区”进行调整，按法定程序修改相应的土地利用总体规划。

1. 将不符合《基本农田划定技术规程》要求的建设用地、林地、草地、园地、湿地、水域及水利设施用地等划入永久基本农田的；

2. 河道两岸堤防之间范围内不适宜稳定利用的耕地；

3. 受自然灾害严重损毁且无法复垦的耕地；

4. 因采矿造成耕作层损毁、地面塌陷无法耕种且无法复垦的耕地；

5. 依据《土壤污染防治法》列入严格管控类且无法恢复治理的耕地；

6. 公路铁路沿线、主干渠道、城市规划区周围建设绿色通道或绿化隔离的林带和公园绿化占用永久基本农田的用地；

7. 永久基本农田划定前已批准建设项目占用的土地或已办理设施农用地备案手续的土地；

8. 法律法规确定的其他禁止或不适宜划入永久基本农田保护的土地。

（五）依法处置违法违规建设占用问题。对各类未经批准或不符合规定要求的建设项目、临时用地、农村基础设施、设施农用地，以及人工湿地、景观绿化工程等占用永久基本农田的，县级以上自然资源主管部门应依法依规严肃处理，责令限期恢复原种植条件。经县级自然资源主管部门会同农业农村主管部门组织核实，市级自然资源主管部门会同农业农村主管部门论证审核确实不能恢复的，按有关要求整改补划永久基本农田和修改相应的土地利用总体规划。对违法违规占用永久基本农田建窑、建房、建坟、挖沙、采石、采矿、取土、堆放固体废弃物或者从事其他活动破坏永久基本农田，毁坏种植条件的，按《土地管理法》《基本农田保护条例》等法律法规进行查处，构成犯罪的，依法移送司法机关追究刑事责任。

（六）严格规范永久基本农田上农业生产活动。按照"尊重历史、因地制宜、农民受益、社会稳定、生态改善"的原则，在确保谷物基本自给和口粮绝对安全、确保粮食种植规模基本稳定、确保耕地耕作层不破坏的前提下，对永久基本农田上农业生产活动有序规范引导，在永久基本农田数据库、国土调查中标注实际利用情况和管理信息，强化动态监督管理。

永久基本农田不得种植杨树、桉树、构树等林木，不得种植草坪、草皮等用于绿化装饰的植物，不得种植其他破坏耕作层的植物。本通知印发前，已经种植的，由县级自然资源主管部门和农业农村主管部门根据农业生产现状和对耕作层的影响程度组织认定，能恢复粮食作物生产的，5 年内恢复；确实不能恢复的，在核实整改工作中调出永久基本农田，并按要求补划。

三、严控建设占用永久基本农田

（七）严格占用和补划审查论证。一般建设项目不得占用永久基本农田；重大建设项目选址确实难以避让永久基本农田的，在可行性研究阶段，省级自然资源主管部门负责组织对占用的必要性、合理性和补划方案的可行性进行严格论证，报自然资源部用地预审；农用地转用和土地征收依法报批。深度贫困地区、集中连片特困地区、国家扶贫开发工作重点县省级以下基础设施、易地扶贫搬迁、民生发展等建设项目，确实难以避让永久基本农田的，可以纳入重大建设项目范围，由省级自然资源主管部门办理用地预审，并按照规定办理农用地转用和土地征收。严禁通过擅自调整县乡土地利用总体规划，规避占用永久基本农田的审批。

重大建设项目占用永久基本农田的，按照"数量不减、质量不降、布局稳定"的要求进行补划，并按照法定程序修改相应的土地利用总体规划。补划的永久基本农田必须是坡度小于 25°的耕地，原则上与现有永久基本农田集中连片。占用城市周边永久基本农田的，原则上在城市周边范围内补划，经实地踏勘论证确实难以在城市周边补划的，按照空间由近及远、质量由高到低的要求进行补划。重大建设项目用地预审和审查中要严格把关，切实落实最严格的节约集约用地制度，尽量不占或少占永久基本农田；重大建设项目在用地预审时不占永久基本农田、用地审批时占用的，按有关要求报自然资源部用地预审。线性重大建设项目占用永久基本农田用地预审通过后，选址发生局部调整、占用永久基本农田规模和区位发生变化的，由省级自然资源主管部门论证审核后完善补划方案，在用地审查报批时详细说明调整和补划情况。非线性重大建设项目占用永久基本农田用地预审通过后，所占规模和区位原则上不予调整。

临时用地一般不得占用永久基本农田，建设项目施工和地质勘查需要临时用地、选址确实难以避让永久基本农田的，在不修建永久性建（构）筑物、经复垦能恢复原种植条件的前提下，土地使用者按法定程序申请临时用地并编制土地复垦方案，经县级自然资源主管部门批准可临时占用，并在市级自然资源主管部门备案，一般不超过两年，同时，通过耕地耕作层土壤剥离再利用等工程技术措施，减少对耕作层的破坏。临时用地到期后土地使用者应及时复垦恢复原种植条件，县级自然资源主管部门会同农业农村等相关主管部门开展土地复垦验收，验收合格的，继续按照永久基本农田保护和管理；验收不合格的，责令土地使用者进行整改，经整改仍不合格的，按照《土地复垦条例》规定由县级自然资源主管部门使用缴纳的土地复垦费代为组织复垦，并由县级自然资源主管部门会同农业农村等相关主管部门开展土地复垦验收。县级自然资源主管部门要切实履行职责，对在临时用地上修建永久性建（构）筑物或其他造成无法恢复原种植条件的行为依法进行处理；市级自然资源主管部门负责临时用地使用情况的监督管理，通过日常检查、年度卫片执法检查等，及时发现并纠正临时用地中存在的问题。

（八）处理好涉及永久基本农田的矿业权设置。全国矿产资源规划确定的战略性矿产，区分油气和非油气矿产、探矿和采矿阶段、露天和井下开采等情况，在保护永久基本农田的同时，做好矿产资源勘查和开发利用。非战略性矿产，申请新设矿业权，应避让永久基本农田，其中地热、矿泉水勘查开采，不造成永久基本农田损毁、塌陷破坏的，可申请新设矿业权。

矿业权申请人依法申请战略性矿产探矿权，开展地质勘查需临时用地的，应依法办理临时用地审批手续。石油、天然气、页岩气、煤层气等油气战略性矿产的地质勘查，经批准可临时占用永久基本农田布设探井。在试采和取得采矿权后转为开采井的，可直接依法办理农用地转用和土地征收审批手续，按规定补划永久基本农田。

煤炭等非油气战略性矿产，矿业权人申请采矿权涉及永久基本农田的，根据露天、井下开采方式实行差别化管理。对于露天方式开采，开采项目应符合占用永久基本农田重大建设项目用地要求；对于井下方式开采，矿产资源开发利用与生态保护修复方案应落实保护性开发措施。井下开采方式所配套建设的地面工业广场等设施，要符合占用永久基本农田重大建设项目用地要求。

已设矿业权与永久基本农田空间重叠的，各级地方自然资源主管部门要加强永久基本农田保护、土地复垦等日常监管，允许在原矿业权范围内办理延续变更等登记手续。已取得探矿权申请划定矿区范围或探矿权转采矿权的按上述煤炭等非油气战略性矿产管理规定执行。矿业权人申请扩大勘查区块范围或扩大矿区范围、申请将勘查或开采矿种由战略性矿产变更为非战略性矿产，涉及与永久基本农田空间重叠的，按新设矿业权处理。矿业权人不依法履行土地复垦义务的，不得批准新设矿业权，不得批准新的建设用地。

四、统筹生态建设和永久基本农田保护

（九）协调安排生态建设项目。党中央、国务院确定建设的重大生态建设项目，确实难以避让永久基本农田的，按有关要求调整补划永久基本农田和修改相应的土地利用总体规划。省级人民政府为落实党中央、国务院决策部署，提出具有国家重大意义的生态建设项目，经国务院同意，确实难以避让永久基本农田的，按照有关要求调整补划。其他景观公园、湖泊湿地、植树造林、建设绿色通道和城市绿化隔离带等人造工程，严禁占用永久基本农田。

（十）妥善处理好生态退耕。对位于国家级自然保护地范围内禁止人为活动区域的永久基本农田，经自然资源部和农业农村部论证确定后应逐步退出，原则上在所在县域范围内补划，确实无法补划的，在所在市域范围内补划；非禁止人为活动的保护区域，结合国土空间规划统筹调整生态保护红线和永久基本农田控制线。不得擅自将永久基本农田和已实施坡改梯耕地纳入退耕范围。对不能实现水土保持的25°以上的陡坡耕地、重要水源地15°～25°的坡耕地、严重沙漠化和石漠化耕地、严重污染耕地、移民搬迁后确实无法耕种的耕地等，综合考虑粮食生产实际种植情况，经国务院同意，结合生态退耕有序退出永久基本农田。根据生态退耕检查验收和土地变更调查结果，以实际退耕面积核减有关省份的耕地保有量和永久基本农田保护面积，在国土空间规划编制时予以调整。

五、加强永久基本农田建设

（十一）开展永久基本农田质量建设。根据全国土地利用总体规划纲要、全国高标准农田建设规划和全国土地整治规划安排，优先在永久基本农田上开展高标准农田建设，提高永久基本农田质量。开展农村土地综合整治涉及永久基本农田调整的，在确保耕地数量有增加、质量有提升、生态有改善的前提

下，制定所在项目区范围内永久基本农田调整方案，由省级自然资源主管部门会同农业农村主管部门负责审核，按法定程序修改相应的土地利用总体规划，“两部”负责事中事后监管。项目完成并通过验收后，更新完善永久基本农田数据库。

（十二）建立健全耕地质量调查监测与评价制度。定期对全国耕地和永久基本农田质量水平进行全面评价并发布评价结果。完善耕地和永久基本农田质量监测网络，开展耕地质量年度调查监测成果更新。加强耕地质量保护与提升，采取工程、化学、生物、农艺等措施，开展农田整治、土壤培肥改良、退化耕地综合治理、污染耕地阻控修复等，有效提高耕地特别是永久基本农田综合生产能力。

（十三）建立永久基本农田储备区。为提高重大建设项目用地审查报批效率，做到保质保量补划落地，在永久基本农田之外其他质量较好的耕地中，划定永久基本农田储备区。省级自然资源主管部门会同农业农村主管部门根据未来一定时期内重大建设项目占用、生态建设等补划永久基本农田需要，确定市县永久基本农田储备区划定目标任务，负责组织验收永久基本农田储备区划定方案和成果数据库（具体要求详见附件 2）并汇交到“两部”。重大建设项目占用或整改补划永久基本农田的，直接在储备区中补划。储备区内耕地补划前按一般耕地管理和使用，并根据补划和土地综合整治、农田整治、高标准农田建设和土地复垦等新增加耕地等情况，结合年度土地变更调查对永久基本农田储备区进行补充更新。

六、健全永久基本农田保护监管机制

（十四）构建动态监管体系。修订《基本农田划定技术规程》，统一永久基本农田划定、建设、补划、管理和数据库建设标准。完善动态监测监管系统，统一国土空间基础信息平台，建立数据库更新和共享机制。省级自然资源主管部门和农业农村主管部门分别负责组织将本地区永久基本农田保护和“两区”信息变化情况，通过监测监管系统汇交到自然资源部和农业农村部，实时更新和共享永久基本农田占用、补划信息及永久基本农田储备区信息。结合自然资源调查、年度变更调查、耕地质量调查监测与评价、自然资源督察等，对永久基本农田数量、质量变化情况进行全程跟踪，实现动态管理。

（十五）严格监督检查。县级以上自然资源主管部门要强化日常监管，及时发现、制止和严肃查处违法违规占用耕地特别是永久基本农田的行为。经查实属于主观故意、谋利为主、非程序性、非政策性等严重违法行为的，依照法律法规严肃查处并适时公开曝光。各派驻地方的国家自然资源督察局要加强监督检查，对督察发现的违法侵占永久基本农田问题，及时向地方政府提出整改意见并督促整改，整改不力的，按规定移送有权机关追责问责。

（十六）强化考核机制。按照《省级政府耕地保护责任目标考核办法》要求，将永久基本农田保护情况列入省级政府耕地保护责任目标考核、粮食安全省长责任制考核、领导干部自然资源资产离任审计的重要内容，与安排年度土地利用计划、高标准农田建设资金和耕地质量提升资金等相挂钩。对检查考核中发现突出问题的省份，及时公开通报，限期进行整改。

（十七）完善激励补偿机制。省级自然资源主管部门和农业农村主管部门要会同相关部门，认真总结地方经验，按照“谁保护、谁受益”的原则，探索实行耕地保护激励性补偿和跨区域资源性补偿。鼓励有条件的地区建立耕地保护基金，与整合有关涉农补贴政策、完善粮食主产区利益补偿机制相衔接，与生态补偿机制相联动，依据永久基本农田保护任务和“两区”划定与建设任务落实情况、实际粮食生产情况，对农村集体经济组织和农户给予奖补。

七、保障措施

（十八）落实工作责任。各省（区、市）自然资源主管部门和农业农村主管部门要根据通知要求，结合地方实际情况，研究制定加强和改进永久基本农田保护的具体操作办法，明确措施、落实责任；以县级行政区划为单元，组织开展好已划定成果核实整改、严格规范永久基本农田上农业生产活动和建立永久基本农田储备区等各项工作。

县级自然资源主管部门会同农业农村主管部门负责根据永久基本农田现状核实情况，按照问题清单，提出分类处置建议，编制整改补划方案和永久基本农田储备区划定方案，并同步开展永久基本农田数据库更新完善和土地利用总体规划修改报批工作；市级自然资源主管部门会同农业农村主管部门负责对县级提交的工作成果进行论证审核，省级自然资源主管部门会同农业农村主管部门负责验收，并以县级行政区划为单元汇交“两部”。2019 年 12 月 31 日前，与第三次全国国土调查工作同步完成全国永久基本农田储备区建设和核实整改工作。

（十九）严肃工作纪律。各级地方自然资源主管部门和农业农村主管部门要站在讲政治、顾大局的高度，履职尽责、求真务实、敢于碰硬，已经划定的永久基本农田不得随意调整，确保永久基本农田成果的稳定性与信息的真实性。各派驻地方的国家自然资源督察局对加强和改进永久基本农田保护工作跟踪监督，对督察发现的主观故意或明知问题不报告、不查处的，对不按政策要求核实整改补划的，对弄虚作假、敷衍了事的，要督促有关地方人民政府全面整改、严肃问责。自然资源部会同农业农村部将按一定比例以随机抽查方式进行实地核查，发现问题的，督促地方举一反三落实整改。

（二十）营造良好氛围。各地要结合整改补划工作，补充更新永久基本农田保护标志牌和界桩、保护档案等，规范标识内容，保障群众知情权，接受社会监督；要充分依靠中央和地方主流媒体，用好部门媒体，通过多种形式及时做好永久基本农田划定和特殊保护政策解读与宣传工作；要及时回应社会关切，凝聚起全社会保护耕地共识，营造良好的舆论氛围。

本通知自印发之日起施行，有效期5年。原国土资源部印发的《关于全面实行永久基本农田特殊保护的通知》中有关开展永久基本农田整备区建设、临时用地占用永久基本农田等政策按本通知要求执行。

附件：1. 永久基本农田整改补划方案编制要点

2. 永久基本农田储备区划定工作要求

自然资源部　农业农村部

2019年1月3日

附件1

永久基本农田整改补划方案编制要点

一、永久基本农田划定有关情况

详细说明县级永久基本农田划定总体情况，包括城市周边永久基本农田划定情况、各地类情况、坡度情况、质量情况等，并填写《永久基本农田划定有关情况表》（详见附表1）。

二、永久基本农田核实整改情况

〔**永久基本农田核实整改总体情况**〕详细说明核实工作总体情况，采取整改补划的工作措施、技术方法和技术手段等情况。

〔**永久基本农田核实整改分类情况**〕按照分类处置的要求，对涉及永久基本农田的主要类型、具体位置、质量等基本情况进行详细说明，并按填表说明逐图斑填写对应附表。涉及城市周边永久基本农田的，详细说明城市周边具体规模、图斑数量、平均质量等情况，并附需整改永久基本农田分布示意图（包含城市周边范围线）。填写《永久基本农田核实整改情况汇总表》（详见附表2）。充分利用永久基本农田监测监管系统和国土调查云系统，对需核实整改的永久基本农田现场拍摄照片并录制视频，作为整改补划的重要基础和依据。

1. 永久基本农田划定过程中，将不符合《基本农田划定技术规程》要求的建设用地、林地、草地、园地、湿地、水域及水利设施用地等划入永久基本农田的；河道两岸堤防之间范围内不适宜稳定利用的耕地；受自然灾害严重损毁且无法复垦的耕地；因采矿造成耕作层损毁、地面塌陷无法耕种且无法复垦的耕地；依据《土壤污染防治法》列入严格管控类且无法恢复治理的耕地；公路铁路沿线、主干渠道、城市规划区周围建设绿色通道或绿化隔离的林带和公园绿化占用永久基本农田的用地；永久基本农田划定前已批准建设项目占用的土地或已办理设施农用地备案手续的土地；法律法规确定的其他禁止或不适宜划入永久基本农田保护的土地。填写《永久基本农田各类划定不实情况表》（详见附表3）。

2. 永久基本农田划定后，各类未经批准或不符合规定要求的建设项目、临时用地、农村基础设施、设施农用地，以及人工湿地、景观绿化工程等占用永久基本农田，填写《违法违规建设占用永久基本农田情况表》（详见附

表4）。违法违规占用永久基本农田建窑、建房、建坟、挖沙、采石、采矿、取土、堆放固体废弃物或者从事其他活动破坏永久基本农田的，毁坏种植条件的，填写《违法违规占用破坏永久基本农田情况表》（详见附表5）。

3. 永久基本农田上种植杨树、桉树、构树等林木，种植草坪、草皮等用于绿化装饰的植物或种植其他破坏耕作层的植物确实不能恢复粮食作物生产的，填写《种植植物影响永久基本农田情况表》（详见附表6）。

三、拟整改补划永久基本农田原因分析

按照上述类别，详细说明拟整改补划永久基本农田的整改原因、整改依据，在相应表格中填写原因代码，并提供证明材料。违法违规占用确实无法恢复原状的，提供县级自然资源主管部门会同农业农村主管部门出具的核实意见。

四、违法违规占用永久基本农田查处情况

〔**违法违规建设占用永久基本农田**〕按照未经批准或不符合规定要求的建设项目、临时用地、农村基础设施、设施农用地、人工湿地、景观绿化工程等类别详细说明对违法违规占用永久基本农田的查处情况和整改恢复情况。其中，查处情况包括各类情况涉及的项目数、查处的案件数、罚没款金额、拆除或没收违法建筑面积、追责问责情况等，填写《违法违规建设占用永久基本农田情况表》（详见附表4）。

〔**违法违规占用破坏永久基本农田**〕详细说明对违法违规占用破坏永久基本农田的处罚情况和限期整改恢复情况。其中，查处情况包括各类情况涉及查处的案件数、罚没款金额、拆除或没收违法建筑面积、追责问责情况等，填写《违法违规占用破坏永久基本农田情况表》（详见附表5）。

五、永久基本农田补划情况

按照永久基本农田划定要求，上述两种类别情况，每种情况为一个单元，详细说明补划永久基本农田规模（含水田面积）、平均质量、空间位置等情况。补划城市周边永久基本农田的，详细说明城市周边补划永久基本农田规模（含水田面积）、平均质量、空间位置等情况，填写《永久基本农田补划情况表》（详见附表7），并附补划永久基本农田分布示意图（包含城市周边范围线），同时提交补划永久基本农田拐点坐标表（电子版本）。

六、其他需要说明的情况

说明补划永久基本农田后是否影响县级行政区划永久基本农田保护任务完

成等情况。

附表：1. 永久基本农田划定有关情况表
2. 永久基本农田核实整改情况汇总表
3. 永久基本农田各类划定不实情况表
4. 违法违规建设占用永久基本农田情况表
5. 违法违规占用破坏永久基本农田情况表
6. 种植植物影响永久基本农田情况表
7. 永久基本农田补划情况表

附表 1

永久基本农田划定有关情况表

填表单位：　　　　　　　　　　　　　　　　　　　　　　面积单位：公顷（0.0000）

<table>
<tr><td rowspan="4">县（市、区、旗）名称</td><td rowspan="4">永久基本农田划定面积</td><td rowspan="4">城市周边永久基本农田面积</td><td rowspan="4"></td><td colspan="13">永久基本农田中耕地情况</td><td rowspan="4"></td><td colspan="3">其中其他地类</td></tr>
<tr><td colspan="3" rowspan="2">地类情况</td><td colspan="3" rowspan="2">坡度情况</td><td colspan="7">耕地质量情况</td><td rowspan="3">可调整地类</td><td rowspan="3">名优特新农产品生产基地</td><td rowspan="3">非可调整非名优特新生产基地</td></tr>
<tr><td colspan="3">耕地质量等别情况</td><td colspan="4">耕地质量等级情况</td></tr>
<tr><td>水田</td><td>水浇地</td><td>旱地</td><td>小于15°</td><td>15°～25°</td><td>25°以上</td><td>1～4等</td><td>5～8等</td><td>9～12等</td><td>13～15等</td><td>一至三等</td><td>四至六等</td><td>七至十等</td></tr>
<tr><td>栏1</td><td>栏2</td><td>栏3</td><td>栏4</td><td>栏5</td><td>栏6</td><td>栏7</td><td>栏8</td><td>栏9</td><td>栏10</td><td>栏11</td><td>栏11</td><td>栏13</td><td>栏14</td><td>栏15</td><td>栏16</td><td>栏17</td><td>栏18</td><td>栏19</td><td>栏20</td><td>栏21</td></tr>
<tr><td></td><td></td><td></td><td></td><td></td><td></td><td></td><td></td><td></td><td></td><td></td><td></td><td></td><td></td><td></td><td></td><td></td><td></td><td></td><td></td><td></td></tr>
<tr><td colspan="21">注：1. 本表以Excel电子表格方式填写。
2. 栏4填写永久基本农田中耕地面积；栏18=栏19+栏20+栏21。</td></tr>
</table>

审核人：　　　　审核日期：　　年　　月　　日　　　　　　　　填表人：　　填表日期：　　年　　月　　日

附表 2

永久基本农田核实整改情况汇总表

填表单位：　　　　　　　　　　　　　　　　　　　　　　　　面积单位：公顷（0.0000）

县（市、区、旗）名称	城市周边									城市周边以外区域									质量等级（别）
	各类划定不实		违法违规建设占用		违法违规占用破坏		种植植物影响		质量等级（别）	各类划定不实		违法违规建设占用		违法违规占用破坏		种植植物影响		质量等级（别）	
	图斑个数	图斑面积	图斑个数	图斑面积	图斑个数	图斑面积	图斑个数	图斑面积		图斑个数	图斑面积	图斑个数	图斑面积	图斑个数	图斑面积	图斑个数	图斑面积		
栏 1	栏 2	栏 3	栏 4	栏 5	栏 6	栏 7	栏 8	栏 9	栏 10	栏 11	栏 12	栏 13	栏 14	栏 15	栏 16	栏 17	栏 18	栏 19	栏 20
合计																			

注：1. 本表以 Excel 电子表格方式填写。
2. “城市周边”指涉及的永久基本农田图斑为城市周边永久基本农田。
3. 栏 10、栏 19 和栏 20 “质量等级（别）”为最新年度耕地质量等级（别）数据，非耕地的不填写质量等级（别）；其中，合计（平均质量等级、等别）为质量等级（别）加权平均数，保留两位小数。

审核人：　　　　审核日期：　年　月　日　　　　　　　　填表人：　　填表日期：　年　月　日

附表 3

永久基本农田各类划定不实情况表

填表单位：　　　　面积单位：公顷（0.0000）

序号	图斑编号	标识码	具体原因	整改依据	涉及永久基本农田					质量等级（别）	备注
					共计	城市周边		城市周边以外区域			
						面积	质量等级（别）	面积	质量等级（别）		
栏 1	栏 2	栏 3	栏 4	栏 5	栏 6	栏 7	栏 8	栏 9	栏 10	栏 11	栏 12
1											
2											
…											
合计	—	—	—	—							

注：1. 本表以 Excel 电子表格方式填写，按涉及图斑、具体原因逐项填写。

2. 栏 2“图斑编号”、栏 3“标识码”为县级永久基本农田划定数据库中基本农田图斑图层属性结构字段数值，不另行编号。

3. 栏 4 根据划定不实的具体原因填写对应字母：A“将不符合《基本农田划定技术规程》要求的建设用地、林地、草地、园地、湿地、水域及水利设施用地等划入永久基本农田的”，B“河道两岸堤防之间范围内不适宜稳定利用的耕地”，C“受自然灾害严重损毁且无法复垦的耕地”，D“因采矿造成耕作层损毁、地面塌陷无法耕种且无法复垦的耕地”，E“依据《土壤污染防治法》列入严格管控类且无法恢复治理的耕地”，F“公路铁路沿线、主干渠道、城市规划区周围建设绿色通道或绿化隔离的林带和公园绿化占用永久基本农田的用地”，G“永久基本农田划定前已批准建设项目占用的土地或已办理设施农用地备案手续的土地”，H“法律法规确定的其他禁止或不适宜划入永久基本农田保护的土地”，其中，H 类应在备注中注明实际情况。

4. “城市周边”指涉及的永久基本农田图斑为城市周边永久基本农田。

5. 栏 8、栏 10 和栏 11“质量等级（别）”为最新年度耕地质量等级（别）数据，非耕地的不填写质量等级（别）；其中，合计（平均质量等级、等别）为质量等级（别）加权平均数，保留两位小数。

审核人：　　审核日期：　　年　　月　　日　　　　填表人：　　填表日期：　　年　　月　　日

附表 4

违法违规建设占用永久基本农田情况表

填表单位： 面积单位：公顷（0.0000）

序号	图斑编号	标识码	占用永久基本农田											质量等级（别）	占用原因	是否处理到位	是否恢复原状	是否整改补划	备注
			共计	城市周边					城市周边以外区域										
				小计	耕地面积		其他	质量等级（别）	小计	耕地面积		其他	质量等级（别）						
						水田					水田								
栏 1	栏 2	栏 3	栏 4	栏 5	栏 6	栏 7	栏 8	栏 9	栏 10	栏 11	栏 12	栏 13	栏 14	栏 15	栏 16	栏 17	栏 18	栏 19	栏 20
1																			
2																			
…																			
合计	—	—													—	—	—	—	

注：1. 本表以 Excel 电子表格方式填写，按涉及图斑、占用原因逐项填写。

2. 栏 4＝栏 5＋栏 10；栏 5＝栏 6＋栏 8；栏 6≥栏 7；栏 10＝栏 11＋栏 13；栏 11≥栏 12。

3. 栏 2“图斑编号”、栏 3“标识码”为县级永久基本农田划定数据库中基本农田图斑图层属性结构字段数值，不另行编号。

4. 栏 9、栏 14 和栏 15“质量等级（别）”为最新年度耕地质量等级（别）数据，非耕地的不填写质量等级（别）；其中，合计（平均质量等级、等别）为质量等级（别）加权平均数，保留两位小数。

5. “城市周边”指涉及的永久基本农田图斑为城市周边永久基本农田。

6. “其他”为继续保留的原有基本农田的可调整地类、确定为名优特新农产品生产基地的其他农用地等。

7. 栏 16 根据项目占用原因填写对应字母：A“各类未经批准或不符合规定要求的建设项目”，B“临时用地”，C“农村基础设施”，D“设施农用地”，E“人工湿地”，F“景观绿化工程”，G“其他”，其中，G 类应在备注中注明实际情况。

8. 栏 17 根据查处到位情况填写“是”或“否”。栏 18 根据恢复原状情况填写“是”或“否”，经核实确实无法恢复原状的，填写栏 19。

审核人： 审核日期： 年 月 日 填表人： 填表日期： 年 月 日

附表 5

违法违规占用破坏永久基本农田情况表

填表单位：　　　　　　　　　　　　　　　　　　　　　　　　　　　面积单位：公顷（0.0000）

序号	图斑编号	标识码	占用永久基本农田											质量等级（别）	占用原因	是否处理到位	是否恢复原状	是否整改补划	备注
			共计	城市周边					城市周边以外区域										
				小计	耕地面积		其他	质量等级（别）	小计	耕地面积		其他	质量等级（别）						
						水田					水田								
栏 1	栏 2	栏 3	栏 4	栏 5	栏 6	栏 7	栏 8	栏 9	栏 10	栏 11	栏 12	栏 13	栏 14	栏 15	栏 16	栏 17	栏 18	栏 19	栏 20
1																			
2																			
…																			
合计	—	—													—	—	—	—	

注：1. 本表以 Excel 电子表格方式填写，按涉及图斑、占用原因逐项填写。

2. 栏 4=栏 5+栏 10；栏 5=栏 6+栏 8；栏 6≥栏 7；栏 10=栏 11+栏 13；栏 11≥栏 12。

3. 栏 2“图斑编号”、栏 3“标识码”为县级永久基本农田划定数据库中基本农田图斑图层属性结构字段数值，不另行编号。

4. 栏 9、栏 14 和栏 15“质量等别（级）”为最新年度耕地质量等级（别）数据，非耕地的不填写质量等级（别）；其中，合计（平均质量等级、等别）为质量等级（别）加权平均数，保留两位小数。

5. “城市周边”指涉及的永久基本农田图斑为城市周边永久基本农田。

6. “其他”为继续保留的原有基本农田的可调整地类、确定为名优特新农产品生产基地的其他农用地等。

7. 栏 16 根据项目占用原因填写对应字母：A“建窑”，B“建房”，C“建坟”，D“挖沙”，E“采石”，F“采矿”，G“取土”，H“堆放固体废弃物”，I“其他原因”，其中，I 类应在备注中注明实际情况。

8. 栏 17 根据查处到位情况填写“是”或“否”。栏 18 根据恢复原状情况填写“是”或“否”，经核实确实无法恢复原状的，填写栏 19。

审核人：　　　审核日期：　　年　　月　　日　　　　　　填表人：　　填表日期：　　年　　月　　日

附表 6

种植植物影响永久基本农田情况表

填表单位：　　　　　　　　　　　　　　　　　　　　面积单位：公顷（0.0000）

序号	图斑编号	标识码	占用永久基本农田											质量等级（别）	占用原因	是否处理到位	是否恢复原状	是否整改补划	备注
			共计	城市周边					城市周边以外区域										
				小计	耕地面积		其他	质量等级（别）	小计	耕地面积		其他	质量等级（别）						
						水田					水田								
栏 1	栏 2	栏 3	栏 4	栏 5	栏 6	栏 7	栏 8	栏 9	栏 10	栏 11	栏 12	栏 13	栏 14	栏 15	栏 16	栏 17	栏 18	栏 19	栏 20
1																			
2																			
…																			
合计	—	—													—	—	—	—	

注：1. 本表以 Excel 电子表格方式填写，按涉及图斑、占用原因逐项填写。

2. 栏 4＝栏 5＋栏 10；栏 5＝栏 6＋栏 8；栏 6≥栏 7；栏 10＝栏 11＋栏 13；栏 11≥栏 12。

3. 栏 2“图斑编号”、栏 3“标识码”为县级永久基本农田划定数据库中基本农田图斑图层属性结构字段数值，不另行编号。

4. 栏 9、栏 14 和栏 15“质量等别（级）”为最新年度耕地质量等级（别）数据，非耕地的不填写质量等级（别）；其中，合计（平均质量等级、等别）为质量等级（别）加权平均数，保留两位小数。

5. “城市周边”指涉及的永久基本农田图斑为城市周边永久基本农田。

6. “其他”为继续保留的原有基本农田的可调整地类、确定为名优特新农产品生产基地的其他农用地等。

7. 栏 16 根据项目占用原因填写对应字母：A“种植杨树、桉树、构树等林木”，B“种植草坪、草皮等用于绿化装饰的植物”，C“种植其他破坏耕作层的植物”，其中，C 类应在备注中注明实际种植的植物情况。

8. 栏 17 根据查处到位情况填写“是”或“否”。栏 18 根据恢复原状情况填写“是”或“否”，经核实确实无法恢复原状的，填写栏 19。

审核人：　　　　审核日期：　　年　　月　　日　　　　填表人：　　填表日期：　　年　　月　　日

附表 7

永久基本农田补划情况表

填表单位：　　　　　　　　　　　　　　　　　　　　面积单位：公顷（0.0000）

<table>
<tr><td rowspan="4">所在县（市、区、旗）名称</td><td rowspan="4">图斑编号</td><td rowspan="4">标识码</td><td colspan="7">补划永久基本农田</td><td rowspan="4">质量等级（别）</td></tr>
<tr><td rowspan="3">共计</td><td colspan="3">城市周边</td><td colspan="3">城市周边以外区域</td></tr>
<tr><td colspan="2">耕地面积</td><td rowspan="2">质量等级（别）</td><td colspan="2">耕地面积</td><td rowspan="2">质量等级（别）</td></tr>
<tr><td></td><td>水田</td><td></td><td>水田</td></tr>
<tr><td>栏 1</td><td>栏 2</td><td>栏 3</td><td>栏 4</td><td>栏 5</td><td>栏 6</td><td>栏 7</td><td>栏 8</td><td>栏 9</td><td>栏 10</td><td>栏 11</td></tr>
<tr><td>1</td><td></td><td></td><td></td><td></td><td></td><td></td><td></td><td></td><td></td><td></td></tr>
<tr><td>2</td><td></td><td></td><td></td><td></td><td></td><td></td><td></td><td></td><td></td><td></td></tr>
<tr><td>…</td><td></td><td></td><td></td><td></td><td></td><td></td><td></td><td></td><td></td><td></td></tr>
<tr><td>合计</td><td>—</td><td>—</td><td></td><td></td><td></td><td></td><td></td><td></td><td></td><td></td></tr>
</table>

注：1. 本表以 Excel 电子表格方式填写。

2. 栏 4＝栏 5＋栏 8；栏 5≥栏 6；栏 8≥栏 9。

3. 栏 2“图斑编号”、栏 3“标识码”为土地利用数据库地类图斑层中属性结构字段数值，不另行编号。

4. 栏 7、栏 10 和栏 11“质量等级（别）”为最新年度耕地质量等级（别）数据，非耕地的不填写质量等级（别）；其中，合计（平均质量等级、等别）为质量等级（别）加权平均数，保留两位小数。

5. 栏 5“城市周边”为城市周边范围线内补充为永久基本农田的耕地图斑情况。

审核人：　　　审核日期：　　年　　月　　日　　　　　　填表人：　　填表日期：　　年　　月　　日

附件 2

永久基本农田储备区划定工作要求

为提高重大建设项目用地审查报批效率，做到快速保质保量补划落地，在永久基本农田之外其他质量较好的耕地中，划定永久基本农田储备区。

一、划定依据与工作基础

永久基本农田储备区划定工作应在已划定永久基本农田控制线的基础上，根据《土地管理法》《农业法》《基本农田保护条例》等法律法规，依据 2017 年度土地变更调查、第三次全国国土调查、地理国情监测、土地利用总体规划和土地整治规划、全国耕地质量调查监测与评价、土地综合整治、高标准农田建设、建设项目用地审批和矿业权审批登记等成果，结合当地实际，按照永久基本农田划定、质量调查监测与评价、保护与监管、数据库建设等工作要求和技术标准，依法依规有序开展。

二、划定要求

（一）合理确定划定规模。各省（区、市）自然资源主管部门会同农业农村主管部门根据划定工作要求，结合重大建设项目、生态建设、灾毁等占用需求或减少永久基本农田情况，合理确定各市、县储备区划定目标任务。

（二）严格确定划定标准。在已划定永久基本农田以外的耕地上，按照“质量不降、布局稳定”的要求，严格确定永久基本农田储备区划定标准。

1. 优先划为永久基本农田储备区的耕地。已建成的高标准农田，经土地综合整治新增加的耕地，正在实施整治的中低产田；与已划定的永久基本农田集中连片，质量高于本地区平均水平且坡度小于 15 度的耕地；城镇周边和交通沿线，依据《土壤污染防治法》列入优先保护类、安全利用类的耕地；已经划入“两区”的优质耕地；集中连片、规模较大，有良好的水利与水土保持设施的耕地等。

2. 严禁划为永久基本农田储备区的耕地。位于生态保护红线范围内的耕地；依据《土壤污染防治法》列入严格管控类耕地；因自然灾害和生产建设活动严重损毁且无法复垦的耕地；纳入生态退耕还林还草范围的耕地；25 度以上的坡耕地；可调整地类等。

三、工作方法与程序

各省（区、市）应按照划定要求，制定具体工作方案，明确目标任务、工作步骤、时间安排和保障措施等，规范有序开展划定工作，确保完成永久基本农田储备区划定任务。

（一）调查摸底。各省（区、市）自然资源主管部门会同农业农村主管部门以 2017 年度土地变更调查数据为底图，套合叠加永久基本农田划定、已建成高标准农田、全国耕地质量评价、建设项目用地审批等成果数据，分析整合形成永久基本农田储备区后备资源潜力成果，结合实际情况，明确各市、县永久基本农田储备区划定目标，并逐级将目标分解落实到县（市、区、旗）。

（二）实地核实。各级自然资源主管部门和农业农村主管部门要密切配合，充分运用最新的卫星遥感影像图、年度土地变更调查、地理国情监测、耕地质量调查监测与评价等成果，结合高标准农田建设、自然保护区设立等成果，组织开展实地核实，形成与实地相符的永久基本农田储备区。

（三）编制方案。根据上级下达的划定任务，县级自然资源主管部门会同农业农村主管部门编制本级永久基本农田储备区划定方案，划定方案应包括以下主要内容：永久基本农田储备区划定潜力图斑及核实情况、划定依据、全域永久基本农田储备区划定情况、城市周边范围内永久基本农田储备区划定情况（应包括数量、质量、坡度、布局、地类、落实到图斑等）、分布图（包含城市周边范围线）等。

（四）建立数据库。根据储备区划定情况，按照永久基本农田储备区数据库数据结构（详见附表 1），完善相关数据信息，以县级行政区划为单元，建立永久基本农田储备区数据库。依据永久基本农田数据库质检标准和程序，逐级对数据库进行质检。

1. 空间定位基础。平面坐标系采用“2000 国家大地坐标系”，高程基准采用“1985 国家高程基准”，地图投影采用“高斯—克吕格投影”（1∶10 000 比例尺图采用标准 3 度分带，1∶50 000 以小比例尺图采用标准 6 度分带）。

2. 数据库格式：Personal Geodatabase（.MDB）格式，命名为（县级行政区划代码 6 位）××省××市××县永久基本农田储备区划定成果数据库.MDB。

（五）论证审核。县级自然资源主管部门会同农业农村主管部门按照划定工作要求组织开展储备区划定工作，并按照县级自验、市级论证、省级验收自下而上的程序，逐级对储备区划定情况进行审核。

（六）成果汇交。永久基本农田储备区划定成果以县级行政区划为单元，于 2019 年 12 月 31 日前及时汇交“两部”。汇交成果包括：划定方案、划定成果数据库、划定情况表（详见附表2）、划定成果图件。

附表：1. 永久基本农田储备区图斑属性数据表

2. ××省（自治区、直辖市）××市××县（市、区、旗）永久基本农田储备区划定情况表

附表 1

永久基本农田储备区图斑属性数据表

（属性表名：YJJBNTCBQTB）

序号	字段名称	字段代码	字段类型	字段长度	小数位数	值域	约束条件	备注
1	标识码	BSM	Int	10		>0		
2	永久基本农田储备区图斑编号	YJJBNTCBQTBBH	Char	20		非空		见表注 2
3	图斑编号	TBBH	Char	8		非空		见表注 3
4	地类编码	DLBM	Char	4		非空		
5	地类名称	DLMC	Char	60		非空		
6	权属性质	QSXZ	Char	2				见表注 4
7	权属单位代码	QSDWDM	Char	19		非空		
8	权属单位名称	QSDWMC	Char	60		非空		
9	座落单位代码	ZLDWDM	Char	19				见表注 5
10	座落单位名称	ZLDWMC	Char	60		非空		
11	耕地类型	GDLX	Char	4				见表注 6
12	是否为高标准农田	GBZNT	Char	1				见表注 7
13	储备区分布	CBQFB	Char	1				见表注 8
14	质量等级（别）代码	ZLDJDM	Char	8				见表注 9
15	坡度级别	PDJB	Char	2				见表注 10
16	扣除类型	KCLX	Char	2				见表注 11
17	扣除地类编码	KCDLBM	Char	4		非空		
18	扣除地类系数	KCDLXS	Float	5	2	>0		
19	线状地物面积	XZDWMJ	Float	15	2	≥0		见表注 12
20	零星地物面积	LXDWMJ	Float	15	2	≥0		

（续）

序号	字段名称	字段代码	字段类型	字段长度	小数位数	值域	约束条件	备注
21	扣除地类面积	KCDLMJ	Float	15	2	≥0		见表注 13
22	储备区图斑面积	CBQTBMJ	Float	15	2	>0		见表注 14
23	储备区地类面积	CBQDLMJ	Float	15	2	≥0		见表注 15
24	地类备注	DLBZ	Char	2		非空		见表注 16

注：1. 序号 4～11 字段属性值从土地利用数据库中地类图斑层提取；若地类图斑线与永久基本农田储备区界线重合，序号 14～21 字段属性由计算机根据空间位置关系从土地利用数据库中地类图斑层直接提取；若永久基本农田储备区界线分割地类图斑，被分割的图斑序号 14～21 字段属性值通过分割处理，按照《土地调查数据库更新技术规范》规定的方法重新计算后生成。

2. “永久基本农田储备区图斑编号”由“C+行政区代码（县级）+永久基本农田储备区图斑（4位数字顺序码）”组成，以永久基本农田储备区为单位，按从上到下，从左到右顺序编号，下同。

3. “图斑编号”为土地利用数据库中地类图斑层中的图斑编号，不另行编号。

4. 当权属性质为国有土地所有权时，权属性质填写“10”；为国有土地使用权时，填写“20”；为集体土地所有权时，填写“30”；为村民小组时，填写“31”；为村集体经济组织时，填写“32”；为乡集体经济组织时，填写“33”；为其他农民集体经济组织时，填写“34”；为集体土地使用权时，填写“40”。

5. “座落单位代码”是指该永久基本农田储备区图斑实际座落单位的代码，当该永久基本农田储备区图斑为飞入地时，实际座落单位的代码不同于权属单位的代码。

6. 当地类为梯田耕地时，耕地类型填写“TT”，为坡地时，填写“PD”。

7. 当耕地范围内开展过高标准农田建设时，填写“1”；没有开展过则填写“0”。

8. 当永久基本农田储备区位于城市周边范围内时，填写“1”；为城市周边范围外时，填写“0”。

9. 当质量等级（等别）为一等时，质量等级（等别）代码填写“01”；为二等时，填写“02”；为三等时，填写“03”；为四等时，填写“04”；为五等时，填写“05”；为六等时，填写“06”；为七等时，填写“07”；为八等时，填写“08”；为九等时，填写“09”；为十等时，填写“10”；为十一等时，填写“11”；为十二等时，填写“12”；为十三等时，填写“13”；为十四等时，填写“14”。

10. 当坡度级别为≤2°时，坡度级别填写“1”；为（2°～6°］时，填写“2”；为（6°～15°］时，填写“3”；（15°～25°］时，填写“4”；为≥25°时，填写“5”。

11. “扣除类型”指按田坎系数（TK）、按比例扣除的散列式其他非耕地系数（FG）或耕地系数（GD）。

12. “线状地物面积”指该永久基本农田储备区图斑内所有线状地物的面积总和。

13. “扣除地类面积”：当扣除类型为“TK”时，扣除地类面积表示扣除的田坎面积；当扣除类型不为“TK”时，扣除地类面积表示按比例扣除的散列式其他地类面积。扣除地类面积＝（永久基本农田储备区图斑面积－线状地物面积－零星地物面积）×扣除系数。

14. “储备区图斑面积”指用经过核定的储备区图斑多边形边界内部所有地类的面积（如永久基本农田储备区图斑含岛、孔，则扣除岛、孔的面积）。

15. 储备区地类面积＝储备区图斑面积－扣除地类面积－线状地物面积－零星地物面积。

16. 从土地利用数据库中地类图斑层“地类备注”字段提取属性值。

附表 2

××省（自治区、直辖市）××市××县（市、区、旗）永久基本农田储备区划定情况表

面积单位：公顷（0.0000）

序号	行政区	行政区代码													其中城市周边范围内												备注
			合计	其中：高于本地区平均质量面积	其中：高标准农田面积	地类情况				坡度情况						其中：高于本地区平均质量面积	其中：高标准农田面积	地类情况				坡度情况					
						小计	水田	水浇地	旱地	小计	≤2°	2°～6°	6°～15°	15°～25°				小计	水田	水浇地	旱地	小计	≤2°	2°～6°	6°～15°	15°～25°	
栏 1	栏 2	栏 3	栏 4	栏 5	栏 6	栏 7	栏 8	栏 9	栏 10	栏 11	栏 12	栏 13	栏 14	栏 15	栏 16	栏 17	栏 18	栏 19	栏 20	栏 21	栏 22	栏 23	栏 24	栏 25	栏 26	栏 27	栏 28
…																											
县级行政区合计																											

注：栏 4≥栏 5，栏 4≥栏 6，栏 4≥栏 16，栏 4=栏 7=栏 11=栏 8+栏 9+栏 10=栏 12+栏 13+栏 14+栏 15，栏 16≥栏 17，栏 16≥栏 18，栏 16=栏 19=栏 23=栏 20+栏 21+栏 22=栏 24+栏 25+栏 26+栏 27。

审核人：　　　　审核日期：　　年　　月　　日　　　　填表人：　　　　填表日期：　　年　　月　　日

20. 自然资源部 农业农村部 国家林业和草原局关于严格耕地用途管制有关问题的通知

自然资发〔2021〕166 号

各省、自治区、直辖市及新疆生产建设兵团自然资源主管部门、农业农村主管部门、林业和草原主管部门：

去年以来，党中央、国务院连续作出了坚决制止耕地“非农化”、防止耕地“非粮化”的决策部署，但从第三次全国国土调查（以下简称“三调”）、2020 年度国土变更调查和督察执法情况看，一些地方违规占用耕地植树造绿、挖湖造景，占用永久基本农田发展林果业和挖塘养鱼，一些工商资本大规模流转耕地改变用途造成耕作层破坏，违法违规建设占用耕地等问题依然十分突出，严重冲击耕地保护红线。为贯彻落实党中央、国务院决策部署，切实落实《土地管理法》及其实施条例有关规定，严格耕地用途管制，现就有关问题通知如下：

一、严格落实永久基本农田特殊保护制度。各地要结合遥感监测和国土变更调查，全面掌握本区域内永久基本农田利用状况。

1. 永久基本农田现状种植粮食作物的，继续保持不变；按照《土地管理法》第三十三条明确的永久基本农田划定范围，现状种植棉、油、糖、蔬菜等非粮食作物的，可以维持不变，也可以结合国家和地方种粮补贴有关政策引导向种植粮食作物调整。种植粮食作物的情形包括在耕地上每年至少种植一季粮食作物和符合国土调查的耕地认定标准，采取粮食与非粮食作物间作、轮作、套种的土地利用方式。

2. 永久基本农田不得转为林地、草地、园地等其他农用地及农业设施建设用地。严禁占用永久基本农田发展林果业和挖塘养鱼；严禁占用永久基本农田种植苗木、草皮等用于绿化装饰以及其他破坏耕作层的植物；严禁占用永久基本农田挖湖造景、建设绿化带；严禁新增占用永久基本农田建设畜禽养殖设施、水产养殖设施和破坏耕作层的种植业设施。

二、严格管控一般耕地转为其他农用地。永久基本农田以外的耕地为一般耕地。各地要认真执行新修订的《土地管理法实施条例》第十二条关于“严格控制耕地转为林地、草地、园地等其他农用地”的规定。一般耕地主要用于粮食和棉、油、糖、蔬菜等农产品及饲草饲料生产；在不破坏耕地耕作层且不造成耕地地类改变的前提下，可以适度种植其他农作物。

1. 不得在一般耕地上挖湖造景、种植草皮。

2. 不得在国家批准的生态退耕规划和计划外擅自扩大退耕还林还草还湿还湖规模。经批准实施的，应当在“三调”底图和年度国土变更调查结果上，明确实施位置，带位置下达退耕任务。

3. 不得违规超标准在铁路、公路等用地红线外，以及河渠两侧、水库周边占用一般耕地种树建设绿化带。

4. 未经批准不得占用一般耕地实施国土绿化。经批准实施的，应当在“三调”底图和年度国土变更调查结果上明确实施位置。

5. 未经批准工商企业等社会资本不得将通过流转获得土地经营权的一般耕地转为林地、园地等其他农用地。

6. 确需在耕地上建设农田防护林的，应当符合农田防护林建设相关标准。建成后，达到国土调查分类标准并变更为林地的，应当从耕地面积中扣除。

7. 严格控制新增农村道路、畜禽养殖设施、水产养殖设施和破坏耕作层的种植业设施等农业设施建设用地使用一般耕地。确需使用的，应经批准并符合相关标准。

考虑到今后生态退耕还要占用一部分耕地，自然灾害损毁还会导致部分耕地不能恢复，河湖水面自然扩大造成耕地永久淹没等因素，不可避免会造成现有耕地减少。为守住 18 亿亩耕地红线，确保可以长期稳定利用的耕地不再减少，有必要根据本级政府承担的耕地保有量目标，对耕地转为其他农用地及农业设施建设用地实行年度“进出平衡”，即除国家安排的生态退耕、自然灾害损毁难以复耕、河湖水面自然扩大造成耕地永久淹没外，耕地转为林地、草地、园地等其他农用地及农业设施建设用地的，应当通过统筹林地、草地、园地等其他农用地及农业设施建设用地整治为耕地等方式，补足同等数量、质量的可以长期稳定利用的耕地。“进出平衡”首先在县域范围内落实，县域范围内无法落实的，在市域范围内落实；市域范围内仍无法落实的，在省域范围内统筹落实。

省级自然资源主管部门要会同有关部门加强指导，严格耕地用途转用监督。县级人民政府要强化县域范围内一般耕地转为其他农用地和农业设施建设用地的统筹安排和日常监管，确保完成本行政区域内规划确定的耕地保有量和永久基本农田保护面积目标。县级人民政府应组织编制年度耕地“进出平衡”

总体方案，明确耕地转为林地、草地、园地等其他农用地及农业设施建设用地的规模、布局、时序和年度内落实“进出平衡”的安排，并组织实施。方案编制实施中，要充分考虑养殖用地合理需求；涉及林地、草地整治为耕地的，需经依法依规核定后纳入方案；涉及承包耕地转为林地等其他地类的，经批准后，乡镇人民政府应当指导发包方依法与承包农户重新签订或变更土地承包合同，以及变更权属证书等。自然资源部将通过卫片执法监督等方式定期开展耕地的动态监测监管，及时发现和处理问题；每年末利用年度国土变更调查结果，对各省（区、市）耕地“进出平衡”落实情况进行检查，检查结果纳入省级政府耕地保护责任目标检查考核内容。未按规定落实的，自然资源部将会同有关部门督促整改；整改不力的，将公开通报，并按规定移交相关部门追究相关责任人责任。

三、严格永久基本农田占用与补划。已划定的永久基本农田，任何单位和个人不得擅自占用或者改变用途。非农业建设不得“未批先建”。能源、交通、水利、军事设施等重大建设项目选址确实难以避让永久基本农田的，经依法批准，应在落实耕地占补平衡基础上，按照数量不减、质量不降原则，在可以长期稳定利用的耕地上落实永久基本农田补划任务。

1. 建立健全永久基本农田储备区制度。各地要在永久基本农田之外的优质耕地中，划定永久基本农田储备区并上图入库。土地整理复垦开发和新建高标准农田增加的优质耕地应当优先划入永久基本农田储备区。

2. 建设项目经依法批准占用永久基本农田的，应当从永久基本农田储备区耕地中补划，储备区中难以补足的，在县域范围内其他优质耕地中补划；县域范围内无法补足的，可在市域范围内补划；个别市域范围内仍无法补足的，可在省域范围内补划。

3. 在土地整理复垦开发和高标准农田建设中，开展必要的灌溉及排水设施、田间道路、农田防护林等配套建设涉及少量占用或优化永久基本农田布局的，要在项目区内予以补足；难以补足的，县级自然资源主管部门要在县域范围内同步落实补划任务。

四、改进和规范建设占用耕地占补平衡。非农业建设占用耕地，必须严格落实先补后占和占一补一、占优补优、占水田补水田，积极拓宽补充耕地途径，补充可以长期稳定利用的耕地。

1. 在符合生态保护要求的前提下，通过组织实施土地整理复垦开发及高标准农田建设等，经验收能长期稳定利用的新增耕地可用于占补平衡。

2. 积极支持在可以垦造耕地的荒山荒坡上种植果树、林木，发展林果业，同时，将在平原地区原地类为耕地上种植果树、植树造林的地块，逐步退出，恢复耕地属性。其中，第二次全国土地调查不是耕地的，新增耕地可用于占补平衡。

3. 除少数特殊紧急的国家重点项目并经自然资源部同意外，一律不得以先占后补承诺方式落实耕地占补平衡责任。经同意以承诺方式落实耕地占补平衡的，必须按期兑现承诺。到期未兑现承诺的，直接从补充耕地储备库中扣减。

4. 垦造的林地、园地等非耕地不得作为补充耕地用于占补平衡。城乡建设用地增减挂钩实施中，必须做到复垦补充耕地与建新占用耕地数量相等、质量相当。

5. 对违法违规占用耕地从事非农业建设，先冻结储备库中违法用地所在地的补充耕地指标，拆除复耕后解除冻结；经查处后，符合条件可以补办用地手续的，直接扣减储备库内同等数量、质量的补充耕地指标，用于占补平衡。

6. 县域范围内难以落实耕地占补平衡的，省级自然资源主管部门要加大补充耕地指标省域内统筹力度，保障重点建设项目及时落地。

国家建立统一的补充耕地监管平台，严格补充耕地监管。所有补充耕地项目和跨区域指标交易全部纳入监管平台，实行所有补充耕地项目报部备案并逐项目复核，实施补充耕地立项、验收、管护等全程监管，并主动公开补充耕地信息，接受社会监督。

五、严肃处置违法违规占用耕地问题。各地要按照坚决止住新增、稳妥处置存量的原则，对于2020年9月10日《国务院办公厅关于坚决制止耕地“非农化”行为的通知》（国办发明电〔2020〕24号）和2020年11月4日《国务院办公厅关于防止耕地“非粮化”稳定粮食生产的意见》（国办发〔2020〕44号）印发之前，将耕地转为林地、草地、园地等其他农用地的，应根据实际情况，稳妥审慎处理，不允许“简单化”“一刀切”，统一强行简单恢复为耕地。两“通知”印发后，违反“通知”精神，未经批准改变永久基本农田耕地地类的，应稳妥处置并整改恢复为耕地；未经批准改变一般耕地地类的，原则上整改恢复为耕地，确实难以恢复的，由县级人民政府统一组织落实耕地“进出平衡”，省级自然资源主管部门会同有关部门督促检查。对于违法违规占用耕地行为，要依法依规严肃查处，涉嫌犯罪的，及时移送司法机关追究刑事责任。对实质性违法建设行为，要从重严处。

本通知印发后，各地应进一步细化耕地转为林地、草地、园地等其他农用地及农业设施建设用地的管制措施，全面实施耕地用途管制。占用耕地实施国土绿化（含绿化带），将耕地转为农业设施建设用地，将流转给工商企业等社会资本的耕地转为林地、园地等其他农用地的，涉及农村集体土地的，经承包农户书面同意，由发包方向乡镇人民政府申报，其他土地由实施单位或经营者向乡镇人民政府申报，乡镇人民政府提出落实耕地“进出平衡”的意见，并报县级人民政府纳入年度耕地“进出平衡”总体方案后实施。具体办法由省、自治区、直辖市规定。

部（局）以往文件规定与本通知不一致的，以本通知为准。

自然资源部　农业农村部　国家林业和草原局

2021 年 11 月 27 日

技术标准

1. 高标准农田建设　通则
(GB/T 30600—2022)

ICS 07.040
CCS A 76

中华人民共和国国家标准

GB/T 30600—2022
代替GB/T 30600—2014

高标准农田建设　通则

Well-facilitated farmland construction—General rules

2022-03-09发布　　2022-10-01实施

国家市场监督管理总局
国家标准化管理委员会　发布

目　　次

前　言

本文件按照 GB/T 1.1—2020《标准化工作导则　第 1 部分：标准化文件的结构和起草规则》的规定起草。

本文件代替 GB/T 30600—2014《高标准农田建设　通则》，与 GB/T 30600—2014 相比，除结构调整和编辑性改动外，主要技术变化如下：

——更改了“规划引导原则、因地制宜原则和数量、质量、生态并重原则”的内容（见 4.1～4.3，2014 年版的 4.1～4.3）；

——增加了“绿色生态原则”（见 4.4）；

——将“维护权益原则”更改为“多元参与原则”（见 4.5，2014 年版的 4.4）；

——将“可持续利用原则”更改为“建管并重原则”（见 4.6，2014 年版的 4.5）；

——增加了全国高标准农田建设区域划分（见 5.1 和附录 A）；

——更改了高标准农田建设的重点区域、限制区域、禁止区域的内容（见 5.3～5.5，2014 年版的 5.2～5.4）；

——将“土地平整”更改为“田块整治”，更改了田块整治工程的建设要求（见 6.2，2014 年版的 6.2、附录 B 的 B.1）；

——更改了灌溉与排水工程各部分建设内容的建设要求（见 6.3，2014 年版的 6.4、B.3）；

——更改了田间道路工程部分建设内容的建设要求（见 6.4，2014 年版的 6.5、B.4）；

——更改了农田防护与生态环境保护工程各部分建设内容的建设要求（见 6.5，2014 年版的 6.6、B.5）；

——更改了农田输配电工程各部分建设内容的建设要求（见 6.6，2014 年版的 6.7、B.6）；

——将“土壤改良”和“土壤培肥”更改为“农田地力提升工程”（见第 7 章，2014 年版的 6.3、9.2、B.2）；

——将“管理要求”“监测与评价”“建后管护与利用”更改为“管理要求”（见第 8 章，2014 年版的第 7 章、第 8 章、第 9 章）；

——更改了高标准农田基础设施建设工程体系（见附录 B，2014 年版的附录 A）；

——删除了高标准农田建设统计表（见 2014 年版的附录 C）；

——增加了各区域高标准农田基础设施工程建设要求（见附录 C）；

——增加了高标准农田地力提升工程体系（见附录 D）；

——增加了高标准农田地力参考值（见附录 E）；

——增加了高标准农田粮食综合生产能力参考值（见附录 F）。

请注意本文件的某些内容可能涉及专利。本文件的发布机构不承担识别专利的责任。

本文件由中华人民共和国农业农村部提出并归口。

本文件起草单位：农业农村部工程建设服务中心、农业农村部耕地质量监测保护中心、全国农业技术推广服务中心、国家林业和草原局调查规划设计院。

本文件主要起草人：郭永田、郭红宇、杜晓伟、刘瀛弢、王志强、李荣、何冰、郝聪明、陈子雄、韩栋、楼晨、宋昆、杨红、郑磊、赵明、吴勇、袁晓奇、胡恩磊、孙春蕾、辛景树、李红举、王志强、高祥照、陈新云、陈守伦、谭炳昌、胡炎、周同。

本文件所代替文件的历次版本发布情况为：

——2014 年首次发布为 GB/T 30600—2014；

——本次为第一次修订。

引　言

GB/T 30600—2014 自发布以来，对统一高标准农田建设标准、提升农田建设质量、规范农田建设活动发挥了重要作用。近年来，农业农村形势和高标准农田建设管理体制的新变化，对高标准农田建设提出了新的更高要求。同时，GB/T 30600—2014 引用的 GB 50288、GB/T 21010 等标准陆续修订，GB/T 33469 等相关标准发布实施，GB/T 30600—2014 在实际应用中问题逐渐显现，难以满足农业现代化发展要求。为不断完善农田基础设施，提升农田地力，夯实国家粮食安全保障基础，《国务院办公厅关于切实加强高标准农田建设　提升国家粮食安全保障能力的意见》（国办发〔2019〕50 号）要求加快修订高标准农田建设通则。

高标准农田建设　通则

1　范围

本文件确立了高标准农田建设的基本原则，规定了建设区域、农田基础设施建设和农田地力提升工程建设内容与技术要求、管理要求等。

本文件适用于高标准农田新建和改造提升活动。

2　规范性引用文件

下列文件中的内容通过文中的规范性引用而构成本文件必不可少的条款。其中，注日期的引用文件，仅该日期对应的版本适用于本文件；不注日期的引用文件，其最新版本（包括所有的修改单）适用于本文件。

GB 5084　农田灌溉水质标准

GB/T 12527　额定电压 1 kV 及以下架空绝缘电缆

GB/T 14049　额定电压 10 kV 架空绝缘电缆

GB/T 20203　管道输水灌溉工程技术规范

GB/T 21010　土地利用现状分类

GB/T 33469　耕地质量等级

GB 50053　20 kV 及以下变电所设计规范

GB/T 50085　喷灌工程技术规范

GB 50265　泵站设计规范

GB 50288　灌溉与排水工程设计标准

GB/T 50363　节水灌溉工程技术标准

GB/T 50485　微灌工程技术标准

GB/T 50596　雨水集蓄利用工程技术规范

GB/T 50600　渠道防渗衬砌工程技术标准

GB/T 50625　机井技术规范

GB 51018　水土保持工程设计规范

DL/T 5118　农村电力网规划设计导则

DL/T 5220　10 kV 及以下架空配电线路设计规范

NY/T 1119　耕地质量监测技术规程

SL 482　灌溉与排水渠系建筑物设计规范

SL/T 769　农田灌溉建设项目水资源论证导则

3　术语和定义

下列术语和定义适用于本文件。

3.1

高标准农田　well-facilitated farmland

田块平整、集中连片、设施完善、节水高效、农电配套、宜机作业、土壤肥沃、生态友好、抗灾能力强，与现代农业生产和经营方式相适应的旱涝保收、稳产高产的耕地。

3.2

高标准农田建设　well-facilitated farmland construction

为减轻或消除主要限制性因素、全面提高农田综合生产能力而开展的田块整治、灌溉与排水、田间道路、农田防护与生态环境保护、农田输配电等农田基础设施建设和土壤改良、障碍土层消除、土壤培肥等农田地力提升活动。

3.3

田块整治工程　field consolidation engineering

为满足农田耕作、灌溉与排水、水土保持等需要而采取的田块修筑和耕地地力保持措施。

注：包括耕作田块修筑工程和耕作层地力保持工程。

3.4

土壤有机质　soil organic matter

土壤中形成的和外加入的所有动植物残体不同阶段的各种分解产物和合成产物的总称。

注：包括高度腐解的腐殖物质、解剖结构尚可辨认的有机残体和各种微生物体。

[来源：GB/T 33469—2016，3.9，有修改]

3.5

有效土层厚度　effective soil layer thickness

作物能够利用的母质层以上的土体总厚度；当有障碍层时，为障碍层以上的土层厚度。

[来源：GB/T 33469—2016，3.14]

3.6

耕层厚度　plough layer thickness

经耕种熟化而形成的土壤表土层厚度。

［来源：GB/T 33469—2016，3.15］

3.7

耕地地力 cultivated land productivity

在当前管理水平下，由土壤立地条件、自然属性等相关要素构成的耕地生产能力。

［来源：GB/T 33469—2016，3.2］

3.8

耕地质量 cultivated land quality

由耕地地力、土壤健康状况和田间基础设施构成的满足农产品持续产出和质量安全的能力。

4 基本原则

4.1 规划引导原则。符合全国高标准农田建设规划、国土空间规划、国家有关农业农村发展规划等，统筹安排高标准农田建设。

4.2 因地制宜原则。各地根据自然资源禀赋、农业生产特征及主要障碍因素，确定建设内容与重点，采取相应的建设方式和工程措施，什么急需先建什么，缺什么补什么，减轻或消除影响农田综合生产能力的主要限制性因素。

4.3 数量、质量并重原则。通过工程建设和农田地力提升，稳定或增加高标准农田面积，持续提高耕地质量，节约集约利用耕地。

4.4 绿色生态原则。遵循绿色发展理念，促进农田生产和生态和谐发展。

4.5 多元参与原则。尊重农民意愿，维护农民权益，引导农民群众、新型农业经营主体、农村集体经济组织和各类社会资本有序参与建设。

4.6 建管并重原则。健全管护机制，落实管护责任，实现可持续高效利用。

5 建设区域

5.1 根据不同区域的气候条件、地形地貌、障碍因素和水源条件等，将全国高标准农田建设区域划分为东北区、黄淮海区、长江中下游区、东南区、西南区、西北区、青藏区 7 大区域。全国高标准农田建设区域划分见附录 A。

5.2 建设区域农田应相对集中、土壤适合农作物生长、无潜在地质灾害，建设区域外有相对完善的、能直接为建设区提供保障的基础设施。

5.3 高标准农田建设的重点区域包括：已划定的永久基本农田和粮食生产功能区、重要农产品生产保护区。

5.4 高标准农田建设限制区域包括：水资源贫乏区域，水土流失易发区、沙化区等生态脆弱区域，历史遗留的挖损、塌陷、压占等造成土地严重损毁且难以恢复的区域，安全利用类耕地，易受自然灾害损毁的区域，沿海滩涂、内陆滩涂等区域。

5.5 高标准农田建设禁止区域包括：严格管控类耕地，生态保护红线内区域，退耕还林区、退牧还草区，河流、湖泊、水库水面及其保护范围等区域。

6 农田基础设施建设工程

6.1 一般规定

6.1.1 应结合各地实际，按照区域特点和存在的耕地质量问题，采取针对性措施，开展高标准农田建设。

6.1.2 通过高标准农田建设，促进耕地集中连片，提升耕地质量，稳定或增加有效耕地面积；优化土地利用结构与布局，实现节约集约利用和规模效益；完善基础设施，改善农业生产条件，提高机械化作业水平，增强防灾减灾能力；加强农田生态建设和环境保护，实现农业生产和生态保护相协调；建立监测、评价和管护体系，实现持续高效利用。

6.1.3 农田基础设施建设工程包括田块整治、灌溉与排水、田间道路、农田防护与生态环境保护、农田输配电及其他工程。按照工程类型、特征及内部联系构建的工程体系分级应按附录 B 规定执行，各区域高标准农田基础设施工程建设要求按附录 C 规定执行。

6.1.4 鼓励应用绿色材料和工艺，建设生态型田埂、护坡、渠系、道路、防护林、缓冲隔离带等，减少对农田环境的不利影响。

6.1.5 田间基础设施占地率指农田中灌溉与排水、田间道路、农田防护与生态环境保护、农田输配电等设施占地面积与建设区农田面积的比例，一般不高于 8%。田间基础设施占地涉及的地类按照 GB/T 21010 规定执行。

6.1.6 农田基础设施建设工程使用年限指高标准农田各项工程设施按设计标准建成后，在常规维护条件下能够正常发挥效益的最低年限。各项工程设施使用年限应符合相关专业标准规定，整体工程使用年限一般不低于 15 年。

6.2 田块整治工程

6.2.1 耕作田块是由田间末级固定沟、渠、路、田坎等围成的，满足农业作业需要的基本耕作单元。应因地制宜进行耕作田块布置，合理规划，提高田块归并程度，实现耕作田块相对集中。耕作田块的长度和宽度应根据气候条件、地形地貌、作物种类、机械作业、灌溉与排水效率等因素确定，并充分考虑水蚀、风蚀。

6.2.2 耕作田块应实现田面平整。田面高差、横向坡度和纵向坡度根据土壤条件和灌溉方式合理确定。

6.2.3 田块平整时不宜打乱表土层与心土层，确需打乱应先将表土进行剥离，单独堆放，待田块平整完成后，再将表土均匀摊铺到田面上。

6.2.4 田块整治后，有效土层厚度和耕层厚度应符合作物生长需要。

6.2.5 平原区以修筑条田为主；丘陵、山区以修筑梯田为主，并配套坡面防护设施，梯田田面长边宜平行等高线布置；水田区耕作田块内部宜布置格田。田面长度根据实际情况确定，宽度应便于机械作业和田间管理。

6.2.6 地面坡度为5°～25°的坡耕地，宜改造成水平梯田。土层较薄时，宜先修筑成坡式梯田，再经逐年向下方翻土耕作，减缓田面坡度，逐步建成水平梯田。

6.2.7 梯田修筑应与沟道治理、坡面防护等工程相结合，提高防御暴雨冲刷能力。

6.2.8 梯田埂坎宜采用土坎、石坎、土石混合坎或植物坎等。在土质黏性较好的区域，宜采用土坎；在易造成冲刷的土石山区，应结合石块、砾石的清理，就地取材修筑石坎；在土质稳定性较差、易造成水土流失的地区，宜采用石坎、土石混合坎或植物坎。

6.3 灌溉与排水工程

6.3.1 灌溉与排水工程指为防治农田旱、涝、渍和盐碱等对农业生产的危害所修建的水利设施，应遵循水土资源合理利用的原则，根据旱、涝、渍和盐碱综合治理的要求，结合田、路、林、电进行统一规划和综合布置。

6.3.2 灌溉与排水工程应配套完整，符合灌溉与排水系统水位、水量、流量、水质处理、运行、管理等要求，满足农业生产的需要。

6.3.3 灌溉工程设计时应首先确定灌溉设计保证率。灌溉设计保证率按附录C各区域建设要求执行。

6.3.4 水源选择应根据当地实际情况，选用能满足灌溉用水要求的水源，水质应符合GB 5084的规定。水源利用应以地表水为主，地下水为辅，严格控制开采深层地下水。水源配置应考虑地形条件、水源特点等因素，合理选用蓄、引、提或组合的方式。水资源论证应按SL/T 769规定执行。

6.3.5 水源工程应根据水源条件、取水方式、灌溉规模及综合利用要求，选用经济合理的工程形式。水源工程建设符合下列要求。

——井灌工程的泵、动力输变电设备和井房等配套率应达到100%。

——塘堰（坝）容量应小于100 000 m^3，挡水、泄水和放水建筑物等应配套齐全。

——蓄水池容量应控制在10 000 m^3 以下，四周应修建高度1.2 m以上的防护栏，并在醒目位置设置安全警示标识。

——小型集雨池（窖）、水柜等容量不宜大于 500 m^3。集雨场、引水沟、沉沙池、防护围栏、取用水设施等应配套齐全，相关设计应符合 GB/T 50596 的规定。

——斗渠（含）以下引水和提水泵站的设计流量或装机容量应根据灌溉设计保证率、设计灌水率、设计灌溉面积、灌溉水利用系数及灌溉区域内调蓄容积等综合分析计算确定，引水设计流量应与上级支渠、干渠等骨干工程输配水衔接，提水泵站的装机容量宜控制在 200 kW 以下，泵站设计应符合 GB 50265 的规定。

——机井设计应根据水文地质条件和地下水资源利用规划，按照合理开发、采补平衡的原则确定经济合理的地下水开采规模和主要设计参数。机井设计应符合 GB/T 50625 的规定。

6.3.6 渠（沟）道、管道工程应按灌溉与排水规模、地形条件、宜机作业和耕作要求合理布置。工程建设符合下列要求。

——在固定输水渠道上的分水、控水、量水、衔接和交叉等建筑物应配套齐全。

——平原地区斗渠（沟）以下各级渠（沟）宜相互垂直，斗渠（沟）长度宜为 1 000～3 000 m，间距应与农渠（沟）长度相适宜；农渠（沟）长度、间距应与条田的长度、宽度相适宜。河谷冲积平原区、低山丘陵区的斗、农渠（沟）长度可适当缩短。

——斗渠和农渠等固定渠道宜综合考虑生产与生态需要，因地制宜进行衬砌处理。防渗应满足 GB/T 50600 的规定。

——采用管道输水灌溉，管道系统应结合地形、水源位置、田块形状及沟、路走向优化布置。支管上布置出水口，单个出水口的出水量应通过控制灌溉的格田面积、作物类型、灌水定额计算确定。各用水单位应独立配水。管道系统宜采用干管续灌、支管轮灌的工作制度。规模不大的管道系统可采用续灌工作制度。管道输水灌溉工程建设应按 GB/T 20203 规定执行。

——季节性冻土区，冻土深度大于 10 cm 的衬砌渠道应进行抗冻胀设计。冻土深度小于 1.5 m 的地区，固定管道应埋在冻土层以下，且顶部覆土厚度不小于 70 cm，管道系统末端需布置泄水井；冻土深度大于或等于 1.5 m 的地区，固定管道抗冻要求，按 GB 50288 规定执行。

6.3.7 渠系建筑物指斗渠（含）以下渠道的建筑物，主要包括农桥、渡槽、倒虹吸管、涵洞、水闸、跌水与陡坡、量水设施等，工程设计按 SL 482 规定执行，工程建设符合下列要求。

——渠系建筑物使用年限应与灌溉与排水系统主体工程相一致。

——农桥桥长应与所跨沟渠宽度相适应，桥宽宜与所连接道路的宽度相适应。荷载应按不同类型及最不利组合确定。

——渡槽应根据实际情况，采取具有抗渗、抗冻、抗磨、抗侵蚀等功能的建筑材料及成熟实用的结构型式修建。

——倒虹吸管应根据水头和跨度，因地制宜采用不同的布置型式，进口处宜根据水源情况设置沉沙池、拦渣设施，管身最低处设冲沙阀。

——涵洞应根据无压或有压要求确定拱形、圆形或矩形等横断面形式，涵洞的过流能力应与渠（沟）道的过流能力相匹配。承压较大的涵洞应使用钢筋混凝土管涵、方涵或其他耐压管涵，管涵应设混凝土或砌石管座。

——在灌溉渠道轮灌组分界处或渠道断面变化较大的地点应设置节制闸，在分水渠道的进口处宜设置分水闸，在斗渠末端的位置宜设置退水闸，从水源引水进入渠道时宜设置进水闸控制入渠流量。

——跌水与陡坡应采用砌石、混凝土等抗冲耐磨材料建造。

——渠灌区在渠道的引水、分水、退水处应根据需要设置量水堰、量水槽等量水设施，井灌区应根据需要设置管道式量水仪表。

6.3.8 应推广节水灌溉技术，提高水资源利用效率，因地制宜采取渠道防渗、管道输水灌溉、喷微灌等节水灌溉措施，灌溉水利用系数应符合 GB/T 50363 的规定。

6.3.9 应根据气象、作物、地形、土壤、水源、水质及农业生产、发展、管理和经济社会等条件综合分析确定田间灌溉方式。地面灌溉工程建设应按 GB 50288规定执行，喷灌工程建设应按 GB/T 50085 规定执行，滴灌、微喷和小管出流等形式的微灌工程建设应按 GB/T 50485 规定执行，管道输水灌溉工程建设应按 GB/T 20203 规定执行。

6.3.10 农田排水标准应根据农业生产实际、当地或邻近类似地区排水试验资料和实践经验、农业基础条件等综合论证确定。

6.3.11 排水工程设计应符合下列规定：

——排水应满足农田积水不超过作物最大耐淹水深和耐淹时间，由设计暴雨重现期、设计暴雨历时和排除时间确定，具体按附录 C 各建设区域要求执行。

——治渍排水工程，应根据农作物全生育期要求确定最大排渍深度，可视作物根深不同而选用 0.8～1.3 m。农田排渍标准，旱作区在作物对渍害敏感期间可采用 3～4 d 内将地下水埋深降至田面以下 0.4～0.6 m；稻作区在晒田期 3～5 d 内降至田面以下 0.4～0.6 m。

——防治土壤次生盐渍（碱）化或改良盐渍（碱）土的地区，排水要求应按 GB 50288 规定执行。地下水位控制深度应根据地下水矿化度、土壤质地及剖面构型、灌溉制度、自然降水及气候情况、农作物种植制度等综合确定。

6.3.12　田间排水应按照排涝、排渍、改良盐碱地或防治土壤盐碱化任务要求，根据涝、渍、碱的成因，结合地形、降水、土壤、水文地质条件，兼顾生物多样性保护，因地制宜选择水平或垂直排水、自流、抽排或相结合的方式，采取明沟、暗管、排水井等工程措施。在无塌坡或塌坡易于处理地区或地段，宜采用明沟排水；采用明沟降低地下水位不易达到设计控制深度，或明沟断面结构不稳定塌坡不易处理时，宜采用暗管排水；采用明沟或暗管降低地下水位不易达到设计控制深度，且含水层的水质和出水条件较好的地区可采用井排。采用明沟排水时，排水沟布置应与田间渠、路、林相协调，在平原地区一般与灌溉渠系相分离，在丘陵山区可选用灌排兼用或灌排分离的形式。排水沟可采取生态型结构，减少对生态环境的影响。

6.3.13　灌溉与排水设施以整洁实用为宜。渠道及渠系建筑物外观轮廓线顺直，表面平整；设备应布置紧凑，仪器仪表配备齐全。

6.4　田间道路工程

6.4.1　田间道路工程指为农田耕作、农业物资与农产品运输等农业生产活动所修建的交通设施。田间道路布置应适应农业现代化的需要，与田、水、林、电、路、村规划相衔接，统筹兼顾，合理确定田间道路的密度。

6.4.2　田间道路通达度指在高标准农田建设区域，田间道路直接通达的耕作田块数占耕作田块总数的比例，按附录 C 各建设区域要求执行。

6.4.3　田间道路工程应减少占地面积，宜与沟渠、林带结合布置，提高土地节约集约利用率。应符合宜机作业要求，设置必要的下田设施、错车点和末端掉头点。

6.4.4　田间道（机耕路）、生产路的路面宽度按附录 C 各建设区域要求执行。在大型机械化作业区，路面宽度可适当放宽。

6.4.5　田间道（机耕路）与田面之间高差大于 0.5 m 或存在宽度（深度）大于 0.5 m 的沟渠，宜结合实际合理设置下田坡道或下田管涵。

6.4.6　田间道（机耕路）路面应满足强度、稳定性和平整度的要求，宜采用泥结石、碎石等材质和车辙路（轨迹路）、砌石（块）间隔铺装等生态化结构。根据路面类型和荷载要求，推广应用生物凝结技术、透水路面等生态化设计。在暴雨冲刷严重的区域，可采用混凝土硬化路面。道路两侧可视情况设置路肩，路肩宽宜为 30～50 cm。

6.4.7 生产路路面材质应根据农业生产要求和自然经济条件确定，宜采用素土、砂石等。在暴雨集中地区，可采用石板、混凝土等。

6.5 农田防护与生态环境保护工程

6.5.1 农田防护与生态环境保护工程指为保障农田生产安全、保持和改善农田生态条件、防止自然灾害等所采取的各种措施，包括农田防护林工程、岸坡防护工程、坡面防护工程和沟道治理工程等，应进行全面规划、综合治理。

6.5.2 农田防洪标准按洪水重现期20～10年确定。

6.5.3 农田防护面积比例指通过各类农田防护与生态环境保护工程建设，受防护的农田面积占建设区农田面积的比例，按附录C各建设区域要求执行。

6.5.4 在有大风、扬沙、沙尘暴、干热风等危害的地区，应建设农田防护林工程。

——农田防护林布设应与田块、沟渠、道路有机衔接，并与生态林、环村林等相结合。

——建设农田防护林工程应选择适宜的造林树种、造林密度及树种配置。窄林带宜采用纯林配置，宽林带宜采用多树种行间混交配置。

——农田防护林造林成活率应达到90%以上，三年后林木保存率应达到85%以上，林相整齐、结构合理。

6.5.5 岸坡防护可采用土堤、干砌石、浆砌石、石笼、混凝土、生态护岸等方式。岸坡防护工程应按GB 51018规定执行。

6.5.6 坡面防护应合理布置护坡、截水沟、排洪沟、小型蓄水等工程，系统拦蓄和排泄坡面径流，集蓄雨水资源，形成配套完善的坡面和沟道防护与雨水集蓄利用体系。坡面防护工程应按GB 51018规定执行。

6.5.7 沟道治理主要包括谷坊、沟头防护等工程，应与小型蓄水工程、防护林工程等相互配合。沟道治理工程应按GB 51018规定执行。

6.6 农田输配电工程

6.6.1 农田输配电工程指为泵站、机井以及信息化工程等提供电力保障所需的强电、弱电等各种设施，包括输电线路、变配电装置等。其布设应与田间道路、灌溉与排水等工程相结合，符合电力系统安装与运行相关标准，保证用电质量和安全。

6.6.2 农田输配电工程应满足农业生产用电需求，并应与当地电网建设规划相协调。

6.6.3 农田输配电线路宜采用10 kV及以下电压等级，包括10 kV、1 kV、380 V和220 V，应设立相应标识。

6.6.4 农田输配电线路宜采用架空绝缘导线，其技术性能应符合 GB/T 14049、GB/T 12527 等规定。

6.6.5 农田输配电设备接地方式宜采用 TT 系统，对安全有特殊要求的宜采用 IT 系统。

6.6.6 应根据输送容量、供电半径选择输配电线路导线截面和输送方式，合理布设配电室，提高输配电效率。配电室设计应执行 GB 50053 有关规定，并应采取防潮、防鼠虫害等措施，保证运行安全。

6.6.7 输配电线路的线间距应在保障安全的前提下，结合运行经验确定；塔杆宜采用钢筋混凝土杆，应在塔杆上标明线路的名称、代号、塔杆号和警示标识等；塔基宜选用钢筋混凝土或混凝土基础。

6.6.8 农田输配电线路导线截面应根据用电负荷计算，并结合地区配电网发展规划确定。

6.6.9 架空输配电导线对地距离应按 DL/T 5220 规定执行。需埋地敷设的电缆，电缆上应铺设保护层，敷设深度应大于 0.7 m。导线对地距离和埋地电缆敷设深度均应充分考虑机械化作业要求。

6.6.10 变配电装置应采用适合的变台、变压器、配电箱（屏）、断路器、互感器、起动器、避雷器、接地装置等相关设施。

6.6.11 变配电设施宜采用地上变台或杆上变台，应设置警示标识。变压器外壳距地面建筑物的净距离应大于 0.8 m；变压器装设在杆上时，无遮拦导电部分距地面应大于 3.5 m。变压器的绝缘子最低瓷裙距地面高度小于 2.5 m 时，应设置固定围栏，其高度应大于 1.5 m。

6.6.12 接地装置的地下部分埋深应大于 0.7 m，且不应影响机械化作业。

6.6.13 根据高标准农田建设现代化、信息化的建设和管理要求，可合理布设弱电工程。弱电工程的安装运行应符合相关标准要求。

6.7 其他工程

除田块整治、灌溉与排水、田间道路、农田防护与生态环境保护、农田输配电等工程以外建设的田间监测等工程，其技术要求按相关规定执行。

7 农田地力提升工程

7.1 一般规定

7.1.1 农田地力提升工程包括土壤改良、障碍土层消除、土壤培肥等。按照工程类型、特征及内部联系构建的工程体系分级应按附录 D 规定执行。

7.1.2 实施农田地力提升工程的高标准农田，农田地力参考值见附录 E。

7.1.3 高标准农田建成后，粮食综合生产能力参考值见附录F。各省份可根据本行政区内高标准农田布局和生产条件差异，合理确定市县高标准农田粮食综合生产能力参考值。

7.2 土壤改良工程

7.2.1 根据土壤退化成因，可采取物理、化学、生物或工程等综合措施治理。

7.2.2 过沙或过黏的土壤应通过掺黏、掺沙、客土、增施有机肥等措施改良土壤质地。掺沙、掺黏宜就地取材。

7.2.3 酸化土壤应根据土壤酸化程度，利用石灰质物质、土壤调理剂、有机肥等进行改良，改良后土壤pH应达到5.5以上至中性。

7.2.4 盐碱土壤可采取工程排盐、施用土壤调理剂和有机肥等措施进行改良，改良后的土壤盐分含量应低于0.3%，土壤pH应达到8.5以下至中性。

7.2.5 农田土壤风蚀沙化防治，可采取建设农田防护林、实施保护性耕作等措施。

7.2.6 土壤板结治理，可采取秸秆还田、增施腐植酸肥料、生物有机肥、种植绿肥、保护性耕作、深耕深松、施用土壤调理剂、测土配方施肥等措施，改善耕层土壤团粒结构。

7.3 障碍土层消除工程

7.3.1 障碍土层主要包括犁底层（水田除外）、白浆层、黏磐层、钙磐层（砂姜层）、铁磐层、盐磐层、潜育层、沙漏层等类型。

7.3.2 采用深耕、深松、客土等措施，消除障碍土层对作物根系生长和水气运行的限制。作业深度视障碍土层距地表深度和作物生长需要的耕层厚度确定。

7.4 土壤培肥工程

7.4.1 高标准农田建成后，应通过秸秆还田、施有机肥、种植绿肥、深耕深松等措施，保持或提高耕地地力。土壤有机质含量参考值见附录E。

7.4.2 高标准农田建成后，应实施测土配方施肥，使养分比例适宜作物生长。测土配方施肥覆盖率应达到95%以上。

8 管理要求

8.1 土地权属确认与地类变更

8.1.1 高标准农田建设前，应查清土地权属现状，纳入项目库的耕地不应有权属纠纷。高标准农田建设涉及土地权属调整的，要充分尊重权利人意愿，在高标准农田建成后，依法进行土地确权，办理土地变更登记手续，发放土地权利证书，及时更新地籍档案资料。

8.1.2 高标准农田建成后，应按照 GB/T 21010 和自然资源调查监测相关规定，以实际现状进行地类认定与变更，完善有关手续。

8.2 验收与建设评价

8.2.1 高标准农田建设项目竣工后，应由项目主管部门按照项目现行管理规定组织验收。相关的管理、技术等资料应及时立卷归档，档案资料应真实、完整。

8.2.2 高标准农田建设项目竣工验收后，应按照有关规定开展评价。

8.2.3 因灌溉与排水设施、田间道路、农田防护林等配套设施建设占用，造成建设区域内永久基本农田面积减少的，应予以补足或补划。

8.3 耕地质量评价监测与信息化管理

8.3.1 高标准农田建设前后，应开展耕地质量等级评定。评定应按 GB/T 33469 规定执行。建设所产生的新增耕地若用于占补平衡，需在耕地质量评定上与自然资源部门有关管理规定相衔接。

8.3.2 高标准农田耕地质量监测应按 NY/T 1119 规定执行。

8.3.3 高标准农田建设和利用全过程应采用信息化手段管理，实现集中统一、全程全面、实时动态的管理目标。

8.3.4 高标准农田建设信息应上图入库，实现信息共享。

8.3.5 高标准农田建设情况应以适当方式适时向社会发布。

8.4 建后管护

8.4.1 高标准农田建成后，应编制、更新相关图、表、册，完善数据库，设立统一标识，落实保护责任，实行特殊保护。

8.4.2 建立政府引导，行业部门监管，村级组织、受益农户、新型农业经营主体和专业管理机构、社会化服务组织等共同参与的管护机制和体系。

8.4.3 按照“谁受益、谁管护，谁使用、谁管护”的原则，落实管护主体，压实管护责任，办理移交手续，签订管护合同。管护主体应对各项工程设施进行经常性检查维护，确保长期有效稳定利用。

8.4.4 新建成的高标准农田应优先划入永久基本农田储备区。

8.5 农业科技配套与应用

8.5.1 高标准农田建设应开展绿色（新）工艺、产品、技术、装备、模式的综合集成及示范推广应用。

8.5.2 高标准农田建成后，应加强农业科技配套与应用，推广良种良法。机械化耕种收综合作业水平、优良品种覆盖率、病虫害统防统治覆盖率应超过全国平均水平。有条件的地方应推广病虫害绿色防控、保护性耕作和科学用水用肥用药技术及物联网、大数据、移动互联网、智能控制、卫星定位等信息技术。

附　录　A

（资料性）

全国高标准农田建设区域划分

全国高标准农田建设区域划分见表 A.1。

表 A.1　全国高标准农田建设区域划分表

序号	区域	范围
1	东北区	辽宁、吉林、黑龙江及内蒙古赤峰、通辽、兴安、呼伦贝尔市（盟）
2	黄淮海区	北京、天津、河北、山东、河南
3	长江中下游区	上海、江苏、安徽、江西、湖北、湖南
4	东南区	浙江、福建、广东、海南
5	西南区	广西、重庆、四川、贵州、云南
6	西北区	山西、陕西、甘肃、宁夏、新疆（含新疆生产建设兵团）及内蒙古呼和浩特、锡林郭勒、包头、乌海、鄂尔多斯、巴彦淖尔、乌兰察布、阿拉善盟（市）
7	青藏区	西藏、青海

附 录 B
(规范性)
高标准农田基础设施建设工程体系

高标准农田基础设施建设工程体系见表B.1。

表B.1 高标准农田基础设施建设工程体系表

一级		二级		三级		说明
编号	名称	编号	名称	编号	名称	
1	田块整治工程					
		1.1	耕作田块修筑工程			按照一定的田块设计标准所开展的土方挖填和埂坎修筑等措施
				1.1.1	条田	在地形相对较缓地区，依据灌排水方向所进行的几何形状为长方形或近似长方形的水平田块修筑工程。水田区条田可细分为格田
				1.1.2	梯田	在地面坡度相对较陡地区，依据地形和等高线所进行的阶梯状田块修筑工程。按照田面形式不同，梯田分水平梯田和坡式梯田等类型
				1.1.3	其他田块	除1.1.1条田、1.1.2梯田之外的其他田块修筑工程
		1.2	耕作层地力保持工程			为充分保护及利用原有耕地的熟化土层和建设新增耕地的宜耕土层而采取的各种措施
				1.2.1	客土回填	当项目区内有效土层厚度和耕层土壤质量不能满足作物生长、农田灌溉排水和耕作需要时，从区外运土填筑到回填部位的土方搬移活动
				1.2.2	表土保护	在田面平整之前，对原有可利用的表土层进行剥离收集，待田面平整后再将剥离表土还原铺平的一种措施

（续）

一级		二级		三级		说明
编号	名称	编号	名称	编号	名称	
2	灌溉与排水工程					
		2.1	小型水源工程			为农业灌溉所修建的小型塘堰（坝）、蓄水池和小型集雨设施、小型泵站、农用机井等工程的总称
				2.1.1	塘堰（坝）	用于拦截和集蓄当地地表径流的挡水建筑物、泄水建筑物及取水建筑物，包括坝（堰）体、溢洪设施、放水设施等
				2.1.2	蓄水池和小型集雨设施	蓄水池及在坡面上修建的拦蓄地表径流的小型集雨池（窖）、水柜等蓄水建筑物
				2.1.3	小型泵站	装机容量 200 kW 以下的灌排泵站
				2.1.4	农用机井	在地面以下凿井、利用动力机械提取地下水的取水工程，包括大口井、管井和辐射井等
		2.2	输配水工程			修筑在地表附近用于输水至用水部位的工程
				2.2.1	明渠	在地表开挖和填筑的具有自由水流面的地上输水工程
				2.2.2	管道	在地面或地下修建的具有压力水面的输水工程
		2.3	渠系建筑物工程			在灌溉或排水渠道系统上为控制、分配、测量水流，通过天然或人工障碍，保障渠道安全运用而修建的各种建筑物的总称
				2.3.1	农桥	田间道路跨越洼地、渠道、排水沟等障碍物而修建的过载建筑物

（续）

一级		二级		三级		说明
编号	名称	编号	名称	编号	名称	
				2.3.2	渡槽	输水工程跨越低地、排水沟或交通道路等修建的桥式输水建筑物
				2.3.3	倒虹吸管	输水工程穿过低地、排水沟或交通道路时以虹吸形式敷设于地下的压力管道式输水建筑物
				2.3.4	涵洞	田间道路跨越渠道、排水沟时埋设在填土面以下的输水建筑物
				2.3.5	水闸	修建在渠道等处控制水量和调节水位的控制建筑物。包括节制闸、进水闸、冲沙闸、退水闸、分水闸等
				2.3.6	跌水与陡坡	连接两段不同高程的渠道或排洪沟，使水流直接跌落形成阶梯式或陡槽式落差的输水建筑物
				2.3.7	量水设施	修建在渠道或渠系建筑物上用以测算通过水量的建筑物
		2.4	田间灌溉工程			从输水工程配水到田间的工程，包括地面灌溉、喷灌、微灌、管道输水灌溉等
				2.4.1	地面灌溉	利用灌水沟、畦或格田等进行灌溉的工程措施
				2.4.2	喷灌	利用专门设备将水加压并通过喷头以喷洒方式进行灌溉的工程措施
				2.4.3	微灌	利用专门设备将水加压并以微小水量喷洒、滴入等方式进行灌溉的工程措施。包括滴灌、微喷灌、小管出流等
				2.4.4	管道输水灌溉	由水泵加压或自然落差形成有压水流，通过管道输送到田间给水装置进行灌溉的工程措施

（续）

一级		二级		三级		说明
编号	名称	编号	名称	编号	名称	
		2.5	排水工程			将农田中过多的地表水、土壤水和地下水排除，改善土壤中水、肥、气、热关系，以利于作物生长的工程措施
				2.5.1	明沟	在地表开挖或填筑的具有自由水面的地上排水工程
				2.5.2	暗管	在地表以下修筑的地下排水工程
				2.5.3	排水井	用竖井排水的工程
				2.5.4	排水闸	控制沟道排水的水闸
				2.5.5	排涝站	排除低洼地、圩区涝水的泵站
				2.5.6	排涝闸站	为实现引排水功能，排水闸与排涝站结合的工程
3	田间道路工程					
		3.1	田间道（机耕路）			连接田块与村庄、田块之间，供农田耕作、农用物资和农产品运输通行的道路
		3.2	生产路			项目区内连接田块与田间道（机耕路）、田块之间，供小型农机行走和人员通行的道路
		3.3	附属设施			考虑宜机作业，田间道路设置的必要的下田设施、错车点和末端掉头点
4	农田防护与生态环境保护工程					
		4.1	农田防护林工程			用于农田防风、改善农田气候条件、防止水土流失、促进作物生长和提供休憩庇荫场所的农田植树工程

（续）

一级		二级		三级		说明
编号	名称	编号	名称	编号	名称	
				4.1.1	农田防风林	在田块周围营造的以防治风沙或台风灾害、改善农作物生长条件为主要目的的人工林
				4.1.2	梯田埂坎防护林	在梯田埂坎处营造的以防止水土流失、保护梯田埂坎安全为主要目的的人工林
				4.1.3	护路护沟护坡护岸林	在田间道路、排水沟、渠道两侧营造的以防止水土流失、保护岸坡安全、提供休憩庇荫场所为主要目的的人工林
		4.2	岸坡防护工程			为稳定农田周边岸坡和土堤的安全、保护坡面免受冲刷而采取的工程措施
				4.2.1	护地堤	为保护现有堤防免受水流、风浪侵袭和冲刷所修建的工程设施及新建的小型堤防工程
				4.2.2	生态护岸	为保护农田免受水流侵袭和冲刷，在沟道滩岸修建的植物或植物与工程相结合的设施
		4.3	坡面防护工程			为防治坡面水土流失，保护、改良和合理利用坡面水土资源而采取的工程措施
				4.3.1	护坡	为防止耕地边坡冲刷，在农田边缘铺砌、栽种防护植物等措施
				4.3.2	截水沟	在坡地上沿等高线开挖用于拦截坡面雨水径流，并将雨水径流导引到蓄水池或排除的沟槽工程
				4.3.3	小型蓄水工程	在坡面上修建的拦蓄坡面径流、集蓄雨水资源的小型蓄水工程
				4.3.4	排洪沟	在坡面上修建的用以拦蓄、疏导坡地径流，并将雨水导入下游河道的沟槽工程

（续）

一级		二级		三级		说明
编号	名称	编号	名称	编号	名称	
		4.4	沟道治理工程			为固定沟床、防治沟蚀、减轻山洪及泥沙危害，合理开发利用水土资源采取的工程措施
				4.4.1	谷坊	横筑于易受侵蚀的小沟道或小溪中的小型固沟、拦泥、滞洪建筑物
				4.4.2	沟头防护	为防止径流冲刷引起沟头延伸和坡面侵蚀而采取的工程措施
5	农田输配电工程					
		5.1	输电线路			通过导线将电能由某处输送到目的地的工程
		5.2	变配电装置			通过配电网路进行电能重新分配的装置
				5.2.1	变压器	电能输送过程中改变电流电压的设施
				5.2.2	配电箱（屏）	按电气接线要求将开关设备、测量仪表、保护电器和辅助设备组装在封闭或半封闭的金属柜中或屏幅上所构成的低压配电装置
				5.2.3	其他变配电装置	其他变配电的相关设施，包括断路器、互感器、起动器、避雷器、接地装置等
		5.3	弱电工程			信号线布设、弱电设施设备和系统安装工程
6	其他工程					
		6.1	田间监测工程			监测农田生产条件、土壤墒情、土壤主要理化性状、农业投入品、作物产量、农田设施维护等情况的站点

附　录　C
（规范性）
各区域高标准农田基础设施工程建设要求

各区域高标准农田基础设施工程建设要求见表 C.1。如果部分地区的气候条件、地形地貌、障碍因素和水源条件等与相邻区域类似，建设要求可参照相邻区域。

表 C.1　各区域高标准农田基础设施工程建设要求

序号	区域	范围	建设要求				
			田块整治工程	灌溉与排水工程	田间道路工程	农田防护与生态环境保护工程	农田输配电工程
1	东北区	辽宁、吉林、黑龙江及内蒙古赤峰、通辽、兴安、呼伦贝尔盟（市）	1. 根据土壤条件和灌溉方式合理确定田面高差和田块横、纵向坡度； 2. 耕层厚度：平原区旱地、水浇地≥30 cm，水田≥25 cm； 3. 有效土层厚度：≥80 cm	1. 灌溉设计保证率：≥80%； 2. 排涝：旱作区农田排水设计暴雨重现期宜采用 10～5 年，1～3 d暴雨从作物受淹起 1～3 d 排至田面无积水；水稻区农田排水设计暴雨重现期宜采用 10 年，1～3 d 暴雨 3～5 d 排至作物耐淹水深	1. 路宽：机耕路宜为 4～6 m，生产路≤3 m； 2. 道路通达度：平原区 100%，丘陵漫岗区≥90%	农田防护面积比例≥85%	农田输配电工程建设应按 DL/T 5118 规定执行

（续）

序号	区域	范围	建设要求				
			田块整治工程	灌溉与排水工程	田间道路工程	农田防护与生态环境保护工程	农田输配电工程
2	黄淮海区	北京、天津、河北、山东、河南	1. 根据土壤条件和灌溉方式合理确定田面高差和田块横、纵向坡度； 2. 耕层厚度：≥25 cm； 3. 有效土层厚度：≥60 cm	1. 灌溉设计保证率：水资源紧缺地区≥50%，其他地区≥75%； 2. 排涝：旱作区农田排水设计暴雨重现期宜采用 10～5 年，1～3 d暴雨从作物受淹起 1～3 d 排至田面无积水	1. 路宽：机耕路宜为 4～6 m，生产路≤3 m； 2. 道路通达度：平原区 100%，丘陵区≥90%	农田防护面积比例≥90%	农田输配电工程建设应按 DL/T 5118 规定执行
3	长江中下游区	上海、江苏、安徽、江西、湖北、湖南	1. 根据土壤条件和灌溉方式合理确定田面高差和田块横、纵向坡度； 2. 耕层厚度：≥20 cm； 3. 有效土层厚度：≥60 cm	1. 灌溉设计保证率：水稻区≥90%； 2. 排涝：旱作区农田排水设计暴雨重现期宜采用 10～5 年，1～3 d暴雨从作物受淹起 1～3 d 排至田面无积水；水稻区农田排水设计暴雨重现期宜采用 10 年，1～3 d 暴雨 3～5 d 排至作物耐淹水深	1. 路宽：机耕路宜为 3～6 m，生产路≤3 m； 2. 道路通达度：平原区 100%，丘陵区≥90%	农田防护面积比例≥80%	农田输配电工程建设应按 DL/T 5118 规定执行
4	东南区	浙江、福建、广东、海南	1. 根据土壤条件和灌溉方式合理确定田面高差和田块横、纵向坡度； 2. 耕层厚度：≥20 cm； 3. 有效土层厚度：≥60 cm； 4. 梯田化率≥90%；	1. 灌溉设计保证率：水稻区≥85%； 2. 排涝：旱作区农田排水设计暴雨重现期宜采用 10～5 年，1～3 d暴雨从作物受淹起 1～3 d 排至田面无积水；水稻区农田排水设计暴雨重现期宜采用 10 年，1～3 d 暴雨 3～5 d 排至作物耐淹水深	1. 路宽：机耕路宜为 3～6 m，生产路≤3 m； 2. 道路通达度：平原区 100%，丘陵区≥90%	农田防护面积比例≥80%	农田输配电工程建设应按 DL/T 5118 规定执行

（续）

序号	区域	范围	建设要求				
			田块整治工程	灌溉与排水工程	田间道路工程	农田防护与生态环境保护工程	农田输配电工程
5	西南区	广西、重庆、四川、贵州、云南	1. 根据土壤条件和灌溉方式合理确定田面高差和田块横、纵向坡度； 2. 耕层厚度：≥20 cm； 3. 有效土层厚度：≥50 cm； 4. 梯田化率≥90%	1. 灌溉设计保证率：水稻区≥80%； 2. 排涝：旱作区农田排水设计暴雨重现期宜采用 10～5 年，1～3 d暴雨从作物受淹起 1～3 d 排至田面无积水；水稻区农田排水设计暴雨重现期宜采用 10 年，1～3 d 暴雨 3～5 d 排至作物耐淹水深	1. 路宽：机耕路宜为 3～6 m，生产路≤3 m； 2. 道路通达度：平原区 100%，山地丘陵区≥90%	农田防护面积比例≥90%	农田输配电工程建设应按 DL/T 5118 规定执行
6	西北区	山西、陕西、甘肃、宁夏、新疆（含新疆生产建设兵团）及内蒙古呼和浩特、锡林郭勒、包头、乌海、鄂尔多斯、巴彦淖尔、乌兰察布、阿拉善盟（市）	1. 根据土壤条件和灌溉方式合理确定田面高差和田块横、纵向坡度； 2. 耕层厚度：≥25 cm； 3. 有效土层厚度：≥60 cm	1. 灌溉设计保证率：≥50%； 2. 排涝：旱作区农田排水设计暴雨重现期宜采用 10～5 年，1～3 d暴雨从作物受淹起：1～3 d排至田面无积水	1. 路宽：机耕路宜为 3～6 m，生产路≤3 m； 2. 道路通达度：平原区 100%，丘陵沟壑区≥90%	农田防护面积比例≥90%	农田输配电工程建设应按 DL/T 5118 规定执行
7	青藏区	西藏、青海	1. 根据土壤条件和灌溉方式合理确定田面高差和田块横、纵向坡度； 2. 耕层厚度：≥20 cm； 3. 有效土层厚度：≥30 cm	1. 灌溉设计保证率：≥50%； 2. 排涝：旱作区农田排水设计暴雨重现期宜采用 10～5 年，1～3 d 暴雨从作物受淹起：1～3 d排至田面无积水	1. 路宽：机耕路宜为 3～6 m，生产路≤3 m； 2. 道路通达度：平原区 100%，山地丘陵区≥90%	农田防护面积比例≥90%	农田输配电工程建设应按 DL/T 5118 规定执行

附　录　D
（规范性）
高标准农田地力提升工程体系

高标准农田地力提升工程体系见表D.1。

表D.1　高标准农田地力提升工程体系表

一级		二级		三级		说明
编号	名称	编号	名称	编号	名称	
1	农田地力提升工程					
		1.1	土壤改良工程			采取物理、化学、生物或工程等综合措施，消除影响农作物生育或引起土壤退化的不利因素
				1.1.1	土壤质地改良	采取掺沙、掺黏、客土、增施有机肥等措施，改善土壤性状，提高土壤肥力
				1.1.2	酸化土壤改良	采取施用石灰质物质、土壤调理剂和有机肥等措施，中和土壤酸度，提高土壤pH
				1.1.3	盐碱土壤改良	采取工程排盐、施用土壤调理剂和有机肥等措施，降低土壤盐分含量，中和土壤碱度，降低土壤pH
				1.1.4	土壤风蚀沙化防治	采取建设农田防护林、保护性耕作等措施，防治土壤沙质化，防止土地生产力下降
				1.1.5	板结土壤治理	采取秸秆还田、增施腐植酸肥料、生物有机肥、种植绿肥、保护性耕作、深耕深松、施用土壤调理剂、测土配方施肥等措施，增加土壤有机质含量，改善土壤结构，防止土壤变硬
		1.2	障碍土层消除工程			采取深耕深松等措施，畅通作物根系生长和水气运行
				1.2.1	深耕	用机械翻土、松土、混土
				1.2.2	深松	用机械松碎土壤
		1.3	土壤培肥工程			通过秸秆还田、施有机肥、种植绿肥、深耕深松等措施，使耕地地力保持或提高

附　录　E
（资料性）
高标准农田地力参考值

高标准农田地力参考值见表 E.1。如果部分地区的气候条件、地形地貌、障碍因素和水源条件等与相邻区域类似，农田地力可参照相邻区域。

表 E.1　高标准农田地力参考值表

序号	区域	范围	农田地力提升工程			
			土壤改良工程	障碍土层消除工程	土壤培肥工程（高标准农田建成 3 年后目标值）	耕地质量等级
1	东北区	辽宁、吉林、黑龙江及内蒙古赤峰、通辽、兴安、呼伦贝尔盟（市）	—	深耕深松作业深度视障碍土层距地表深度和作物生长需要的耕层厚度确定	有机质含量：平原区宜≥30 g/kg；养分比例适宜作物生长	宜达到 3.5 等以上
2	黄淮海区	北京、天津、河北、山东、河南	土壤 pH 宜为 6.0～7.5，盐碱区≤8.5，盐分含量≤0.3%	深耕深松作业深度视障碍土层距地表深度和作物生长需要的耕层厚度确定	有机质含量：平原区宜≥15 g/kg，山地丘陵区宜≥12 g/kg；养分比例适宜作物生长	宜达到 4 等以上
3	长江中下游区	上海、江苏、安徽、江西、湖北、湖南	土壤 pH 宜为 5.5～7.5	深耕深松作业深度视障碍土层距地表深度和作物生长需要的耕层厚度确定	有机质含量：宜≥20 g/kg；养分比例适宜作物生长	宜达到 4.5 等以上

（续）

序号	区域	范围	农田地力提升工程			
			土壤改良工程	障碍土层消除工程	土壤培肥工程（高标准农田建成3年后目标值）	耕地质量等级
4	东南区	浙江、福建、广东、海南	土壤pH宜为5.5～7.5	深耕深松作业深度视障碍土层距地表深度和作物生长需要的耕层厚度确定	有机质含量：宜≥20 g/kg；养分比例适宜作物生长	宜达到5等以上
5	西南区	广西、重庆、四川、贵州、云南	土壤pH宜为5.5～7.5	深耕深松作业深度视障碍土层距地表深度和作物生长需要的耕层厚度确定	有机质含量：宜≥20 g/kg；养分比例适宜作物生长	宜达到5等以上
6	西北区	山西、陕西、甘肃、宁夏、新疆（含新疆生产建设兵团）及内蒙古呼和浩特、锡林郭勒、包头、乌海、鄂尔多斯、巴彦淖尔、乌兰察布、阿拉善盟（市）	土壤pH宜为6.0～7.5，盐碱区≤8.5，盐分含量≤0.3%	深耕深松作业深度视障碍土层距地表深度和作物生长需要的耕层厚度确定	有机质含量：宜≥12 g/kg；养分比例适宜作物生长	宜达到6等以上
7	青藏区	西藏、青海	土壤pH宜为6.0～7.5	深耕深松作业深度视障碍土层距地表深度和作物生长需要的耕层厚度确定	有机质含量：宜≥12 g/kg；养分比例适宜作物生长	宜达到7等以上

附 录 F
(资料性)
高标准农田粮食综合生产能力参考值

高标准农田粮食综合生产能力参考值见表 F.1。

表 F.1 高标准农田粮食综合生产能力参考值表

序号	区域	范围	粮食综合生产能力/(kg/ha)		
			稻谷	小麦	玉米
1	东北区	黑龙江	7 800	3 900	7 050
		吉林	8 700	—	7 950
		辽宁	9 450	5 550	7 350
		内蒙古赤峰、通辽、兴安和呼伦贝尔市(盟)	8 700	3 450	7 800
2	黄淮海区	北京	7 050	6 000	7 350
		天津	10 050	6 150	6 750
		河北	7 200	6 900	6 300
		河南	8 850	7 050	6 300
		山东	9 450	6 750	7 350
3	长江中下游区	上海	9 300	6 150	7 650
		湖南	7 350	3 750	6 150
		湖北	9 000	4 200	4 650
		江西	6 750	—	4 800
		江苏	9 600	6 000	6 600
		安徽	7 200	6 300	5 850
4	东南区	浙江	7 950	4 500	4 650
		广东	6 450	3 750	5 100
		福建	7 050	3 000	4 800
		海南	5 850	—	—
5	西南区	云南	6 900	—	5 700
		贵州	7 050	—	4 800
		四川	8 700	4 350	6 300
		重庆	8 100	3 600	6 300
		广西	6 300	—	5 100

（续）

序号	区域	范围	粮食综合生产能力/（kg/ha）		
			稻谷	小麦	玉米
6	西北区	山西	7 650	4 500	6 000
		陕西	8 400	4 500	5 400
		甘肃	7 200	4 050	6 450
		宁夏	9 150	3 450	8 100
		新疆（含新疆生产建设兵团）	9 900	6 000	8 850
		内蒙古呼和浩特、锡林郭勒、包头、乌海、鄂尔多斯、巴彦淖尔、乌兰察布、阿拉善盟（市）	8 700	3 450	7 800
7	青藏区	青海	—	4 350	7 200
		西藏	6 150（青稞）	6 450	6 600

注：参考值是按照国家统计局公布的2017年、2018年和2019年三年的统计数据，取平均值乘以1.1，四舍五入后得到。

参 考 文 献

[1] GB/T 15776　造林技术规程
[2] GB/T 16453.1　水土保持综合治理　技术规范　坡耕地治理技术
[3] GB/T 16453.5　水土保持综合治理　技术规范　风沙治理技术
[4] GB/T 18337.3　生态公益林建设　技术规程
[5] GB/T 24689.7　植物保护机械　农林作物病虫观测场
[6] GB/T 28407　农用地质量分等规程
[7] GB/T 30949　节水灌溉项目后评价规范
[8] GB/T 32748　渠道衬砌与防渗材料
[9] GB/T 35580　建设项目水资源论证导则
[10] GB 50054　低压配电设计规范
[11] GB 50060　3～110kV 高压配电装置设计规范
[12] GB/T 50065　交流电气装置的接地设计规范
[13] GB/T 50769　节水灌溉工程验收规范
[14] GB/T 50817　农田防护林工程设计规范
[15] DL 477　农村电网低压电气安全工作规程
[16] JTG 2111　小交通量农村公路工程技术标准
[17] JTG/T 5190　农村公路养护技术规范
[18] LY/T 1607　造林作业设计规程
[19] NY/T 309　全国耕地类型区、耕地地力等级划分
[20] NY 525　有机肥料
[21] NY/T 1120　耕地质量验收技术规范
[22] NY/T 1634　耕地地力调查与质量评价技术规程
[23] NY/T 1782　农田土壤墒情监测技术规范
[24] NY/T 2148　高标准农田建设标准
[25] NY/T 3443　石灰质改良酸化土壤技术规范
[26] SL/T 4　农田排水工程技术规范
[27] SL/T 246　灌溉与排水工程技术管理规程
[28] DB 61/T 991.6—2015　土地整治高标准农田建设　第 6 部分：农田防护与生态环境保持
[29] 国务院办公厅关于切实加强高标准农田建设　提升国家粮食安全保障能力的意见（国办发〔2019〕50 号）

[30] 全国高标准农田建设规划（2021—2030 年）
[31] 农田建设项目管理办法（农业农村部令 2019 年第 4 号）
[32] 自然资源部办公厅　国家林业和草原局办公室关于生态保护红线划定中有关空间矛盾冲突处理规则的补充通知（自然资办函〔2021〕458 号）
[33] 平原绿化工程建设技术规定（林造发〔2013〕31 号）

2. 土地利用现状分类
(GB/T 21010—2017)

ICS 07.040
A 76

中华人民共和国国家标准

GB/T 21010—2017
代替GB/T 21010—2007

土地利用现状分类

Current land use classification

技术标准 2

2017-11-01发布　　2017-11-01实施

中华人民共和国国家质量监督检验检疫总局
中国国家标准化管理委员会　发布

目　次

前　言

本标准按照 GB/T 1.1—2009 给出的规则起草。

本标准代替 GB/T 21010—2007《土地利用现状分类》，与 GB/T 21010—2007 相比，除编辑性修改外主要技术变化如下：

——范围增加了“审批、供应、整治、执法”等内容；

——删去了“规范性引用文件”一章；

——总则中增加了“生态文明建设”“保证不重不漏，不设复合用途”等内容；

——二级类数量变更为 73 个，二级类改用两位阿拉伯数字编码；

——完善了“耕地”“林地”“公共管理与公共服务用地”“特殊用地”“交通运输用地”“水域及水利设施用地”等一级类的含义；

——完善了“水浇地”“灌木林地”“天然牧草地”“其他草地”“商务金融用地”“其他商服用地”“工业用地”“采矿用地”“仓储用地”“城镇住宅用地”“公园与绿地”“监教场所用地”“风景名胜设施用地”“公路用地”“农村道路”“机场用地”“港口码头用地”“河流水面”“水库水面”“沟渠”“沼泽地”“空闲地”“设施农用地”“田坎”等二级类的含义；

——原“公共设施用地”名称调整为“公用设施用地”；

——将原“有林地”细分为“乔木林地”“竹林地”“红树林地”和“森林沼泽”；将原“批发零售用地”细分为“零售商业用地”和“批发市场用地”；将原“住宿餐饮用地”细分为“餐饮用地”和“旅馆用地”；将原“科教用地”细分为“教育用地”和“科研用地”；将原“医卫慈善用地”细分为“医疗卫生用地”和“社会福利用地”；将原“文体娱乐用地”细分为“文化设施用地”“体育用地”和“娱乐用地”；将原“铁路用地”细分为“铁路用地”和“轨道交通用地”；将原“街巷用地”细分为“城镇村道路用地”和“交通服务场站用地”；将原“裸地”细分为“裸土地”和“裸岩石砾地”；

——增设了“橡胶园”“灌丛沼泽”“沼泽草地”“盐田”，分别从“其他园地”“灌木林地”“天然牧草地”“采矿用地”中分离出来；

——附录 A 中，将“水库水面”从“建设用地”调整到“农用地”中；

——增加附录 B“湿地”归类表。

本标准由国土资源部提出。

本标准由全国国土资源标准化技术委员会（SAC/TC 93）归口。

本标准起草单位：中国土地勘测规划院、国土资源部地籍管理司（不动产登记局）。

本标准主要起草人：冷宏志、高延利、冯文利、李宪文、杨地、周连芳、曾巍、孙毅、梁耘、张炳智、姜开勤、张凤荣、赵伟、牛春盈、刘志荣、李琪。

土地利用现状分类

1 范围

本标准规定了土地利用现状的总则、分类与编码。

本标准适用于土地调查、规划、审批、供应、整治、执法、评价、统计、登记及信息化管理等工作。在使用本标准时，也可根据需要，在本分类基础上续分土地利用类型。

2 术语和定义

下列术语和定义适用于本文件。

2.1

覆盖度（盖度） cover degree; coverage rate

一定面积上植被垂直投影面积占总面积的百分比。

2.2

郁闭度 canopy density; crown density

林冠（树木的枝叶部分称为林冠）垂直投影面积与林地面积之比值。

2.3

土地利用（土地使用） land utilization; land use

人类通过一定的活动，利用土地的属性来满足自己需要的过程。

3 总则

3.1 实施全国土地和城乡地政统一管理，科学划分土地利用类型，明确土地利用各类型含义，统一土地调查、统计分类标准，合理规划、利用土地。

3.2 维护土地利用分类的科学性、实用性、开放性和继承性，满足制定国民经济和社会发展计划，宏观调控，生态文明建设以及国土资源管理的需要。

3.3 主要依据土地的利用方式、用途、经营特点和覆盖特征等因素，按照主要用途对土地利用类型进行归纳、划分，保证不重不漏，不设复合用途，反映土地利用的基本现状，但不以此划分部门管理范围。

4 分类与编码方法

4.1 土地利用现状分类采用一级、二级两个层次的分类体系，共分 12 个一级类、73 个二级类。

4.2 土地利用现状分类采用数字编码，一、二级均采用两位阿拉伯数字编码，从左到右依次代表一、二级。

5 土地利用现状分类和编码

土地利用现状分类和编码见表 1。

本标准的土地利用现状分类与《中华人民共和国土地管理法》“三大类”对照表见附录 A。

本标准中可归入“湿地类”的土地利用现状分类类型参见附录 B。

表 1 土地利用现状分类和编码

一级类		二级类		含义
编码	名称	编码	名称	
01	耕地			指种植农作物的土地，包括熟地，新开发、复垦、整理地，休闲地（含轮歇地、休耕地）；以种植农作物（含蔬菜）为主，间有零星果树、桑树或其他树木的土地；平均每年能保证收获一季的已垦滩地和海涂。耕地中包括南方宽度<1.0 m，北方宽度<2.0 m 固定的沟、渠、路和地坎（埂）；临时种植药材、草皮、花卉、苗木等的耕地，临时种植果树、茶树和林木且耕作层未破坏的耕地，以及其他临时改变用途的耕地
		0101	水田	指用于种植水稻、莲藕等水生农作物的耕地。包括实行水生、旱生农作物轮种的耕地
		0102	水浇地	指有水源保证和灌溉设施，在一般年景能正常灌溉，种植旱生农作物（含蔬菜）的耕地。包括种植蔬菜的非工厂化的大棚用地
		0103	旱地	指无灌溉设施，主要靠天然降水种植旱生农作物的耕地，包括没有灌溉设施，仅靠引洪淤灌的耕地
02	园地			指种植以采集果、叶、根、茎、汁等为主的集约经营的多年生木本和草本作物，覆盖度大于 50% 或每亩株数大于合理株数 70% 的土地。包括用于育苗的土地

（续）

一级类		二级类		含义
编码	名称	编码	名称	
02	园地	0201	果园	指种植果树的园地
		0202	茶园	指种植茶树的园地
		0203	橡胶园	指种植橡胶树的园地
		0204	其他园地	指种植桑树、可可、咖啡、油棕、胡椒、各类药材等其他多年生作物的园地
03	林地			指生长乔木、竹类、灌木的土地，及沿海生长红树林的土地。包括迹地，不包括城镇、村庄范围内的绿化林木用地，铁路、公路征地范围内的林木，以及河流、沟渠的护堤林
		0301	乔木林地	指乔木郁闭度≥0.2的林地，不包括森林沼泽
		0302	竹林地	指生长竹类植物，郁闭度≥0.2的林地
		0303	红树林地	指沿海生长红树植物的林地
		0304	森林沼泽	以乔木森林植物为优势群落的淡水沼泽
		0305	灌木林地	指灌木覆盖度≥40%的林地，不包括灌丛沼泽
		0306	灌丛沼泽	以灌丛植物为优势群落的淡水沼泽
		0307	其他林地	包括疏林地（树木郁闭度≥0.1、<0.2的林地）、未成林地、迹地、苗圃等林地
04	草地			指生长草本植物为主的土地
		0401	天然牧草地	指以天然草本植物为主，用于放牧或割草的草地，包括实施禁牧措施的草地，不包括沼泽草地
		0402	沼泽草地	指以天然草本植物为主的沼泽化的低地草甸、高寒草甸
		0403	人工牧草地	指人工种植牧草的草地
		0404	其他草地	指树木郁闭度<0.1，表层为土质，不用于放牧的草地
05	商服用地			指主要用于商业、服务业的土地
		0501	零售商业用地	以零售功能为主的商铺、商场、超市、市场和加油、加气、充换电站等的用地
		0502	批发市场用地	以批发功能为主的市场用地
		0503	餐饮用地	饭店、餐厅、酒吧等用地
		0504	旅馆用地	宾馆、旅馆、招待所、服务型公寓、度假村等用地

（续）

一级类		二级类		含义
编码	名称	编码	名称	
05	商服用地	0505	商务金融用地	指商务服务用地，以及经营性的办公场所用地。包括写字楼、商业性办公场所、金融活动场所和企业厂区外独立的办公场所；信息网络服务、信息技术服务、电子商务服务、广告传媒等用地
		0506	娱乐用地	指剧院、音乐厅、电影院、歌舞厅、网吧、影视城、仿古城以及绿地率小于65%的大型游乐等设施用地
		0507	其他商服用地	指零售商业、批发市场、餐饮、旅馆、商务金融、娱乐用地以外的其他商业、服务业用地。包括洗车场、洗染店、照相馆、理发美容店、洗浴场所、赛马场、高尔夫球场、废旧物资回收站、机动车、电子产品和日用产品修理网点、物流营业网点，及居住小区及小区级以下的配套的服务设施等用地
06	工矿仓储用地			指主要用于工业生产、物资存放场所的土地
		0601	工业用地	指工业生产、产品加工制造、机械和设备修理及直接为工业生产等服务的附属设施用地
		0602	采矿用地	指采矿、采石、采砂（沙）场，砖瓦窑等地面生产用地，排土（石）及尾矿堆放地
		0603	盐田	指用于生产盐的土地，包括晒盐场所、盐池及附属设施用地
		0604	仓储用地	指用于物资储备、中转的场所用地，包括物流仓储设施、配送中心、转运中心等
07	住宅用地			指主要用于人们生活居住的房基地及其附属设施的土地
		0701	城镇住宅用地	指城镇用于生活居住的各类房屋用地及其附属设施用地，不含配套的商业服务设施等用地
		0702	农村宅基地	指农村用于生活居住的宅基地
08	公共管理与公共服务用地			指用于机关团体、新闻出版、科教文卫、公用设施等的土地
		0801	机关团体用地	指用于党政机关、社会团体、群众自治组织等的用地
		0802	新闻出版用地	指用于广播电台、电视台、电影厂、报社、杂志社、通讯社、出版社等的用地

（续）

一级类		二级类		含义
编码	名称	编码	名称	
08	公共管理与公共服务用地	0803	教育用地	指用于各类教育用地，包括高等院校、中等专业学校、中学、小学、幼儿园及其附属设施用地，聋、哑、盲人学校及工读学校用地，以及为学校配建的独立地段的学生生活用地
		0804	科研用地	指独立的科研、勘察、研发、设计、检验检测、技术推广、环境评估与监测、科普等科研事业单位及其附属设施用地
		0805	医疗卫生用地	指医疗、保健、卫生、防疫、康复和急救设施等用地。包括综合医院、专科医院、社区卫生服务中心等用地；卫生防疫站、专科防治所、检验中心和动物检疫站等用地；对环境有特殊要求的传染病、精神病等专科医院用地；急救中心、血库等用地
		0806	社会福利用地	指为社会提供福利和慈善服务的设施及其附属设施用地。包括福利院、养老院、孤儿院等用地
		0807	文化设施用地	指图书、展览等公共文化活动设施用地。包括公共图书馆、博物馆、档案馆、科技馆、纪念馆、美术馆和展览馆等设施用地；综合文化活动中心、文化馆、青少年宫、儿童活动中心、老年活动中心等设施用地
		0808	体育用地	指体育场馆和体育训练基地等用地，包括室内外体育运动用地，如体育场馆、游泳场馆、各类球场及其附属的业余体校等用地，溜冰场、跳伞场、摩托车场、射击场，以及水上运动的陆域部分等用地，以及为体育运动专设的训练基地用地，不包括学校等机构专用的体育设施用地
		0809	公用设施用地	指用于城乡基础设施的用地。包括供水、排水、污水处理、供电、供热、供气、邮政、电信、消防、环卫、公用设施维修等用地
		0810	公园与绿地	指城镇、村庄范围内的公园、动物园、植物园、街心花园、广场和用于休憩、美化环境及防护的绿化用地

（续）

一级类		二级类		含义
编码	名称	编码	名称	
09	特殊用地			指用于军事设施、涉外、宗教、监教、殡葬、风景名胜等的土地
		0901	军事设施用地	指直接用于军事目的的设施用地
		0902	使领馆用地	指用于外国政府及国际组织驻华使领馆、办事处等的用地
		0903	监教场所用地	指用于监狱、看守所、劳改场、戒毒所等的建筑用地
		0904	宗教用地	指专门用于宗教活动的庙宇、寺院、道观、教堂等宗教自用地
		0905	殡葬用地	指陵园、墓地、殡葬场所用地
		0906	风景名胜设施用地	指风景名胜景点（包括名胜古迹、旅游景点、革命遗址、自然保护区、森林公园、地质公园、湿地公园等）的管理机构，以及旅游服务设施的建筑用地。景区内的其他用地按现状归入相应地类
10	交通运输用地			指用于运输通行的地面线路、场站等的土地。包括民用机场、汽车客货运场站、港口、码头、地面运输管道和各种道路以及轨道交通用地
		1001	铁路用地	指用于铁道线路及场站的用地。包括征地范围内的路堤、路堑、道沟、桥梁、林木等用地
		1002	轨道交通用地	指用于轻轨、现代有轨电车、单轨等轨道交通用地，以及场站的用地
		1003	公路用地	指用于国道、省道、县道和乡道的用地。包括征地范围内的路堤、路堑、道沟、桥梁、汽车停靠站、林木及直接为其服务的附属用地
		1004	城镇村道路用地	指城镇、村庄范围内公用道路及行道树用地，包括快速路、主干路、次干路、支路、专用人行道和非机动车道，及其交叉口等
		1005	交通服务场站用地	指城镇、村庄范围内交通服务设施用地，包括公交枢纽及其附属设施用地、公路长途客运站、公共交通场站、公共停车场（含设有充电桩的停车场）、停车楼、教练场等用地，不包括交通指挥中心、交通队用地

（续）

一级类		二级类		含义
编码	名称	编码	名称	
10	交通运输用地	1006	农村道路	在农村范围内，南方宽度≥1.0 m、≤8 m，北方宽度≥2.0 m、≤8 m，用于村间、田间交通运输，并在国家公路网络体系之外，以服务于农村农业生产为主要用途的道路（含机耕道）
		1007	机场用地	指用于民用机场、军民合用机场的用地
		1008	港口码头用地	指用于人工修建的客运、货运、捕捞及工程、工作船舶停靠的场所及其附属建筑物的用地，不包括常水位以下部分
		1009	管道运输用地	指用于运输煤炭、矿石、石油、天然气等管道及其相应附属设施的地上部分用地
11	水域及水利设施用地			指陆地水域，滩涂、沟渠、沼泽、水工建筑物等用地。不包括滞洪区和已垦滩涂中的耕地、园地、林地、城镇、村庄、道路等用地
		1101	河流水面	指天然形成或人工开挖河流常水位岸线之间的水面，不包括被堤坝拦截后形成的水库区段水面
		1102	湖泊水面	指天然形成的积水区常水位岸线所围成的水面
		1103	水库水面	指人工拦截汇集而成的总设计库容≥10 万 m^3 的水库正常蓄水位岸线所围成的水面
		1104	坑塘水面	指人工开挖或天然形成的蓄水量＜10 万 m^3 的坑塘常水位岸线所围成的水面
		1105	沿海滩涂	指沿海大潮高潮位与低潮位之间的潮浸地带。包括海岛的沿海滩涂。不包括已利用的滩涂
		1106	内陆滩涂	指河流、湖泊常水位至洪水位间的滩地；时令湖、河洪水位以下的滩地；水库、坑塘的正常蓄水位与洪水位间的滩地。包括海岛的内陆滩地。不包括已利用的滩地
		1107	沟渠	指人工修建，南方宽度≥1.0 m、北方宽度≥2.0 m用于引、排、灌的渠道，包括渠槽、渠堤、护堤林及小型泵站
		1108	沼泽地	指经常积水或渍水，一般生长湿生植物的土地。包括草本沼泽、苔藓沼泽、内陆盐沼等。不包括森林沼泽、灌丛沼泽和沼泽草地

（续）

一级类		二级类		含义
编码	名称	编码	名称	
11	水域及水利设施用地	1109	水工建筑用地	指人工修建的闸、坝、堤路林、水电厂房、扬水站等常水位岸线以上的建（构）筑物用地
		1110	冰川及永久积雪	指表层被冰雪常年覆盖的土地
12	其他土地			指上述地类以外的其他类型的土地
		1201	空闲地	指城镇、村庄、工矿范围内尚未使用的土地。包括尚未确定用途的土地
		1202	设施农用地	指直接用于经营性畜禽养殖生产设施及附属设施用地；直接用于作物栽培或水产养殖等农产品生产的设施及附属设施用地；直接用于设施农业项目辅助生产的设施用地；晾晒场、粮食果品烘干设施、粮食和农资临时存放场所、大型农机具临时存放场所等规模化粮食生产所必需的配套设施用地
		1203	田坎	指梯田及梯状坡地耕地中，主要用于拦蓄水和护坡，南方宽度≥1.0 m、北方宽度≥2.0 m的地坎
		1204	盐碱地	指表层盐碱聚集，生长天然耐盐植物的土地
		1205	沙地	指表层为沙覆盖、基本无植被的土地。不包括滩涂中的沙地
		1206	裸土地	指表层为土质，基本无植被覆盖的土地
		1207	裸岩石砾地	指表层为岩石或石砾，其覆盖面积≥70%的土地

附 录 A
（规范性附录）
本标准的土地利用现状分类与《中华人民共和国土地管理法》“三大类”对照表

本标准的土地利用现状分类与《中华人民共和国土地管理法》“三大类”对照表见表 A.1。

表 A.1 本标准的土地利用现状分类与《中华人民共和国土地管理法》“三大类”对照表

三大类	土地利用现状分类	
	类型编码	类型名称
农用地	0101	水田
	0102	水浇地
	0103	旱地
	0201	果园
	0202	茶园
	0203	橡胶园
	0204	其他园地
	0301	乔木林地
	0302	竹林地
	0303	红树林地
	0304	森林沼泽
	0305	灌木林地
	0306	灌丛沼泽
	0307	其他林地
	0401	天然牧草地
	0402	沼泽草地
	0403	人工牧草地
	1006	农村道路
	1103	水库水面
	1104	坑塘水面
	1107	沟渠
	1202	设施农用地
	1203	田坎

（续）

三大类	土地利用现状分类	
	类型编码	类型名称
建设用地	0501	零售商业用地
	0502	批发市场用地
	0503	餐饮用地
	0504	旅馆用地
	0505	商务金融用地
	0506	娱乐用地
	0507	其他商服用地
	0601	工业用地
	0602	采矿用地
	0603	盐田
	0604	仓储用地
	0701	城镇住宅用地
	0702	农村宅基地
	0801	机关团体用地
	0802	新闻出版用地
	0803	教育用地
	0804	科研用地
	0805	医疗卫生用地
	0806	社会福利用地
	0807	文化设施用地
	0808	体育用地
	0809	公用设施用地
	0810	公园与绿地
	0901	军事设施用地
	0902	使领馆用地
	0903	监教场所用地
	0904	宗教用地
	0905	殡葬用地
	0906	风景名胜设施用地
	1001	铁路用地
	1002	轨道交通用地

（续）

三大类	土地利用现状分类	
	类型编码	类型名称
建设用地	1003	公路用地
	1004	城镇村道路用地
	1005	交通服务场站用地
	1007	机场用地
	1008	港口码头用地
	1009	管道运输用地
	1109	水工建筑用地
	1201	空闲地
未利用地	0404	其他草地
	1101	河流水面
	1102	湖泊水面
	1105	沿海滩涂
	1106	内陆滩涂
	1108	沼泽地
	1110	冰川及永久积雪
	1204	盐碱地
	1205	沙地
	1206	裸土地
	1207	裸岩石砾地

附　录　B
(资料性附录)
本标准中可归入“湿地类”的土地利用现状分类类型

本标准中可归入“湿地类”的土地利用现状分类类型见表 B.1。

表 B.1　“湿地”归类表

湿地类	土地利用现状分类	
	类型编码	类型名称
湿地	0101	水田
	0303	红树林地
	0304	森林沼泽
	0306	灌丛沼泽
	0402	沼泽草地
	0603	盐田
	1101	河流水面
	1102	湖泊水面
	1103	水库水面
	1104	坑塘水面
	1105	沿海滩涂
	1106	内陆滩涂
	1107	沟渠
	1108	沼泽地

注：此表仅作为“湿地”归类使用，不以此划分部门管理范围。

3. 耕地质量等级
（GB/T 33469—2016）

ICS 13.080.01
B 10

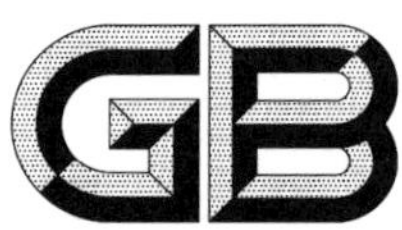

中华人民共和国国家标准

GB/T 33469—2016

耕地质量等级

Cultivated land quality grade

2016-12-30发布　　2016-12-30实施

中华人民共和国国家质量监督检验检疫总局
中国国家标准化管理委员会　发布

目　次

前　言

本标准按照 GB/T 1.1—2009 给出的规则起草。

本标准由中华人民共和国农业部提出。

本标准由全国土壤质量标准化技术委员会（SAC/TC 404）归口。

本标准起草单位：全国农业技术推广服务中心、北京市土肥工作站、山东省土壤肥料总站、江苏省耕地质量与农业环境保护站、山西省土壤肥料工作站、华南农业大学。

本标准主要起草人：任意、曾衍德、何才文、谢建华、赵永志、仲鹭勍、薛彦东、陈明全、李涛、王绪奎、张藕珠、李永涛、郑磊、胡良兵、李荣、辛景树。

耕地质量等级

1 范围

本标准规定了耕地质量区域划分、指标确定、耕地质量等级划分流程等内容。

本标准适用于各级行政区及特定区域内耕地质量等级划分。园地质量等级划分可参照执行。

2 规范性引用文件

下列文件对于本文件的应用是必不可少的。凡是注日期的引用文件，仅注日期的版本适用于本文件。凡是不注日期的引用文件，其最新版本（包括所有的修改单）适用于本文件。

GB 15618　土壤环境质量标准

GB 17296　中国土壤分类与代码

HJ/T 166　土壤环境监测技术规范

3 术语和定义

下列术语和定义适用于本文件。

3.1

耕地　cultivated land

用于农作物种植的土地。

3.2

耕地地力　cultivated land productivity

在当前管理水平下，由土壤立地条件、自然属性等相关要素构成的耕地生产能力。

3.3

土壤健康状况　soil health condition

土壤作为一个动态生命系统具有的维持其功能的持续能力，用清洁程度、生物多样性表示。

注：清洁程度反映了土壤受重金属、农药和农膜残留等有毒有害物质影响的程度；生

物多样性反映了土壤生命力丰富程度。

3.4

地形部位　parts of the terrain

具有特定形态特征和成因的中小地貌单元。

3.5

田面坡度　field surface slope

农田坡面与水平面的夹角度数。

3.6

地下水埋深　ground-water table

潜水面至地表面的距离。

3.7

土壤养分状况　soil nutrient status

土壤养分的数量、形态、分解、转化规律以及土壤的保肥、供肥性能。

3.8

土壤酸碱度　soil acidity and alkalinity

土壤溶液的酸碱性强弱程度，以 pH 值表示。

3.9

土壤有机质　soil organic matter

土壤中形成的和外加入的所有动植物残体不同阶段的各种分解产物和合成产物的总称，包括高度腐解的腐殖物质、解剖结构尚可辨认的有机残体和各种微生物体。

3.10

土壤障碍因素　soil constraint factor

土体中妨碍农作物正常生长发育、对农产品产量和品质造成不良影响的因素。

3.11

土壤障碍层次　soil constraint layer

在土壤剖面中出现的阻碍根系伸展、影响水分渗透的层次。

3.12

土壤盐渍化　soil salinization

土壤底层或地下水的易溶性盐分随毛管水上升到地表，水分散失后，使盐分积累在表层土壤中，当土壤含盐量过高时，形成的盐化危害。或受人类特殊活动影响，在使用高矿化度水进行灌溉及在干旱气候条件下没有排水功能、地下水位较浅的土壤上进行灌溉时产生的次生盐化危害。

3.13

土壤潜育化　gleyization

受地下水或渍水引起土壤处于饱和状态，呈强烈还原状态而形成蓝灰色潜育层的一种土壤形成过程。

3.14

有效土层厚度　effective soil layer thickness

作物能够利用的母质层以上的土体总厚度；当有障碍层时，为障碍层以上的土层厚度。

3.15

耕层厚度　plough layer thickness

经耕种熟化而形成的土壤表土层厚度。

3.16

耕层质地　plough layer texture

耕层土壤颗粒的大小及其组合情况。

3.17

土壤容重　soil bulk density

田间自然垒结状态下单位容积土体（包括土粒和孔隙）的质量或重量。

3.18

质地构型　soil texture profile

土壤剖面中不同质地层次的排列。

3.19

灌溉能力　irrigation capacity

预期灌溉用水量在多年灌溉中能够得到满足的程度。

3.20

排水能力　drainage capacity

为保证农作物正常生长，及时排除农田地表积水，有效控制和降低地下水位的能力。

3.21

农田林网化率　farmland shelter rate

农田四周的林带保护面积与农田总面积之比。

4　耕地质量等级划分

4.1　总则

4.1.1　概述

耕地质量等级划分是从农业生产角度出发，通过综合指数法对耕地地力、土壤健康状况和田间基础设施构成的满足农产品持续产出和质量安全的能力进行评价划分出的等级。

4.1.2 耕地质量区域划分

根据全国综合农业区划，结合不同区域耕地特点、土壤类型分布特征（见GB 17296），将全国耕地划分为东北区、内蒙古及长城沿线区、黄淮海区、黄土高原区、长江中下游区、西南区、华南区、甘新区、青藏区等九大区域。各区涵盖的具体县（市、区、旗）名见附录A。

4.1.3 耕地质量指标

各区域耕地质量指标由基础性指标和区域补充性指标组成，其中，基础性指标包括地形部位、有效土层厚度、有机质含量、耕层质地、土壤容重、质地构型、土壤养分状况、生物多样性、清洁程度、障碍因素、灌溉能力、排水能力、农田林网化率等13个指标。区域补充性指标包括耕层厚度、田面坡度、盐渍化程度、地下水埋深、酸碱度、海拔高度等6个指标。各区域耕地质量划分指标见附录B。

4.1.4 耕地质量等级划分原则

耕地质量划分为10个耕地质量等级。耕地质量综合指数越大，耕地质量水平越高。一等地耕地质量最高，十等地耕地质量最低。

4.2 耕地质量等级划分流程

耕地质量等级划分流程见图1。

4.3 耕地质量指标获取

4.3.1 地形部位

指中小地貌单元。如河流及河谷冲积平原要区分出河床、河漫滩、一级阶地、二级阶地、高阶地等；山麓平原要区分出坡积裙、洪积锥、洪积扇（上、中、下）、扇间洼地、扇缘洼地等；黄土丘陵区要区分出塬、梁、峁等；低山丘陵与漫岗要区分为丘（岗）顶部、丘（岗）坡面、丘（岗）坡麓、丘（岗）间洼地等；平原河网圩田要区分为易涝田、渍害田、良水田等；丘陵冲垄稻田按宽冲、窄冲，纵向分冲头、冲中部、冲尾，横向分冲、塝、岗田等；岩溶地貌要区分为石芽地、坡麓、峰丛洼地、溶蚀谷地、岩溶盆地（平原）等。各地应结合当地实际进行筛选，并使描述更加具体。

4.3.2 有效土层厚度

查阅第二次土壤普查资料并结合现场调查确定。

4.3.3 有机质含量

土壤有机质的测定方法见附录C。

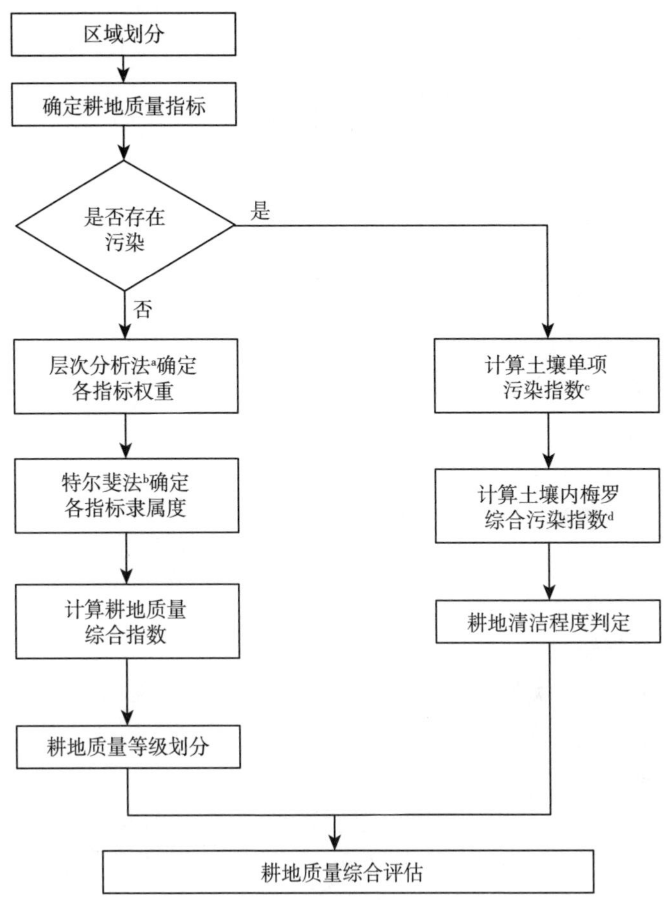

[a]层次分析法是将与决策总是有关的元素分解成目标、准则、方案等层次，在此基础之上进行定性和定量分析的决策方法。

[b]特尔斐法是采用背对背的通信方式征询专家小组成员的预测意见，经过几轮征询，使专家小组的预测意见趋于集中，最后做出符合发展趋势的预测结论。

[c]土壤单项污染指数是土壤污染物实测值与土壤污染物质量标准的比值。具体计算方法见HJ/T 166。

[d]内梅罗综合污染指数反映了各污染物对土壤的作用，同时突出了高浓度污染物对土壤环境质量的影响。具体计算方法见HJ/T 166。

图 1　耕地质量等级划分流程图

4.3.4　耕层质地

土壤机械组成分为砂土、砂壤、轻壤、中壤、重壤、黏土等，测定方法见附录 D。

4.3.5　土壤容重

土壤容重的测定方法见附录 E。

4.3.6 质地构型

挖取土壤剖面，按 1 m 土体内不同质地土层的排列组合形式来确定。分为薄层型（红黄壤地区土体厚度<40 cm，其他地区<30 cm）、松散型（通体砂型）、紧实型（通体黏型）、夹层型（夹砂砾型、夹黏型、夹料姜型等）、上紧下松型（漏砂型）、上松下紧型（蒙金型）、海绵型（通体壤型）等几大类型。

4.3.7 土壤养分状况

根据土壤类型、种植作物、土壤物理、化学、生物性状综合确定，分为养分贫瘠、潜在缺乏、最佳水平和养分过量。

4.3.8 生物多样性

通过现场调查，结合专家经验综合确定，分为丰富、一般、不丰富。

4.3.9 清洁程度

按照 HJ/T 166 规定的方法确定。

4.3.10 障碍因素

按对植物生长构成障碍的类型来确定，如沙化、盐碱、侵蚀、潜育化及出现的障碍层次情况等。

4.3.11 灌溉能力

现场调查水源类型、位置、灌溉方式、灌水量，综合判断灌溉用水量在多年灌溉中能够得到满足的程度，分为充分满足、满足、基本满足、不满足。

4.3.12 排水能力

现场调查排水方式、排水设施现状等，综合判断农田保证作物正常生长，及时排除地表积水，有效控制和降低地下水位的能力，分为充分满足、满足、基本满足、不满足。

4.3.13 农田林网化率

现场调查农田四周林带保护面积及农田总面积，计算农田林网化率，综合判断农田林网化程度，分为高、中、低。

4.3.14 耕层厚度

在野外实际测量确定，单位统一为厘米，精确到小数点后 1 位。

4.3.15 田面坡度

实际测量农田坡面与水平面的夹角度数。

4.3.16 盐渍化程度

根据土壤水溶性含盐总量、氯化物盐含量、硫酸盐含量及农田出苗程度综合判定，分为无、轻度、中度、重度。土壤水溶性含盐总量的测定方法见附录 F；土壤氯离子含量的测定方法见附录 G；土壤硫酸根离子含量的测定方法见附录 H。

4.3.17 地下水埋深

在查阅地下水埋藏及水文地质图表资料基础上填写，或结合野外调查，挖取土壤剖面，用洛阳铲打钻孔，观察地下水埋深。

4.3.18 酸碱度

土壤 pH 的测定方法见附录Ⅰ。

4.3.19 海拔高度

采用 GPS 定位仪现场测定填写。

4.4 确定各指标权重

4.4.1 建立层次结构模型

按照层次分析法，建立目标层、准则层和指标层层次结构，用框图形式说明层次的递阶结构与因素的从属关系。当某个层次包含的因素较多时（如超过 9 个），可将该层次进一步划分为若干子层次。

4.4.2 构造判断矩阵

判断矩阵表示针对上一层次某因素，本层次与之有关因子之间相对重要性的比较。假定 A 层因素中 a_k 与下一层次中 B_1，B_2，…，B_n 有联系，构造的判断矩阵一般形式见表 1：

表 1 判断矩阵形式

a_k	B_1	B_2	…	B_n
B_1	b_{11}	b_{12}	…	b_{1n}
B_2	b_{21}	b_{22}	…	b_{2n}
⋮	⋮	⋮		⋮
B_n	b_{n1}	b_{n2}	…	b_{nn}

判断矩阵元素的值反映了人们对各因素相对重要性（或优劣、偏好、强度等）的认识，一般采用 1～9 及其倒数的标度方法。当相互比较因素的重要性能够用具有实际意义的比值说明时，判断矩阵相应元素的值则可以取这个比值。判断矩阵的元素标度及其含义见表 2。

表 2 判断矩阵标度及其含义

标度	含义
1	表示两个因素相比，具有同样重要性
3	表示两个因素相比，一个因素比另一个因素稍微重要
5	表示两个因素相比，一个因素比另一个因素明显重要

（续）

标度	含义
7	表示两个因素相比，一个因素比另一个因素强烈重要
9	表示两个因素相比，一个因素比另一个因素极端重要
2，4，6，8	上述两相邻判断的中值
倒数	因素 i 与 j 比较得判断 b_{ij}，则因素 j 与 i 比较得判断 $b_{ji}=1/b_{ij}$

4.4.3 层次单排序及其一致性检验

建立比较矩阵后，就可以求出各个因素的权值。采取的方法是用和积法计算出各矩阵的最大特征根 λ_{max} 及其对应的特征向量 W，并用 $CR=CI/RI$ 进行一致性检验。计算方法如下：

按式（1）将比较矩阵每一列正规化（以矩阵 B 为例）

$$\hat{b}_{ij}=\frac{b_{ij}}{\sum_{i=1}^{n}b_{ij}} \tag{1}$$

按式（2）每一列经正规化后的比较矩阵按行相加

$$\overline{W}_i=\sum_{j=1}^{n}\hat{b}_{ij} \tag{2}$$

按式（3）对向量

$$\overline{W}=[\overline{W}_1,\ \overline{W}_2,\ \cdots\overline{W}_n] \tag{3}$$

按式（4）正规化

$$W_i=\frac{\overline{W}_i}{\sum_{i=1}^{n}\overline{W}_i},\ i=1,\ 2,\ 3\cdots,\ n \tag{4}$$

所得到的 $W=[W_1,\ W_2,\ \cdots,\ W_n]^T$ 即为所求特征向量，也就是各个因素的权重值。

按式（5）计算比较矩阵最大特征根 λ_{max}

$$\lambda_{max}=\sum_{i=1}^{n}\frac{(BW)_i}{nW_i},\ i=1,\ 2\cdots,\ n \tag{5}$$

式中 $(BW)_i$ 表示向量 BW 的第 i 个元素。

一致性检验：首先计算一致性指标 CI

$$CI=\frac{\lambda_{max}-n}{n-1} \tag{6}$$

式中 n 为比较矩阵的阶，也即是因素的个数。

然后根据表 3 查找出随机一致性指标 RI，由式（7）计算一致性比率 CR，

$$CR=\frac{CI}{RI} \tag{7}$$

表 3　随机一致性指标 *RI* 的值

n	1	2	3	4	5	6	7	8	9	10	11
RI	0	0	0.58	0.90	1.12	1.24	1.32	1.41	1.45	1.49	1.51

当 $CR<0.1$ 就认为比较矩阵的不一致程度在容许范围内；否则应重新调整矩阵。

4.4.4　层次总排序

计算同一层次所有因素对于最高层（总目标）相对重要性的排序权值，称为层次总排序。这一过程是从最高层次到最低层次逐层进行的。若上一层次 A 包含 m 个因素 A_1，A_2，……，A_m，其层次总排序权值分别为 a_1，a_2，……，a_m，下一层次 B 包含 n 个因素 B_1，B_2，……，B_n，它们对于因素 A_j 的层次单排序权值分别为 b_{1j}，b_{2j}，……，b_{nj}，（当 B_k 与 A_j 无联系时，$b_{kj}=0$）此时 B 层次总排序权值由表 4 给出。

表 4　层次总排序的权值计算

层次 B	层次 A				B 层次总排序权值
	A_1	A_2	…	A_m	
	a_1	a_2	…	a_m	
B_1	b_{11}	b_{12}	…	b_{1m}	$\sum_{i=1}^{m} a_1 b_{1i}$
B_2	b_{21}	b_{22}	…	b_{2m}	$\sum_{j=1}^{m} a_j b_{2j}$
⋮	⋮	⋮			⋮
B_n	b_{n1}	b_{n2}	…	b_{nm}	$\sum_{j=1}^{m} a_j b_{nj}$

4.4.5　层次总排序的一致性检验

这一步骤也是从高到低逐层进行的。如果 B 层次某些因素对于 A_j 单排序的一致性指标为 CI_j，相应的平均随机一致性指标为 CR_j，则 B 层次总排序随机一致性比率用式（8）计算。

$$CR=\frac{\sum_{j=1}^{m} a_j CI_j}{\sum_{j=1}^{m} a_j RI_j} \tag{8}$$

类似地，当 $CR<0.1$ 时，认为层次总排序结果具有满意的一致性，否则需要重新调整判断矩阵的元素取值。

4.5 计算各指标隶属度

根据模糊数学的理论，将选定的评价指标与耕地质量之间的关系分为戒上型函数、戒下型函数、峰型函数、直线型函数以及概念型 5 种类型的隶属函数。

4.5.1 戒上型函数模型

适合这种函数模型的评价因子，其数值越大，相应的耕地质量水平越高，但到了某一临界值后，其对耕地质量的正贡献效果也趋于恒定（如有效土层厚度、有机质含量等）。

$$y_i=\begin{cases}0, & u_i\leqslant u_t,\\ 1/[1+a_i(u_i-c_i)^2], & u_t<u_i<c_i,(i=1,2,\cdots,m)\\ 1, & c_i\leqslant u_i\end{cases}\tag{9}$$

式（9）中，y_i 为第 i 个因子的隶属度；u_i 为样品实测值；c_i 为标准指标；a_i 为系数；u_t 为指标下限值。

4.5.2 戒下型函数模型

适合这种函数模型的评价因子，其数值越大，相应的耕地质量水平越低，但到了某一临界值后，其对耕地质量的负贡献效果也趋于恒定（如坡度等）。

$$y_i=\begin{cases}0, & u_t\leqslant u_i,\\ 1/[1+a_i(u_i-c_i)^2], & c_i<u_i<u_t,(i=1,2,\cdots,m)\\ 1, & u_i\leqslant c_i\end{cases}\tag{10}$$

式（10）中，u_t 为指标下限值。

4.5.3 峰型函数

适合这种函数模型的评价因子，其数值离一特定的范围距离越近，相应的耕地质量水平越高（如土壤 pH 等）。

$$y_i=\begin{cases}0, & u_i>u_{t1}\text{或 }u_i<u_{t2}\\ 1/[1+a_i(u_i-c_i)^2], & u_{t1}<u_i<u_{t2}\\ 1, & u_i=c_i\end{cases}\tag{11}$$

式（11）中，u_{t1}、u_{t2}分别为指标上、下限值。

4.5.4 直线型函数模型

适合这种函数模型的评价因子，其数值的大小与耕地质量水平呈直线关系（如坡度、灌溉能力）。

$$y_i=a_iu_i+b\tag{12}$$

式（12）中，a_i 为系数，b 为截距。

4.5.5 概念型指标

这类指标其性状是定性的、非数值性的，与耕地质量之间是一种非线性的关系，如地形部位、质地构型、质地等。这类因子不需要建立隶属函数模型。

4.5.6 隶属度的计算

对于数值型评价因子，依据附录 B，用特尔斐法对一组实测值评估出相应的一组隶属度，并根据这两组数据拟合隶属函数；也可以根据唯一差异原则，用田间试验的方法获得测试值与耕地质量的一组数据，用这组数据直接拟合隶属函数，求得隶属函数中各参数值。再将各评价因子的实测值代入隶属函数计算，即可得到各评价因子的隶属度。鉴于质地对耕地某些指标的影响，有机质应按不同质地类型分别拟合隶属函数。

对于概念型评价因子，依据附录 B，可采用特尔斐法直接给出隶属度。

4.6 计算耕地质量综合指数

采用累加法计算耕地质量综合指数。

$$P = \sum (C_i \times F_i) \tag{13}$$

式中：

P——耕地质量综合指数（Integrated Fertility Index）；

C_i——第 i 个评价指标的组合权重；

F_i——第 i 个评价指标的隶属度。

4.7 区域耕地质量等级划分

按从大到小的顺序，在耕地质量综合指数曲线最高点到最低点间采用等距离法将耕地质量划分为 10 个耕地质量等级。耕地质量综合指数越大，耕地质量水平越高。一等地耕地质量最高，十等地耕地质量最低。

各区域内耕地质量划分时，依据相应的耕地质量综合指数确定当地耕地质量最高最低等级范围，再划分耕地质量等级。

4.8 耕地清洁程度调查与评价

耕地周边有污染源或存在污染的，应根据区域大小，加密耕地环境质量调查取样点密度，检测土壤污染物含量，进行耕地清洁程度评价。耕地土壤单项污染指标限值按照 GB 15618 的规定执行。按照 HJ/T 166 规定的方法，计算土壤单项污染指数和土壤内梅罗综合污染指数，并按内梅罗指数将耕地清洁程度划分为清洁、尚清洁、轻度污染、中度污染、重度污染。

4.9 耕地质量综合评估

依据耕地质量划分与耕地清洁程度调查评价结果，对耕地质量进行综合评估，查明影响耕地质量的主要障碍因素，提出有针对性的耕地培肥与土壤改良对策措施与建议。对判定为轻度污染、中度污染和重度污染的耕地，应明确耕地土壤主要污染物类型，提出耕地限制性使用意见和种植作物调整建议。

附　录　A
(规范性附录)
耕地质量等级划分区域范围

表 A.1　耕地质量等级划分区域范围

一级农业区	二级农业区	县、市、旗、区*
(一)东北区	兴安岭林区	根河、额尔古纳、牙克石、鄂伦春、莫力达瓦、阿荣旗、扎兰屯、呼玛、爱辉、孙吴、逊克、伊春、嘉荫、铁力
	松嫩—三江平原农业区	嫩江、五大连池、北安、讷河、甘南、龙江、富裕、依安、克山、克东、拜泉、林甸、杜尔伯特、泰来、海伦、绥棱、庆安、绥化、望奎、青冈、明水、安达、兰西、肇东、肇州、肇源、呼兰、巴彦、木兰、通河、方正、延寿、尚志、宾县、阿城、双城、五常、依兰、汤原、桦川、桦南、勃利、七台河、集贤、宝清、富锦、同江、抚远、饶河、绥滨、萝北、虎林、密山、鸡东、扎赉特、洮北、镇赉、洮南、通榆、大安、乾安、扶余、前郭、长岭、农安、德惠、九台、榆树、双阳、舒兰、永吉、吉林市郊区、双辽、公主岭、梨树、伊通、辽源、东丰
	长白山地林农区	林口、穆棱、海林、宁安、东宁、绥芬河、鸡西、敦化、安图、和龙、延吉、图们、汪清、珲春、辉南、梅河口、柳河、通化、集安、浑江、靖宇、抚松、长白、蛟河、桦甸、磐石
	辽宁平原丘陵农林区	西丰、昌图、开原、铁岭、康平、法库、抚顺、清原、新宾、新民、辽中、本溪、桓仁、辽阳、灯塔、岫岩、东港、凤城、宽甸、瓦房店、普兰店、金州、庄河、长海、盖州、营口、大洼、盘山、台安、海城、阜新、彰武、绥中、兴城、凌海、义县、北镇、黑山
(二)内蒙古及长城沿线区	内蒙古北部牧农区	陈巴尔虎、鄂温克、新巴尔虎左、新巴尔虎右、海拉尔、满洲里、东乌珠穆沁、西乌珠穆沁、锡林浩特、阿巴嘎、苏尼特左、正蓝、正镶白、镶黄、苏尼特右、二连浩特、四子王、达尔罕茂明安
	内蒙古中南部牧农区	科尔沁右前、突泉、乌兰浩特、科尔沁右中、科尔沁左中、扎鲁特、科尔沁、开鲁、奈曼、阿鲁科尔沁、敖汉、巴林左、巴林右、翁牛特、林西、克什克腾、多伦、太仆寺、察右后、察右中、化德、商都、达拉特、准格尔、东胜、伊金霍洛、围场、丰宁、沽源、康保、张北、尚义、府谷、神木、榆林、横山、靖边、定边、盐池、红寺堡

* 本表内划分区域以标准发布时为准，现行划分区域根据实际有所变更。

（续）

一级农业区	二级农业区	县、市、旗、区
（二）内蒙古及长城沿线区	长城沿线农牧区	北票、朝阳、凌源、喀左、建昌、集宁、兴和、察右前、丰镇、凉城、卓资、武川、和林格尔、清水河、元宝山、红山、松山、喀喇沁、宁城、土默特左、托克托、固阳、土默特右、隆化、滦平、兴隆、平泉、宽城、青龙、承德、万全、怀安、阳原、蔚县、宣化、涿鹿、怀来、赤城、崇礼、涞源、大同、右玉、左云、平鲁、朔城、山阴、怀仁、应县、浑源、灵丘、阳高、天镇、广灵、繁峙、宁武、神池、偏关、五寨、岢岚、静乐、岚县、方山、娄烦、古交、赛罕、回民、玉泉、新城、九原
（三）黄淮海区	燕山太行山山麓平原农业区	门头沟、海淀、丰台、朝阳、房山、大兴、通州、昌平、平谷、怀柔、密云、顺义、延庆、蓟州、抚宁、卢龙、昌黎、迁安、迁西、遵化、丰润、玉田、滦县、大厂、三河、香河、涞水、涿州、高碑店、易县、定兴、容城、徐水、顺平、清苑、满城、望都、曲阳、唐县、博野、安国、蠡县、赞皇、高邑、赵县、辛集、晋州、元氏、藁城、鹿泉、正定、灵寿、行唐、新乐、无极、深泽、临城、柏乡、隆尧、内丘、邢台、任县、沙河、南和、宁晋、邯郸、武安、永年、肥乡、成安、磁县、临漳、安阳、淇滨、林州、淇县、汤阴、浚县、辉县、卫辉、新乡、修武、获嘉、武陟、博爱、温县、沁阳、孟州、栾城、定州
	冀鲁豫低洼平原农业区	静海、宁河、武清、宝坻、乐亭、滦南、丰南、安次、固安、永清、霸州、文安、大城、雄县、安新、高阳、广阳、曹妃甸、任丘、河间、沧县、青县、黄骅、海兴、盐山、孟村、南皮、东光、泊头、吴桥、献县、肃宁、安平、饶阳、深州、武强、阜城、景县、武邑、桃城、冀州、枣强、故城、新河、巨鹿、平乡、广宗、南宫、威县、清河、临西、鸡泽、曲周、馆陶、广平、大名、魏县、邱县、莘县、阳谷、东昌府、冠县、临清、茌平、东阿、高唐、夏津、武城、平原、禹城、齐河、济阳、陵城、临邑、商河、宁津、乐陵、庆云、惠民、阳信、滨城、无棣、沾化、利津、垦利、广饶、博兴、高青、寿光、内黄、南乐、清丰、范县、台前、濮阳、滑县、长垣、原阳、延津、封丘
	黄淮平原农业区	梁园、睢阳、民权、睢县、宁陵、柘城、虞城、夏邑、永城、荥阳、兰考、杞县、祥符、通许、尉氏、中牟、新郑、扶沟、太康、西华、商水、淮阳、鹿邑、郸城、沈丘、项城、西平、遂平、上蔡、平舆、汝南、新蔡、正阳、许昌、长葛、鄢陵、临颍、郾城、舞阳、襄城、

（续）

一级农业区	二级农业区	县、市、旗、区
（三）黄淮海区	黄淮平原农业区	叶县、禹州、郏县、宝丰、息县、淮滨、嘉祥、金乡、鱼台、微山、梁山、郓城、鄄城、巨野、东明、牡丹、定陶、成武、曹县、单县、临泉、界首、太和、颍泉、颍东、颍州、阜南、颍上、谯城、涡阳、利辛、蒙城、凤台、潘集、砀山、萧县、濉溪、宿州、埇桥、灵璧、固镇、泗县、五河、怀远、蚌埠、淮上、丰县、沛县、铜山、邳州、睢宁、新沂、东海、赣榆、清浦、淮阴、涟水、灌云、灌南、沭阳、泗阳、宿迁、泗洪、响水、滨海
	山东丘陵农林区	荣成、文登、牟平、乳山、海阳、福山、栖霞、蓬莱、龙口、招远、莱州、莱阳、莱西、即墨、昌邑、寒亭、昌乐、平度、高密、胶州、黄岛、诸城、五莲、安丘、青州、临朐、历城、崂山、邹平、桓台、沂源、沂水、蒙阴、平邑、费县、沂南、兰陵、郯城、临沭、莒南、莒县、长清、平阴、肥城、宁阳、新泰、章丘、淄川、博山、临淄、周村、薛城、峄城、台儿庄、山亭、市中、东营、河口、潍城、坊子、岱岳、环翠、东港、莱城、钢城、河东、罗庄、兰山、德城、张店、东平、兖州、曲阜、泗水、邹城、滕州、汶上
（四）黄土高原区	晋东豫西丘陵山地农林牧区	五台、盂县、寿阳、昔阳、和顺、左权、平定、榆社、沁源、沁县、武乡、襄垣、黎城、潞城、屯留、长治、长子、平顺、壶关、高平、陵川、阳城、沁水、泽州、安泽、垣曲、平陆、芮城、阜平、平山、井陉、涉县、济源、巩义、登封、新密、鲁山、偃师、孟津、伊川、汝州、汝阳、新安、渑池、宜阳、陕州、灵宝、洛宁、栾川、卢氏
	汾渭谷地农业区	代县、原平、定襄、忻府、阳曲、清徐、晋源、小店、杏花岭、迎泽、尖草坪、万柏林、榆次、太谷、祁县、平遥、介休、灵石、交城、文水、汾阳、孝义、霍州、洪洞、尧都、古县、浮山、翼城、襄汾、曲沃、侯马、新绛、稷山、河津、绛县、闻喜、万荣、夏县、盐湖、临猗、永济、韩城、澄城、白水、蒲城、大荔、耀州、渭滨、临潼、蓝田、华州、华阴、潼关、长安、三原、泾阳、高陵、淳化、旬邑、彬县、长武、永寿、乾县、礼泉、兴平、武功、周至、户县、陈仓、麟游、陇县、千阳、凤翔、岐山、扶风、眉县、合阳、富平、临渭、渭城、秦都、金台、印台

（续）

一级农业区	二级农业区	县、市、旗、区
（四）黄土高原区	晋陕甘黄土丘陵沟壑牧林农区	河曲、保德、兴县、临县、离石、柳林、中阳、石楼、交口、汾西、隰县、永和、大宁、蒲县、吉县、乡宁、佳县、吴堡、米脂、绥德、子洲、清涧、延川、子长、安塞、吴起、宝塔、延长、甘泉、富县、宜川、黄龙、洛川、黄陵、宜君、西峰、庆城、环县、华池、合水、正宁、宁县、镇原、灵台、泾川、崆峒、崇信、华亭、原州、海原、西吉、泾源、隆德、同心、彭阳、志丹
	陇中青东丘陵农牧区	静宁、庄浪、张家川、清水、秦安、秦州、麦积、天水、甘谷、武山、漳县、靖远、平川、白银、会宁、安定、通渭、陇西、渭源、临洮、榆中、皋兰、永登、临夏、和政、东乡、广河、康乐、永靖、积石山、民和、乐都、互助、化隆、循化、湟中、湟源、大通、尖扎、同仁、贵德、西宁市郊区、贵德
（五）长江中下游区	长江下游平原丘陵农畜水产区	崇明、宝山、浦东、奉贤、松江、金山、嘉定、青浦、吴中、吴江、江阴、张家港、常熟、太仓、昆山、丹徒、武进、扬中、金坛、宜兴、溧阳、高淳、溧水、句容、启东、海门、如东、南通、如皋、海安、东台、大丰、建湖、射阳、阜宁、邗江、江都、靖江、泰兴、仪征、高邮、宝应、兴化、盱眙、洪泽、金湖、淮安、江宁、浦口、六合、嘉善、南湖、秀洲、海盐、海宁、桐乡、吴兴、南浔、德清、上城、下城、江干、拱墅、西湖、滨江、萧山、余杭、越城、柯桥、上虞、慈溪、余姚、海曙、江东、江北、北仑、镇海、鄞州、定海、岱山、普陀、平湖、嵊泗、当涂、芜湖、繁昌、南陵、铜陵、庐江、无为、肥东、巢湖、含山、和县、枞阳、桐城、怀宁、望江、宿松、滁州市辖区、全椒、定远、凤阳、明光、来安、天长、长丰、霍邱、寿县、肥西、安庆、合肥、马鞍山
	鄂豫皖平原山地农林区	襄州、襄城、樊城、枣阳、老河口、曾都、随县、广水、大悟、红安、麻城、罗田、英山、平桥、浉河、罗山、光山、新县、固始、商城、潢川、内乡、镇平、邓州、新野、南召、方城、社旗、唐河、六安、金寨、霍山、舒城、岳西、潜山、太湖、宛城区、卧龙、确山、泌阳、桐柏、淅川
	长江中游平原农业水产区	九江、彭泽、湖口、都昌、星子、德安、永修、瑞昌、鄱阳、乐平、万年、余干、余江、东乡、进贤、临川、南昌、丰城、清浦、高安、新余、安义、蔡甸、东西湖、汉南、黄陂、新洲、武汉市近郊区、黄州、团风、浠水、蕲春、武穴、黄梅、龙感湖、安陆、云梦、应城、孝南、孝昌、汉川、嘉鱼、掇刀、东宝、屈家岭、沙洋、钟祥、

（续）

一级农业区	二级农业区	县、市、旗、区
（五）长江中下游区	长江中游平原农业水产区	京山、宜城、天门、仙桃、潜江、洪湖、监利、石首、公安、松滋、荆州、沙市、江陵、当阳、枝江、临湘、岳阳、汨罗、湘阴、南县、沅江、益阳、安乡、澧县、临澧、常德、汉寿、桃源、津市
	江南丘陵山地农林区	东至、贵池、泾县、青阳、宣城、郎溪、广德、石台、黄山、宁国、旌德、绩溪、歙县、休宁、黟县、祁门、安吉、诸暨、临安、富阳、桐庐、建德、淳安、浦江、兰溪、金东、婺城、衢江、柯城、龙游、磐安、长兴、江山、常山、开化、义乌、东阳、永康、武义、婺源、德兴、玉山、广丰、上饶、铅山、横峰、弋阳、贵溪、金溪、资溪、南城、黎川、南丰、宜黄、崇仁、乐安、广昌、石城、宁都、兴国、瑞金、会昌、安远、于都、信丰、赣县、南康、新干、峡江、永丰、吉水、吉安、安福、莲花、永新、宁冈、泰和、万安、遂川、铜鼓、靖安、奉新、宜丰、上高、分宜、万载、宜春、修水、武宁、黄石市郊区、阳新、大冶、江夏、梁子湖、鄂城、咸安、赤壁、崇阳、通山、通城、平江、浏阳、醴陵、攸县、茶陵、湘潭、湘乡、株洲、桃江、安化、宁乡、新化、冷水江、涟源、双峰、邵东、新邵、邵阳、隆回、洞口、武冈、新宁、衡山、衡东、衡阳、祁东、祁阳、常宁、衡南、东安、永州、安仁、耒阳、永兴、长沙、望城、韶山、华容
	浙闽丘陵山地林农区	嵊州、新昌、奉化、宁海、象山、天台、三门、临海、仙居、椒江、黄岩、路桥、温岭、玉环、永嘉、乐清、洞头、瑞安、平阳、文成、泰顺、缙云、丽水、莲都、青田、云和、遂昌、龙泉、庆元、浦城、松溪、政和、崇安、建阳、建瓯、光泽、邵武、顺昌、福鼎、柘荣、寿宁、福安、周宁、屏南、古田、霞浦、罗源、闽侯、闽清、永泰、建宁、泰宁、将乐、宁化、明溪、沙县、清流、永定、尤溪、大田、德化、永春、漳平、长汀、连城、上杭、武平、龙湾、鹿城、瓯海、苍南、景宁
	南岭丘陵山地林农区	大余、全南、龙南、定南、寻乌、上犹、崇义、桂东、资兴、汝城、郴州、桂阳、嘉禾、临武、宜章、新田、宁远、道县、蓝山、江华、江永、双牌、炎陵、平远、蕉岭、梅县、兴宁、大埔、龙川、和平、连平、翁源、始兴、南雄、仁化、乐昌、乳源、连州、连南、连山、阳山、曲江、怀集、广宁、封开、富川、钟山、八步、昭平、蒙山、资源、全州、兴安、灌阳、灵川、龙胜、临桂、永福、阳朔、荔浦、平乐、恭城、金秀、象州、武宣、忻城、柳江、柳城、鹿寨、融水、融安、三江、罗城、宜州、上林、平桂、兴宾、合山、城中、柳北、鱼峰、柳南、象山、秀峰、叠彩、七星、雁山

（续）

一级农业区	二级农业区	县、市、旗、区
（六）西南区	秦岭大巴山林农区	西峡、淅川、洛南、商州、汉滨、汉台、丹凤、商南、山阳、柞水、镇安、宁陕、石泉、汉阴、紫阳、旬阳、白河、平利、岚皋、镇坪、佛坪、洋县、西乡、镇巴、城固、南郑、勉县、宁强、略阳、留坝、太白、凤县、两当、徽县、西和、礼县、岷县、宕昌、武都、文县、成县、康县、舟曲、北川、平武、青川、旺苍、南江、通江、万源、白沙、城口、巫溪、十堰市郊区、郧阳、郧西、竹溪、竹山、房县、丹江口、谷城、保康、南漳、神农架
	四川盆地农林区	巴州、平昌、宣汉、开江、大竹、渠县、邻水、通川、梁平、忠县、万州、开州、垫江、丰都、涪陵、南川、巴南、綦江、江北、长寿、合川、铜梁、璧山、大足、荣昌、永川、江津、潼南、苍溪、阆中、仪陇、南部、营山、蓬安、岳池、广安、武胜、西充、安州、绵竹、德阳、中江、绵阳、江油、剑阁、梓潼、盐亭、三台、射洪、蓬溪、遂宁、什邡、广汉、彭州、新都、都江堰、郫县、温江、崇州、新津、大邑、邛崃、蒲江、彭山、眉山、青神、仁寿、井研、犍为、沐川、峨眉、夹江、洪雅、丹棱、宝兴、芦山、名山、天全、荥经、隆昌、乐至、安岳、简阳、资中、威远、富顺、泸县、合江、纳溪、江安、南溪、宜宾县、高县、长宁、双流、金堂、荣县、渝北、北碚、沙坪坝、九龙坡、大渡口
	渝鄂湘黔边境山地林农牧区	云阳、奉节、巫山、武隆、彭水、黔江、酉阳、秀山、石柱、远安、兴山、秭归、宜都、长阳、五峰、夷陵、宜昌市郊区、恩施、巴东、建始、利川、宣恩、鹤峰、咸丰、来凤、石门、慈利、龙山、桑植、张家界、永顺、保靖、古丈、花垣、吉首、泸溪、凤凰、沅陵、辰溪、溆浦、麻阳、芷江、新晃、洪江、会同、靖州、通道、绥宁、城步、沿河、德江、思南、印江、石阡、江口、松桃、万山、玉屏、道真、务川、正安、岑巩、镇远、施秉、三穗、台江、剑河、雷山、丹寨、天柱、锦屏、黎平、榕江、从江、凯里、三都、怀化
	黔桂高原山地林农牧区	绥阳、桐梓、习水、赤水、仁怀、遵义、湄潭、凤冈、余庆、瓮安、福泉、贵定、龙里、都匀、独山、平塘、惠水、长顺、罗甸、荔波、黄平、麻江、开阳、息烽、修文、清镇、平坝、普定、镇宁、关岭、紫云、金沙、黔西、大方、织金、纳雍、六枝、盘县、水城、晴隆、普安、兴仁、贞丰、兴义、安龙、册亨、望谟、古蔺、叙永、兴文、珙县、筠连、环江、南丹、天峨、凤山、东兰、巴马、都安、马山、乐业、凌云、田林、隆林、西林、大化、金城江

（续）

一级农业区	二级农业区	县、市、旗、区
（六）西南区	川滇高原山地农林牧区	米易、盐边、泸定、汉源、石棉、屏山、甘洛、越西、喜德、美姑、昭觉、雷波、金阳、布拖、普格、峨边、马边、金口河、冕宁、西昌、德昌、宁南、会东、会理、盐源、赫章、威宁、绥江、盐津、永善、大关、彝良、威信、镇雄、鲁甸、巧家、东川、会泽、宣威、沾益、富源、马龙、寻甸、嵩明、宜良、石林、陆良、师宗、罗平、富民、安宁、晋宁、呈贡、易门、峨山、江川、通海、华宁、澄江、弥勒、泸西、丘北、文山、砚山、永仁、大姚、姚安、南华、牟定、楚雄、双柏、禄丰、武定、禄劝、元谋、景东、鹤庆、剑川、洱源、云龙、永平、漾濞、大理、巍山、宾川、祥云、弥渡、南涧、保山、腾冲、宁蒗、永胜、华坪、泸水、兰坪、西山、五华、盘龙、官渡、古城、玉龙、昭阳、麒麟、红塔
（七）华南区	闽南粤中农林水产区	长乐、平潭、福清、仙游、安溪、南安、惠安、晋江、同安、华安、长泰、龙海、南靖、平和、漳浦、云霄、东山、诏安、饶平、南澳、潮安、澄海、潮阳、丰顺、五华、普宁、惠来、揭西、陆丰、海丰、紫金、惠东、惠阳、博罗、番禺、花都、增城、从化、龙门、新丰、南海、三水、顺德、斗门、新会、鹤山、开平、台山、恩平、四会、高要、德庆、新兴、罗定、郁南、英德、佛冈
	粤西桂南农林区	阳春、信宜、高州、电白、化州、廉江、吴川、苍梧、藤县、岑溪、桂平、贵港、玉州、北流、容县、陆川、博白、平南、宾阳、横县、邕宁、武鸣、隆安、天等、大新、扶绥、龙州、宁明、凭祥、灵山、浦北、合浦、防城、上思、平果、田东、田阳、德保、靖西、那坡、兴宁、江南、青秀、西乡塘、良庆、万秀、长洲、龙圩、海城、银海、铁山港、东兴、港口、钦南、钦北、港南、港北、覃塘、兴业、福绵、玉东新区、右江、江州
	滇南农林区	广南、富宁、西畴、麻栗坡、马关、石屏、建水、开远、蒙自、个旧、屏边、河口、金平、元阳、红河、绿春、元江、新平、镇沅、景谷、墨江、江城、澜沧、西盟、孟连、景洪、勐海、勐腊、凤庆、云县、双江、耿马、沧源、永德、镇康、昌宁、施甸、龙陵、盈江、梁河、芒市、陇川、瑞丽、思茅、临翔、隆阳
	琼雷及南海诸岛农林区	遂溪、雷州、徐闻、琼山、文昌、定安、澄迈、临高、琼海、屯昌、儋州、万宁、琼中、保亭、陵水、白沙、昌江、东方、乐东、崖州

（续）

一级农业区	二级农业区	县、市、旗、区
（八）甘新区	蒙宁甘农牧区	乌达、海勃湾、五原、临河、杭锦后、磴口、乌拉特前、乌拉特中、乌拉特后、阿拉善左、阿拉善右、额济纳、杭锦、乌审、鄂托克、永宁、贺兰、平罗、灵武、青铜峡、中宁、沙坡头、凉州、古浪、景泰、民勤、永昌、金川、甘州、山丹、民乐、高台、临泽、嘉峪关、肃州、玉门、金塔、瓜州、敦煌、肃北、阿克塞、惠农、大武口、利通、兴庆、金凤、西夏
	北疆农牧林区	阿勒泰、布尔津、吉木乃、哈巴河、福海、富蕴、青河、塔城、额敏、裕民、托里、和布克赛尔、乌苏、沙湾、伊宁、霍城、察布查尔、尼勒克、巩留、新源、特克斯、昭苏、奎屯、精河、博乐、温泉、木垒、奇台、吉木萨尔、阜康、米东、昌吉、呼图壁、玛纳斯、乌鲁木奇市郊区、克拉玛依、巴里坤、伊吾
	南疆农牧林区	鄯善、伊州、高昌、托克逊、和静、和硕、焉耆、博湖、库尔勒、尉犁、轮台、且末、若羌、库车、沙雅、拜城、新和、温宿、阿克苏、阿瓦提、乌什、柯坪、喀什、疏附、疏勒、伽师、岳普湖、巴楚、麦盖提、莎车、英吉沙、泽普、叶城、塔什库尔干、阿合奇、阿图什、乌恰、阿克陶、皮山、墨玉、和田、洛浦、策勒、于田、民丰
（九）青藏区	藏南农牧区	吉隆、聂拉木、昂仁、定日、谢通门、拉孜、萨迦、定结、岗巴、白朗、江孜、南木林、仁布、康马、亚东、尼木、堆龙德庆、曲水、林周、达孜、墨竹工卡、浪卡子、贡嘎、扎囊、洛扎、乃东、琼结、桑日、曲松、措美、隆子、错那
	川藏林农牧区	加查、朗县、工布江达、米林、墨脱、索县、边坝、洛隆、丁青、类乌齐、江达、波密、察隅、八宿、左贡、察雅、芒康、贡觉、贡山、福贡、维西、香格里拉、德钦、木里、白玉、巴塘、理塘、得荣、乡城、稻城、新龙、炉霍、道孚、丹巴、雅江、康定、九龙、金川、小金、马尔康、理县、汶川、黑水、茂县、松潘、九寨沟、巴宜、卡若
	青甘牧农区	合作、夏河、临潭、卓尼、迭部、碌曲、天祝、肃南、泽库、共和、贵南、兴海、同德、祁连、刚察、海晏、门源、天峻、乌兰、都兰、格尔木、河南、德令哈
	青藏高寒地区	仲巴、萨嘎、普兰、札达、噶尔、日土、革吉、改则、措勤、那曲、嘉黎、比如、聂荣、安多、班戈、申扎、巴青、双湖、当雄、玉树、称多、杂多、治多、曲麻莱、玛多、玛沁、甘德、达日、班玛、久治、石渠、德格、色达、甘孜、壤塘、阿坝、若尔盖、红原、玛曲、尼玛

附　录　B
(资料性附录)
区域耕地质量等级划分指标

表 B.1　东北区耕地质量等级划分指标

<table>
<tr><th colspan="2" rowspan="2">指标</th><th colspan="10">等级</th></tr>
<tr><th>一等</th><th>二等</th><th>三等</th><th>四等</th><th>五等</th><th>六等</th><th>七等</th><th>八等</th><th>九等</th><th>十等</th></tr>
<tr><td colspan="2">地形部位</td><td colspan="2">岗平地、宽谷漫岗地、河流二级阶地</td><td colspan="3">岗平地、河谷阶地、漫岗缓坡地、台地</td><td colspan="2">河漫滩、低阶地、漫岗缓坡地、岗坡地、山地下部</td><td colspan="3">岗间洼地、河漫滩、低阶地、岗顶岗坡地</td></tr>
<tr><td colspan="2">有效土层厚度/cm</td><td colspan="3">≥100</td><td colspan="2">80～100</td><td colspan="2">60～80</td><td colspan="3"><60</td></tr>
<tr><td colspan="2">有机质含量/(g/kg)</td><td colspan="4">≥20</td><td colspan="2">15～25</td><td colspan="2">10～20</td><td colspan="2"><10</td></tr>
<tr><td colspan="2">耕层质地</td><td colspan="2">中壤、重壤、砂壤</td><td colspan="3">砂壤、轻壤、中壤、重壤</td><td colspan="3">砂壤、轻壤、黏土</td><td colspan="2">砂土、黏土</td></tr>
<tr><td colspan="2">土壤容重</td><td colspan="5">适中</td><td colspan="5">偏轻或偏重</td></tr>
<tr><td colspan="2">质地构型</td><td colspan="3">上松下紧型、海绵型</td><td colspan="4">松散型、紧实型、夹黏型</td><td colspan="3">夹砂型、上紧下松型、薄层型</td></tr>
<tr><td colspan="2">土壤养分状况</td><td colspan="3">最佳水平</td><td colspan="4">潜在缺乏或养分过量</td><td colspan="3">养分贫瘠</td></tr>
<tr><td rowspan="2">土壤健康状况</td><td>生物多样性</td><td colspan="3">丰富</td><td colspan="4">一般</td><td colspan="3">不丰富</td></tr>
<tr><td>清洁程度</td><td colspan="10">清洁、尚清洁</td></tr>
<tr><td colspan="2">障碍因素</td><td colspan="3">无障碍因素</td><td colspan="3">较少或较轻，有轻度盐碱</td><td colspan="2">较多或较重，中度盐碱或钙积层、白浆层等障碍层次，耕层浅</td><td colspan="2">多或重，重度盐碱，潜育化障碍或砂砾层、砂漏层等障碍层次</td></tr>
<tr><td colspan="2">灌溉能力</td><td colspan="3">充分满足</td><td colspan="3">满足</td><td colspan="2">基本满足</td><td colspan="2">不满足</td></tr>
<tr><td colspan="2">排水能力</td><td colspan="3">充分满足</td><td colspan="3">满足</td><td colspan="2">基本满足</td><td colspan="2">不满足</td></tr>
<tr><td colspan="2">农田林网化程度</td><td colspan="3">高</td><td colspan="3">中</td><td colspan="4">低</td></tr>
<tr><td colspan="2">酸碱度</td><td colspan="4">pH5.5～6.5、pH6.5～7.5</td><td colspan="3">pH7.5～8.5</td><td colspan="3">≥pH8.5、<pH5.5</td></tr>
<tr><td colspan="2">耕层厚度/cm</td><td colspan="2">≥25</td><td colspan="2">20～25</td><td colspan="3">15～25</td><td colspan="3"><15</td></tr>
</table>

注：对判定为轻度污染、中度污染和重度污染的耕地，应提出耕地限制性使用意见，采取有关措施进行耕地环境质量修复。

表 B.2　内蒙古及长城沿线区耕地质量等级划分指标

指标		等级									
		一等	二等	三等	四等	五等	六等	七等	八等	九等	十等
地形部位		河流冲积平原的河漫滩、低阶地山前倾斜平原的中、下部				河流冲积平原的中阶地、河谷阶地、山前倾斜平原上部			河流冲积平原边缘地带、山前倾斜平原前缘、低山丘陵坡地		
有效土层厚度/cm		≥60				30～60			<30		
有机质含量/(g/kg)		≥12				8～15			<8		
耕层质地		中壤、轻壤				砂壤、轻壤、中壤、重壤				砂土、黏土	
土壤容重		适中					偏轻或偏重				
质地构型		上松下紧型、海绵型				松散型、紧实型、夹黏型			夹砂型、上紧下松型、薄层型		
土壤养分状况		最佳水平				潜在缺乏或养分过量			养分贫瘠		
土壤健康状况	生物多样性	丰富、一般				一般、不丰富			不丰富		
	清洁程度	清洁、尚清洁									
障碍因素		无障碍因素		轻度沙化、轻度盐碱			中度沙化、中度盐碱		重度沙化，重度盐碱		
灌溉能力		充分满足、满足				满足、基本满足			基本满足、不满足		
排水能力		充分满足、满足				满足、基本满足			基本满足、不满足		
农田林网化程度		高、中				中			低		
酸碱度		pH5.5～6.5、pH6.5～7.5				pH7.5～8.5			≥pH8.5、<pH5.5		
田面坡度/(°)		≤3			2～10				10～15		

注：对判定为轻度污染、中度污染和重度污染的耕地，应提出耕地限制性使用意见，采取有关措施进行耕地环境质量修复。

表 B.3　黄淮海区耕地质量等级划分指标

<table>
<tr><td colspan="2" rowspan="2">指标</td><td colspan="10">等级</td></tr>
<tr><td>一等</td><td>二等</td><td>三等</td><td>四等</td><td>五等</td><td>六等</td><td>七等</td><td>八等</td><td>九等</td><td>十等</td></tr>
<tr><td colspan="2">地形部位</td><td colspan="3">交接洼地、微斜平原、山前平原、缓平坡地、冲洪积扇</td><td colspan="3">交接洼地、微斜平地、缓平坡地、平原高阶、丘陵下部、丘陵中部、河滩高地</td><td colspan="4">滨海低平地、河滩高地、坡地上部、丘陵上部</td></tr>
<tr><td colspan="2">有效土层厚度/cm</td><td colspan="3">≥100</td><td colspan="3">60～100</td><td colspan="4"><60</td></tr>
<tr><td colspan="2">有机质含量/(g/kg)</td><td colspan="3">≥12</td><td colspan="3">10～20</td><td colspan="4"><12</td></tr>
<tr><td colspan="2">耕层质地</td><td colspan="3">中壤、重壤、轻壤</td><td colspan="3">砂土、砂壤、重壤、黏土</td><td colspan="4">砂土、砂壤、黏土</td></tr>
<tr><td colspan="2">土壤容重</td><td colspan="5">适中</td><td colspan="5">偏轻或偏重</td></tr>
<tr><td colspan="2">质地构型</td><td colspan="3">上松下紧型、海绵型</td><td colspan="4">松散型、紧实型、夹黏型</td><td colspan="3">夹砂型、上紧下松型、薄层型</td></tr>
<tr><td colspan="2">土壤养分状况</td><td colspan="3">最佳水平</td><td colspan="3">潜在缺乏或养分过量</td><td colspan="4">养分贫瘠</td></tr>
<tr><td rowspan="2">土壤健康状况</td><td>生物多样性</td><td colspan="3">丰富</td><td colspan="3">一般</td><td colspan="4">不丰富</td></tr>
<tr><td>清洁程度</td><td colspan="10">清洁、尚清洁</td></tr>
<tr><td colspan="2">障碍因素</td><td colspan="3">无</td><td colspan="3">存在砂姜层、夹砂层、夹砾石层、黏化层、白浆层或黏盘层等</td><td colspan="4">存在夹砂层、夹砾石层、黏化层或黏盘层等</td></tr>
<tr><td colspan="2">灌溉能力</td><td colspan="3">充分满足</td><td colspan="3">满足、基本满足</td><td colspan="4">不满足</td></tr>
<tr><td colspan="2">排水能力</td><td colspan="3">充分满足</td><td colspan="3">满足、基本满足</td><td colspan="4">不满足</td></tr>
<tr><td colspan="2">农田林网化程度</td><td colspan="3">高、中</td><td colspan="3">中</td><td colspan="4">低</td></tr>
<tr><td colspan="2">酸碱度</td><td colspan="3">pH6.5～7.5</td><td colspan="3">pH5.5～6.5、pH7.5～8.5</td><td colspan="4">pH4.5～5.5、≥pH8.5</td></tr>
<tr><td colspan="2">耕层厚度/cm</td><td colspan="3">≥20</td><td colspan="3">15～20</td><td colspan="4"><18</td></tr>
<tr><td colspan="2">盐渍化程度</td><td colspan="3">无</td><td colspan="3">轻度</td><td colspan="4">中度、重度</td></tr>
<tr><td colspan="2">地下水埋深/m</td><td colspan="3">>3</td><td colspan="3">2～3</td><td colspan="4"><2</td></tr>
</table>

注：对判定为轻度污染、中度污染和重度污染的耕地，应提出耕地限制性使用意见，采取有关措施进行耕地环境质量修复。

表 B.4　黄土高原区耕地质量等级划分指标

指标	等级									
	一等	二等	三等	四等	五等	六等	七等	八等	九等	十等
地形部位	河流一、二级阶地			河谷阶地、塬地、洪积扇中下部、涧地			河漫滩、梁面平地、缓坡地		梁、峁、坡地	
有效土层厚度/cm	≥100					60～100			<60	
有机质含量/(g/kg)	≥15			8～15					<10	
耕层质地	中壤、轻壤				砂壤、轻壤、中壤			砂土、重壤、黏土		
土壤容重	适中					偏轻或偏重				
质地构型	上松下紧型、海绵型			松散型、紧实型、夹黏型			夹砂型、上紧下松型、薄层型			
土壤养分状况	最佳水平			潜在缺乏或养分过量				养分贫瘠		
土壤健康状况：生物多样性	丰富、一般			一般、不丰富				不丰富		
土壤健康状况：清洁程度	清洁、尚清洁									
障碍因素	无障碍因素			轻度、中度侵蚀				中度、重度侵蚀		
灌溉能力	充分满足			满足、基本满足			基本满足		不满足	
排水能力	充分满足、满足			满足、基本满足		基本满足、不满足			不满足	
农田林网化程度	高、中					中			低	
盐渍化程度	无			轻度		中度			重度	
地下水埋深/m	>3			2～3			<2			
田面坡度/(°)	≤3			2～10		10～15			15～25	

注：对判定为轻度污染、中度污染和重度污染的耕地，应提出耕地限制性使用意见，采取有关措施进行耕地环境质量修复。

表 B.5　长江中下游区耕地质量等级划分指标

<table>
<tr><td colspan="2" rowspan="2">指标</td><td colspan="10">等级</td></tr>
<tr><td>一等</td><td>二等</td><td>三等</td><td>四等</td><td>五等</td><td>六等</td><td>七等</td><td>八等</td><td>九等</td><td>十等</td></tr>
<tr><td colspan="2">地形部位</td><td colspan="2">河流中下游平缓阶地、山间盆地、宽谷盆地、平坝、低塝田、下冲垄田、河湖冲、沉积平原、冲积海积平原、滨海平原</td><td colspan="2">山间畈田、河流上游宽谷阶地、低丘坡田、缓塝田、缓丘坡田、冲垄下部、下部田、平原湖（圩）田、河湖冲、沉积平原、冲积海积平原、滨海平原</td><td colspan="3">河谷低阶地、盆谷阶地、江河高阶地、丘陵低谷地、缓岗地、丘陵中部、下部、冲垄上部田、河湖冲、沉积平原低洼地、滨海平原洼地、新垦滩涂</td><td colspan="3">河谷阶地、山间谷地、封闭洼地、高丘山地、丘陵谷地、山垄上冲田、丘陵上部、新垦滩涂</td></tr>
<tr><td colspan="2">有效土层厚度/cm</td><td colspan="3">≥100</td><td colspan="4">60～100</td><td colspan="3"><60</td></tr>
<tr><td colspan="2">有机质含量/(g/kg)</td><td colspan="3">≥24（≥28）</td><td colspan="2">18～40（20～40）</td><td colspan="3">10～30（15～30）</td><td colspan="2"><10（<15）</td></tr>
<tr><td colspan="2">耕层质地</td><td colspan="4">中壤、重壤、轻壤</td><td colspan="3">砂壤、轻壤、
中壤、重壤、黏土</td><td colspan="3">砂土、重壤、黏土</td></tr>
<tr><td colspan="2">土壤容重</td><td colspan="5">适中</td><td colspan="5">偏轻或偏重</td></tr>
<tr><td colspan="2">质地构型</td><td colspan="3">上松下紧型、海绵型</td><td colspan="3">松散型、紧实型、夹黏型</td><td colspan="4">夹砂型、上紧下松型、薄层型</td></tr>
<tr><td colspan="2">土壤养分状况</td><td colspan="3">最佳水平</td><td colspan="3">潜在缺乏或养分过量</td><td colspan="4">养分贫瘠</td></tr>
<tr><td rowspan="2">土壤健康状况</td><td>生物多样性</td><td colspan="3">丰富</td><td colspan="3">一般</td><td colspan="4">不丰富</td></tr>
<tr><td>清洁程度</td><td colspan="10">清洁、尚清洁</td></tr>
<tr><td colspan="2">障碍因素</td><td colspan="3">100 cm 内无障碍因素或障碍层出现</td><td colspan="3">50～100 cm 内出现障碍层（潜育层、网纹层、白土层、黏化层、盐积层、焦砾层、砂砾层等），或有其他障碍因素</td><td colspan="4">50 cm 内出现障碍层（潜育层、白土层、网纹层、盐积层、黏化层、焦砾层、砂砾层、腐泥层、泥炭层等），或有其他障碍因素</td></tr>
<tr><td colspan="2">灌溉能力</td><td colspan="2">充分满足</td><td colspan="3">满足</td><td colspan="2">基本满足</td><td colspan="3">不满足</td></tr>
<tr><td colspan="2">排水能力</td><td colspan="2">充分满足</td><td colspan="3">满足</td><td colspan="2">基本满足</td><td colspan="3">不满足</td></tr>
<tr><td colspan="2">农田林网化程度</td><td colspan="4">高、中</td><td colspan="4">中</td><td colspan="2">低</td></tr>
<tr><td colspan="2">酸碱度</td><td colspan="4">pH6.0～8.0
（pH5.5～8.0）</td><td colspan="2">pH5.5～8.5
（pH5.0～8.5）</td><td colspan="2">pH4.5～6.5
（pH4.5～5.5）、
pH8.5～9.0
（pH8.0～8.5）</td><td colspan="2">>pH9.0
（>pH8.5）、
<pH4.5
（<pH5.0）</td></tr>
</table>

注 1：对判定为轻度污染、中度污染和重度污染的耕地，应提出耕地限制性使用意见，采取有关措施进行耕地环境质量修复。

注 2：括号中数值为水田耕地质量等级划分指标。

表 B.6 西南区耕地质量等级划分指标

<table>
<tr><th colspan="2" rowspan="2">指标</th><th colspan="10">等级</th></tr>
<tr><th>一等</th><th>二等</th><th>三等</th><th>四等</th><th>五等</th><th>六等</th><th>七等</th><th>八等</th><th>九等</th><th>十等</th></tr>
<tr><td colspan="2">地形部位</td><td colspan="3">宽谷盆地、平原阶地、河流阶地、丘陵坝区、台地、丘陵下部</td><td colspan="3">河流阶地、丘陵坝区、台地，丘陵中、下部，山地中、下部</td><td colspan="4">丘陵上部、山地上、中、下部</td></tr>
<tr><td colspan="2">有效土层厚度/cm</td><td colspan="3">≥80</td><td colspan="3">50～80</td><td colspan="2">30～50</td><td colspan="2"><30</td></tr>
<tr><td colspan="2">有机质含量/(g/kg)</td><td colspan="2">≥25（≥30）</td><td colspan="3">20～30</td><td colspan="2">15～20</td><td colspan="2">10～15</td><td><10</td></tr>
<tr><td colspan="2">耕层质地</td><td colspan="3">中壤、重壤</td><td colspan="4">砂壤、轻壤、重壤、黏土</td><td colspan="3">砂土、砂壤、黏土</td></tr>
<tr><td colspan="2">土壤容重</td><td colspan="5">适中</td><td colspan="5">偏轻或偏重</td></tr>
<tr><td colspan="2">质地构型</td><td colspan="3">上松下紧型、海绵型</td><td colspan="3">松散型、紧实型、夹黏型</td><td colspan="4">夹砂型、上紧下松型、薄层型</td></tr>
<tr><td colspan="2">土壤养分状况</td><td colspan="3">最佳水平</td><td colspan="3">潜在缺乏或养分过量</td><td colspan="4">养分贫瘠</td></tr>
<tr><td rowspan="2">土壤健康状况</td><td>生物多样性</td><td colspan="3">丰富</td><td colspan="3">一般</td><td colspan="4">不丰富</td></tr>
<tr><td>清洁程度</td><td colspan="10">清洁、尚清洁</td></tr>
<tr><td colspan="2">障碍因素</td><td colspan="3">无障碍层次</td><td colspan="2">有潜育化障碍，50～100 cm 出现砂漏、黏盘等障碍层</td><td colspan="5">有潜育化障碍，50 cm 以内出现砂漏、黏盘等障碍层，或砾石含量大于 10%</td></tr>
<tr><td colspan="2">灌溉能力</td><td colspan="2">充分满足、满足</td><td colspan="3">满足、基本满足</td><td colspan="5">基本满足、不满足</td></tr>
<tr><td colspan="2">排水能力</td><td colspan="2">充分满足、满足</td><td colspan="3">满足、基本满足</td><td colspan="5">基本满足、不满足</td></tr>
<tr><td colspan="2">农田林网化程度</td><td colspan="3">高</td><td colspan="5">中</td><td colspan="2">低</td></tr>
<tr><td colspan="2">酸碱度</td><td colspan="2">pH6.0～7.5</td><td colspan="6">pH4.5～6.5，pH7.5～8.5</td><td colspan="2"><pH4.5，
>pH8.5</td></tr>
<tr><td colspan="2">海拔高度/m</td><td colspan="3">≤1 600</td><td colspan="4">800～2 000</td><td colspan="3">>2 000</td></tr>
</table>

注 1：对判定为轻度污染、中度污染和重度污染的耕地，应提出耕地限制性使用意见，采取有关措施进行耕地环境质量修复。

注 2：括号中数值为水田耕地质量等级划分指标。

表 B.7　华南区耕地质量等级划分指标

<table>
<tr><th colspan="2" rowspan="2">指标</th><th colspan="10">等级</th></tr>
<tr><th>一等</th><th>二等</th><th>三等</th><th>四等</th><th>五等</th><th>六等</th><th>七等</th><th>八等</th><th>九等</th><th>十等</th></tr>
<tr><td colspan="2">地形部位</td><td colspan="2">河口三角洲平原、峰林平原、河流冲积平原、宽谷冲积平原、宽谷阶地、平坝、丘陵缓坡</td><td colspan="3">宽谷冲积平原、峰林平原、河流冲积平原、宽谷的中上部、低丘坡麓、丘间谷地、河坝地、滨海砂地、宽谷阶地、平坝、丘陵缓坡</td><td colspan="2">低丘坡麓、丘间洼地、河流冲积坝地、滨海地区、峰林谷地、沟谷地、山地坡下部</td><td colspan="3">滨海地区、封闭洼地、丘陵低谷地、山间峡谷、峰林谷地、沟谷地、山地坡中部</td></tr>
<tr><td colspan="2">有效土层厚度/cm</td><td colspan="3">≥100</td><td colspan="4">60～100</td><td colspan="3"><60</td></tr>
<tr><td colspan="2">有机质含量/(g/kg)</td><td colspan="2">≥25</td><td colspan="3">20～30</td><td colspan="3">10～20（15～25）</td><td colspan="2"><10（<15）</td></tr>
<tr><td colspan="2">耕层质地</td><td colspan="3">中壤、重壤</td><td colspan="3">砂壤、轻壤、中壤、重壤</td><td colspan="4">砂土、砂壤、重壤、黏土</td></tr>
<tr><td colspan="2">土壤容重</td><td colspan="5">适中</td><td colspan="5">偏轻或偏重</td></tr>
<tr><td colspan="2">质地构型</td><td colspan="3">上松下紧型、海绵型</td><td colspan="4">松散型、紧实型、夹黏型</td><td colspan="3">夹砂型、上紧下松型、薄层型</td></tr>
<tr><td colspan="2">土壤养分状况</td><td colspan="2">最佳水平</td><td colspan="3">潜在缺乏或养分过量</td><td colspan="5">养分贫瘠</td></tr>
<tr><td rowspan="2">土壤健康状况</td><td>生物多样性</td><td colspan="2">丰富</td><td colspan="3">一般</td><td colspan="5">不丰富</td></tr>
<tr><td>清洁程度</td><td colspan="10">清洁、尚清洁</td></tr>
<tr><td colspan="2">障碍因素</td><td colspan="3">无障碍层次</td><td colspan="4">侵蚀、砂化、酸化、瘠薄、潜育化</td><td colspan="3">盐渍化、酸化、潜育化</td></tr>
<tr><td colspan="2">灌溉能力</td><td colspan="3">充分满足、满足</td><td colspan="3">满足、基本满足</td><td colspan="4">基本满足、不满足</td></tr>
<tr><td colspan="2">排水能力</td><td colspan="3">充分满足、满足</td><td colspan="3">满足、基本满足</td><td colspan="4">基本满足、不满足</td></tr>
<tr><td colspan="2">农田林网化程度</td><td colspan="3">高</td><td colspan="5">中</td><td colspan="2">低</td></tr>
<tr><td colspan="2">酸碱度</td><td colspan="2">pH5.5～7.5</td><td colspan="2">pH5.0～7.0</td><td colspan="3">pH4.5～5.5、pH6.5～7.5（pH7.0～8.5）</td><td colspan="3">>pH7.5（>pH8.5）或<pH4.5</td></tr>
</table>

注 1：对判定为轻度污染、中度污染和重度污染的耕地，应提出耕地限制性使用意见，采取有关措施进行耕地环境质量修复。

注 2：括号中数值为水田耕地质量等级划分指标。

表 B.8　甘新区耕地质量等级划分指标

<table>
<tr><th colspan="2" rowspan="2">指标</th><th colspan="10">等级</th></tr>
<tr><th>一等</th><th>二等</th><th>三等</th><th>四等</th><th>五等</th><th>六等</th><th>七等</th><th>八等</th><th>九等</th><th>十等</th></tr>
<tr><td colspan="2">地形部位</td><td colspan="3">大河三角洲的上部、河流冲积平原的河漫滩、低阶地、山前平原的中、下部</td><td colspan="5">泛滥河流的河间洼地、山前平原中部、上部、下切河流冲积平原的中阶地、大河三角洲中部</td><td colspan="2">大河三角洲下游、河流冲积平原的边缘地带山前平原上部</td></tr>
<tr><td colspan="2">有效土层厚度/cm</td><td colspan="3">≥100</td><td colspan="4">60～100</td><td colspan="3"><60</td></tr>
<tr><td colspan="2">有机质含量/(g/kg)</td><td colspan="3">≥15</td><td colspan="3">10～20</td><td colspan="4"><15</td></tr>
<tr><td colspan="2">耕层质地</td><td colspan="3">中壤、轻壤</td><td colspan="4">砂壤、轻壤、重壤</td><td colspan="3">砂土、重壤、黏土</td></tr>
<tr><td colspan="2">土壤容重</td><td colspan="5">适中</td><td colspan="5">偏轻或偏重</td></tr>
<tr><td colspan="2">质地构型</td><td colspan="3">上松下紧型、海绵型</td><td colspan="4">松散型、紧实型、夹黏型</td><td colspan="3">夹砂型、上紧下松型、薄层型</td></tr>
<tr><td colspan="2">土壤养分状况</td><td colspan="3">最佳水平</td><td colspan="4">潜在缺乏或养分过量</td><td colspan="3">养分贫瘠</td></tr>
<tr><td rowspan="2">土壤健康状况</td><td>生物多样性</td><td colspan="3">丰富、一般</td><td colspan="4">一般、不丰富</td><td colspan="3">不丰富</td></tr>
<tr><td>清洁程度</td><td colspan="10">清洁、尚清洁</td></tr>
<tr><td colspan="2">障碍因素</td><td colspan="3">无</td><td colspan="4">部分土体中含夹砂层、夹砾石层，部分沙化</td><td colspan="3">含夹砂层、夹砾石、夹黏层障碍层，沙化</td></tr>
<tr><td colspan="2">灌溉能力</td><td colspan="5">充分满足、满足</td><td colspan="3">满足、基本满足</td><td colspan="2">基本满足、不满足</td></tr>
<tr><td colspan="2">排水能力</td><td colspan="5">充分满足、满足</td><td colspan="3">满足、基本满足</td><td colspan="2">基本满足、不满足</td></tr>
<tr><td colspan="2">农田林网化程度</td><td colspan="4">高</td><td colspan="4">中</td><td colspan="2">低</td></tr>
<tr><td colspan="2">盐渍化程度</td><td colspan="3">无、轻度</td><td colspan="4">轻度、中度</td><td colspan="3">中度、重度</td></tr>
<tr><td colspan="2">地下水埋深/m</td><td colspan="3">>3</td><td colspan="4">2～3</td><td colspan="3"><2</td></tr>
</table>

注：对判定为轻度污染、中度污染和重度污染的耕地，应提出耕地限制性使用意见，采取有关措施进行耕地环境质量修复。

表 B.9　青藏区耕地质量等级划分指标

<table>
<tr><td colspan="2" rowspan="2">指标</td><td colspan="10">等级</td></tr>
<tr><td>一等</td><td>二等</td><td>三等</td><td>四等</td><td>五等</td><td>六等</td><td>七等</td><td>八等</td><td>九等</td><td>十等</td></tr>
<tr><td colspan="2">地形部位</td><td colspan="3">河流低谷地、洪积扇前缘、台地</td><td colspan="7">河流宽谷阶地、坡地、湖盆阶地、洪积扇中后部、坡积裙、起伏侵蚀高台地</td></tr>
<tr><td colspan="2">有效土层厚度/cm</td><td>≥50</td><td colspan="7">>30</td><td colspan="2"><30</td></tr>
<tr><td colspan="2">有机质含量/(g/kg)</td><td colspan="3">20～40</td><td colspan="5">10～30</td><td colspan="2"><10</td></tr>
<tr><td colspan="2">耕层质地</td><td colspan="3">中壤、轻壤</td><td colspan="5">砂壤、轻壤、重壤</td><td colspan="2">砂土、重壤、黏土</td></tr>
<tr><td colspan="2">土壤容重</td><td colspan="5">适中</td><td colspan="5">偏轻或偏重</td></tr>
<tr><td colspan="2">质地构型</td><td colspan="3">上松下紧型、海绵型</td><td colspan="4">松散型、紧实型、夹黏型</td><td colspan="3">夹砂型、上紧下松型、薄层型</td></tr>
<tr><td colspan="2">土壤养分状况</td><td colspan="3">最佳水平</td><td colspan="3">潜在缺乏或养分过量</td><td colspan="4">养分贫瘠</td></tr>
<tr><td rowspan="2">土壤健康状况</td><td>生物多样性</td><td colspan="3">丰富</td><td colspan="3">一般</td><td colspan="4">不丰富</td></tr>
<tr><td>清洁程度</td><td colspan="10">清洁、尚清洁</td></tr>
<tr><td colspan="2">障碍因素</td><td colspan="3">无</td><td colspan="4">有潜育化，50 cm 以下出现沙漏、黏磐等障碍层</td><td colspan="3">有潜育化，50 cm 以内出现沙漏、黏磐障碍层；临界地下水位≤30 cm，砾石含量≥20%，盐化</td></tr>
<tr><td colspan="2">灌溉能力</td><td colspan="2">充分满足</td><td colspan="3">满足</td><td colspan="3">基本满足</td><td colspan="2">不满足</td></tr>
<tr><td colspan="2">排水能力</td><td colspan="2">充分满足</td><td colspan="3">满足</td><td colspan="3">基本满足</td><td colspan="2">不满足</td></tr>
<tr><td colspan="2">农田林网化程度</td><td colspan="3">高</td><td colspan="3">中</td><td colspan="4">低</td></tr>
<tr><td colspan="2">盐渍化程度</td><td colspan="3">无</td><td colspan="3">轻度</td><td colspan="4">中度、重度</td></tr>
<tr><td colspan="2">海拔高度/m</td><td><1 500 内陆灌（漠）淤土 2 800～3 000</td><td colspan="2">1 500～2 500 内陆灌（漠）淤土 3 000～3 200</td><td>2 000～3 000</td><td colspan="3">2 500～3 800</td><td colspan="3">>3 800</td></tr>
</table>

注：对判定为轻度污染、中度污染和重度污染的耕地，应提出耕地限制性使用意见，采取有关措施进行耕地环境质量修复。

附　录　C
（规范性附录）
土壤有机质的测定

C.1　应用范围

本方法适用于有机质含量在15%以下的土壤。

C.2　方法提要

在加热条件下，用过量的重铬酸钾-硫酸溶液氧化土壤有机碳，多余的重铬酸钾用硫酸亚铁标准溶液滴定，由消耗的重铬酸钾量按氧化校正系数计算出有机碳量，再乘以常数1.724，即为土壤有机质含量。

C.3　主要仪器设备

C.3.1　电炉：1 000 W。

C.3.2　硬质试管：25 mm×200 mm。

C.3.3　油浴锅：用紫铜皮做成或用高度约为15～20 cm的铝锅代替，内装甘油（工业用）或固体石蜡（工业用）。

C.3.4　铁丝笼：大小和形状与油浴锅配套，内有若干小格，每格内可插入一支试管。

C.3.5　自动调零滴定管。

C.3.6　温度计：300℃。

C.4　试剂

本试验方法所用试剂和水，除特殊注明外，均指分析纯试剂和GB/T 6682中规定的三级水。所述溶液如未指明溶剂，均系水溶液。

C.4.1　**0.4 mol/L重铬酸钾-硫酸溶液**

称取40.0 g重铬酸钾（化学纯）溶于600～800 mL水中，用滤纸过滤到1 L量筒内，用水洗涤滤纸，并加水至1 L。将此溶液转移入3 L大烧杯中；另取1 L密度为1.84 g/mL的浓硫酸（化学纯），慢慢地倒入重铬酸钾水溶液中，不断搅动。为避免溶液急剧升温，每加约100 mL浓硫酸后可稍停片刻，并把大烧杯放在盛有冷水的大塑料盆内冷却，当溶液的温度降到不烫手时再加另一份浓硫酸，直到全部加完为止。此溶液浓度 $c\left(\frac{1}{6}K_2Cr_2O_7\right)=0.4$ mol/L。

C.4.2 0.1 mol/L 硫酸亚铁标准溶液

称取28.0 g硫酸亚铁（化学纯）或40.0 g硫酸亚铁铵（化学纯）溶解于600～800 mL水中，加浓硫酸（化学纯）20 mL搅拌均匀，静止片刻后用滤纸过滤到1 L容量瓶内，再用水洗涤滤纸并加水至1 L。此溶液易被空气氧化而致浓度下降，每次使用时应标定其准确浓度。

0.1 mol/L硫酸亚铁溶液的标定：吸取0.100 0 mol/L重铬酸钾标准溶液20.00 mL放入150 mL三角瓶中，加浓硫酸3～5 mL和邻菲啰啉指示剂3滴，以硫酸亚铁溶液滴定，根据硫酸亚铁溶液消耗量即可计算出硫酸亚铁溶液的准确浓度。

C.4.3 重铬酸钾标准溶液

准确称取130℃烘2～3 h的重铬酸钾（优级纯）4.904 g，先用少量水溶解，然后无损地移入1 000 mL容量瓶中，加水定容，此标准溶液浓度 $c\left(\frac{1}{6}K_2Cr_2O_7\right)=0.100\ 0$ mol/L。

C.4.4 邻菲啰啉（$C_{12}HgN_2 \cdot H_2O$）指示剂

称取邻菲啰啉1.49 g溶于含有0.70 g $FeSO_4 \cdot 7H_2O$ 或1.00 g $(NH_4)_2SO_4 \cdot FeSO_4 \cdot 6H_2O$ 的100 mL水溶液中。此指示剂易变质，应密闭保存于棕色瓶中。

C.5 分析步骤

准确称取通过0.25 mm孔径筛风干试样0.05～0.5 g（精确到0.000 1 g，称样量根据有机质含量范围而定）放入硬质试管中，然后从自动调零滴定管准确加入10.00 mL 0.4 mol/L重铬酸钾-硫酸溶液，摇匀并在每个试管口插入一玻璃漏斗。将试管逐个插入铁丝笼中，再将铁丝笼沉入已在电炉上加热至185～190℃的油浴锅内，使管中的液面低于油面，要求放入后油浴温度下降至170～180℃，等试管中的溶液沸腾时开始计时，此刻应控制电炉温度，不使溶液剧烈沸腾，其间可轻轻提起铁丝笼在油浴锅中晃动几次，以使液温均匀，并维持在170～180℃，5 min±0.5 min后将铁丝笼从油浴锅内提出，冷却片刻，擦去试管外的油（蜡）液。把试管内的消煮液及土壤残渣无损地转入250 mL三角瓶中，用水冲洗试管及小漏斗，洗液并入三角瓶中，使三角瓶内溶液的总体积控制在50～60 mL。加3滴邻菲啰啉指示剂，用硫酸亚铁标准溶液滴定剩余的 $K_2Cr_2O_7$，溶液的变色过程是橙黄——蓝绿——棕红。

如果滴定所用硫酸亚铁溶液的毫升数不到下述空白试验所耗硫酸亚铁溶液毫升数的1/3，则应减少土壤称样量重测。

每批分析时，应同时做2个空白试验，即取大约0.2 g灼烧浮石粉或土壤代替土样，其他步骤与土样测定相同。

C.6 结果计算

计算结果见式（C.1）。

$$O.M=\frac{c\cdot(V_0-V)\times0.003\times1.724\times1.10}{m}\times1\ 000 \qquad (C.1)$$

式中：

$O.M$——土壤有机质的质量分数，单位为克每千克（g/kg）；

V_0——空白试验所消耗硫酸亚铁标准溶液体积，单位为毫升（mL）；

V——试样测定所消耗硫酸亚铁标准溶液体积，单位为毫升（mL）；

c——硫酸亚铁标准溶液的浓度，单位为摩尔每升（mol/L）；

0.003——1/4 碳原子的毫摩尔质量，单位为克（g）；

1.724——由有机碳换算成有机质的系数；

1.10——氧化校正系数；

m——称取烘干试样的质量，单位为克（g）；

1 000——换算成每公斤含量。

平行测定结果用算术平均值表示，保留三位有效数字。

C.7 精密度

见表 C.1。

表 C.1　平行测定结果允许相差

有机质含量/(g/kg)	允许绝对相差/(g/kg)
<10	≤0.5
10～40	≤1.0
40～70	≤3.0
>70	≤5.0

C.8 注释

C.8.1　氧化时，若加 0.1 g 硫酸银粉末，氧化校正系数取 1.08。

C.8.2　测定土壤有机质必须采用风干样品。因为水稻土及一些长期渍水的土壤，由于较多的还原性物质存在，可消耗重铬酸钾，使结果偏高。

C.8.3　本方法不宜用于测定含氯化物较高的土壤。

C.8.4　加热时，产生的二氧化碳气泡不是真正沸腾，只有在真正沸腾时才能开始计算时间。

附　录　D
（规范性附录）
土壤机械组成的测定

D.1　应用范围

本方法适用于各类土壤机械组成的测定。

D.2　测定原理

试样经处理制成悬浮液，根据司笃克斯定律，用特制的甲种土壤比重计于不同时间测定悬液密度的变化，并根据沉降时间、沉降深度及比重计读数计算出土粒粒径大小及其含量百分数。

D.3　主要仪器设备

D.3.1　土壤比重计：刻度范围为0～60 g/L。

D.3.2　沉降筒：1 L。

D.3.3　洗筛：直径6 cm，孔径0.2 mm。

D.3.4　带橡皮垫（有孔）的搅拌棒。

D.3.5　恒温干燥箱。

D.3.6　电热板。

D.3.7　秒表。

D.4　试剂

D.4.1　0.5 mol/L 六偏磷酸钠溶液

称取51.00 g六偏磷酸钠（化学纯），加水400 mL，加热溶解，冷却后用水稀释至1 L，其浓度 c [1/6 $(NaPO_3)_6$] =0.5 mol/L。

D.4.2　0.5 mol/L 草酸钠溶液

称取33.50 g草酸钠（化学纯），加水700 mL，加热溶解，冷却后用水稀释至1 L，其浓度 c（$1/2Na_2C_2O_4$）=0.5 mol/L。

D.4.3　0.5 mol/L 氢氧化钠溶液

称取20.00 g氢氧化钠（化学纯），加水溶解并稀释至1 L。

D.5 分析步骤

D.5.1 测定土壤吸湿水含量。取空铝盒编号后放入105℃恒温干燥箱中烘2 h，移入干燥器冷却约20 min，于天平称量，精确至0.01 g（m_0）。取待测试样约10 g平铺于铝盒中，称量，精确至0.01 g（m_1）。将盒盖倾斜放在铝盒上，置于已预热至105℃±2℃的恒温干燥箱中烘6～8 h（一般样品烘干6 h，含水较多，质地黏重样品需烘8 h），取出，将盒盖盖严，移入干燥器中冷却20～30 min称量，精确至0.01 g（m_2）。每一样品应进行两份平行测定。

D.5.2 称样：称取2 mm孔径筛的风干试样50.00 g于500 mL三角瓶中，加水润湿。

D.5.3 悬液的制备：根据土壤pH加入不同的分散剂（石灰性土壤加60 mL 0.5 mol/L偏磷酸钠溶液；中性土壤加20 mL 0.5 mol/L草酸钠溶液；酸性土壤加40 mL 0.5 mol/L氢氧化钠溶液），再加水于三角瓶中，使土液体积约为250 mL。瓶口放一小漏斗，摇匀后静置2 h，然后放在电热板上加热，微沸1 h，在煮沸过程中要经常摇动三角瓶，以防土粒沉积于瓶底结成硬块。

将孔径为0.2 mm的洗筛放在漏斗中，再将漏斗放在沉降筒上，待悬液冷却后，通过洗筛将悬液全部进入沉降筒，直至筛下流出的水清澈为止，但洗水量不能超过1 L，然后加水至1 L刻度。

留在洗筛上的砂粒用水洗入已知质量的铝盒内，在电热板上蒸干后移入烘箱，于105℃±2℃烘6 h，冷却后称量（精确至0.01 g）并计算砂粒含量百分数。

D.5.4 测量悬液温度：将温度计插入有水的沉降筒中，并将其与装待测悬液的沉降筒放在一起，记录水温，即代表悬液的温度。

D.5.5 测定悬液密度：将盛有悬液的沉降筒放在温度变化小的平台上，用搅拌棒上下搅动1 min（上下各30次，搅拌棒的多孔片不要提出液面）。搅拌时，悬液若产生气泡影响比重计刻度观测时，可加数滴95%乙醇除去气泡，搅拌完毕后立即开始计时，于读数前10～15 s轻轻将比重计垂直地放入悬液，并用手略微挟住比重计的玻杆，使之不上下左右晃动，测定开始沉降后30 s、1 min、2 min时的比重计读数（每次皆以弯月面上缘为准）并记录，取出比重计，放入清水中洗净备用。

按规定的沉降时间，继续测定4 min、8 min、15 min、30 min及1 h、2 h、4 h、8 h、24 h等时间的比重计读数。每次读数前15 s将比重计放入悬液，读数后立即取出比重计，放入清水中洗净备用。

D.6 结果计算

D.6.1 土壤吸湿水含量的计算，见式（D.1）：

$$水分（分析基）(g/kg) = \frac{m_1 - m_2}{m_1 - m_0} \times 1\,000 \tag{D.1}$$

$$水分（干基）(g/kg) = \frac{m_1 - m_2}{m_2 - m_0} \times 1\,000$$

式中：

m_0——烘干空铝盒质量，单位为克（g）；

m_1——烘干前铝盒加试样质量，单位为克（g）；

m_2——烘干后铝盒加试样质量，单位为克（g）。

平行测定结果以算术平均值表示，保留整数。

D.6.2 烘干土质量的计算，见式（D.2）：

$$烘干土质量(g) = \frac{风干试样质量，g}{试样吸湿水含量，g/kg + 1\,000} \times 1\,000 \tag{D.2}$$

D.6.3 粗砂粒含量（2.0 mm≥D>0.2 mm）的计算，见式（D.3）：

$$2.0\ mm \sim 0.2\ mm 粗砂粒含量(\%) = \frac{留在 0.2\ mm 孔径筛上的烘干砂粒质量}{烘干试样质量} \times 100 \tag{D.3}$$

D.6.4 0.2 mm粒径以下，小于某粒径颗粒的累积含量的计算按式（D.4）：

$$小于某粒径颗粒含量(\%) = \frac{比重计读数 + 比重计刻度弯月面校正值 + 温度校正值 - 分散剂量}{烘干土样质量} \times 100 \tag{D.4}$$

D.6.5 土粒直径的计算。0.2 mm 粒径以下，小于某粒径颗粒的有效直径（D），可按司笃克斯公式计算，见式（D.5）：

$$D = \sqrt{\frac{1\,800\eta}{981(d_1 - d_2)} \times \frac{L}{T}} \tag{D.5}$$

式中：

D——土粒直径，单位为毫米（mm）；

d_1——土粒密度，单位为克每立方厘米（g/cm^3）；

d_2——水的密度，单位为克每立方厘米（g/cm^3）；

L——土粒有效沉降深度，单位为厘米（cm）（可由图 D.1 查得）；

T——土粒沉降时间，单位为秒（s）；

η——水的粘滞系数，单位为克每厘米秒［g/(cm·s)］见表 D.1。

981——重力加速度，单位为厘米每二次方秒（cm/s^2）。

技术标准 3

表 D.1 水的粘滞系数（η）

温度/℃	η/[g/(cm·s)]	温度/℃	η/[g/(cm·s)]
4	0.015 67	20	0.010 05
5	0.015 19	21	0.009 810
6	0.014 73	22	0.009 579
7	0.014 28	23	0.009 358
8	0.013 86	24	0.009 142
9	0.013 46	25	0.008 937
10	0.013 08	26	0.008 737
11	0.012 71	27	0.008 545
12	0.012 36	28	0.008 360
13	0.012 03	29	0.008 180
14	0.011 71	30	0.008 007
15	0.011 40	31	0.007 840
16	0.011 11	32	0.007 679
17	0.010 83	33	0.007 523
18	0.010 56	34	0.007 371
19	0.010 30	35	0.007 225

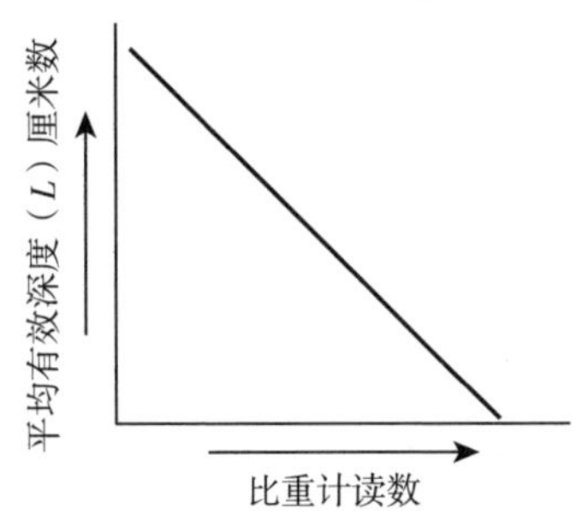

图 D.1 比重计读数与有效沉降深度关系图

式中的 L 值可由比重计读数与土粒有效沉降深度关系图（图 D.1）查得。

D.6.6 颗粒大小分配曲线的绘制：根据筛分和比重计读数计算出的各粒径数值以及相应土粒累积百分数，以土粒累积百分数为纵坐标，土粒粒径数值为横坐标，在半对数纸上绘出颗粒大小分配曲线（图 D.2）。

D.6.7 计算各粒级百分数，确定土壤质地。从颗粒大小分配曲线图上查出<2.0 mm、<0.2 mm、<0.02 mm 及<0.002 mm 各粒径累积百分数，上下两级相减即得到 2.0 mm≥*D*>0.02 mm，0.02 mm≥*D*>0.002 mm、*D*<0.002 mm 各粒级的百分含量。

示例：若从颗粒大小分配曲线（图 D.2）上查得<2.0、<0.2、<0.02、<0.002 mm 各粒径的累计百分数分别为 100、93、42 和 20，则

黏粒（*D*<0.002 mm）含量为 20%

粉（砂）粒（0.02 mm≥*D*>0.002 mm）含量为 42%−20%=22%

细砂粒（0.2 mm≥*D*>0.02 mm）含量为 93%−42%=51%

粗砂粒（2.0 mm～0.2 mm）含量为=100%−93%=7%

0.2 mm≥*D*>0.02 mm 与 2.0 mm≥*D*>0.2 mm 即细砂粒与粗砂粒含量之和为砂粒级（2.0 mm≥*D*>0.02 mm）的含量，本例中砂粒级含量为 58%。

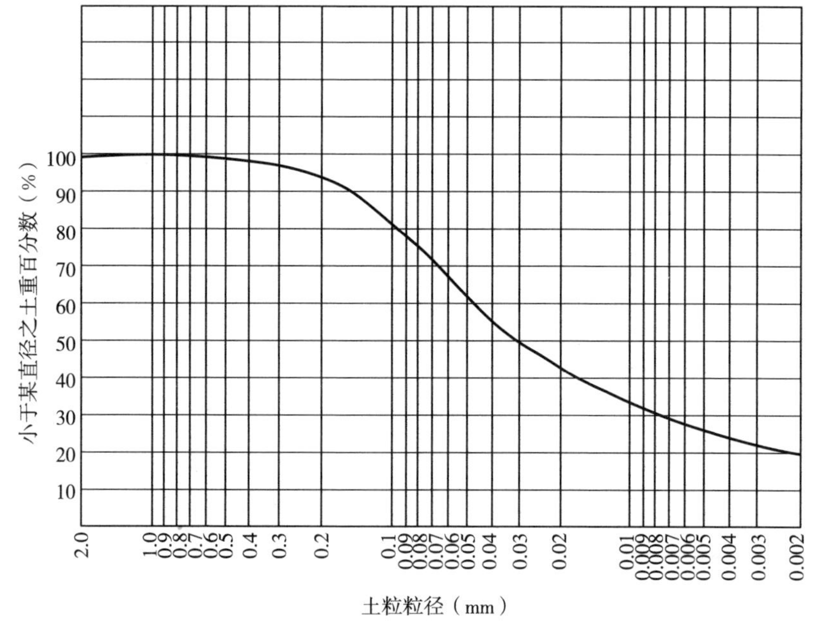

图 D.2　颗粒大小分配曲线

D.7　精密度

土壤吸湿水含量平行测定结果允许绝对相差：水分含量<50 g/kg，允许绝对相差≤2 g/kg；水分含量 50～150 g/kg，允许绝对相差≤3 g/kg；水分含量>150 g/kg，允许绝对相差≤7 g/kg。

各粒级百分数平行测定结果允许绝对相差黏粒级≤3%；粉（砂）粒级≤4%。

D.8 注意事项

D.8.1 土粒有效沉降深度（L）的校正

比重计读数不仅表示悬液密度，而且还表示土粒的沉降深度，亦即用由悬液表面至比重计浮泡体积中心距离（L'）来表示土粒的沉降深度。但在实验测定中，当比重计浸入悬液后，使液面升高，由读数（即悬液表面和比重计相切处）至浮泡体积中心距离（L'）并非土粒沉降的实际深度（即土粒有效沉降深度 L）。而且，不同比重计的同样读数所代表的（L'）值因比重计形式及读数而不同。因此，在使用比重计前就应先进行土粒有效沉降深度校正（图 D.3），求出比重计读数与土粒有效沉降深度的关系。

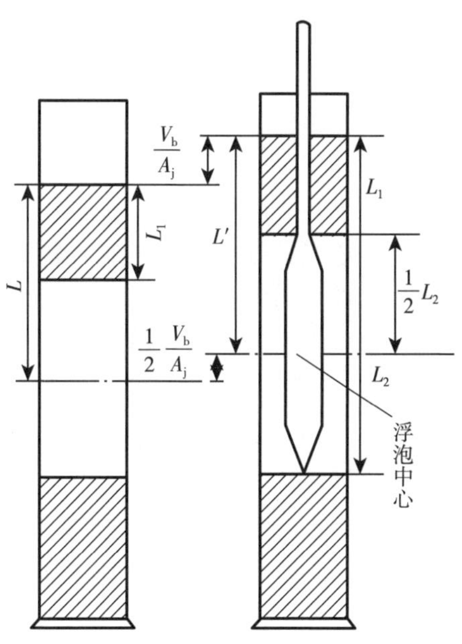

图 D.3　土粒沉降深度 L 之校正图

校正步骤如下：

a）测定比重计浮泡体积：取 500 mL 量筒，倒入约 300 mL 水，置于恒温室或恒温水槽内，使水温保持 20℃，测记量筒水面处的体积刻度（以弯月面下缘为准）。将比重计放入量筒中，使水面恰达比重计最低刻度处（以弯月面下缘为准），再测记水面处的量筒体积刻度（以弯月面下缘为准）。两者体积差即为比重计浮泡的体积（V_b），连续两次，取其算术平均值作为 V_b 值（mL）。

b）测定比重计浮泡体积中心：在上述 20℃恒温条件下，调节量筒内水面至某一刻度处，将比重计放入水中，当液面升起的容积达 1/2 比重计浮泡体积时，此时水面与浮泡相切（以弯月面下缘为准）处即为浮泡体积中心线（图 3）。将比重计固定于三脚架上，用直尺准确量出水面至比重计最低刻度处的垂直距离（$1/2L_2$），亦即浮泡体积中心线至最低刻度处的垂直距离。

c）测量量筒内径（R）（精确至 1 mm），并计算量筒横截面积（S）：$S=1/4\pi R^2$，$\pi\approx3.14$。

d）用直尺准确量出自比重计最低刻度至玻杆上各刻度的距离（L_1）、每距 5 格量一次并记录。

e）计算土粒有效沉降深度（L）

$$L=L'-\frac{V_b}{2S}=L_1+\frac{1}{2}\left(L_2-\frac{V_b}{S}\right) \tag{D.6}$$

式中：

L——土粒有效沉降深度，单位为厘米（cm）；

L'——液面至比重计浮泡体积中心的距离，单位为厘米（cm）；

L_1——自最低刻度至玻杆上各刻度的距离，单位为厘米（cm）；

$1/2L_2$——比重计浮泡体积中心至最低刻度的距离，单位为厘米（cm）；

V_b——比重计浮泡体积，单位为立方厘米（cm^3）；

S——量筒横截面积，单位为平方厘米（cm^2）。

f）绘制比重计读数与土粒有效沉降深度（L）的关系曲线。用所量出的不同 L_1 值，代入上式，计算出各相应的 L 值，绘制比重计读数与土粒有效沉降深度（L）的关系曲线（图 D.1）。或将比重计读数直接列于司笃克斯公式列线图中有效沉降深度 L 列线的右侧。这样，就不仅可直接从曲线上把比重计读数换算出土粒有效沉降深度（L）值，而且可应用比重计读数等数值在司笃克斯公式列线图上查出相应的土粒直径（D）。

D.8.2 比重计刻度及弯月面校正

比重计在应用前应校验，此为刻度校正。另外，比重计的读数原以弯月面下缘为准，但在实际操作中，由于悬液浑浊不清而只能用弯月面上缘读数，所以，弯月面校正实为必要。在校正时，刻度校正和弯月面校正可合并进行。校正步骤如下：

第一步配制不同浓度的标准溶液：根据甲种比重计刻度及弯月面校正计算例表（表 D.2）第三直行所列数值，准确称取经 105℃干燥过的氯化钠，配制氯化钠标准系列溶液（表 D.2 中第二直行），定容于 1 000 mL 容量瓶中，分别倒入沉降筒。配制时液温保持在 20℃，可在恒温室外或恒温水槽中进行。

第二步测定比重计实际读数：将盛有不同氯化钠标准溶液的各个沉降筒放于恒温室或恒温水槽中，使液温保持20℃，用搅拌棒搅拌筒内溶液，使其分布均匀。

将需要校正的比重计依次放入盛有各标准溶液（浓度由低到高）的沉降筒中，在20℃下进行比重计实际读数（以弯月面上缘为准）的测定，连测两次，取平均值（表D.2中第五直行）。比重计的理论读数（即准确读数，见表2中第一直行）和实际平均读数（表D.2中第五直行）之差，即为刻度及弯月面校正值（表2中第六直行）。在实际应用中要注意校正值的正负符号，以免弄错。

表D.2　甲种比重计刻度及弯月面校正计算例表

20℃时比重计的准确读数/(g/L)	20℃时标准溶液浓度/(g/mL)	每升标准溶液中所需的氯化钠量/g	读数时温度/℃	校正时由比重计测定的平均读数/(g/L)	刻度及弯月面校正值/(g/L)
0	0.998 232	0	20	−0.6	+0.6
5	1.001 349	4.56	20	4.0	+1.0
10	1.004 465	8.94	20	9.4	+0.6
15	1.007 582	13.30	20	15.1	−0.1
20	1.010 698	17.79	20	20.2	−0.2
25	1.013 815	22.30	20	25.0	0
30	1.016 931	26.73	20	29.5	+0.5
35	1.020 048	31.11	20	34.5	+0.5
40	1.023 165	35.61	20	39.7	+0.3
45	1.026 281	40.32	20	44.4	+0.6
50	1.029 398	44.88	20	49.4	+0.6
55	1.032 514	49.56	20	54.4	+0.6
60	1.035 631	54.00	20	60.3	−0.3

第三步绘制比重计刻度及弯月面校正曲线：根据比重计的实际平均读数和校正值，以比重计的实际平均读数为横坐标，校正值为纵坐标，在方格坐标纸上绘制成刻度及弯月面校正曲线（图D.4）。依据此曲线，可对用比重计进行颗粒分析时所测得的各读数进行实际的校正。

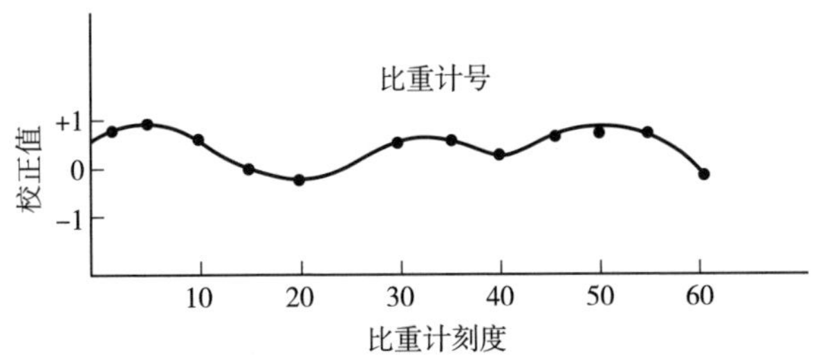

图D.4　比重计刻度及弯月面校正曲线

D.8.3 温度校正

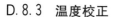

土壤比重计都是在20℃条件下校正的。测定温度改变，会影响比重计的浮泡体积及水的密度，一般根据表D.3进行校正。

D.8.4 土粒比重校正

比重计的刻度是以土粒比重为2.65作标准的。土粒比重改变时，可将比重计读数乘以表D.4所列校正值进行校正，如土粒比重差异不大，可忽略不计。

D.8.5 其他

若不考虑比重计的刻度校正，在比重计法中作空白测定（即在沉降筒中加入与样品所加相同量的分散剂，用蒸馏水加至1 L，与待测样品同条件测定），计算时减去空白值，便可免去弯月面校正、温度校正和分散剂校正等步骤。

土壤颗粒分析的许多烦琐计算及绘图可由微机处理。

加入分散剂进行样品分散时，除使用煮沸法分散外，也可采用振荡法、研磨法处理。

表D.3 甲种比重计温度校正表

悬液温度/℃	校正值	悬液温度/℃	校正值	悬液温度/℃	校正值
6.0～8.5	−2.2	18.5	−0.4	26.5	+2.2
9.0～9.5	−2.1	19.0	−0.3	27.0	+2.5
10.0～10.5	−2.0	19.5	−0.1	27.5	+2.6
11.0	−1.9	20.0	0	28.0	+2.9
11.5～12.0	−1.8	20.5	+0.15	28.5	+3.1
12.5	−1.7	21.0	+0.3	29.0	+3.3
13.0	−1.6	21.5	+0.45	29.5	+3.5
13.5	−1.5	22.0	+0.6	30.0	+3.7
14.0～14.5	−1.4	22.5	+0.8	30.5	+3.8
15.0	−1.2	23.0	+0.9	31.0	+4.0
15.5	−1.1	23.5	+1.1	31.5	+4.2
16.0	−1.0	24.0	+1.3	32.0	+4.6
16.5	−0.9	24.5	+1.5	32.5	+4.9
17.0	−0.8	25.0	+1.7	33.0	+5.2
17.5	−0.7	25.5	+1.9	33.5	+5.5
18.0	−0.5	26.0	+2.1	34.0	+5.8

表 D.4 甲种比重计土粒比重校正值

土粒比重	校正值	土粒比重	校正值	土粒比重	校正值	土粒比重	校正值
2.50	1.037 6	2.60	1.011 8	2.70	0.988 9	2.80	0.968 9
2.52	1.032 2	2.62	1.007 0	2.72	0.984 7	2.82	0.964 8
2.54	1.026 9	2.64	1.002 3	2.74	0.980 5	2.84	0.961 1
2.56	1.021 7	2.66	0.997 7	2.76	0.976 8	2.86	0.957 5
2.58	1.016 6	2.68	0.993 3	2.78	0.972 5	2.88	0.954 0

附　录 E
(规范性附录)
土壤容重的测定

E.1　应用范围

本方法除坚硬和易碎的土壤外，适用于各类土壤容重的测定。

E.2　测定原理

利用一定容积的环刀切割自然状态的土样，使土样充满其中，称量后计算单位体积的烘干土样质量，即为容重。

E.3　主要仪器设备

环刀：容积 100 cm^3；钢制环刀托：上有两个小排气孔；削土刀：刀口要平直；小铁铲；木锤；天平：感量 0.1 g；电热恒温干燥箱；干燥器。

E.4　分析步骤

采样前，事先在各环刀的内壁均匀地涂上一层薄薄的凡士林，逐个称取环刀质量（m_1），精确至 0.1 g。选择好土壤剖面后，按土壤剖面层次，自上至下用环刀在每层的中部采样。先用铁铲刨平采样层的土面，将环刀托套在环刀无刃的一端，环刀刃朝下，用力均衡地压环刀托把，将环刀垂直压入土中。如土壤较硬，环刀不易插入土中时，可用土锤轻轻敲打环刀托把，待整个环刀全部压入土中，且土面即将触及环刀托的顶部（可由环刀托盖上之小孔窥见）时，停止下压。用铁铲把环刀周围土壤挖去，在环刀下方切断，并使其下方留有一些多余的土壤。取出环刀，将其翻转过来，刃口朝上，用削土刀迅速刮去黏附在环刀外壁上的土壤，然后从边缘向中部用削土刀削平土面，使之与刃口齐平。盖上环刀顶盖，再次翻转环刀，使已盖上顶盖的刃口一端朝下，取下环刀托。同样削平无刃口端的土面并盖好底盖。在环刀采样底相近位置另取土样 20 g 左右，装入有盖铝盒，测定含水量（W）。将装有土样的环刀迅速装入木箱带回室内，在天平上称取环刀及湿土质量（m_2）。

E.5　结果计算

计算结果见式（E.1）。

$$\rho=\frac{(m_2-m_1)\times 1\ 000}{V\ (1\ 000+W)} \tag{E.1}$$

式中：

ρ——土壤容重，单位为克每立方厘米（g/cm^3）；

m_2——环刀及湿土质量，单位为克（g）；

m_1——环刀质量，单位为克（g）；

V——环刀容积，单位为立方厘米（cm^3），[$V=\pi r^2 h$，其中 r 为环刀有刃口一端的内半径（cm），h 为环刀高度（cm）]；

W——土壤含水量，单位为克每千克（g/kg）。

测定结果以算术平均值表示，保留两位小数。

E.6 精密度

平行测定结果允许绝对相差≤0.02 g/cm^3。

E.7 注意事项

容重测定也可将装满土样的环刀直接于105℃±2℃恒温干燥箱中烘至恒量，在百分之一精度天平上称量测定。

附　录　F
（规范性附录）
土壤水溶性盐总量的测定

F.1　应用范围

本方法适用于各类土壤中水溶性盐总量的测定。

F.2　方法提要

土壤样品与水按一定的水土比例（5：1）混合，经过一定时间（3 min）振荡后，将土壤中可溶性盐分提取到溶液中，然后将水土混合液进行过滤，滤液可作为土壤可溶盐分测定的待测液。吸取一定量的待测液，经蒸干后，称得的重量即为烘干残渣总量（此数值一般接近或略高于盐分总量）。将此烘干残渣总量再用过氧化氢去除有机质后，再称其重量即得可溶盐分总量。

F.3　仪器

F.3.1　电动振荡机。

F.3.2　真空泵（抽气用）。

F.3.3　大口塑料瓶（1 000 mL）。

F.3.4　巴氏管或平板瓷漏斗。

F.3.5　抽气瓶（1 000 mL）。

F.3.6　瓷蒸发皿（100 mL）。

F.3.7　分析天平。

F.3.8　电烘箱。

F.3.9　水浴锅。

F.4　操作步骤

F.4.1　称取通过 2 mm 筛孔风干土壤样品 50 g（精确到 0.01 g），放入 500 mL大口塑料瓶中，加入 250 mL 无二氧化碳蒸馏水。

F.4.2　将塑料瓶用橡皮塞塞紧后在振荡机上振荡 3 min。

F.4.3　振荡后立即抽气过滤，开始滤出的 10 mL 滤液弃去，以获得清亮的滤液，加塞备用。

F.4.4 吸取待测清液 20～50 mL（视含盐量而定，所取体积中含盐 50～200 mg 为宜），放入已知烘干重量的瓷蒸发皿中。将蒸皿放在水浴上蒸干（亦可用沙浴）。近干时，如发现有黄褐色物质，应滴加过氧化氢溶液氧化至白色。

F.4.5 用滤纸片擦干瓷蒸发皿外部，放入 100～105℃烘箱中烘干4 h，然后移至干燥器中冷却，用分析天平称重（一般冷却 30 min）。

F.4.6 称好后的样品继续放入烘箱中烘 2 h 后再称重，直至恒重（即二次重量相差小于 0.000 3 g），即得烘干残渣。

F.5 结果计算

计算结果见式（F.1）。

$$v=\frac{(m_1-m_0)\times D\times 1\ 000}{m} \qquad (F.1)$$

式中：

v——水溶性盐总量，单位为克每千克（g/kg）；

m——称取风干试样质量，单位为克（g），本试验为 50 g；

m_1——蒸发皿＋盐的烘干质量，单位为克（g）；

m_0——蒸发皿烘干质量，单位为克（g）；

1 000——换算成千克（kg）含量；

D——分取倍数，250/20～50。

平行测定结果以算术平均值表示，保留小数点后一位。

F.6 精密度

见表 F.1。

表 F.1 全盐量平行测定结果允许差

全盐量范围/(g/kg)	允许相对差/%
＜0.5	＜20
0.5～2	15～10
2～5	10～5
＞5	＜5

F.7 注意事项

F.7.1 水土比例大小直接影响土壤可溶性盐分的提取，因此提取的水土比例不要随便更改，否则分析结果无法对比。通常采用水土比例为 5∶1。

F.7.2　土壤可溶盐分浸提时间，经试验证明，水土作用 2 min 后，即可使土壤中可溶性的氯化、碳酸盐与硫酸盐等全部溶入水中，如果延长作用时间，将有硫酸钙和碳酸钙等进入溶液。因此，建议采用振荡 3 min 立即过滤的方法，振荡和放置时间越长，对可溶盐的分析结果误差也越大。

F.7.3　空气中的二氧化碳以及蒸馏水中溶解的二氧化碳，都会影响碳酸钙、碳酸镁和硫酸钙的溶解度，相应地影响着水浸出液的盐分数量。因此，应使用无二氧化碳蒸馏水来提取样品。

F.7.4　待测液不能放置过长时间（一般不得超过 1 天），否则，会影响钙、碳酸根和重碳酸根的测定。

F.7.5　吸取待测液的数量，应依盐分的多少而定，如果含盐量＞0.5％则吸取 25 mL，含盐量＜0.5％则吸取 50 mL 或 100 mL。保持盐分量在 0.02～0.20 g 之间，过多会因某些盐类吸水，不易称至恒重，过少测误差太大。

F.7.6　蒸干时的温度不能过高，否则，因沸腾使溶液遭到损失，特别当接近蒸干时，更应注意，在水浴上蒸干就可避免这种现象。

F.7.7　因可溶性盐分组成比较复杂，在 105～110℃烘干后，由于钙、镁的氯化物吸湿水解，以及钙、镁的硫酸盐中仍含结晶水，因此不能得出较正确的结果。如遇此种情况，可加入 10 mL 2％～4％的碳酸钠溶液，以便在蒸干过程中，使钙、镁的氯化物及硫酸盐都转变为碳酸盐及氯化钠、硫酸钠等，这样蒸干后在 150～180℃下烘干 2～3 h 即可称至恒重。所加入的碳酸钠量应从盐分总量中减去。

F.7.8　由于盐分在空气中容易吸水，故应在相同的时间和条件下冷却、称重。

F.7.9　加过氧化氢去除有机质时，只要达到使残渣湿润即可。这样可以避免由于过氧化氢分解时泡沫过多，使盐分溅失，因而，应少量多次地反复处理，直到残渣完全变白为止。但溶液中有铁存在而出现红色氧化铁时，不可误认为是有机质的颜色。

附　录　G
（规范性附录）
土壤氯离子含量的测定

G.1　应用范围

本方法适用于含有机质较低的各类型土壤中氯离子的测定。

G.2　方法提要

在 pH6.5～10.0 的溶液中，以铬酸钾作指示剂，用硝酸银标准溶液滴定氯离子。在等当点前，银离子首先与氯离子作用生成白色氯化银沉淀，而在等当点后，银离子与铬酸根离子作用生成砖红色铬酸银沉淀，示达终点。由消耗硝酸银标准溶液量计算出氯离子含量。

G.3　试剂

G.3.1　0.02 mol/L 硝酸银标准溶液

准确称取 3.398 g 硝酸银（经 105℃烘 0.5 h）溶于水，转入 1 L 容量瓶，定容，贮于棕色瓶中。必要时可用氯化钠标准溶液标定。

G.3.2　5%铬酸钾指示剂

称取 5.0 g 铬酸钾，溶于约 40 mL 水中，滴加 1 mol/L 硝酸银溶液至刚有砖红色沉淀生成为止，放置过夜后，过滤，滤液稀释至 100 mL。

G.4　分析步骤

G.4.1　称取通过 2 mm 筛孔风干土壤样品 50 g（精确到 0.01 g），放入 500 mL 大口塑料瓶中，加入 250 mL 无二氧化碳蒸馏水。

G.4.2　将塑料瓶用橡皮塞塞紧后在振荡机上振荡 3 min。

G.4.3　振荡后立即抽气过滤，开始滤出的 10 mL 滤液弃去，以获得清亮的滤液，加塞备用。

G.4.4　吸取待测滤液 25.00 mL 放入 150 mL 三角瓶中，滴加 5%铬酸钾指示剂 8 滴，在不断摇动下，用硝酸银标准溶液滴定至出现砖红色沉淀且经摇动不再消失为止。记录消耗硝酸银标准溶液的体积（V）。取 25.00 mL 蒸馏水，同上法作空白试验，记录消耗硝酸银标准溶液体积（V_0）。

G.5 结果计算

计算结果见式（G.1）。

$$c(Cl^-) = \frac{c \cdot (V - V_0) \cdot D}{m} \times 1\,000 \times 0.035\,5 \qquad (G.1)$$

式中：

$c(Cl^-)$——氯离子浓度，单位为克每千克（g/kg）；

V 和 V_0——滴定待测液和空白消耗硝酸银标准溶液的体积，单位为毫升（mL）；

c——硝酸银标准溶液浓度，单位为摩尔每升（mol/L）；

D——分取倍数，250/25；

1 000——换算成每 kg 含量；

m——称取试样质量，单位为克（g），本试验为 50 g；

0.035 5——氯离子的毫摩尔质量，单位为克（g）。

平行测定结果用算术平均值表示，保留两位有效数字。

G.6 精密度

见表 G.1。

表 G.1　氯离子平行测定结果允许相对相差

氯离子含量范围/(mmol/kg)	相对相差/%
<5.0	15～20
5.0～10	10～15
10～50	5～10
>50	<5

G.7 注意事项

G.7.1　铬酸钾指示剂的用量与滴定终点到来的迟早有关。根据计算，以 25 mL待测液中加 8 滴铬酸钾指示剂为宜。

G.7.2　在滴定过程中，当溶液出现稳定的砖红色时，Ag^+ 的用量已微有超过，因此终点颜色不宜过深。

G.7.3　硝酸银滴定法测定 Cl^- 时，待测液的 pH 应为 6.5～10.0。因铬酸银能溶于酸，溶液 pH 不能低于 6.5；若 pH>10，则会生成氧化银黑色沉淀。溶液 pH 不在滴定适宜范围，可于滴定前用稀 $NaHCO_3$ 溶液调节。

附　录　H
（规范性附录）
土壤硫酸根离子含量的测定

H.1　应用范围

本方法适用于各类型土壤中水溶液 SO_4^{2-} 的测定。

H.2　方法提要

在土壤浸出液中加入钡镁混合液，Ba^{2+} 将溶液中的 SO_4^{2-} 完全沉淀并过量。过量的 Ba^{2+} 和加入的 Mg^{2+}，连同浸出液中原有的 Ca^{2+}、Mg^{2+}，在 pH10.0 的条件下，以络黑 T 为指示剂，用 EDTA 标准溶液滴定，由沉淀 SO_4^{2-} 净消耗的 Ba^{2+} 量，计算吸取的浸出液中 SO_4^{2-} 量。添加一定量的 Mg^{2+}，可使终点清晰。为了防治 $BaCO_3$ 沉淀生成，土壤浸出液必须酸化，同时加热至沸以赶去 CO_2，并趁热加入钡镁混合液，以促进 $BaSO_4$ 沉淀熟化。吸取的土壤浸出液中 SO_4^{2-} 量的适宜范围约为 0.5～10.0 mg，如 SO_4^{2-} 浓度过大，应减少浸出液的用量。

H.3　试剂

H.3.1　1+1 盐酸溶液。

H.3.2　钡镁混合液。称取 2.44 g 氯化钡（$BaCl_2 \cdot 2H_2O$）和 2.04 g 氯化镁（$MgCl_2 \cdot 6H_2O$）溶于水，稀释至 1 L。此溶液中 Ba^{2+} 和 Mg^{2+} 的浓度各为 0.01 mol/L，每毫升约可沉淀 SO_4^{2-} 1 mg。

H.3.3　pH10 氨缓冲溶液。称取 67.5 g 氯化铵溶于去 CO_2 水中，加入新开瓶的浓氨水（含 NH_3 25%）570 mL，用水稀释至 1 L，贮于塑料瓶中，注意防治吸收空气中 CO_2。

H.3.4　0.02 mol/L EDTA 标准溶液。称取 7.440 g 乙二胺四乙酸二钠，溶于水中，定容至 1 L。称取 0.25 g（精确至 0.000 1 g）于 800℃灼烧至恒量的基准氧化锌放入 50 mL 烧杯中，用少量水湿润，滴加 6 mol/L 盐酸至样品溶解，移入 250 mL 容量瓶中，定容。取 25.00 mL，加入 70 mL 水，用 10%氨水中和至 pH7～8，加 10 mL 氨-氯化铵缓冲溶液（pH10），加 5 滴络黑 T 指示剂，用配置待标定的 0.02 mol/L 乙二胺四乙酸二钠溶液滴定至溶液由紫色变为纯蓝色，同时作空白试验。乙二胺四乙酸二钠标准溶液的准确浓度由式（H.1）计算得出：

$$c=\frac{m}{(V_1-V_2)\times 0.081\ 38} \tag{H.1}$$

式中：

c——乙二胺四乙酸二钠标准溶液浓度，单位为摩尔每升（mol/L）；

m——称取氧化锌的量，单位为克（g）；

V_1——乙二胺四乙酸二钠溶液用量，单位为毫升（mL）；

V_2——空白试验乙二胺四乙酸二钠溶液的用量，单位为毫升（mL）；

0.081 38——氧化锌的毫摩尔质量，单位为克（g）。

H.3.5 络黑T指示剂。称取0.5 g络黑T与100 g烘干的氯化钠，共研至极细，贮于棕色瓶中。

H.4 分析步骤

H.4.1 称取通过2 mm筛孔风干土壤样品50 g（精确到0.01 g），放入500 mL大口塑料瓶中，加入250 mL无二氧化碳蒸馏水。

H.4.2 将塑料瓶用橡皮塞塞紧后在振荡机上振荡3 min。

H.4.3 振荡后立即抽气过滤，开始滤出的10 mL滤液弃去，以获得清亮的滤液，加塞备用。

H.4.4 吸取待测液5.00～25.00 mL（视SO_4^{2-}含量而定）于150 mL三角瓶中，加1+1盐酸溶液2滴，加热煮沸，趁热缓缓地加入过量25%～100%的钡镁混合液（约5.00～20.00 mL），并继续微沸3 min，放置2 h后，加入氨缓冲液5 mL，络黑T指示剂1小勺（约0.1 g），摇匀后立即用EDTA标准溶液滴定至溶液由酒红色突变为纯蓝色，记录消耗EDTA标准溶液的体积（V_2）。

H.4.5 空白（钡镁混合液）标定：取与以上所吸待测液同量的蒸馏水于150 mL三角瓶中，以下操作与上述待测液测定相同。记录消耗EDTA标准溶液的体积（V_0）。

H.4.6 待测液中Ca^{2+}、Mg^{2+}含量的测定：吸取同体积待测液于150 mL三角瓶中，加1+1盐酸溶液2滴，充分摇动，煮沸1 min赶CO_2，冷却后，加pH10.0氨缓冲液4 mL，加络黑T指示剂1小勺（约0.1 g），用EDTA标准溶液滴定至溶液由酒红色突变为纯蓝色为终点。记录消耗EDTA标准溶液的体积（V_1）。

H.5 结果计算

计算结果见式（H.2）。

$$c\ (SO_4^{2-}) = \frac{2c\ (V_0+V_1-V_2)\ D}{m} \times 1\ 000 \times 0.048\ 0 \quad (H.2)$$

式中：

$c\ (SO_4^{2-})$——硫酸根离子浓度，单位为克每千克（g/kg）；

c——EDTA 标准溶液浓度，单位为摩尔每升（mol/L）；

m——称取试样质量，单位为克（g），本试验为 50 g；

D——分取倍数，250/5～25；

V_0——空白试验所消耗 EDTA 标准溶液体积，单位为毫升（mL）；

V_1——滴定待测液 Ca^{2+}、Mg^{2+} 含量所消耗 EDTA 标准溶液体积，单位为毫升（mL）；

V_2——滴定待测液中 Ca^{2+}、Mg^{2+} 及与 SO_4^{2-} 作用后剩余钡镁混合液中 Ba^{2+}、Mg^{2+} 所消耗 EDTA 标准溶液体积，单位为毫升（mL）；

1 000——换算为每千克（kg）含量；

0.048 0——1/2 SO_4^{2-} 的毫摩尔质量，单位为克（g）。

平行测定结果用算术平均值表示，保留两位小数。

H.6 精密度

见表 H.1。

表 H.1 硫酸根离子平行测定结果允许相对相差

硫酸根离子含量范围/(mmol/kg)	相对相差/%
<2.5	15～20
2.5～5.0	10～15
5.0～25	5～10
>25	<5

H.7 注意事项

H.7.1 若吸取的土壤待测液中 SO_4^{2-} 含量过高时，可能出现加入的 Ba^{2+} 量不能将 SO_4^{2-} 沉淀完全的情况，此时滴定值表现为 $V_1+V_0-V_2 \approx V_0/2$，此时应将土壤待测液的吸取量减少，重新滴定，以使 $V_1+V_0-V_2<V_0/2$，但改吸后测定待测液 Ca^{2+}、Mg^{2+} 合量的吸取待测液量也应相应改变。

H.7.2 加入钡镁混合液后，若生成的 $BaSO_4$ 沉淀很多，影响滴定终点的观察，可用滤纸过滤，并用热水少量多次洗涤至无 SO_4^{2-}，滤液再用来滴定。

附 录 I
(规范性附录)
土壤 pH 的测定

I.1 应用范围

本方法适用于各类土壤 pH 的测定。

I.2 测定原理

当把 pH 玻璃电极和甘汞电极插入土壤悬浊液时，构成一电池反应，两者之间产生一个电位差，由于参比电极的电位是固定的，因而该电位差的大小决定于试液中的氢离子活度，其负对数即为 pH，在 pH 计上直接读出。

I.3 仪器和设备

酸度计；pH 玻璃电极-饱和甘汞电极或 pH 复合电极；搅拌器。

I.4 试剂和溶液

I.4.1 邻苯二甲酸氢钾。

I.4.2 磷酸氢二钠。

I.4.3 硼砂（$Na_2B_4O_7 \cdot 10H_2O$）。

I.4.4 氯化钾。

I.4.5 pH4.01（25℃）标准缓冲溶液：称取经 110～120℃烘干2～3 h 的邻苯二甲酸氢钾 10.21 g 溶于水，移入 1 L 容量瓶中，用水定容，贮于塑料瓶。

I.4.6 pH6.87（25℃）标准缓冲溶液：称取经 110～130℃烘干2～3 h 的磷酸氢二钠 3.53 g 和磷酸二氢钾 3.39 g 溶于水，移入 1 L 容量瓶中，用水定容，贮于塑料瓶。

I.4.7 pH9.18（25℃）标准缓冲溶液：称取经平衡处理的硼砂（$Na_2B_4O_7 \cdot 10H_2O$）3.80 g 溶于无 CO_2 的水，移入 1 L 容量瓶中，用水定容，贮于塑料瓶。

I.4.8 硼砂的平衡处理：将硼砂放在盛有蔗糖和食盐饱和水溶液的干燥器内平衡两昼夜。

I.4.9 去除 CO_2 的蒸馏水。

I.5 分析步骤

I.5.1 仪器校准

将仪器温度补偿器调节到试液、标准缓冲溶液同一温度值。将电极插入pH 4.01的标准缓冲溶液中，调节仪器，使标准溶液的pH与仪器标示值一致。移出电极，用水冲洗，以滤纸吸干，插入pH 6.87标准缓冲溶液中，检查仪器读数，两标准溶液之间允许绝对差值0.1 pH单位。反复几次，直至仪器稳定。如超过规定允许差，则要检查仪器电极或标准液是否有问题。当仪器校准无误后，方可用于样品测定。

I.5.2 土壤水浸pH的测定

I.5.2.1 称取通过2 mm孔径筛的风干试样10 g（精确至0.01 g）于50 mL高型烧杯中，加去除CO_2的水25 mL（土液比为1∶2.5），用搅拌器搅拌1 min，使土粒充分分散，放置30 min后进行测定。

I.5.2.2 将电极插入试样悬液中（注意玻璃电极球泡下部位于土液界面处，甘汞电极插入上部清液），轻轻转动烧杯以除去电极的水膜，促使快速平衡，静置片刻，按下读数开关，待读数稳定时记下pH值。放开读数开关，取出电极，以水洗净，用滤纸条吸干水分后即可进行第2个样品的测定。每测5～6个样品后需用标准溶液检查定位。

I.6 分析结果的表述

用酸度计测定pH时，可直接读取pH值，不需计算。

I.7 精密度

重复试验结果允许绝对相差：中性、酸性土壤≤0.1pH单位，碱性土壤≤0.2pH单位。

I.8 注意事项

I.8.1 长时间存放不用的玻璃电极需要在水中浸泡24 h，使之活化后才能使用。暂时不用的可浸泡在水中，长期不用时，要干燥保存。玻璃电极表面受到污染时，需进行处理。甘汞电极腔内要充满饱和氯化钾溶液，在室温下应该有少许氯化钾结晶存在，但氯化钾结晶不宜过多，以防堵塞电极与被测溶液的通路。玻璃电极的内电极与球泡之间、甘汞电极内电极和多孔陶瓷末端芯之间不得有气泡。

I.8.2 电极在悬液中所处的位置对测定结果有影响，要求将甘汞电极插入上部清液中，尽量避免与泥浆接触。

I.8.3 pH读数时摇动烧杯会使读数偏低，要在摇动后稍加静止再读数。

I.8.4 操作过程中避免酸碱蒸汽侵入。

I.8.5 标准溶液在室温下一般可保存1～2个月，在4℃冰箱中可延长保存期限。用过的标准溶液不要倒回原液中混存，发现浑浊、沉淀，就不能再使用。

I.8.6 温度影响电极电位和水的电离平衡。测定时，要用温度补偿器调节至与标准缓冲液、待测试液温度保持一致。标准溶液pH随温度稍有变化，校准仪器时可参照表I.1。

I.8.7 在连续测量pH>7.5以上的样品后，建议将玻璃电极在0.1 mol/L盐酸溶液中浸泡一下，防止电极由碱引起的响应迟钝。

表 I.1 pH缓冲溶液在不同温度下的变化

温度/℃	pH		
	标准液 4.01	标准液 6.87	标准液 9.18
0	4.003	6.984	9.464
5	3.999	6.951	9.395
10	3.998	6.923	9.332
15	3.999	6.900	9.276
20	4.002	6.881	9.225
25	4.008	6.865	9.180
30	4.015	6.853	9.139
35	4.024	6.844	9.102
38	4.030	6.840	9.081
40	4.035	6.838	9.068
45	4.047	6.834	9.038

参　考　文　献

[1] 全国农业区划委员会．中国综合农业区划．农业出版社．北京：1981.
[2] 周健民，沈仁芳等．土壤学大辞典．科学出版社．北京：2013.
[3] 全国科学技术名词审定委员会．土壤学名词（定义版）．科学出版社．北京：1999.
[4] NY/T 309 全国耕地类型区、耕地地力等级划分

4. 耕地质量长期定位监测点布设规范 (NY/T 3701—2020)

ICS 65.020.01
B 10

中华人民共和国农业行业标准

NY/T 3701—2020

耕地质量长期定位监测点布设规范

Specification for long-term monitoring site of cultivated land quality

2020-08-26 发布 2021-01-01 实施

中华人民共和国农业农村部 发布

前　　言

本标准按照 GB/T 1.1—2009 给出的规则起草。

本标准由农业农村部种植业管理司提出并归口。

本标准起草单位：农业农村部耕地质量监测保护中心、中国农业大学、中国农业科学院农业资源与农业区划研究所、黑龙江省农科院土壤肥料与环境资源研究所、浙江省耕地质量与肥料管理局、江苏省耕地质量与农业环境保护站、浙江托普云农科技股份有限公司、北京天创金农科技有限公司。

本标准主要起草人：马常宝、曲潇琳、薛彦东、任意、王红叶、王慧颖、于子坤、张会民、周宝库、陈一定、王绪奎、张骏达、钱鹏、刘明。

耕地质量长期定位监测点布设规范

1 范围

本标准规定了耕地质量长期定位监测点术语和定义、布设原则、任务和功能、规划与设计、建设内容、主要技术及经济指标等方面的内容。

本标准适用于耕地质量长期定位监测点的新建或改建，可作为耕地质量长期定位监测点建设规划、可行性研究报告和设计等文件编制的依据，可用于相关项目的评估、立项、实施、检查和验收。

2 规范性引用文件

下列文件对于本文件的应用是必不可少的。凡是注日期的引用文件，仅注日期的版本适用于本文件。凡是不注日期的引用文件，其最新版本（包括所有的修改单）适用于本文件。

GB/T 17296 中国土壤分类与代码

GB/T 33469 耕地质量等级

NY/T 1119 耕地质量监测技术规程

3 术语和定义

下列术语和定义适用于本文件。

3.1

耕地质量 cultivated land quality

由耕地地力、土壤健康状况和田间基础设施构成的满足农产品持续产出和质量安全的能力。

3.2

耕地质量长期定位监测 long-term monitoring of cultivated land quality

在固定田块上，通过多年连续定点调查、田间试验、样品采集与分析化验等方式，监测耕地地力、土壤健康状况和田间基础设施等因子动态变化的过程。

3.3

耕地质量长期定位监测点 long-term monitoring site of cultivated land quality

为进行长期耕地质量监测而设置的观测、试验和取样的固定地块及附属设施设备等，简称耕地质量监测点。

4 布设原则

4.1 农业农村部组织布设国家级耕地质量监测点；省级及以下农业农村部门组织布设本区域耕地质量监测点。

4.2 根据耕地面积、土壤类型、耕地质量水平和种植制度等，选择具有代表性和典型性的区域布设监测点。

4.3 具有必要的水、电、交通和通信等外部协作条件。

4.4 应符合相关行业发展规划或重大项目规划。

4.5 应遵循国家现行的有关法律法规和标准。

5 任务和功能

5.1 开展监测点功能区建设、设施设备的日常维护和运行。

5.2 开展自动监测、田间调查、样品采集与分析化验，动态监测耕地质量变化情况。

5.3 开展耕地培肥改良效果监测与展示。

5.4 开展耕地质量监测数据与信息的汇总、分析和报送。

6 规划与设计

6.1 选址条件

6.1.1 监测点优先设在永久基本农田保护区、粮食生产功能区、重要农产品生产保护区等有代表性的地块上。

6.1.2 监测点优先选择相对集中连片、田面平整、具备灌排条件、田间道路符合农机具操作要求的地块，其他要求按照 NY/T 1119 的规定执行。

6.1.3 监测点优先选在种植大户、家庭农场、农业专业合作社、农业龙头企业等新型经营主体长期承包经营的地块。

6.2 功能区布设

6.2.1 根据监测点级别设置功能区，田间建设布局见附录 A。

6.2.2 国家级耕地质量监测点设置自动监测、耕地质量监测和培肥改良试验监测 3 个功能区，建设面积共 500～1 000 m^2。

6.2.3 省级及以下耕地质量监测点至少设置耕地质量监测和培肥改良试验监测 2 个功能区，建设面积原则上不小于 500 m^2；也可参照国家级耕地质量监测点设置 3 个功能区。

7 建设内容

7.1 监测点功能区建设

7.1.1 监测点功能区以及小区田间隔离设施，采用浇注水泥板或砖混结构等材质，具有防冻、防裂功能；水田隔离设施地上部分高出最高淹水位 0.1 m，地下部分 0.5 m 以上，厚度 0.1 m 以上；旱地隔离设施地上部分 0.2 m，地下部分 0.5 m 以上或至基岩，厚度 0.1 m 以上。根据实际需要设置灌排设施。

7.1.2 自动监测功能区主要开展农田气象要素、土壤参数及作物长势自动监测。监测设备底座采用架空木质或相近材质结构建设，高出地面 0.3 m 以上；功能区四周围栏采用不锈钢材质，面积不小于 33 m^2，栏高不低于 1.5 m。国家级耕地质量监测点田间工程建设，具体见附录 A.3。

7.1.3 耕地质量监测功能区开展反映耕地地力、土壤健康状况和田间基础设施等内容的动态变化监测，设置 3 个区，即长期不施肥区、当年不施肥区、常规施肥区。小区设置及用地面积按照 NY/T 1119 的规定执行。

7.1.4 培肥改良试验监测功能区开展培肥改良、轮作休耕等技术模式试验及综合治理试验，监测培肥改良效果。用地面积按照 NY/T 1119 的规定执行。

7.2 监测设施配备

7.2.1 国家级耕地质量监测点标识牌、展示牌设施建设按照规定样式与材质制作，具体参见附录 B。省级及以下耕地质量监测点标识牌、展示牌设施参照国家级耕地质量监测点建设。

7.2.2 根据监测点级别配置相应的仪器设备。国家级耕地质量监测点配置自动监测、物联网监测、样品采集等仪器设备，省级及以下耕地质量监测点配置样品采集、相关参数监测仪器设备。详见附录 C。

7.2.3 监测点应设置必要的电力、通信、网络设施。

8 主要技术及经济指标

8.1 项目投资

监测点建设投资包括监测功能区田间建设投资和设施设备投资两部分。监测功能区田间建设投资估算，以编制期市场价格为测算依据，项目区工程及材料价格与本标准估算不一致时，按照当地实际价格进行调整。国家级、省级及以下耕地质量监测点仪器设备参考投资标准参见附录 D，设备投资以政府采购价为准。

8.2 建设工期

项目建设工期通常为 2～3 个月，可安排在秋季收获之后或春播之前。

附　录　A
（规范性附录）
耕地质量监测点布局示意图

国家级耕地质量监测点布局示意图见图 A.1，省级及以下耕地质量监测点布局示意图见图 A.2，国家级耕地质量监测点田间工程示意图见图 A.3。

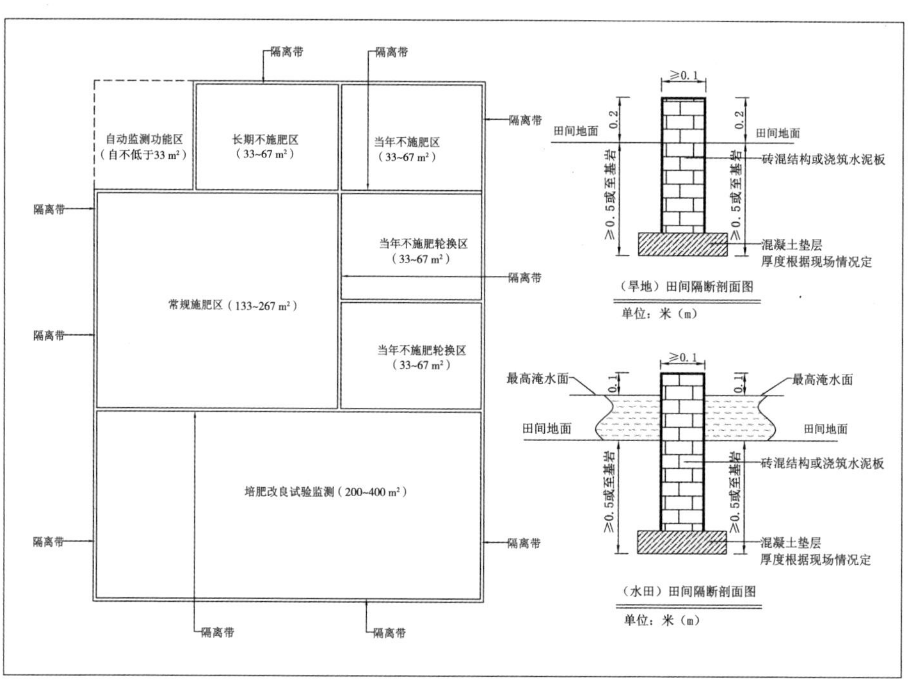

图 A.1　国家级耕地质量监测点布局示意图

技术标准 4

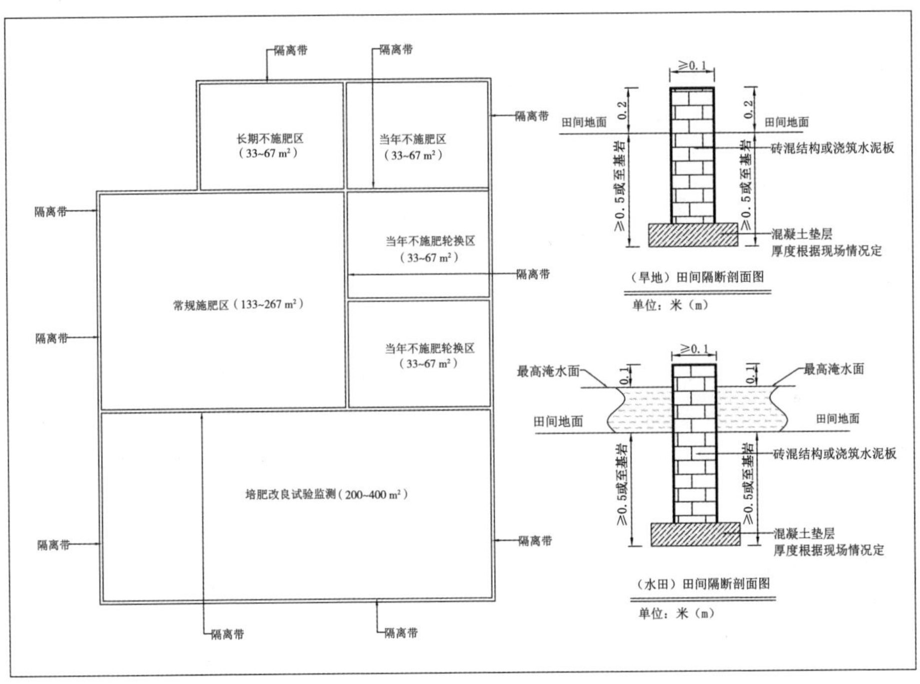

图 A.2　省级及以下耕地质量监测点布局示意图

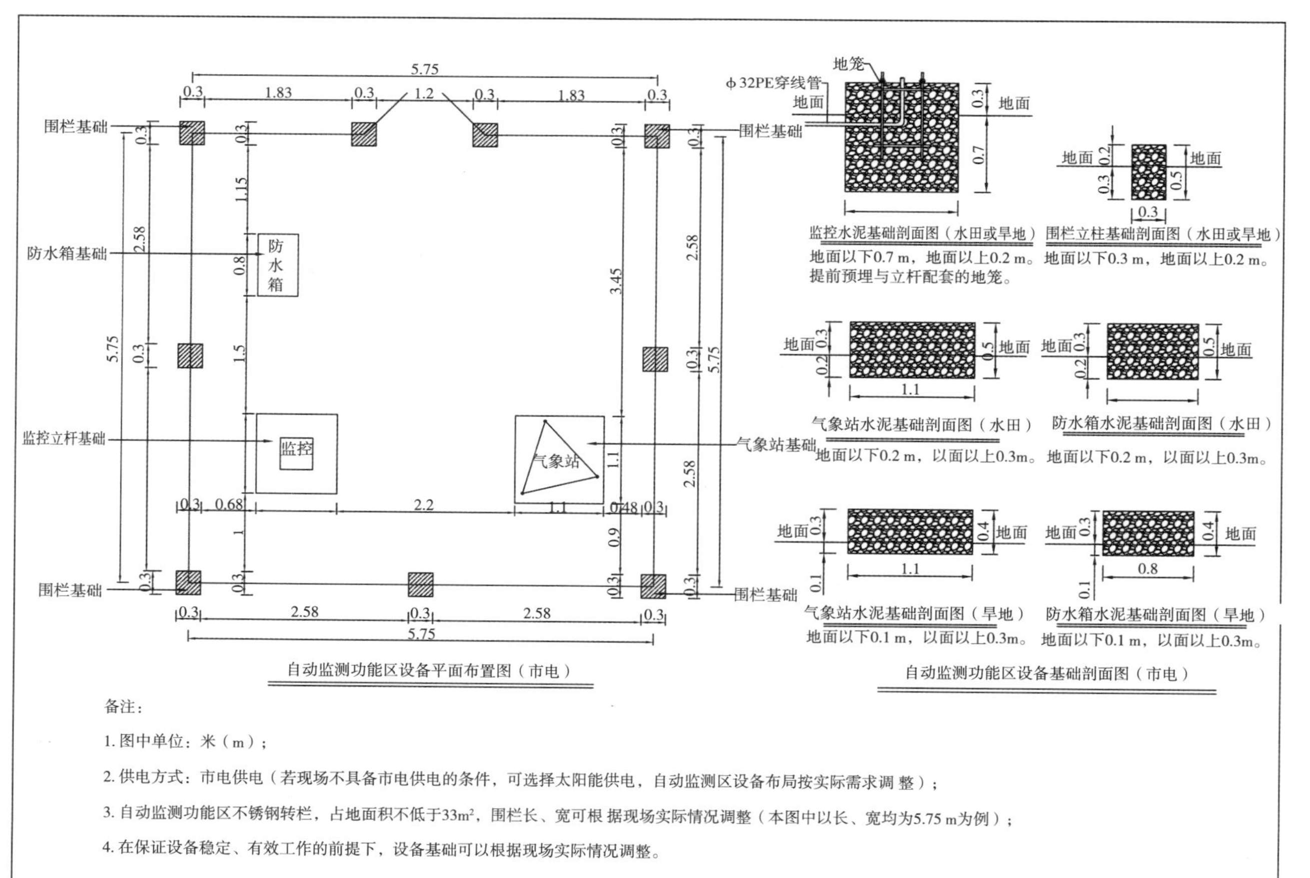

图A.3　国家级耕地质量监测点田间工程示意图

附 录 B

(资料性附录)

耕地质量监测标识牌、展示牌

B.1 国家级耕地质量监测点标识牌（样式）

B.1.1 规格尺寸说明

在耕地质量监测点设立标识牌（样式见图 B.1）。标识牌材质为大理石或相似材质石材，最小尺寸限制：标识牌高 1 500 mm（其中 500 mm 埋在地下），宽 800 mm，厚 250 mm。“国家级耕地质量监测点”字样在上方居中，位置距上边缘 62.5 mm，左边缘 160 mm，字体为方正粗宋简体，字号 120，颜色为红色（RGB：255，0，0）。“中国耕地质量监测”标识位于“国家级耕地质量监测点”字样下方 20 mm，距左边缘 300 mm。监测点信息“编号”“建点年份”“地理位置”“土壤类型”“质量等级”“设立单位”等字样自上而下等间距（15 mm）排列；“编号”字样距上边缘 260 mm，距左边缘 150 mm。字体为方正大黑简体，字号 50，颜色为黑色（RGB：0，0，0）。

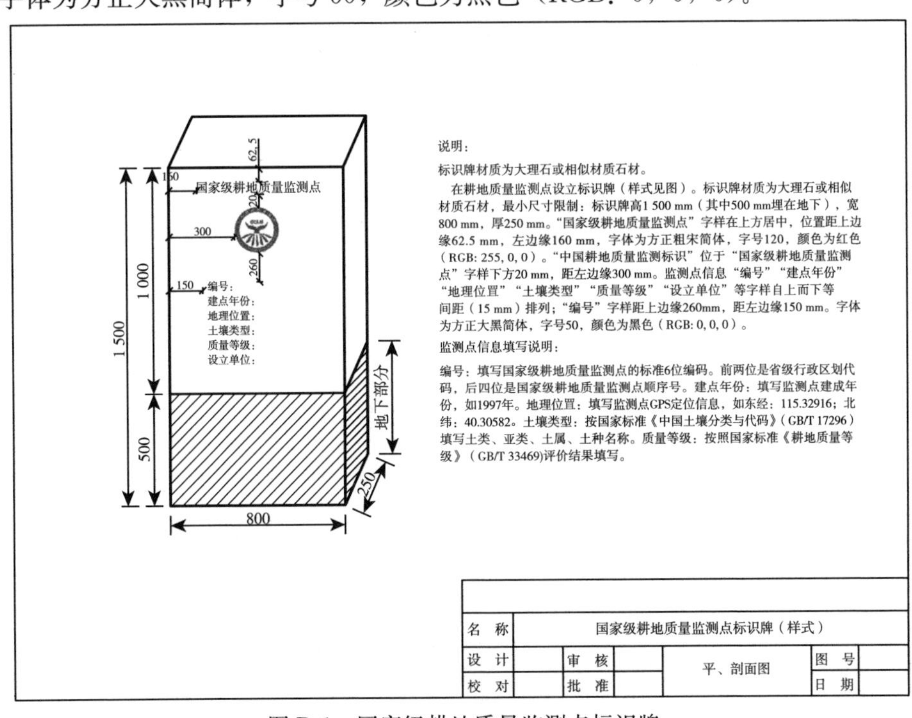

图 B.1 国家级耕地质量监测点标识牌

B.1.2 监测点信息填写说明

编号：填写国家级耕地质量监测点的标准 6 位编码。前 2 位是省级行政区划代码，后 4 位是国家级耕地质量监测点顺序号。建点年份：填写监测点建成年份，如 1997 年。地理位置：填写监测点 GPS 定位信息，如东经：115.32916；北纬：40.30582。土壤类型：按《中国土壤分类与代码》（GB/T 17296）填写土类、亚类、土属、土种名称。质量等级：按照《耕地质量等级》（GB/T 33469）评价结果填写，见图 B.1。

B.2 国家级耕地质量监测点展示牌（样式）

见图 B.2。

国家级耕地质量监测点展示牌

（监测点基本情况）：国家级监测点（编号）行政区域位置（××县××乡（镇）××村），耕地土壤状况（××土类、××亚类、××土属、××土种，土壤结构、理化性状等基本情况，耕地质量等级状况，存在的主要问题等），典型种植制度（主要种植××作物，典型××种植模式，实施××主推技术等）。	监测功能区设置示意图 （自动监测功能区、耕地质量监测功能区、培肥改良试验监测功能区具体实施区域要明确标注）

实施单位：
工作负责人：
技术负责人：

农业农村部××司
农业农村部耕地质量监测保护中心
××省农业农村厅（或委员会）
××县农业农村局（或委员会）
××年××月

图 B.2　国家级耕地质量监测点展示牌

附 录 C
(规范性附录)
耕地质量监测点田间建设内容、功能参数和要求

耕地质量监测点田间建设内容、功能参数和要求见表C.1。

表C.1 耕地质量监测点田间建设内容、功能参数和要求

名称	数量	单位	主要功能和相关参数	备注
土壤样品采集处理设备	1	套	2把不锈钢土钻、2把取土铲、2把剖面刀、50个环刀、100个铝盒、1套团聚体筛分设备及原状土储运盒	
土壤贯穿阻力仪(紧实度仪)	1	套	测量范围:0～10 MPa	
土壤多参数自动监测设备	1	套	1. 土壤温度范围:－40～85℃,误差±0.3℃ 2. 土壤体积含水量:0%～100%,相对误差±3% 3. 土壤电导率,测量范围0～5 dS/m 4. 监测深度0～20 cm、20～40 cm、40～60 cm、60～80 cm	国家级耕地质量监测点配备
移动式作物生长监测设备	1	套	具备监测覆盖度、叶面积指数(LAI)、叶绿素(SPAD值)、归一化植被指数(NDVI)等功能	国家级耕地质量监测点配备
物联网(物联网系统、农田气象要素观测仪、手持式土壤墒情速测仪及视频监控支撑系统)	1	套	物联网系统:200万以上像素8寸红外,200 m红外照射距离,焦距:6～186 mm,30倍以上光学变倍 农田气象要素观测仪: 1. 空气温湿度:温度测量范围－40～70℃,相对湿度测量范围0%～100% 2. 风速:测量范围:0～30 m/s 3. 风向:测量范围0°～360° 以上3项指标精度参照国家气象有关标准。 4. 雨量 5. 大气压力 6. 光照传感器 以上3项指标测量范围、精度参照国家气象有关标准	国家级耕地质量监测点配备

（续）

名称	数量	单位	主要功能和相关参数	备注
物联网（物联网系统、农田气象要素观测仪、手持式土壤墒情速测仪及视频监控支撑系统）	1	套	手持式土壤墒情速测仪： 1. 土壤体积含水量：0%～100%，相对误差±3% 2. 监测深度 0～10 cm、10～20 cm 视频监控支撑系统： 1. 长 4～6 m，直径 160 mm 整体镀锌管监控立杆，0.8～1 m 长横臂 1 个，各地可根据实际情况调整 2. 抗风力：45 kg/mh 3. 1 m×1 m 基础混凝土浇灌，钢结构预埋件 4. 配备避雷针、接地体等视频、控制信号防雷设施，用于监控视频信号设备点对点的协击保护	国家级耕地质量监测点配备
数据存储设备	1	台	主机，4 个 2 TB 硬盘	国家级耕地质量监测点配备
围栏	1	套	不锈钢围栏，占地面积不低于 33 m^2，高度 1.5 m 以上	国家级耕地质量监测点配备
防雷器+接地设备	1	个	配备视频、控制信号防雷设施，用于监控视频信号设备点对点的协击保护；配备避雷针、接地体等	
供电系统	1	套	优先选择市电；使用太阳能供电的，要求阴雨天可连续使用达 10～15 d	国家级耕地质量监测点配备
通信网络	1	套	优先使用有线网络或 4G 及以上无线网络	国家级耕地质量监测点配备

附　录　D
(资料性附录)
耕地质量监测点设施设备参考投资标准

耕地质量监测点设施设备参考投资标准见表D.1和表D.2。

表D.1　国家级耕地质量监测点设施设备参考投资标准

建设内容	数量	单位	单价，万元	合计，万元	备注
耕地质量监测标识牌、展示牌	1	套	1.0	1.0	
隔离区设置（含田间整治）	1	套	6.0	6.0	
土壤样品采集设备	1	套	2.0	2.0	
土壤贯穿阻力仪（紧实度仪）	1	套	1.0	1.0	
土壤多参数自动监测设备	1	套	2.0	2.0	
物联网（物联网系统、农田气象要素观测仪、手持式土壤墒情速测仪及视频监控支撑系统）	1	套	13.5	13.5	
移动式作物生长监测设备	1	套	2	2	
数据存储设备	1	台	0.4	0.4	
围栏	1	套	1	1	
防雷器+接地设备	1	个	0.4	0.4	
供电系统	1	套	0.5	0.5	使用市电
通信网络	1	套	0.2	0.2	每年0.2万元
合计	—	—	—	30.0	

表D.2　省级及以下耕地质量监测点设施设备参考投资标准

建设内容	数量	单位	单价，万元	合计，万元	备注
耕地质量监测标识牌、展示牌	1	套	1.0	1.0	
隔离区设置（含田间整治）	1	套	6.0	6.0	
土壤样品采集设备	1	套	2.0	2.0	
土壤贯穿阻力仪（紧实度仪）	1	套	1.0	1.0	
合计	—	—	—	10.0	

5. 耕地质量监测技术规程
（NY/T 1119—2019）

ICS 13.080
B 10

中华人民共和国农业行业标准

NY/T 1119—2019
本标准代替 NY/T 1119—2012

耕地质量监测技术规程

Rules for cultivated land quality monitoring

技术标准 5

2019-08-01 发布　　2019-11-01 实施

中华人民共和国农业农村部 发布

前　　言

本标准按照 GB/T 1.1—2009 给出的规则起草。

本标准由农业农村部种植业管理司提出并归口。

本标准代替 NY/T 1119—2012《耕地质量监测技术规程》。与 NY/T 1119—2012 相比，除编辑性修改外主要技术变化如下：

——修订了耕地质量、耕地地力、耕地质量监测和监测点定义；

——增加了土壤健康状况、长期不施肥、当年不施肥和常规施肥定义；

——修订了监测点设置，增加了自动监测功能区、培肥改良试验监测功能区；将原有监测小区调整为耕地质量监测功能区，并增加了当年不施肥小区设计内容；

——新增监测功能区建设有关要求；

——调整耕地质量监测内容，增加物理性指标土壤紧实度、水稳性大团聚体，增加生物性指标微生物量碳、微生物量氮；

——补充完善了样品测定方法，增加土壤紧实度，水稳性大团聚体，微生物量碳、微生物量氮以及还原性物质总量等的检测方法；

——新增耕地质量监测关键环节质量控制要求；

——新增耕地质量监测数据存储有关要求。

本标准起草单位：农业农村部耕地质量监测保护中心、中国农业科学院农业资源与农业区划研究所、中国农业大学、中国热带农业科学院南亚热带作物研究所。

本标准主要起草人：马常宝、薛彦东、徐明岗、卢昌艾、刘亚男、李德忠、代天飞、武雪萍、张淑香、曲潇琳、黄新君。

本标准所代替标准的历次版本发布情况为：

——NY/T 1119—2006、NY/T 1119—2012。

耕地质量监测技术规程

1 范围

本标准规定了国家耕地质量监测涉及的术语和定义，监测点设置，建点时的调查内容，监测内容，土壤样品的采集、处理和储存，样品检测，数据的规范化及建立数据库，监测报告。

本标准适用于国家耕地质量监测，省（自治区、直辖市）、市、县耕地质量监测可参照执行。

2 规范性引用文件

下列文件对于本文件的应用是必不可少的。凡是注日期的引用文件，仅注日期的版本适用于本文件。凡是不注日期的引用文件，其最新版本（包括所有的修改单）适用于本文件。

GB/T 17138 土壤质量 铜、锌的测定 火焰原子吸收分光光度法

GB/T 17139 土壤质量 镍的测定 火焰原子吸收分光光度法

GB/T 17141 土壤质量 铅、镉的测定 石墨炉原子吸收分光光度法

GB/T 17296 中国土壤分类与代码

GB/T 33469 耕地质量等级

NY/T 52 土壤水分测定法

NY/T 86 土壤碳酸盐测定法

NY/T 87 土壤全钾测定法

NY/T 88 土壤全磷测定法

NY/T 295 中性土壤阳离子交换量和交换性盐基的测定

NY/T 395 农田土壤环境质量监测技术规范

NY/T 889 土壤速效钾和缓效钾含量的测定

NY/T 890 土壤有效态锌、锰、铁、铜含量的测定

NY/T 1121.1 土壤检测 第1部分：土壤样品的采集、处理和储存

NY/T 1121.2 土壤检测 第2部分：土壤pH的测定

NY/T 1121.3 土壤检测 第3部分：土壤机械组成的测定

NY/T 1121.4 土壤检测 第4部分：土壤容重的测定

NY/T 1121.5 土壤检测 第5部分：石灰性土壤阳离子交换量的测定

NY/T 1121.6 土壤检测 第6部分：土壤有机质的测定

NY/T 1121.7　土壤检测　第 7 部分：土壤有效磷的测定
NY/T 1121.8　土壤检测　第 8 部分：土壤有效硼的测定
NY/T 1121.9　土壤检测　第 9 部分：土壤有效钼的测定
NY/T 1121.10　土壤检测　第 10 部分：土壤总汞的测定
NY/T 1121.11　土壤检测　第 11 部分：土壤总砷的测定
NY/T 1121.12　土壤检测　第 12 部分：土壤总铬的测定
NY/T 1121.13　土壤检测　第 13 部分：土壤交换性钙和镁的测定
NY/T 1121.14　土壤检测　第 14 部分：土壤有效硫的测定
NY/T 1121.15　土壤检测　第 15 部分：土壤有效硅的测定
NY/T 1121.16　土壤检测　第 16 部分：土壤水溶性盐总量的测定
NY/T 1121.19　土壤检测　第 19 部分：土壤水稳性大团聚体组成的测定
NY/T 1121.24　土壤检测　第 24 部分：土壤全氮的测定自动定氮仪法
NY/T 1615　石灰性土壤交换性盐基及盐基总量的测定

3　术语和定义

下列术语和定义适用于本文件。

3.1

耕地　cultivated land

用作农作物种植的土地。

3.2

耕地质量　cultivated land quality

由耕地地力、土壤健康状况和田间基础设施构成的满足农产品持续产出和质量安全的能力。

3.3

耕地地力　cultivated land productivity

在当前管理水平下，由土壤立地条件、自然属性等相关要素构成的耕地生产能力。

3.4

土壤健康状况　soil health condition

土壤作为一个动态生命系统具有的维持其功能的持续能力，用清洁程度、生物多样性表示。

注： 清洁程度反映了土壤受重金属、农药和农膜残留等有毒有害物质影响的程度；生物多样性反映了土壤生命力丰富程度。本文件中用土壤重金属含量表示清洁程度，用土壤微生物量碳、微生物量氮含量表示生物多样性。

3.5

耕地质量长期定位监测　long-term monitoring of cultivated land quality

在固定田块上，通过多年连续定点调查、田间试验、样品采集、分析化验等方式，观测耕地地力、土壤健康状况、田间基础设施等因子动态变化的过程。

3.6

监测点　cultivated land monitoring site

为进行长期耕地质量监测而设置的观测、试验、取样的定位地块。

3.7

长期不施肥　long-term no fertilization

多年连续不施用任何肥料，包括化肥和有机肥（无害化处理的畜禽粪便、农家肥、秸秆等）。

3.8

当年不施肥　no fertilization in the year

从某作物生长周期开始，1个年度内不施用任何肥料，包括化肥和有机肥（无害化处理的畜禽粪便、农家肥、秸秆等）。

3.9

常规施肥　conventional fertilization

按当地农民普遍采用的肥料品种、施肥量和施肥方式等施用肥料。

4　监测点设置

4.1　设置原则

监测点设立时，应综合考虑土壤类型、种植制度、地力水平、耕地环境状况、管理水平等因素。同时，应参考有关规划，将监测点设在永久基本农田保护区、粮食生产功能区、重要农产品生产保护区等有代表性的地块上，以保持监测点的稳定性、监测数据的连续性。

4.2　监测功能区设置

耕地质量监测点田间建设包括3个功能区，建设面积500～1 000 m^2。耕地质量监测点田间建设布局见附录A。

4.2.1　自动监测功能区

设置1个生产条件、土壤多参数自动监测区，避开水源50 m以上，无其他干扰监测的障碍物，区域面积不小于33 m^2，四周设立保护围栏。

4.2.2　耕地质量监测功能区

设置3个区，即长期不施肥区、当年不施肥区、常规施肥区。

a) 长期不施肥区。设 1 个固定小区，小区面积 33～67 m²。

b) 当年不施肥区。设 1 个固定小区，2 个备用轮换小区（即当年不施肥区不能与上年重复，3 年一轮换），每个小区面积 33～67 m²。

c) 常规施肥区。设 1 个固定小区，小区面积 133～267 m²。

4.2.3 培肥改良试验监测功能区

针对耕地质量监测发现的突出问题，可根据实际情况分别设置培肥改良、轮作休耕等技术模式试验及综合治理试验，监测培肥改良效果，区域面积 200～400 m²。

4.3 监测功能区建设

4.3.1 田间工程建设

耕地质量监测功能区采用水泥板或砖混结构等进行隔离。水田地上部分高出最高淹水位 0.1 m、地下部分 0.5 m 以上、厚度 0.1 m 以上，旱田地上部分 0.2 m、地下部分 0.5 m 或至基岩，厚度 0.1 m，防止水肥横向渗透，根据实际需要设置灌排设施。

4.3.2 耕地质量监测标识牌、展示牌

每个耕地质量监测点设置 1 个标识牌，介绍编号、地理位置、建点年份、土壤类型等；设置 1 个展示牌，介绍种植制度、作物类型、主推技术、田间管理等。具体参照附录 B 要求进行制作。

4.3.3 田间监测设备配置

土壤样品采集设备、土壤多参数自动监测设备、农田气象要素等田间管理监测设备。耕地质量监测点田间建设内容、功能参数和要求见附录 C。

5 建点时的调查内容

建立监测点时，应调查监测点的立地条件、自然属性、田间基础设施情况和农业生产概况，建立监测点档案信息。同时，按 NY/T 1121.1 规定的方法挖取未经扰动的土壤剖面，并拍摄剖面照片，监测各发生层次理化性状。

5.1 立地条件、自然属性和农业生产概况调查

主要包括监测点的常年降水量、常年有效积温、常年无霜期、成土母质、土壤类型、地形部位、田块坡度、潜水埋深、障碍层类型、障碍层深度、障碍层厚度、灌溉能力及灌溉方式、水源类型、排水能力、农田林网化程度、典型种植制度、常年施肥量、产量水平等。具体项目和填写说明见附录 D。

5.2 土壤剖面理化性状调查

监测点发生层次、深度、颜色、结构、紧实度、容重、新生体、植物根系、机械组成、化学性状（包括有机质、全氮、全磷、全钾、pH、碳酸钙、

阳离子交换量，土壤含盐量、盐渍化程度，土壤铬、镉、铅、汞、砷、铜、锌、镍全量）。具体项目和填写说明见附录 E。

6 监测内容

6.1 自动监测内容

6.1.1 农田气象要素

温度、湿度、风速、风向、光照、大气压、降水量等。

6.1.2 土壤参数

分层监测 0～20 cm、20～40 cm、40～60 cm、60～80 cm 土层土壤含水量、温度、电导率等（其中，水田不监测土壤含水量）。

6.1.3 作物长势

监测作物覆盖度、株高、叶面积指数、叶绿素等，有条件的区域可以选择性地监测归一化植被指数、叶冠层指数等。

6.2 年度监测内容

监测田间作业情况、施肥情况、作物产量，并在每年最后一季作物收获后、下一季施肥前分别采集耕地质量监测功能区长期不施肥区、当年不施肥区、常规施肥区耕层土壤样品，进行集中检测。监测具体项目参见附录 F、附录 G 和附录 H。

6.2.1 田间作业情况

记载年度内每季作物的名称，品种，播种量（栽培密度），播种期，播种方式，收获期，耕作情况，灌排，病虫害防治，自然灾害发生的时间、强度及对作物产量的影响，以及其他对监测地块有影响的自然、人为因素。具体项目参见附录 F。

6.2.2 施肥情况

记录每一季作物的施肥明细情况（施肥时期、肥料品种、施肥次数、养分含量、施用实物量、施用折纯量）。具体项目参见表 G. 1。

6.2.3 作物产量

对长期不施肥区、当年不施肥区、常规施肥区的每季作物分别进行果实产量（风干基）与茎叶（秸秆）产量（风干基）的测定。具体项目见表 G. 2。

果实产量测定可以去边行后实打实收，也可以随机抽样测产。随机抽样测产时，全田块取 5 个以上面积 1～2 m^2（细秆作物）或 5～10 m^2（粗秆作物）的样方实脱测产。棉花分籽棉和秸秆测产，并把籽棉折成皮棉。

茎叶（秸秆）产量根据小样本测产数据的果实、茎叶（秸秆）重量比换算得出。

6.2.4 土壤理化性状

监测耕层厚度、土壤容重、紧实度、水稳性大团聚体，土壤 pH、有机质、全氮、有效磷、速效钾、缓效钾、土壤含盐量（盐碱地）。具体项目见附录 H。

6.2.5 土壤生物性状

监测耕层土壤微生物量碳、微生物量氮等。具体项目见附录 H，并参照附录 J 的方法执行。

6.2.6 培肥改良情况

主要包括培肥和改良措施对耕地质量的影响（各地根据实际情况自行设计监测指标）。

6.3 耕地质量监测功能区五年监测内容

在年度监测内容的基础上，在每个“五年计划”的第 1 年度增加监测土壤质地、阳离子交换量（CEC）、还原性物质总量（水田），全磷、全钾，中微量及有益元素含量（交换性钙、镁，有效硫、有效硅、有效铁、有效锰、有效铜、有效锌、有效硼、有效钼），重金属元素全量（铬、镉、铅、汞、砷、铜、锌、镍）。具体项目见附录 H。

7 土壤样品的采集、处理和储存

样品采集、处理按 NY/T 1121.1 规定的方法进行。

每个监测点耕地质量监测功能区（长期不施肥区、当年不施肥区、常规施肥区）的土壤样品按年度分类长期保存。设立固定的耕地质量监测土壤样品保存空间，每个土壤样品存储瓶标签标明采集年份、采样地点（经纬度）、土壤类型等基本信息，建点时调查和五年监测保留原状土不少于 5 kg，年度监测保留原状土不少于 1 kg；建立土壤样品电子数据库，便于样品查询。

8 样品检测

将采集的耕地质量监测功能区土壤样品送具备土壤肥料检测能力并通过检验检测机构资质认定的机构集中检测。实验室分析质量控制按 NY/T 395 规定的方法操作执行。土壤样品制备、样品检测、数据处理等仪器设备，具体参见附录 I。

8.1 土壤 pH 的测定

按 NY/T 1121.2 规定的方法测定。

8.2 土壤机械组成的测定

按 NY/T 1121.3 规定的方法测定。

8.3 土壤容重的测定

按 NY/T 1121.4 规定的方法测定。

8.4 土壤水分的测定

按 NY/T 52 规定的方法测定。

8.5 土壤碳酸钙的测定

按 NY/T 86 规定的方法测定。

8.6 土壤阳离子交换量的测定

中性土壤和微酸性土壤按 NY/T 295 规定的方法测定，石灰性土壤按 NY/T 1121.5 规定的方法测定。

8.7 土壤有机质的测定

按 NY/T 1121.6 规定的方法测定。

8.8 土壤全氮的测定

按 NY/T 1121.24 规定的方法测定。

8.9 土壤全磷的测定

按 NY/T 88 规定的方法测定。

8.10 土壤有效磷的测定

按 NY/T 1121.7 规定的方法测定。

8.11 土壤全钾的测定

按 NY/T 87 规定的方法测定。

8.12 土壤速效钾和缓效钾的测定

按 NY/T 889 规定的方法测定。

8.13 土壤交换性钙和镁的测定

酸性和中性土壤按 NY/T 1121.13 规定的方法测定，石灰性土壤按 NY/T 1615 规定的方法测定。

8.14 土壤有效硫的测定

按 NY/T 1121.14 规定的方法测定。

8.15 土壤有效硅

按 NY/T 1121.15 规定的方法测定。

8.16 土壤有效铜、锌、铁、锰的测定

按 NY/T 890 规定的方法测定。

8.17 土壤有效硼的测定

按 NY/T 1121.8 规定的方法测定。

8.18 土壤有效钼的测定

按 NY/T 1121.9 规定的方法测定。

8.19 土壤总汞的测定

按 NY/T 1121.10 规定的方法测定。

8.20 土壤总砷的测定

按 NY/T 1121.11 规定的方法测定。

8.21 土壤总铬的测定

按 NY/T 1121.12 规定的方法测定。

8.22 土壤质量铜、锌的测定

按 GB/T 17138 规定的方法测定。

8.23 土壤质量镍的测定

按 GB/T 17139 规定的方法测定。

8.24 土壤质量铅、镉的测定

按 GB/T 17141 规定的方法测定。

8.25 土壤水稳性大团聚体组成的测定

按 NY/T 1121.19 规定的方法测定。

8.26 土壤微生物量碳、微生物量氮的测定

参照附录 J 规定的方法测定。

8.27 土壤紧实度的测定

按照仪器设备说明操作测定。

8.28 土壤含盐量

按 NY/T 1121.16 规定的方法测定。

8.29 土壤还原性物质总量

参照附录 K 规定的方法测定。

9 数据的规范化及建立数据库

规范国家耕地质量监测数据，具体要求见附录 L；建立国家耕地质量监测数据库，储存国家耕地质量监测信息，并做好备份。同时，按照要求及时报送有关信息。

10 监测报告

监测报告应包括监测点基本情况，耕地质量主要性状的现状及变化趋势，农田投入、结构现状及变化趋势，作物产量现状及变化趋势，耕地质量变化原因分析，提高耕地质量的对策和建议等内容。

附　录　A
（规范性附录）
国家级耕地质量监测点布局示意图

国家级耕地质量监测点布局示意图见图 A. 1。

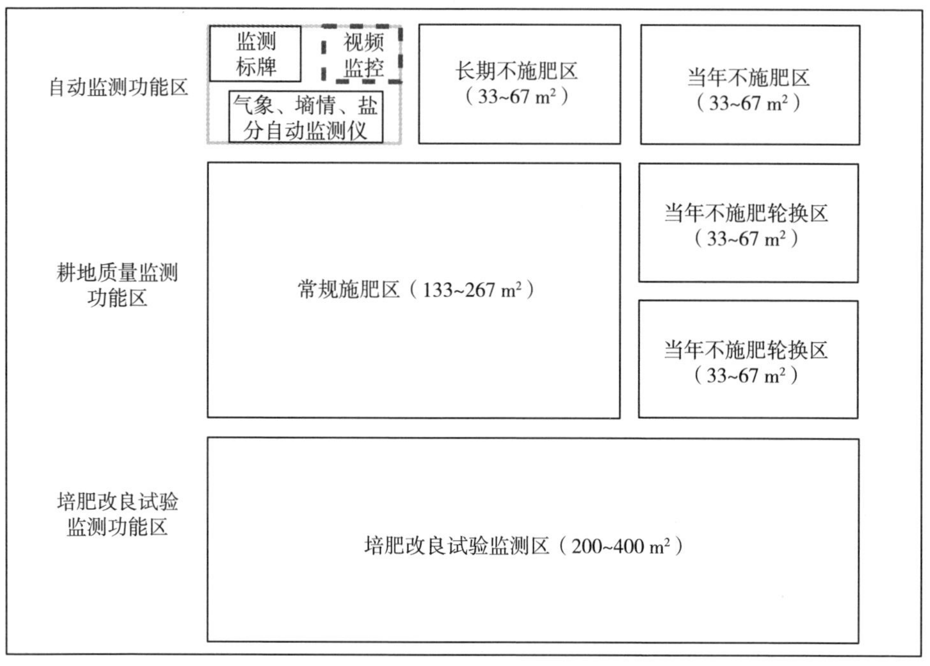

图 A. 1　国家级耕地质量监测点布局示意图

附　录　B
（资料性附录）
耕地质量监测标识牌、展示牌

B.1　国家级耕地质量监测点标识牌（样式）

B.1.1　规格尺寸说明

在耕地质量监测点设立标识牌（见图 B.1）。标识牌材质为大理石或相似材质石材，最小尺寸限制：标识牌高 1 500 mm（其中 500 mm 埋在地下）、宽 800 mm、厚 250 mm。“国家级耕地质量监测点”字样在上方居中，位置距上边缘 62.5 mm，左边缘 160 mm，字体为方正粗宋简体，字号 120，颜色为红色（RGB：255，0，0）。“中国耕地质量监测”标识位于“国家级耕地质量监测点”字样下方 20 mm，距左边缘 300 mm。监测点信息“编号”“建点年份”“地理位置”“土壤类型”“质量等级”“设立单位”字样自上而下等间距（15 mm）排列；“编号”字样距上边缘 260 mm，距左边缘 150 mm。字体为方正大黑简体，字号 50，颜色为黑色（RGB：0，0，0）。

B.1.2　监测点信息填写说明

国家级耕地质量监测点

编号：
建点年份：
地理位置：
土壤类型：
质量等级：
设立单位：

图 B.1　国家级耕地质量监测点标识牌

编号：填写国家级耕地质量监测点的标准 6 位编码。前 2 位是省级行政区划代码，后 4 位是国家级耕地质量监测点顺序号。建点年份：填写监测点建成年份，如 1997 年。地理位置：填写监测点 GPS 定位信息，如北纬：40.305 82°、东经：115.329 16°。土壤类型：按 GB/T 17296 的规定填写土类、亚类、土属、土种名称。质量等级：按照 GB/T 33469 的规定评价结果填写。

B.2 国家级耕地质量监测点展示牌（样式）

见图 B.2。

国家级耕地质量监测点展示牌

（监测点基本情况：）国家级监测点（编号）行政区域位置［××县××乡（镇）××村］，耕地土壤状况（××土类、××亚类、××土属、××土种，土壤结构，理化性状等基本情况，耕地质量等级状况，存在的主要问题等），典型种植制度（主要种植××作物，典型××种植模式，实施××主推技术等）。

监测功能区设置示意图

（自动监测功能区、耕地质量监测功能区、培肥改良试验监测功能区具体实施区域要明确标注）

实施单位：

工作负责人：

技术负责人：

农业农村部××司

农业农村部耕地质量监测保护中心

××省农业农村厅（或委员会）

××县农业农村局（或委员会）

××年××月

注：1. 标牌尺寸 5 m×3 m，彩喷，铁架。2. 标牌底色、背景图案、字体大小和颜色由各省份自行确定，在本省（自治区、直辖市）范围内统一。

图 B.2　国家级耕地质量监测点展示牌（样式）

附　录　C
（规范性附录）
耕地质量监测点田间建设内容、功能参数和要求

耕地质量监测点田间建设内容、功能参数和要求见表 C.1。

表 C.1　耕地质量监测点田间建设内容、功能参数和要求

名　　称	数量	单位	主要功能和相关参数	备注
土地流转	7 500	m^2	流转到第二轮土地承包期或 30 年	
标识牌、展示牌	2	个	功能和相关参数参见附录 B	
隔离区设置（含田间整治）	≥6	个	建设监测区水泥板或砖混结构（内外做防水）隔离等，相关参数见 4.3.1	
土壤样品采集设备	2	套	土钻、环刀、铝盒、团聚体筛分设备等	
土壤贯穿阻力仪（紧实度仪）	1	套	测量范围：0～10 MPa	
土壤多参数自动监测站	1	套	1. 土壤温度范围：－40～85℃，误差±0.3℃ 2. 土壤体积含水量：0%～100%，相对误差±3% 3. 土壤电导率，测量范围 0～5 dS/m 4. 监测深度 0～20 cm、20～40 cm、40～60 cm、60～80 cm	
手持式土壤墒情速测仪	1	套	1. 土壤体积含水量：0%～100%，相对误差±3% 2. 监测深度 0～10 cm、10～20 cm 3. 监测 10 个以上样点土壤墒情	
移动式作物生长监测站	1	套	监测覆盖度、株高、叶面积指数（LAI）、叶绿素（SPAD）等，有条件监测点选择监测归一化植被指数（NDVI）、叶冠层指数（CC）等	

（续）

名　　称	数量	单位	主要功能和相关参数	备注
农田气象要素观测仪	1	套	1. 空气温湿度：温度测量范围−40～70℃，相对湿度测量范围 0～100% 2. 风速：测量范围：0～30 m/s 3. 风向：测量范围：0°～360° 以上 3 项指标精度参照国家气象局有关标准 4. 雨量 5. 大气压力 6. 光照传感器 以上 3 项指标测量范围、精度参照国家气象局有关标准	
物联网系统	1	台	摄像头 200 万像素 8 寸红外，200 m 红外照射距离，焦距：6～186 mm，30 倍以上光学变倍	
数据存储设备	1	台	主机，4 个 2TB 硬盘	
视频监控系统	1	套	1. 长 6 m、直径 160 mm 整体镀锌管监控立杆，1.2 m 长横臂 1 个，各地可根据实际情况调整 2. 抗风力：45 kg/（m·h） 3. 1 m×1 m 基础混凝土浇灌，钢结构预埋件	
防雷器+接地设备	1	个	配备视频、控制信号防雷设施，用于监控视频信号设备点对点的协击保护；配备避雷针、接地体等	
围栏	1	套	不锈钢围栏，尺寸：5 m×5 m×1.5 m，高度 1.5 m 以上	
太阳能供电系统	1	套	阴雨天可连续使用达 10～15 d	
4G、5G 或有线网络	1	套		
仪器设备维护	5	年	保证 5 年硬件、软件运行正常	

附　录　D
（规范性附录）
监测点基本情况记载表及填表说明

D.1　监测点基本情况记载表

见表 D.1。

表 D.1　监测点基本情况记载表

监测点代码：　　　　　　　　　　建点年度（时间）：

<table>
<tr><td rowspan="22">基
本
情
况</td><td colspan="2">省（自治区、直辖市）名</td><td colspan="2"></td><td colspan="2">地（市、州、盟）名</td><td colspan="2"></td></tr>
<tr><td colspan="2">县（旗、市、区）名</td><td colspan="2"></td><td colspan="2">乡（镇）名</td><td colspan="2"></td></tr>
<tr><td colspan="2">村名</td><td colspan="2"></td><td colspan="2">农户（地块）名</td><td colspan="2"></td></tr>
<tr><td colspan="2">县代码</td><td colspan="2"></td><td colspan="2">经度,°</td><td colspan="2"></td></tr>
<tr><td colspan="2">纬度,°</td><td colspan="2"></td><td colspan="2">常年降水量，mm</td><td colspan="2"></td></tr>
<tr><td colspan="2">常年有效积温,℃</td><td colspan="2"></td><td colspan="2">常年无霜期，d</td><td colspan="2"></td></tr>
<tr><td colspan="2">地形部位</td><td colspan="2"></td><td colspan="2">田块坡度,°</td><td colspan="2"></td></tr>
<tr><td colspan="2">海拔高度，m</td><td colspan="2"></td><td colspan="2">潜水埋深，m</td><td colspan="2"></td></tr>
<tr><td colspan="2">障碍因素</td><td colspan="2"></td><td colspan="2">障碍层类型</td><td colspan="2"></td></tr>
<tr><td colspan="2">障碍层深度，cm</td><td colspan="2"></td><td colspan="2">障碍层厚度，cm</td><td colspan="2"></td></tr>
<tr><td colspan="2">灌溉能力</td><td colspan="2"></td><td colspan="2">水源类型</td><td colspan="2"></td></tr>
<tr><td colspan="2">灌溉方式</td><td colspan="2"></td><td colspan="2">排水能力</td><td colspan="2"></td></tr>
<tr><td colspan="2">地域分区</td><td colspan="2"></td><td colspan="2">熟制分区</td><td colspan="2"></td></tr>
<tr><td colspan="2">农田林网化程度</td><td colspan="2"></td><td colspan="2">主栽作物</td><td colspan="2"></td></tr>
<tr><td colspan="2">典型种植制度</td><td colspan="2"></td><td colspan="2">产量水平，kg/hm^2</td><td colspan="2"></td></tr>
<tr><td colspan="2">耕地质量等级</td><td colspan="6"></td></tr>
<tr><td rowspan="2">常年施肥量（折纯）kg/hm^2</td><td>化肥</td><td>N</td><td></td><td>P_2O_5</td><td></td><td>K_2O</td><td></td></tr>
<tr><td>有机肥</td><td>N</td><td></td><td>P_2O_5</td><td></td><td>K_2O</td><td></td></tr>
<tr><td colspan="2">田块面积，hm^2</td><td colspan="2"></td><td colspan="2">代表面积，hm^2</td><td colspan="2"></td></tr>
<tr><td colspan="2">土壤代码</td><td colspan="2"></td><td colspan="2">成土母质</td><td colspan="2"></td></tr>
<tr><td colspan="2">土类</td><td colspan="2"></td><td colspan="2">亚类</td><td colspan="2"></td></tr>
<tr><td colspan="2">土属</td><td colspan="2"></td><td colspan="2">土种</td><td colspan="2"></td></tr>
<tr><td colspan="6">景观照片拍摄时间：</td><td colspan="3">剖面照片拍摄时间：</td></tr>
<tr><td colspan="6"></td><td colspan="3"></td></tr>
</table>

监测单位：　　　　　　　　　　监测人员：　　　　　　　　　　联系电话：

D.2 监测点基本情况记载表填表说明

D.2.1 地形部位

监测田块所处的能影响土壤理化特性的最末一级的地貌单元。如河流冲积平原要区分河床、河漫滩、阶地等；山麓平原要区分出坡积裙、洪积锥、洪积扇、扇间洼地、扇缘洼地等；黄土丘陵要区分塬、梁、峁、坪等；丘陵要区分高丘、中丘、低丘、缓丘、漫岗等。在此基础上再进一步续分，如洪积扇上部、中部、下部；黄土丘陵的峁，再冠以峁顶、峁边；南方冲垄稻田则有大冲、小冲、冲头、冲口等。在拍摄景观照片时，应突出这些地貌特征，从照片上判别出监测地块所在的小地貌单元的部位。

D.2.2 田块坡度

实际测定田块内田面坡面与水平面的夹角度数。

D.2.3 海拔高度

采用GPS定位仪现场测定填写，单位为米（m）。

D.2.4 潜水埋深

冬季地下水位的埋深，单位为米（m），小数点后保留1位。只有草甸土、潮土、砂姜黑土、水稻土、盐化（碱化）土监测点填写。

D.2.5 障碍因素

盐碱、瘠薄、酸化、渍涝、潜育、侵蚀、干旱等，没有明显障碍因素时填“无”。

D.2.6 障碍层类型

1 m土体内出现的障碍层类型，如砂姜层、白浆层、黏盘层、铁盘层、沙砾层、盐积层、石膏层、白土层、灰化层、潜育层、冻土层、沙漏层等。

D.2.7 障碍层深度

障碍层的最上层面到地表的垂直距离。

D.2.8 障碍层厚度

障碍层的最上层面到下层面间的垂直距离。

D.2.9 灌溉能力

充分满足、满足、基本满足、不满足。

D.2.10 灌溉方式

漫灌、沟灌、畦灌、喷灌、滴灌、管灌，没有的填“无”。

D.2.11 水源类型

地表水、地下水、地表水+地下水，没有的填“无”。

D.2.12 排水能力

充分满足、满足、基本满足、不满足。

D. 2. 13　地域分区

按 GB/T 33469 划分的 9 个一级农业区填写，分东北区、内蒙古及长城沿线区、黄淮海区、黄土高原区、长江中下游区、西南区、华南区、甘新区、青藏区。

D. 2. 14　熟制分区

一年一熟、一年二熟、一年三熟、两年三熟等。

D. 2. 15　耕地质量等级

根据 GB/T 33469 确定的耕地质量等级，从高到低分为一到十等。

D. 2. 16　常年施肥量

化肥和有机肥常年平均施用量（折纯量）。

D. 2. 17　土壤代码与土类、亚类、土属、土种

按 GB/T 17296 命名要求填写。

D. 2. 18　成土母质

成土母质是指岩石经过风化、搬运、堆积等过程所形成的地质历史上最年轻的疏松矿物质层。成土母质可分为残积母质和运积母质。残积母质与母岩有直接关系，可以填写为××岩残积物母质。运积母质指母质经外力作用（如水、风等）迁移到其他地区的物质，可以细分为冲积母质、坡积母质、洪积母质、湖积母质、海积母质、黄土（状）母质、冰碛母质等。

附　录　E
（规范性附录）
监测点土壤剖面性状记载表及填表说明

E.1　监测点土壤剖面性状记载表

见表E.1。

表E.1　监测点土壤剖面性状记载表

监测点代码：　　　　　　　　　　　　　　监测年度：

项目		发生层次				
层次代号						
层次名称						
层次深度，cm						
剖面描述	颜色					
	结构					
	紧实度，MPa					
	容重，g/cm^3					
	新生体					
	植物根系					
机械组成	沙粒（$2\ \text{mm} \geq D > 0.02\ \text{mm}$），%					
	粉粒（$0.02\ \text{mm} \geq D > 0.002\ \text{mm}$），%					
	黏粒（$D < 0.002\ \text{mm}$），%					
	质地					
化学性状	有机质，g/kg					
	全氮，g/kg					
	全磷，g/kg					
	全钾，g/kg					
	pH					
	碳酸钙，g/kg					
	阳离子交换量，cmol/kg					
	含盐量，g/kg					

（续）

项　目		发生层次				
化学性状	盐渍化程度					
	全铬，mg/kg					
	全镉，mg/kg					
	全铅，mg/kg					
	全汞，mg/kg					
	全砷，mg/kg					
	全铜，mg/kg					
	全锌，mg/kg					
	全镍，mg/kg					
注：1. 本表建点时填写，详情参见 E. 2；2. 机械组成中 *D* 代表土壤颗粒有效直径。						

取样时间：　　　　　　监测单位：　　　　　　监测人员：　　　　　　联系电话：

E.2　监测点土壤剖面性状记载表填表说明

E.2.1　层次代号及名称

由于监测点均在耕作土壤上，发生层次中一定要把耕作层划分出来。耕作层指农业耕作（农机具作业）、施肥、灌溉影响及作物根系分布的集中层段，是人类耕作与熟化自然土壤的部分，其颜色、结构、紧实度等都会有明显的特征和界线。

水稻土发生层次分为耕作层（Aa）、犁底层（Ap）、渗育层（P）、潴育层（W）、脱潜层（Gw）、潜育层（G）、漂洗层（E）、腐泥层（M）等；旱地发生层次分为旱耕层（A_{11}）、亚耕层（A_{12}）、心土层（C_1）、底土层（C_2）等。

E.2.2　剖面描述

颜色：指土壤在自然状态的颜色，如土壤由 2 个或 2 个以上色调组合而成。在描述时，先确定主要颜色和次要颜色，主要颜色放在后，次要颜色放在前。

结构：取一大块土，用剖面刀背轻轻敲碎，观察其碎块形状及大小。一般有 3 种类型：横轴与纵轴大致相等，分为块状、团块核状及粒状等结构；横轴大于纵轴，分为片状和板状结构；横轴小于纵轴，分为柱状和棱柱状结构。

紧实度：土壤在自然状态下的坚实程度，采用土壤紧实度测定仪测量。

新生体：指土壤形成过程中产生的物质，它不但反映土壤形成过程的特点，而且对土壤的生产性能有很大影响，在观察时对其种类、形状及数量要详细记载。常见的新生体有铁锰结核、铁锰胶膜、二氧化硅粉末、锈纹、锈斑、假菌丝、砂姜等。

植物根系：主要看剖面各层单位面积（dm^2）根系分布数量的多少，分为无、很少、少、中和多5级，按表E.2填写。

表E.2　根系描述

粗　细			丰度，条/dm^2		
编码	描述	直径，mm	描述	VF&F	M&C&VC
VF	极细	<0.5	无	0	0
F	细	0.5～2	很少	<20	<2
M	中	2～5	少	20～50	2～5
C	粗	5～10	中	50～200	≥5
VC	很粗	≥10	多	>200	

质地（机械组成）：即土壤的沙黏程度，采用国际制土壤质地分级标准，按表E.3填写。

表E.3　国际制土壤质地分类表

质地分类			颗粒组成，%		
类别	名称	代号	沙粒 2 mm≥D>0.02 mm	粉（沙）粒 0.02 mm≥D>0.002 mm	黏粒 D<0.002 mm
沙土类	沙土及壤质沙土	LS	85～100	0～15	0～15
壤土类	沙质壤土	SL	55～85	0～45	0～15
	壤土	L	40～55	30～45	0～15
	粉（沙）质壤土	IL	0～55	45～100	0～15
黏壤土类	沙质黏壤土	SCL	55～85	0～30	15～25
	黏壤土	CL	30～55	20～45	15～25
	粉（沙）质黏壤土	ICL	0～40	45～85	15～25
黏土类	沙质黏土	SC	55～75	0～20	25～45
	壤质黏土	LC	10～55	0～45	25～45
	粉（沙）质黏土	IC	0～30	45～75	25～45
	黏土	C	0～55	0～55	45～65
	重黏土	HC	0～35	0～35	65～100
注：D代表土壤颗粒有效直径。					

盐渍化程度：主要根据含盐量的多少，将土壤盐渍化程度划分非盐化、轻

度、中度、重度和盐土5级，具体按表E.4填写。

表E.4 土壤盐渍化程度

盐化系列及适用地区	土壤含盐量，g/kg				
	非盐化	轻度	中度	重度	盐土
海滨、半湿润、半干旱、干旱区	<1.0	1.0～2.0	2.0～4.0	4.0～6.0	>6.0
半漠境及漠境区	<2.0	2.0～3.0	3.0～5.0	5.0～10.0	>10.0

附　录　F
（资料性附录）
监测点田间生产情况表及填表说明

F.1　监测点田间生产情况记载表

见表 F.1。

表 F.1　监测点田间生产情况记载表

监测点代码：　　　　　　　　　　监测年度：

<table>
<tr><th colspan="2">项　目</th><th>第一季</th><th>第二季</th><th>第三季</th></tr>
<tr><td colspan="2">作物名称</td><td></td><td></td><td></td></tr>
<tr><td colspan="2">品种</td><td></td><td></td><td></td></tr>
<tr><td colspan="2">播种量/栽培密度，株/hm²</td><td></td><td></td><td></td></tr>
<tr><td colspan="2">播种期</td><td></td><td></td><td></td></tr>
<tr><td colspan="2">播种方式</td><td></td><td></td><td></td></tr>
<tr><td colspan="2">收获期</td><td></td><td></td><td></td></tr>
<tr><td colspan="2">耕作情况</td><td></td><td></td><td></td></tr>
<tr><td rowspan="6">灌排水及降水</td><td>降水量，mm</td><td></td><td></td><td></td></tr>
<tr><td>灌溉设施</td><td></td><td></td><td></td></tr>
<tr><td>灌溉方式</td><td></td><td></td><td></td></tr>
<tr><td>灌水量，m³/hm²</td><td></td><td></td><td></td></tr>
<tr><td>排水方式</td><td></td><td></td><td></td></tr>
<tr><td>排水能力</td><td></td><td></td><td></td></tr>
<tr><td rowspan="3">自然灾害</td><td>种类</td><td></td><td></td><td></td></tr>
<tr><td>发生时间</td><td></td><td></td><td></td></tr>
<tr><td>危害程度</td><td></td><td></td><td></td></tr>
<tr><td rowspan="5">病虫害</td><td>种类</td><td></td><td></td><td></td></tr>
<tr><td>发生时间</td><td></td><td></td><td></td></tr>
<tr><td>危害程度</td><td></td><td></td><td></td></tr>
<tr><td>防治方法</td><td></td><td></td><td></td></tr>
<tr><td>防治效果</td><td></td><td></td><td></td></tr>
</table>

监测单位：　　　　　　　　监测人员：　　　　　　　　联系电话：

F.2 监测点田间生产情况记载表填表说明

F.2.1 监测年度的划分

对于一年两熟、一年三熟或两年三熟制地区，年度划分以冬作前一年的播种整地时间为始到当年最后一季作物收获为止。对于一年一熟制地区，只种一季冬作（冬小麦）实行夏季休闲或只种一季春作（玉米、谷子、高粱、棉花、中稻）实行冬季休闲的，年度划分以前季作物收获后开始，到该季作物收获为止。

F.2.2 播种期和收获期

填写年月日（××××-××-××）。

F.2.3 播种方式

机播或机插、人工播种或人工移栽。

F.2.4 耕作情况

耕、耙、中耕及除草等。

F.2.5 灌溉设施

井灌、渠灌或集雨设施，没有的填“无”。

F.2.6 灌溉方式

漫灌、沟灌、畦灌、喷灌、滴灌、管灌，没有的填“无”。

F.2.7 排水方式

排水沟、暗管排水、强排。

F.2.8 排水能力

充分满足、满足、基本满足、不满足。

F.2.9 自然灾害种类

风、雨、雹、旱、涝、霜、冻、冷等。

附　录　G
(资料性附录)
监测点施肥明细及作物生产情况记载表

G.1　施肥明细情况记载表

见表G.1。

表G.1　施肥明细情况记载表

监测点代码：　　　　　　　　　　　　监测年度：

<table>
<tr><th rowspan="3">施肥日期</th><th colspan="7">有机肥</th><th colspan="6">化肥</th></tr>
<tr><th rowspan="2">品种</th><th rowspan="2">有机质
%</th><th colspan="3">养分含量
%</th><th rowspan="2">实物量
kg/hm²</th><th rowspan="2">折纯量
kg/hm²</th><th rowspan="2">品种</th><th colspan="3">养分含量
%</th><th rowspan="2">实物量
kg/hm²</th><th rowspan="2">折纯量
kg/hm²</th></tr>
<tr><th>N</th><th>P_2O_5</th><th>K_2O</th><th>N</th><th>P_2O_5</th><th>K_2O</th></tr>
<tr><td></td><td></td><td></td><td></td><td></td><td></td><td></td><td></td><td></td><td></td><td></td><td></td><td></td><td></td></tr>
<tr><td></td><td></td><td></td><td></td><td></td><td></td><td></td><td></td><td></td><td></td><td></td><td></td><td></td><td></td></tr>
<tr><td></td><td></td><td></td><td></td><td></td><td></td><td></td><td></td><td></td><td></td><td></td><td></td><td></td><td></td></tr>
<tr><td></td><td></td><td></td><td></td><td></td><td></td><td></td><td></td><td></td><td></td><td></td><td></td><td></td><td></td></tr>
<tr><td></td><td></td><td></td><td></td><td></td><td></td><td></td><td></td><td></td><td></td><td></td><td></td><td></td><td></td></tr>
<tr><td>合计</td><td></td><td></td><td></td><td></td><td></td><td></td><td></td><td></td><td></td><td></td><td></td><td></td><td></td></tr>
</table>

填表日期：　　　　　　　　填表人员：　　　　　　　　联系电话：

G.2　作物生产记载表

见表G.2。

表G.2　作物生产记载表

监测点代码：　　　　　　　　　　　　监测年度：

<table>
<tr><th colspan="2">项　　目</th><th>内　　容</th></tr>
<tr><td colspan="2">作物名称</td><td></td></tr>
<tr><td colspan="2">作物品种</td><td></td></tr>
<tr><td colspan="2">播种量/栽培密度，株/hm²</td><td></td></tr>
<tr><td colspan="2">生育期，d</td><td></td></tr>
<tr><td rowspan="2">大田期</td><td>起始日期</td><td></td></tr>
<tr><td>结束日期</td><td></td></tr>
</table>

（续）

项　　目			内　　容
作物产量，kg/hm²	长期不施肥区	果实	
	当年不施肥区	茎叶（秸秆）	
	常规施肥区	果实	
		茎叶（秸秆）	
		果实	
		茎叶（秸秆）	

填表日期：　　　　填表人员：　　　　联系电话：

附　录　H
（规范性附录）
监测点土壤理化性状记载表

监测点土壤理化性状记载表见表 H.1。

表 H.1　监测点土壤理化性状记载表

监测时间：　　年　月　日至　　年　月　日

监测点代码		监测年度	
采样地点		采样时间	

项目年度监测内容

分区	耕层厚度 cm	容重 g/cm^3	紧实度 MPa	水稳性大团聚体 %	含盐量 g/kg	pH	有机质 g/kg	全氮 g/kg	有效磷 mg/kg	速效钾 mg/kg	缓效钾 mg/kg	微生物量碳 mg/kg	微生物量氮 mg/kg
长期不施肥区													
当年不施肥区													
常规施肥区													

项目周期监测内容（5 年）

分区	耕层理化性状			大量元素 g/kg				中量及有益元素	
	质地（国际制）	CEC cmol/kg	还原性物质总量（水田）cmol/kg	全磷	全钾	交换性钙 cmol/kg	交换性镁 cmol/kg	有效硫 mg/kg	有效硅 mg/kg
长期不施肥区									
当年不施肥区									
常规施肥区									

（续）

分区	微量元素有效含量 mg/kg						重金属元素全量 mg/kg							
	铁	锰	铜	锌	硼	钼	铬	镉	铅	汞	砷	铜	锌	镍
长期不施肥区														
当年不施肥区														
常规施肥区														

监测单位： 监测人员： 联系电话： 日期：

（公章）批准人： 审核人： 编制人： 日期：

附　录　I
(资料性附录)
土壤样品采集检测和数据处理设备

土壤样品采集检测和数据处理设备见表 I. 1。

表 I. 1　土壤样品采集检测和数据处理设备

建设内容	建设明细	单位	数量
采样分析设备	GPS 定位仪	套	5
	手持数据处理设备	套	5
	玛瑙球磨机	台	1
	土壤粉碎机	台	1
	样品盘	个	100
	万分之一电子天平	台	2
	千分之一电子天平	台	1
	百分之一电子天平	台	1
	微波消解炉	台	1
	烘箱	台	2
	电热恒温干燥箱	台	2
	马弗炉	台	1
	电热恒温水浴锅	台	1
	恒温振荡器	台	1
	电热板	台	2
	可调式电炉	台	2
	四（六）联式可调电炉	台	2
	离心机	台	2
	原子吸收分光光度计（含石墨炉）	台	1
	原子荧光光谱仪	台	1
	全自动定氮仪	台	1
	紫外可见光分光光度计	台	2
	火焰光度计	台	1

（续）

建设内容	建设明细	单位	数量
采样分析设备	极谱仪	台	1
	电导率仪	台	1
	酸度计	台	2
	数字式离子计	台	1
	自动电位滴定仪	台	1
	超纯水设备	套	1
	石英器具	套	1
	铂金坩埚	个	5
	超声波清洗器	台	1
	冰箱	台	2
	实验台	延米	40
	试剂柜	个	8
	器皿柜	个	5
	样品柜	个	8
	气瓶柜	个	3
数据存储传输设备	计算机	台	3
	便携式计算机	台	2
	扫描仪	台	1
	投影仪	台	1
	打印机	台	1
	地理信息系统软件	套	1
	操作系统	套	2
	数据库系统	套	1
	防病毒软件	套	1
	墒情数据存储、传输系统	套	1

附　录 J
(资料性附录)
土壤微生物量碳、微生物量氮的测定

J.1　基本原理

新鲜土壤经氯仿熏蒸（24 h）后，被杀死的土壤微生物量碳、微生物量氮，能够以一定比例被 0.5 mol/L K_2SO_4溶液提取并被定量地测定出来，根据熏蒸土壤与未熏蒸土壤测定的有机碳、氮量的差值和提取效率（或转换系数 k_{EC}），估计土壤微生物量碳、微生物量氮等。

J.2　主要仪器及设备

必备：培养箱、真空干燥器、真空泵、往复式振荡机（速率 200 r/min）、冰柜、恒温水浴锅等。

选备：消煮炉、蒸馏定氮仪、分光光度计、总有机氮磷（TOCN）分析仪等（依据测定方法，并非全部需要）。

J.3　试剂

J.3.1　无乙醇氯仿：商品氯仿都含有乙醇（作为稳定剂），使用前必须除去乙醇。方法为：量取 500 mL 氯仿于 1 000 mL 的分液漏斗中，加入 50 mL 体积浓度为 5%的硫酸溶液（19 份体积的去离子水中加入 1 份体积的 98%化学纯浓硫酸），充分摇匀，弃除下层硫酸溶液，如此进行 3 次。再加入 50 mL 去离子水，同上摇匀，弃去上部的水分，如此进行 5 次。将下层的氯仿转移到蒸馏瓶中，在 62℃的水浴中蒸馏，馏出液存放在棕色瓶中，并加入约 20 g 无水分析纯 K_2CO_3，在冰箱的冷藏室中保存备用。

J.3.2　硫酸钾溶液［c（K_2SO_4）＝0.5 mol/L］：称取硫酸钾（K_2SO_4，化学纯）87.10 g，溶于去离子水中，稀释至 1 L。

J.3.3　锌粉（Zn，分析纯）。

J.3.4　硫酸铜溶液［c（$CuSO_4$）＝0.19 mol/L］：称取硫酸铜（$CuSO_4 \cdot 5H_2O$，分析纯）47.40 g，溶于去离子水中，稀释至 1 L。

J.3.5　氢氧化钠溶液［c（NaOH）＝10 mol/L］：称取 400.0 g 氢氧化钠（NaOH，化学纯）溶于去离子水中，稀释至 1 L。

J.3.6 硼酸溶液 [ρ (H_3BO_3) =20.0 g/L]：称取硼酸（H_3BO_3，化学纯）20.0 g，溶于去离子水中，稀释至1 L。

J.3.7 还原剂：50.0 g硫酸铬钾 [$KCr(SO_4)_2$，分析纯] 溶解在700 mL去离子水中，加入200 mL浓硫酸，冷却后定容至1 L。

J.3.8 重铬酸钾-硫酸溶液 [0.018 mol/L $K_2Cr_2O_7$/12 mol/L H_2SO_4]：5.300 0 g分析纯重铬酸钾溶于400 mL去离子水中，缓缓加入435 mL分析纯浓硫酸（H_2SO_4，ρ=1.84 g/mL），边加边搅拌，冷却至室温后，用去离子水定容至1 L。

J.3.9 重铬酸钾标准液 [c ($1/6K_2Cr_2O_7$) =0.05 mol/L]：称取经130℃烘干2～3 h的重铬酸钾（$K_2Cr_2O_7$，分析纯）2.451 5 g，溶于去离子水中，稀释至1 L。

J.3.10 邻菲罗啉指示剂：称取邻菲罗啉指示剂 [$C_{12}H_8N_2 \cdot H_2O$，分析纯] 1.49 g，溶于含有0.70 g $FeSO_4 \cdot 7H_2O$的100 mL去离子水中，密闭保存于棕色瓶中。

J.3.11 硫酸亚铁溶液 [c ($FeSO_4$) = 0.05 mol/L]：称取硫酸亚铁（$FeSO_4 \cdot 7H_2O$，化学纯）13.9 g，溶解于600～800 mL去离子水中，加化学纯浓硫酸5 mL，搅拌均匀，定容至1 L，于棕色瓶中保存。此溶液不稳定，需每天标定浓度。

硫酸亚铁溶液浓度的标定：吸取重铬酸钾标准溶液（C_1=0.05 mol/L）20.00 mL（V_1），放入150 mL三角瓶中，加化学纯浓硫酸3 mL和邻菲罗啉指示剂1滴，用$FeSO_4$溶液滴定，根据$FeSO_4$溶液消耗量（V_2）即可计算$FeSO_4$溶液的准确浓度$C = C_1V_1/V_2$。

J.3.12 还原水合茚三酮：称取80 g茚三酮放入2 L 90℃热水中，加入400 mL 40℃抗坏血酸水溶液（含维生素C 80 g），放置30 min；流水冷却1 h至室温，过滤冲洗，在闭光真空干燥器中放入P_2O_5粉进行干燥，可得约75 g还原水合茚三酮，放置于暗色瓶中备用。

J.3.13 乙酸钠缓冲液（pH5.5）：每配100 mL茚三酮试剂用25 mL。每次配500 mL。方法如下：200 mL去离子水中加入27.2 g $NaOAc \cdot 3H_2O$，放入水浴中使其充分溶解，冷却至室温后加入50 mL冰醋酸标定至500 mL，pH应为5.51±0.03。该缓冲液在4℃下可保存。

J.3.14 茚三酮试剂：每样用1.00 mL。100 mL配制方法：2 g水合茚三酮和0.3 g的还原水合茚三酮溶解于75 mL的二甲基亚砜和25 mL的乙酸钠缓冲液；然后用N_2通气30 min，4℃下密闭1 d备用。

J.3.15 柠檬酸缓冲液（pH 5.0）：每样用2.00 mL。250 mL配制方法：10.50 g柠檬酸和4.00 g NaOH加入225 mL蒸馏水中，用10 mol/L NaOH调整到pH 5.0，标定至250 mL。保存于4℃。

J.3.16 稀释乙醇：95%乙醇加入同体积的蒸馏水。

J.3.17 硫酸铵标准液：浓度分别为 0 μmol/L、50 μmol/L、100 μmol/L、200 μmol/L、250 μmol/L、500 μmol/L、1 000 μmol/L N，保存于 4℃。方法为：准确称取 0.066 1 g 分析纯（$(NH_4)_2SO_4$）（相对分子质量=132.1），定容至 1 L，此溶液的 N 浓度为 1 000 μmol/L（母液）；分别吸取 0 mL、5 mL、10 mL、20 mL、25 mL、50 mL、100 mL 母液放入 100 mL 容量瓶，定容，得到 0 μmol/L、50 μmol/L、100 μmol/L、200 μmol/L、250 μmol/L、500 μmol/L、1 000 μmol/L N 的硫酸铵标准液。

J.3.18 标准酸溶液：0.02 mol/L（1/2 H_2SO_4）标准溶液，量取 H_2SO_4（化学纯，无氮，ρ=1.84 g/mL）2.83mL，加水稀释至 5 000 mL，用硼砂基准物标定其浓度。

J.4 土壤样品

土壤样品要有代表性，避免在秸秆还田或有机肥施用后的 1 个月内采样。

土壤样品要求新鲜、不可冰冻，含水量适中（大致为田间持水量的 60%），过 2 mm 筛。

对于风干土壤样品，可以调节土壤含水量为田间持水量 60%左右，在室温下黑暗环境中预培养 7～10 d，过 2 mm 筛。

J.5 操作步骤

J.5.1 熏蒸

称取相当于 25.0 g 烘干土重的湿润土壤 3 份，分别放入 3 个 100 mL 小烧杯中，一起放入同一真空干燥器中。干燥器底部放置几张用水湿润的滤纸和分别装有 50 mL NaOH 溶液、一定量蒸馏水的小烧杯。将装有约 50 mL 的无乙醇氯仿的小烧杯（同时加入少量抗暴沸的物质）放入干燥器底部，用少量凡士林密封干燥器。将真空干燥器和真空泵放在通风橱内，用塑料管连接真空干燥器和真空泵，打开真空泵对真空干燥器进行抽气，至氯仿大量冒气泡，并保持至少 2 min。关闭干燥器阀门，断开真空干燥器与真空泵的连接管。将真空干燥器放在 25℃、黑暗的培养箱中 24 h。称同样质量的土壤 3 份，不进行熏蒸处理，放入另一个真空干燥器中，同样在 25℃的黑暗条件下放置 24 h，作为土壤对照。另称取土壤用烘干法测定土壤含水量。

J.5.2 浸提

熏蒸结束后，将真空干燥器放在通风橱内，慢慢打开通气阀门，让外部空气进入真空干燥器。小心打开真空干燥器的上部封盖，取出装有水和氯仿的烧杯，氯仿倒回瓶中可重复使用。擦净干燥器底部的水，用真空泵反复抽气，直到土壤闻不到氯仿气味为止。将烧杯中土壤全部转移到 250 mL 的三角瓶中，加入 100 mL K_2SO_4溶液，在振荡机上振荡浸提 30 min（25℃）。用定量滤纸过滤。对照土壤同上用 K_2SO_4溶液浸提。浸提液立即测定或在－15℃下保存。

J.5.3 测定

如浸提液经过冰冻保存，需经过室温完全融化后备用。

J.5.3.1 TOCN 分析仪测定土壤微生物量碳

按 TOCN 仪操作说明吸取一定量浸提液，放入自动进样器进行 TOC 和 TN 测定。如需稀释，应用高纯水进行稀释，稀释倍数要适中。

J.5.3.2 滴定法测定土壤微生物量碳

准确吸取 10.0 mL 浸提液放入消煮管中，准确加入重铬酸钾-硫酸溶液 10.0 mL，再加入 3～4 片经浓盐酸溶液浸泡、洗涤干净并烘干的碎瓷片，混合均匀后置于（175±1）℃磷酸浴中煮沸 10 min。冷却后无损地转移至 150 mL 三角瓶中，用去离子水洗涤消煮管 3～5 次，使溶液体积约为 80 mL。加入 1 滴邻菲罗啉指示剂，用硫酸亚铁溶液滴定剩余的重铬酸钾，溶液颜色从橙黄色变为蓝绿色，再变为棕红色即为滴定终点。

J.5.3.3 茚三酮比色法测定土壤微生物量氮

准确吸取 1.00 mL 的浸提液加入 20 mL 试管中，加入 2.00 mL 的柠檬酸缓冲液，慢慢加入 1.00 mL 茚三酮试剂并充分混匀，放上橡胶塞（注意不要塞紧），在沸水中加热 25 min，冷水浴冷却至室温后加入 5.0 mL 稀释乙醇，充分混匀，在 570 nm 处比色。硫酸铵标准曲线同上方法显色（以不同浓度的 1 mL 硫酸铵溶液替代 1.00 mL 浸提剂）。

J.5.3.4 微量凯氏定氮法测定土壤微生物量氮

准确吸取 30.0 mL 浸出液于消煮管中，加入 10 mL 还原剂和 0.3 g 锌粉，充分混匀，室温下放置至少 2 h，再加入 0.6 mL 硫酸铜溶液和 8 mL 浓硫酸。缓慢加热（150℃）约 2 h，直至消煮管中的水分全部蒸发掉，然后高温（硫酸发烟）消煮 3 h。待消煮液完全冷却后，将消煮管接到定氮蒸馏器上，向蒸馏管中加入氢氧化钠溶液 40 mL，进行蒸馏，并用标准稀盐酸或硫酸溶液滴定硼酸吸收液。同时做空白对照。

J.6 结果计算

J.6.1 土壤微生物量碳

J.6.1.1 TOCN 仪法：土壤微生物量碳（*BC*）按式（J.1）计算。

$$BC = EC / k_{EC} \quad \cdots\cdots (J.1)$$

式中：

BC——TOCN 仪测出的土壤微生物量碳的质量分数，单位为毫克每千克（mg/kg）；

EC——TOCN 仪测出的熏蒸土样中 0.5 mol/L K_2SO_4 浸提液中 TOC 的含量（TOCF）与对照土样中 0.5 mol/L K_2SO_4 浸提液中 TOC 的含量（TOCUF）之差，单位为毫克每千克（mg/kg）；

k_{EC}——TOCN 仪法氯仿熏蒸杀死的微生物体中碳被浸提出来的比例，一般取 0.45。

J.6.1.2 **滴定法**

a) 浸提液中有机碳按式（J.2）计算。

$$O_C(V_0 - V_1) \times c \times 3 \times ts \times 1\,000 / DW \quad \cdots\cdots (J.2)$$

式中：

O_C——有机碳的质量分数，单位为毫克每千克（mg/kg）；

V_0——滴定空白样时所消耗的 $FeSO_4$ 体积，单位为毫升（mL）；

V_1——滴定样品时所消耗的 $FeSO_4$ 体积，单位为毫升（mL）；

c——$FeSO_4$ 溶液的浓度，单位为摩尔每升（mol/L）；

3——碳（1/4C）的毫摩尔质量，M（1/4C）=3 mg/mol；

1 000——转换为千克的系数；

ts——分取倍数；

DW——土壤的烘干质量，单位为克（g）。

b) 土壤微生物量碳按式（J.3）计算。

$$BC_0 = EC_0 / k_{EC_0} \quad \cdots\cdots (J.3)$$

式中：

BC_0——滴定法测出的土壤微生物量碳的质量分数，单位为毫克每千克（mg/kg）；

EC_0——滴定法测出的熏蒸土样 O_C 量与对照土样 O_C 量之差，单位为毫克每千克（mg/kg）；

k_{EC_0}——滴定法氯仿熏蒸杀死的微生物体中碳被浸提出来的比例，一般取 0.38。

J.6.2 **土壤微生物量氮**

J.6.2.1 TOCN 仪法：土壤微生物量氮按式（J.4）计算。

$$BN = EN / k_{EN} \quad \cdots\cdots (J.4)$$

式中：

BN——TOCN 仪测出的土壤微生物量氮的质量分数，单位为毫克每千克（mg/kg）；

EN——TOCN 仪测出的熏蒸土样中 0.5 mol/L K_2SO_4 浸提液中全氮的含量（TNF）与对照土样中 0.5 mol/L K_2SO_4 浸提液中全氮的含量（$TNUF$）之差，单位为毫克每千克（mg/kg）；

k_{EN}——TOCN 仪法熏蒸杀死的微生物中的氮被 0.5 mol/L K_2SO_4 所提取的比例，一般取 0.45。

J.6.2.2 微量凯氏定氮法

a） 浸提液中全氮按式（J.5）计算。

$$TN = (V_0 - V) \times c \times 14 \times ts \times 1\,000/DW \quad \cdots\cdots\cdots\cdots \quad (J.5)$$

式中：

TN——全氮的质量分数，单位为毫克每千克（mg/kg）；

V_0——空白滴定时所消耗标准酸的体积，单位为毫升（mL）；

V——样品滴定时所消耗标准酸的体积，单位为毫升（mL）；

c——标准酸的浓度，单位为摩尔每升（mol/L）；

14——氮（N）的毫摩尔质量，M（N）=14 mg/mol；

1 000——换算为千克的系数；

ts——分取倍数；

DW——土壤的烘干质量，单位为克（g）。

b） 土壤微生物量氮按式（J.6）计算。

$$BN_0 = EN_0/k_{EN_0} \quad \cdots\cdots\cdots\cdots \quad (J.6)$$

式中：

BN_0——微量凯氏定氮法测出的土壤微生物量氮的质量分数，单位为毫克每千克（mg/kg）；

EN_0——微量凯氏定氮法测出的熏蒸土样所浸提的全氮与对照土样之间的差值，单位为毫克每千克（mg/kg）；

k_{EN_0}——微量凯氏定氮法熏蒸杀死的微生物中的氮被 0.5 mol/L K_2SO_4 所提取的比例，一般取 0.45。

J.6.2.3 茚三酮比色法中土壤微生物量氮按式（J.7）计算。

$$BN_1 = EN_1/k_{EN_1} \quad \cdots\cdots\cdots\cdots \quad (J.7)$$

式中：

BN_1——茚三酮比色法测出的土壤微生物量氮的质量分数，单位为毫克每千克（mg/kg）；

EN_1——茚三酮比色法测出的熏蒸土样所浸提的茚三酮反应氮与对照土样之间的差值，单位为毫克每千克（mg/kg）；

k_{EN_1}——茚三酮比色法熏蒸杀死的微生物中的氮被 0.5 mol/L K_2SO_4 所提取的比例，一般取 0.2。

J.7 注意事项

a） 水稻土和沼泽土。对于含水量接近饱和的水稻土和沼泽土，熏蒸时可以采用向每个土样滴加 0.5mL 氯仿液体的方法，再同上方法进行熏蒸。

b） 校正系数 k_{EC}：原则上应对土壤质地和有机质含量不同的土壤进行逐一校正。同一土壤不同处理间一般不需校正。加生物碳量（5%）较大时需要校正。

c） 熏蒸完全是关键。检查方法：抽气使氯仿大量冒气泡并维持 2 min 后，关闭真空干燥器的阀门。然后轻轻开启阀门，如果有“丝丝”的空气流动声，说明干燥器内有一定负压，熏蒸完全；如果没有空气流动的声音，表示干燥器漏气，应检查干燥器，特别是封口部位和上盖部位，或更换新的干燥器。

d） 浸提条件的一致性。熏蒸土样和未熏蒸土样应同时进行浸提，保证浸提时间、温度、震荡强度、容器大小与形状的一致性。

e） 浸提液保存。过滤得到浸提液后，如不立即测定，需要迅速转移到塑料瓶中，装入量为塑料瓶体积的 80%。融化后所含絮状 K_2SO_4 不影响测定。

f） 测定重复。熏蒸与未熏蒸土样各为 3 个，要求操作一致，计算时取 3 个测定重复的算数平均数。

g） 起泡剂。可用 2～5 mm 大小碎瓷片作为起泡剂，要求洁净、干燥。烘干后可重复使用。

h） 干基计算。土壤微生物量碳的含量以干土质量为基础计算。

附　录　K
（资料性附录）
土壤还原性物质总量的测定

K.1　基本原理

采用络合力和交换力很强的硫酸铝溶液将土壤还原性物质浸提出来，在95～100℃条件下被重铬酸钾溶液氧化，用硫酸亚铁溶液滴定，根据消耗硫酸亚铁的量计算出土壤还原性物质总量。本法主要适用于各类水成、半水成新鲜土样，特别是还原性土壤还原性物质总量的测定。

K.2　主要仪器设备

电热恒温水浴、滴定设备等。

K.3　试剂

K.3.1　硫酸铝溶液 {c [$(Al_2(SO_4)_3$]=0.1 mol/L}：称取硫酸铝 [$(Al_2(SO_4)_3 \cdot 18H_2O$，化学纯] 66.6 g，加水溶解并稀释至 1 L，以 5.0 mol/L 氢氧化钠调节 pH 至 2.5。

K.3.2　重铬酸钾标准液 [c ($1/6K_2Cr_2O_7$) =0.02 mol/L]：称取经 120℃烘干 2～3 h 的重铬酸钾($K_2Cr_2O_7$)0.980 6 g 溶于水中，定容至 1 L。

K.3.3　邻菲罗啉指示剂：称取邻菲罗啉指示剂（$C_{12}H_8N_2 \cdot H_2O$，分析纯）1.49 g 溶于含有 1.00 g 硫酸亚铁铵 [$(NH_4)_2Fe(SO_4)_2 \cdot 6H_2O$] 的 100 mL 水溶液中，密闭保存于棕色瓶中。

K.3.4　硫酸溶液（1∶1）：量取浓硫酸（H_2SO_4，1.84 g/cm^3）250 mL，分批缓慢加入 250 mL 水中。

K.3.5　硫酸亚铁溶液 [c ($FeSO_4$) = 0.02 mol/L]：称取硫酸亚铁 ($FeSO_4 \cdot 7H_2O$，化学纯) 5.56 g，溶于 1∶1 硫酸溶液 5 mL 中，再加水定容至 1 L。

K.3.6　氢氧化钠溶液 [c (NaOH) =5.0 mol/L]：称取氢氧化钠（NaOH，化学纯）20.0 g 溶于水中，稀释至 100 mL。

K.4　分析步骤

K.4.1　待测液制备：称取相当于 10.0 g 风干土的新鲜土样于三角瓶中，加入

0.1 mol/L 硫酸铝浸提液 200 mL，摇匀后放置 5 min，以干滤纸过滤，滤液即为待测液，然后立即测定。

K.4.2　测定：吸取待测液 5.00～25.00 mL 置于 150mL 三角瓶中，加 0.02 mol/L 重铬酸钾溶液 20 mL 和 1∶1 硫酸溶液 5 mL，加水使总体积约 50 mL。水浴加热 20 min 后，冷却，加入邻菲罗啉指示剂 2 滴，以 0.02 mol/L 硫酸亚铁溶液滴定至棕红色为终点。同时做两个空白试验，取其平均值。

K.5　结果计算

土壤还原性物质总量按式（K.1）计算。

$$STARM = \frac{c \times 20 \times (V_0 - V) \times D}{m \times V_0 \times 10} \times 1\,000 \quad \cdots\cdots\cdots\cdots \quad (K.1)$$

式中：

STARM——土壤还原性物质总量（soil total amount of reductive materials），单位为厘摩尔每千克（cmol/kg）；

c——$1/6K_2Cr_2O_7$ 标准溶液的浓度，单位为摩尔每升（mol/L）；

20——加入重铬酸钾标准溶液量，单位为毫升（mL）；

V_0——空白溶液消耗硫酸亚铁溶液体积，单位为毫升（mL）；

V——待测溶液消耗硫酸亚铁溶液体积，单位为毫升（mL）；

D——分取倍数，200/（5～25）；

m——新鲜土样相当的风干土样质量，单位为克（g）；

10——毫摩尔换算成厘摩尔的系数；

1 000——克换算成千克的系数。

平行测定结果用算数平均值表示，结果保留小数点后 2 位。

K.6　精密度

平行测定值允许相对误差≤10%。

附　录　L
（规范性附录）
耕地质量监测数据标准化要求

耕地质量监测数据标准化要求见表 L.1。

表 L.1　耕地质量监测数据标准化要求

常规监测部分：							
字段名称	数据类型	数据长度	量纲	极大值	极小值	小数位	备　注
监测点代码	文本	12	无				
建点年度	日期	4	无	2 100	1 900	0	格式为 yyyy
时间	日期	10	无				如：2009-09-25
县代码	文本	6	无				
经度	数值	8	°	136	72	5	采用十进制表示。例：东经 119.032 45
纬度	数值	7	°	60	0	5	采用十进制表示。例：北纬 32.532 45
常年降水量	数值	6	mm	9 999.9	0	1	填写具体数值，不填范围
常年有效积温	数值	5	℃	99 999	0	0	填写具体数字，不填范围
常年无霜期	数值	3	d	366	0	0	填写具体数值，不填范围
田块坡度	数值	2	°	90	0	0	实际测定田块内田面坡面与水平面的夹角度数
海拔高度	数值	6	m	9 999.9	−155	0	用 GPS 定位仪现场测定填写，单位为米（m）
潜水埋深	数值	7	m	9 999.99	0	1	填写具体数值，不填范围
障碍因素	文本	20	无				指盐碱、瘠薄、酸化、渍涝、潜育、侵蚀、干旱等，没有明显障碍因素时填无
障碍层类型	文本	10	无				指 1 m 土体内出现的障碍层类型，如砂姜层、白浆层、黏盘层、铁盘层、沙砾层、盐积层、石膏层、白土层、灰化层、潜育层、冻土层、沙漏层等

（续）

常规监测部分：							
字段名称	数据类型	数据长度	量纲	极大值	极小值	小数位	备　注
障碍层深度	数值	3	cm	300	0	0	指障碍层的最上层面到地表的垂直距离
障碍层厚度	数值	3	cm	300	0	0	指障碍层的最上层面到最下层面的垂直距离
水源类型	文本	8	无				指地表水、地下水、地表水+地下水、无
灌水量	数值	4	m^3/hm^2	9 999	0	0	
灌溉方式	文本	30	无				指漫灌、沟灌、畦灌、喷灌、滴灌、管灌，没有的填“无”
排水方式	文本	20	无				分排水沟、暗管排水、强排
灌溉、排水能力	文本	10	无				指充分满足、满足、基本满足、不满足
地域分区	文本	10	无				根据 GB/T 33469 的规定填写一级农业区
熟制分区	文本	8	无				指一年一熟、一年二熟、一年三熟、两年三熟等
农田林网化程度	文本	5	无				分为高、中、低
产量水平	数值	6	kg/hm^2	9 999.9	0	1	
耕地质量等级	文本	4	无				按 GB/T 33469 的规定填写
化肥、有机肥	数值	6	kg/hm^2	999.99	0	2	
田块面积	数值	7	hm^2	99 999.9	0	1	
代表面积	数值	10	hm^2	9 999 999.99	0	2	
土壤代码	文本	8	无				按 GB/T 17296 的规定填写
层次深度	文本	20	cm				0～20 cm 或 20～40 cm 等
剖面颜色	文本	12	无				指土壤在自然状态的颜色

（续）

常规监测部分：							
字段名称	数据类型	数据长度	量纲	极大值	极小值	小数位	备　注
剖面紧实度	数值	4	MPa	10	0	2	
剖面容重	数值	4	g/cm^3	2	0.5	2	
剖面新生体	文本	20	无				常见的新生体有铁锰结核、铁锰胶膜、二氧化硅粉末、锈纹、锈斑、假菌丝、砂姜等
植物根系	文本	4	无				主要看剖面各层根系分布的数量，指无、很少、少、中和多
颗粒组成（沙粒、粉粒、黏粒）	数值	5	%	99.99	0	2	
质地	文本	20	无				按国际制质地名称填写
有机质、碳酸钙	数值	5	g/kg	999.9	0	1	
全氮	数值	4	g/kg	9.99	0	2	
全磷	数值	5	g/kg	9.999	0	3	
全钾	数值	5	g/kg	99.99	0	2	
pH	数值	4	无	14	0.1	1	
阳离子交换量	数值	4	cmol/kg	99.9	0	1	
含盐量	数值	4	g/kg	99.99	0	2	
全铬	数值	8	mg/kg	9 999.999	0	3	
全镉、全汞	数值	6	mg/kg	99.999	0	3	
全铅、全砷	数值	7	mg/kg	999.999	0	3	
全铜	数值	7	mg/kg	999.999	0	3	
全镍	数值	7	mg/kg	999.999	0	3	
播种方式	文本	20	无				填机播、人工播种等
耕作情况	文本	20	无				填耕、耙、中耕、除草等
自然灾害种类	文本	20	无				填风、雨、雹、旱、涝、霜、冻、冷等

（续）

常规监测部分：							
字段名称	数据类型	数据长度	量纲	极大值	极小值	小数位	备　注
自然灾害、病虫害危害程度	文本	20	无				填强、中、弱
病虫害防治效果	文本	20	无				填好、一般、差
有机肥中有机质，有机肥、化肥中N、P_2O_5、K_2O含量	数值	4	%	99.9	0	1	
有机肥、化肥实物量	数值	4	kg/ hm^2	9 999	0	0	
有机肥、化肥折纯量	数值	6	kg/ hm^2	999.99	0	2	
生育期	数值	3	d	366	0	0	
果实、秸秆产量	数值	7	kg/ hm^2	99 999.9	0	1	
耕层厚度	数值	4	cm	50	1	1	
水稳性大团聚体	数值	4	%	80	0	2	
有效磷	数值	5	mg/kg	999.9	0	1	
速效钾	数值	3	mg/kg	900	0	0	
缓效钾	数值	4	mg/kg	5 000	0	0	
微生物量碳、微生物量氮	数值		mg/kg	2 000	0	2	
还原性物质总量	数值	4	cmol/kg		0	2	
交换性钙、镁	数值	8	cmol/kg	99 999.99	0	2	
有效硫、硅	数值	6	mg/kg	999.99	0	2	
有效铁、锰	数值	5	mg/kg	999.9	0	1	
有效铜、锌	数值	5	mg/kg	99.99	0	2	
有效硼、钼	数值	4	mg/kg	9.99	0	2	
自动监测部分：							
字段名称	数据类型	数据长度	量纲	极大值	极小值	小数位	备注
土壤体积含水量	数值	6	%	100	0	2	
土壤温度	数值	6	℃	85	−40	2	
电导率	数值	5	dS/m	10	0	2	

（续）

自动监测部分：							
字段名称	数据类型	数据长度	量纲	极大值	极小值	小数位	备注
覆盖度	数值	6	%	100	0	2	
株高	数值	3	cm		0	1	
叶绿素	数值	6	无	100	0	2	
叶面积指数	数值	5	无	10	0	2	
归一化植被指数	数值	4	无	1	−1	2	
叶冠层指数	数值	3	无	1	0	2	
空气温度	数值	6	℃	85	−40	2	
空气相对湿度	数值	6	%	100	0	2	
风速	数值	5	m/s	30	0	2	
风向	数值	6	°	360	0	2	
降水量	数值	7	mm	1 000	0	2	
大气压	数值	7	kPa	1 000	0	2	
太阳总辐射	数值		W/m^2		0	2	
光照强度	数值		lx	200 000	0	2	

高标准农田国家标识

注：4、5 为球形渐变

编号	颜色	
1	■	C89 M48 Y100 K12
2	■	C82 M27 Y100 K0
3	■	C53 M7 Y98 K0
4	■	C9 M79 Y100 K0
5	■	C2 M56 Y93 K0

高标准农田国家标识图案颜色

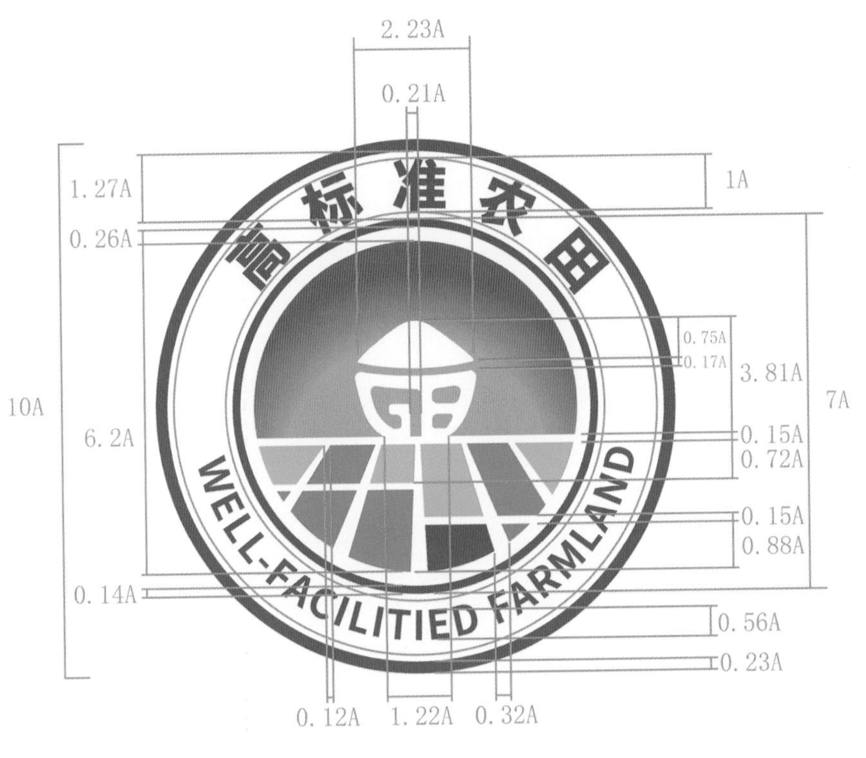

中文字体：思源黑体

英文字体：思源黑体

标识应用缩小极限

高标准农田国家标识图案规格

高标准农田建设项目公示牌参考式样

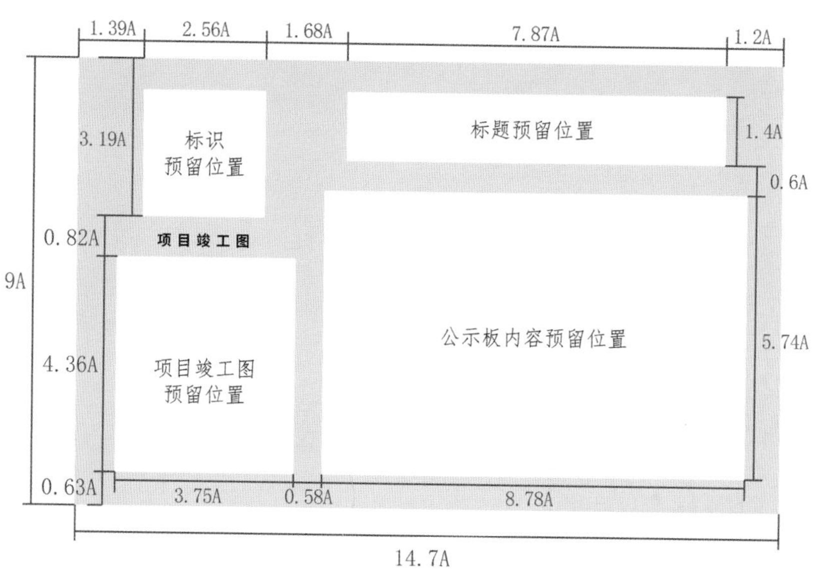

高标准农田建设项目公示牌参考规格